江苏高校品牌专业建设工程资助项目教材
江苏省高等教育教改研究课题成果

机 械 制 图

（第2版）

王海涛　主　编

姚素芹　田宏霞　俞浩荣　陈叶娣　副主编

吴正勇　主　审

电子工业出版社
Publishing House of Electronics Industry
北京·BEIJING

内 容 简 介

本书以实践操作为主线，贯彻"做中学、学中做"的思路，使学生在完成任务的过程中学习知识，既兼顾机械制图国家标准体系的完整性，又突出完成任务所需的重点知识，着重形体表达与识读零件图的能力训练。本书包括6个项目：绘制平面图形、绘制简单形体三视图、识读和绘制机件图样、识读和绘制零件图、绘制标准件与常用件、识读和绘制装配图。

本书可作为高职高专院校机械类、近机类各专业"机械制图"课程的教材，也可作为职工大学、函授大学、中职学校相应专业的教学用书，还可供有关工程技术人员参考。

未经许可，不得以任何方式复制或抄袭本书之部分或全部内容。
版权所有，侵权必究。

图书在版编目（CIP）数据

机械制图 / 王海涛主编. -- 2 版. -- 北京 : 电子工业出版社, 2024. 8. -- ISBN 978-7-121-48521-3

Ⅰ．TH126

中国国家版本馆CIP数据核字第2024SC8687号

责任编辑：王艳萍
印　　刷：三河市兴达印务有限公司
装　　订：三河市兴达印务有限公司
出版发行：电子工业出版社
　　　　　北京市海淀区万寿路173信箱　邮编　100036
开　　本：787×1 092　1/16　印张：17　字数：457千字
版　　次：2018年8月第1版
　　　　　2024年8月第2版
印　　次：2025年8月第4次印刷
定　　价：49.00元

凡所购买电子工业出版社图书有缺损问题，请向购买书店调换。若书店售缺，请与本社发行部联系，联系及邮购电话：（010）88254888，88258888。

质量投诉请发邮件至zlts@phei.com.cn，盗版侵权举报请发邮件至dbqq@phei.com.cn。
本书咨询联系方式：wangyp@phei.com.cn。

前　言

党的二十大报告指出，"教育、科技、人才是全面建设社会主义现代化国家的基础性、战略性支撑。必须坚持科技是第一生产力、人才是第一资源、创新是第一动力，深入实施科教兴国战略、人才强国战略、创新驱动发展战略，开辟发展新领域新赛道，不断塑造发展新动能新优势。""全面贯彻党的教育方针，落实立德树人根本任务，培养德智体美劳全面发展的社会主义建设者和接班人。""加快建设国家战略人才力量，努力培养造就更多大师、战略科学家、一流科技领军人才和创新团队、青年科技人才、卓越工程师、大国工匠、高技能人才。"

本书根据江苏高校品牌专业建设工程资助项目（基金号：PPZY2015B187）、江苏省高等教育教改研究课题（基金号：2017JSJG380）的指导意见与要求，针对专业基本能力及创新能力培养，结合行动导向课程教学模式需要，构建了以工作和学习任务为中心，以项目课程为主体的高职课程模式，选用典型的机械零部件作为载体，力求课程能力服务于专业能力，着重培养学生的职业素养和技能。

本书以任务来驱动和展开教学进程，学生在完成项目任务的过程中获得知识，初步培养学生的职业素养和技能，为后续专业课程学习、为培养造就大批德才兼备的高素质人才奠定良好的基础。本书包括 6 个项目：绘制平面图形、绘制简单形体三视图、识读和绘制机件图样、识读和绘制零件图、绘制标准件与常用件、识读和绘制装配图，每个项目均包括任务目标、任务要求、任务指导、知识链接、技能训练 5 个部分。

通过本课程的学习，可以使学生既有工程基础又有较高的工程文化素质，既有丰富的工程设计绘图基础知识、基本理论，又有较熟练的绘图和读图能力，还有较灵活的思维和创新意识，能自觉按照国家标准用各种手段较快、较准确地阅读、绘制中等复杂程度的机械图样。

参加本书编写工作的有常州机电职业技术学院王海涛、姚素芹、田宏霞、俞浩荣、陈叶娣，同时感谢课程团队及各位专家和学者在编写过程中给予的大力支持和帮助。

本书由王海涛担任主编并统稿，吴正勇担任主审。

本书有配套的教学资源库，包括习题集、教学大纲、教学计划、教学课件等，请有需要的教师登录华信教育资源网免费注册后进行下载，如有问题请在网站留言或与电子工业出版社联系（E-mail：wangyp@phei.com.cn）。

本书中部分任务及案例配有三维 AR 效果图，请扫描书中二维码观看。

限于编者水平，书中难免有疏漏和不足之处，恳请读者批评指正。

编　者

目　　录

项目1　绘制平面图形 (1)
　　任务1.1　绘制几何图形 (1)
　　　　1.1.1　机械图样概述 (3)
　　　　1.1.2　国家标准的基本规定 (3)
　　　　1.1.3　常用绘图工具的使用 (13)
　　　　1.1.4　几何作图 (15)
　　任务1.2　绘制平面几何图形 (18)
　　　　1.2.1　圆弧连接 (21)
　　　　1.2.2　椭圆画法 (24)
　　　　1.2.3　平面图形的绘制 (24)

项目2　绘制简单形体三视图 (28)
　　任务2.1　绘制平面体三视图 (28)
　　　　2.1.1　投影法的基本知识 (31)
　　　　2.1.2　三视图的形成及其投影规律 (32)
　　　　2.1.3　平面立体 (35)
　　　　2.1.4　平面与平面体相交 (37)
　　　　2.1.5　基本体尺寸标注 (39)
　　任务2.2　绘制回转体三视图 (42)
　　　　2.2.1　圆柱 (45)
　　　　2.2.2　圆锥 (46)
　　　　2.2.3　圆球 (47)
　　　　2.2.4　圆环 (48)
　　　　2.2.5　平面与回转体相交 (49)
　　　　2.2.6　回转体尺寸标注 (53)
　　任务2.3　绘制相贯体三视图 (55)
　　　　2.3.1　两个回转体正交 (58)
　　　　2.3.2　相贯线的特殊情况 (62)
　　　　2.3.3　相贯体的尺寸标注 (63)
　　任务2.4　绘制组合体三视图 (66)
　　　　2.4.1　组合体的形体分析 (69)
　　　　2.4.2　组合体的三视图画法 (72)
　　　　2.4.3　组合体的尺寸标注 (75)
　　　　2.4.4　组合体视图的识读 (79)

项目3 识读和绘制机件图样 (88)
任务3.1 绘制支架轴测图 (88)
3.1.1 轴测投影的基本知识 (91)
3.1.2 正等测图 (92)
3.1.3 斜二测图 (95)
任务3.2 绘制压紧杆零件视图 (98)
3.2.1 视图 (100)
3.2.2 第三角画法 (105)
任务3.3 绘制短轴零件视图 (109)
3.3.1 剖视图的概念与画法 (111)
3.3.2 剖视图的种类及应用 (113)
3.3.3 断面图 (117)

项目4 识读和绘制零件图 (123)
任务4.1 识读主轴零件图 (123)
4.1.1 零件图的内容 (126)
4.1.2 常见轴套类零件 (127)
4.1.3 轴套类零件的尺寸分析与标注 (128)
4.1.4 机械加工工艺结构 (131)
4.1.5 零件图上的技术要求——表面结构 (133)
4.1.6 识读零件图 (141)
任务4.2 绘制端盖零件图 (144)
4.2.1 常见盘盖类零件 (146)
4.2.2 剖切面的种类 (146)
4.2.3 局部放大图 (151)
4.2.4 简化画法 (151)
任务4.3 绘制轴承座零件图 (156)
4.3.1 零件图上的技术要求——几何公差 (160)
4.3.2 识读支架零件图 (163)
任务4.4 识读底座零件图 (168)
4.4.1 铸造工艺结构 (170)
4.4.2 零件图上的技术要求——极限与配合 (171)
4.4.3 箱体类零件的表达与识读 (176)
4.4.4 零件测绘的方法和步骤 (181)

项目5 绘制标准件与常用件 (185)
任务5.1 绘制螺纹连接视图 (185)
5.1.1 标准件与常用件 (187)
5.1.2 螺纹结构 (187)
5.1.3 螺纹紧固件 (191)
任务5.2 绘制圆柱齿轮零件图 (201)

  5.2.1 直齿圆柱齿轮 …………………………………………………………（203）
  5.2.2 其他常用件 ……………………………………………………………（207）

项目6 识读和绘制装配图 ………………………………………………………（216）
 任务6.1 识读和绘制简单装配图 ……………………………………………………（216）
  6.1.1 装配图的作用和内容 …………………………………………………（218）
  6.1.2 装配图的表示方法 ……………………………………………………（218）
  6.1.3 装配体的常见装配结构 ………………………………………………（220）
  6.1.4 装配图上的尺寸标注和技术要求 ……………………………………（223）
  6.1.5 装配图的零部件序号、明细栏 ………………………………………（224）
  6.1.6 绘制铣刀头装配图 ……………………………………………………（227）
  6.1.7 识读装配图 ……………………………………………………………（229）

附录A 螺纹、常用标准件及公差配合 ……………………………………………（240）
 A.1 螺纹 ……………………………………………………………………………（240）
 A.2 常用标准件 ……………………………………………………………………（244）
 A.3 极限与配合 ……………………………………………………………………（258）

参考文献 …………………………………………………………………………………（263）

项目 1　绘制平面图形

任务 1.1　绘制几何图形

任务目标

（1）熟悉机械制图国家标准的基本规定；
（2）掌握常用图线的线型、画法及其应用；
（3）掌握尺寸标注的基本规定；
（4）能正确使用铅笔、圆规等绘图工具；
（5）能按国家标准绘制几何图形；
（6）具有认真负责的工作态度、遵纪守法的观念。

**任务要求**

扫一扫
看 AR 图

绘制如图 1-1 所示的几何图形，比例为 1∶1，保留作图痕迹。

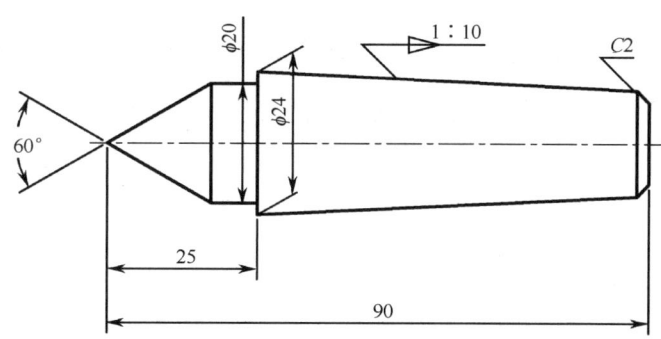

图 1-1　几何作图

任务指导

1. 图 1-1 所示图形的几何作图过程如图 1-2 所示。

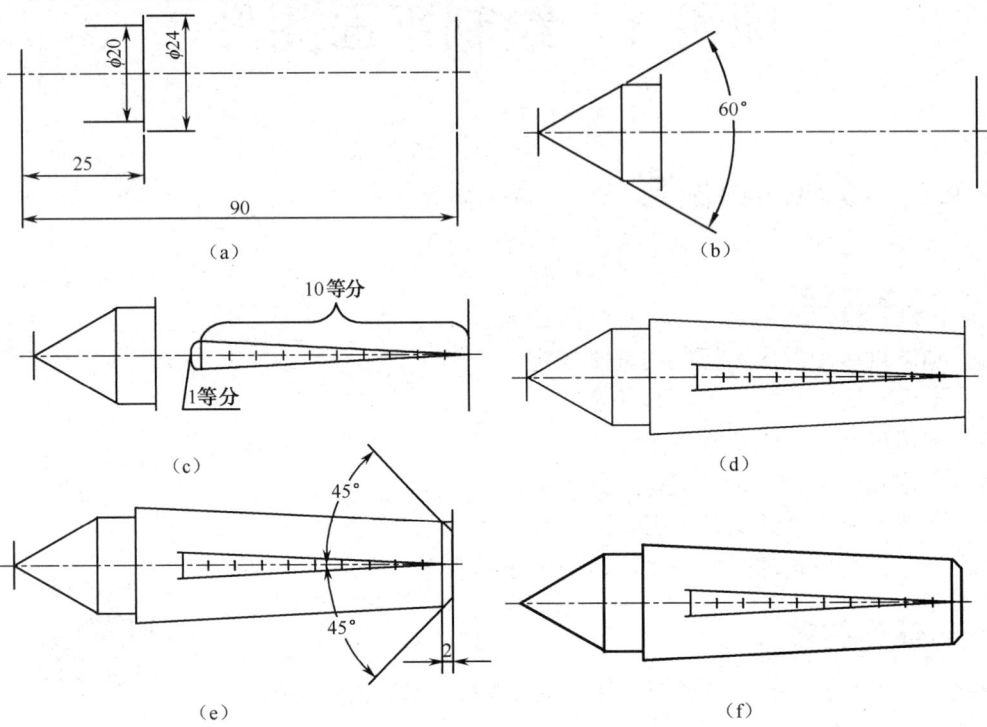

图 1-2 几何作图过程

2. 在图 1-3 上完成几何作图（保留作图痕迹），并标注锥度。

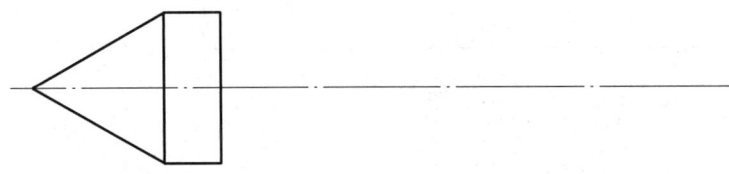

图 1-3 完成几何作图

项目 1　绘制平面图形

知识链接

1.1.1　机械图样概述

根据投影原理、国家标准及有关规定，表示工程对象的形状、大小，并有必要的技术要求的工程图，称为图样。

工程图样是工程界用来表达和交流技术思想的工具之一，有"技术语言"之称。设计者通过图样来表达设计意图；制造者通过图样了解设计要求，组织制造和指导生产；使用者通过图样了解机器设备的结构和性能，进行操作、维修和保养。机械图样是现代生产中机械工程领域应用的图样。在生产实际中，应用最广的机械图样是零件图和装配图。

1.1.2　国家标准的基本规定

相关制图的国家标准主要有《技术制图》和《机械制图》，其标准代号格式如"GB/T 14689—2008"，GB/T 表示推荐型国家标准，字母后的两组数字分别表示标准的顺序号和颁布年份，如顺序号 14689 代表标准内容为《技术制图 图纸幅面和格式》，其于 2008 年颁布。

1. 图纸幅面和格式（GB/T 14689—2008）

（1）图纸幅面

图纸的基本幅面分为 A0、A1、A2、A3、A4 五种，如表 1-1 所示。

表 1-1　图纸幅面和图框尺寸　　　　　　　　　　（单位：mm）

幅面代号	A0	A1	A2	A3	A4
$B×L$	841×1189	594×841	420×594	297×420	210×297
e	20	20	10	10	10
c	10	10	10	5	5
a	25	25	25	25	25

图 1-4 为五种基本幅面的尺寸关系。如果这五种幅面不能满足要求，允许选用加长幅面，其尺寸必须是由基本幅面的短边成整数倍增加后得出的。

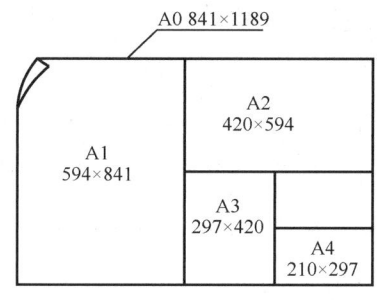

图 1-4　五种基本幅面的尺寸关系

(2) 图框格式

图纸中限定绘图区域的边框称为图框，用粗实线绘制，其格式分为不留装订边和留装订边两种，如图 1-5（a）、（b）所示，尺寸见表 1-1。同一产品的图框只能采用一种格式。

(3) 标题栏（GB/T 10609.1—2008）

每张图纸上都必须画出标题栏，标题栏一般应位于图纸的右下角，如图 1-5 所示。国家标准对标题栏的内容、格式及尺寸做了统一规定，如图 1-6 所示。平时做作业练习时的标题栏可以自定，建议采用如图 1-7 所示的简化标题栏。

标题栏的长边置于水平方向并与图纸的长边平行时，则构成 X 型图纸；若标题栏的长边与图纸的长边垂直时，则构成 Y 型图纸，如图 1-5 所示。在此情况下，标题栏中的文字方向为看图方向。

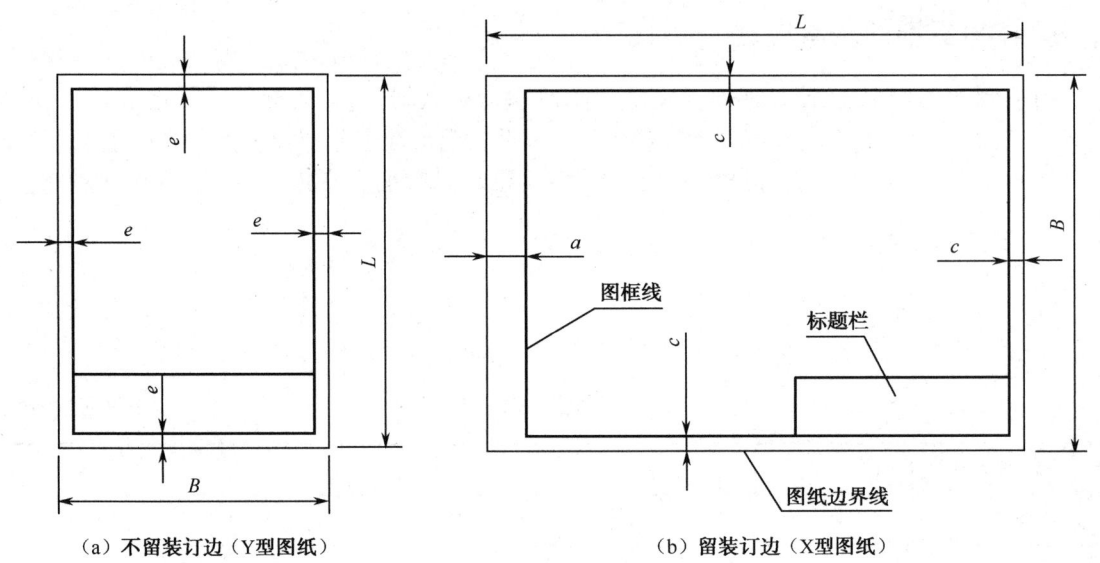

图 1-5　图纸的图框格式

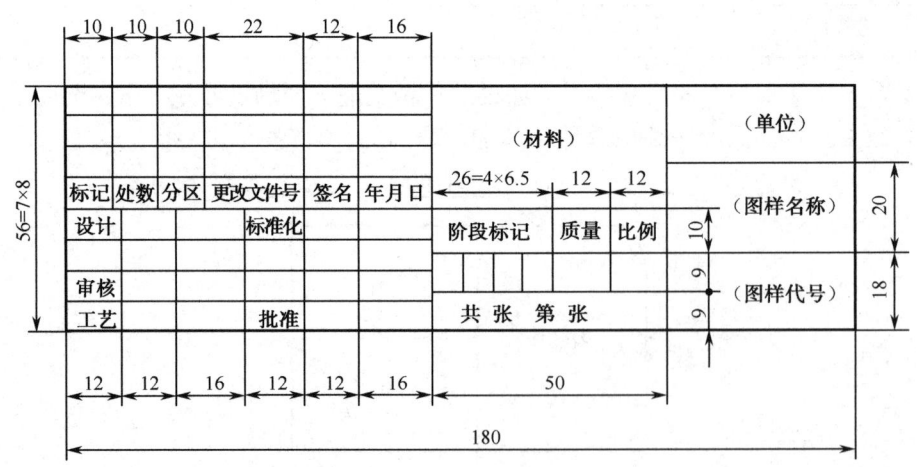

图 1-6　标题栏格式与尺寸

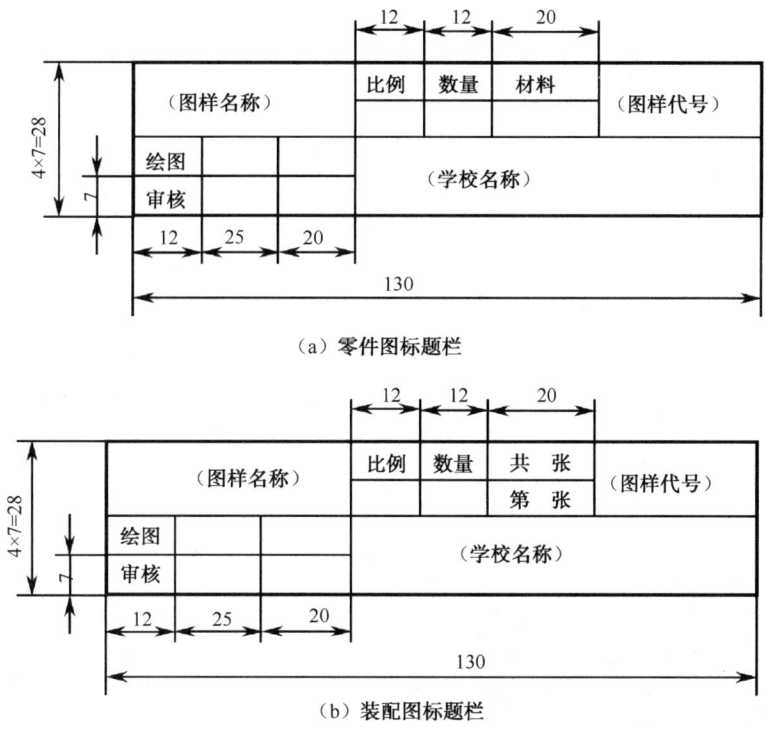

图 1-7 简化标题栏

必要时允许将 X 型图纸的短边置于水平位置使用，如图 1-8（a）所示；或将 Y 型图纸的长边置于水平位置使用，如图 1-8（b）所示。此时，标题栏应在图纸右上角，而且必须在图纸下方对中符号处画上方向符号（细实线绘制的等边三角形，高度约为 6mm）。

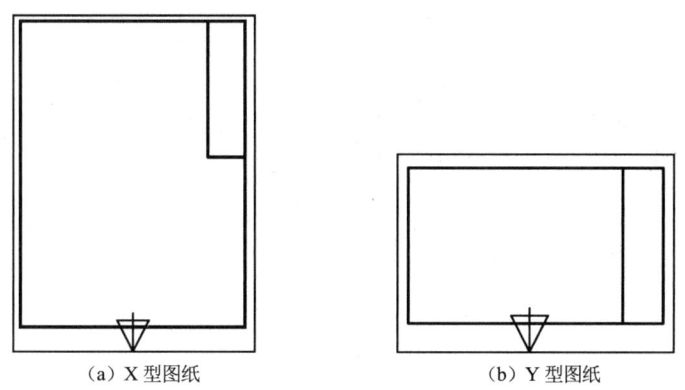

图 1-8 对中符号与方向符号

2. 比例（GB/T 14690—1993）

比例是指图形与其实物相应要素的线性尺寸之比。绘制图样时，应在表 1-2 规定的系列中选取适当的比例，必要时也允许选取表 1-3 中的比例。比例有原值、放大、缩小三种，常用的比例见表 1-2。表 1-2 和表 1-3 中 n 均为正整数。

表1-2 常用比例

种类	比例		
原值比例	1∶1		
放大比例	2∶1	5∶1	
	$2×10^n∶1$	$5×10^n∶1$	$1×10^n∶1$
缩小比例	1∶2	1∶5	1∶10
	$1∶2×10^n$	$1∶5×10^n$	$1∶1×10^n$

表1-3 其他比例

种类	比例				
放大比例	4∶1	2.5∶1			
	$4×10^n∶1$	$2.5×10^n∶1$			
缩小比例	1∶1.5	1∶2.5	1∶3	1∶4	1∶6
	$1∶1.5×10^n$	$1∶2.5×10^n$	$1∶3×10^n$	$1∶4×10^n$	$1∶6×10^n$

画图时优先采用原值比例（1∶1）。不论采用放大还是缩小比例，在图样上标注的尺寸数值均为机件的实际大小，与所采用的绘图比例无关，如图1-9所示。同时应注意，图形中的角度仍应按实际大小绘制和标注。

比例应标注在标题栏的"比例"一栏内，必要时可标注在视图名称的上方。

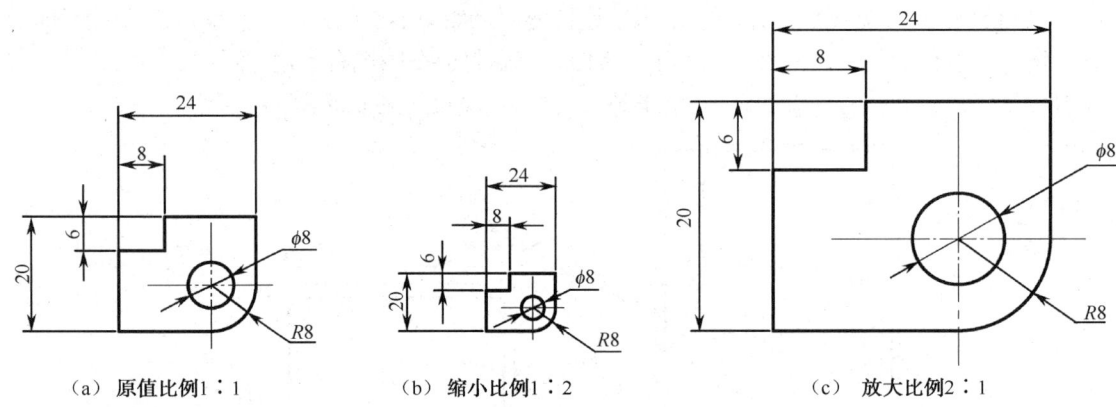

图1-9 不同比例绘制的同一图形

3. 字体（GB/T 14691—1993）

图样中书写的字体必须做到字体工整、笔画清楚、间隔均匀、排列整齐。

字体高度（用 h 表示）的公称尺寸系列为：1.8mm、2.5mm、3.5mm、5mm、7mm、10mm、14mm、20mm。如需要书写更大的字，其字体高度应按 $\sqrt{2}$ 的比例递增，字体高度代表字体的号数。

（1）汉字

汉字应写成长仿宋体，并采用国家正式公布的简化字。汉字的高度 h 应不小于3.5mm，其宽度一般为 $h/\sqrt{2}$，汉字示例如图1-10所示。

项目1 绘制平面图形

```
10号汉字：  字体工整    笔画清楚    间隔均匀    排列整齐
 7号汉字：  横平竖直   注意起落   结构均匀   填满方格
 5号汉字：  技术  制图  机械  电子  汽车  航空  船舶  土木  建筑  矿石  井坑  港口  纺织
3.5号汉字：  螺纹 齿轮 端子 接线 飞行指导 驾驶舱位 挖填施工 引水通风 闸阀坝 棉麻化纤
```

图1-10 汉字示例

（2）数字和字母

数字和字母可写成直体或斜体（常用斜体），斜体字字头向右倾斜，与水平基准线约成75°，如图1-11所示。国家标准《机械工程 CAD制图规则》（GB/T 14665—2012）规定，字体与图纸幅面的关系如表1-4所示。

```
Ⅰ Ⅱ Ⅲ Ⅳ Ⅴ Ⅵ Ⅶ Ⅷ Ⅸ Ⅹ Ⅺ Ⅻ        ABCDEFGHIJKLMNOPQRST
0123456789876543210                abcdefghijklmnopqrst
```

图1-11 数字和字母示例

表1-4 字体与图纸幅面的关系

字体高度 h	图 幅				
	A0	A1	A2	A3	A4
汉 字	7	7	5	5	5
字母与数字	5	5	3.5	3.5	3.5

4. 图线（GB/T 17450—1998、GB/T 4457.4—2002）

（1）图线型式及应用

国家标准GB/T 17450—1998《技术制图 图线》中规定了如何绘制各种技术图样的基本线型、基本线型的变形及其相互组合。在机械图样中，国家标准GB/T 4457.4—2002《机械制图 图样画法 图线》规定只采用粗线和细线两种线宽，它们之间的比例为2∶1。常见图线宽度和图线组别如表1-5所示。制图中优先采用的图线组别为0.5mm和0.7mm。

表1-5 常见图线宽度和图线组别　　　　　　　　　　　　　　（单位：mm）

图线组别	0.25	0.35	0.5	0.7	1	1.4	2
粗线宽度	0.25	0.35	0.5	0.7	1	1.4	2
细线宽度	0.13	0.18	0.25	0.35	0.5	0.7	1

以下将细虚线、细点画线、细双点画线分别称为虚线、点画线、双点画线。

机械图样中常用的几种图线的名称、型式、宽度及一般应用如表1-6所示。各种线型的应用示例如图1-12所示。

表1-6 机械图样中常用的几种图线的名称、型式、宽度及一般应用（GB/T 4457.4—2002）

图线名称	图线型式	图线宽度	一般应用举例
粗实线	———————	粗	可见轮廓线、棱边线 相贯线 螺纹牙顶线（圆） 齿轮的齿顶圆（线）
细实线	———————	细	尺寸线及尺寸界线 剖面线 重合断面的轮廓线 过渡线 指引线和基准线 辅助线 螺纹牙底线 表示平面的对角线 齿轮的齿根线
细虚线	- - - - - - -	细	不可见轮廓线、棱边线
细点画线	— · — · — · —	细	轴线 对称中心线 分度圆（线） 孔系分布的中心线（圆） 剖切线
粗点画线	— · — · — · —	粗	限定范围表示线
细双点画线	— ·· — ·· —	细	相邻辅助零件的轮廓线 可动零件的极限位置的轮廓线 成形前轮廓线 剖切面前的结构轮廓线 轨迹线
波浪线	～～～～	细	断裂处的边界线 视图与剖视图的分界线
双折线	—⌐⌐—	细	同波浪线
粗虚线	- - - - - - -	粗	允许表面处理的表示线

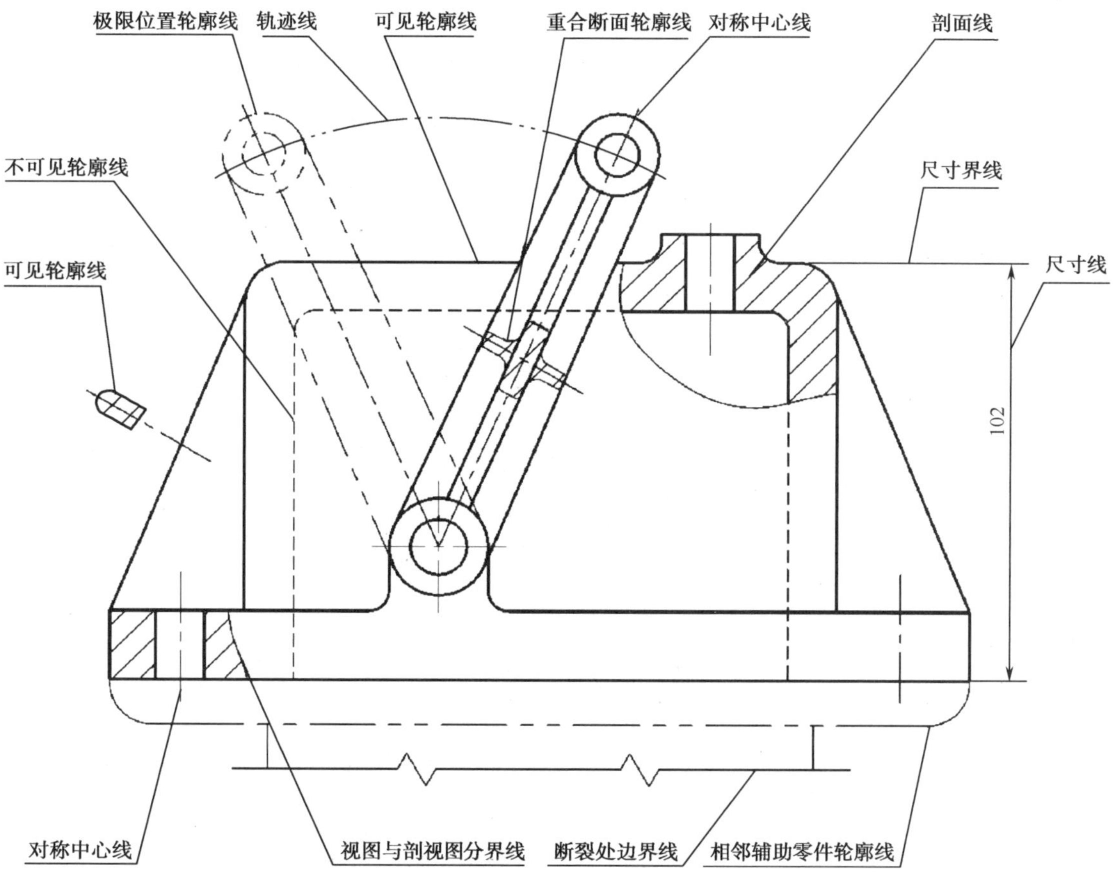

项目 1　绘制平面图形

图 1-12　各种线型的应用示例

（2）图线画法

① 在绘制虚线时，线段长度为 4～6mm，间隔为 1mm，虚线和虚线相交处应为线段相交。当虚线在粗实线延长线上时，虚线与粗实线之间应有间隙。

② 在绘制点画线时，长线段长度为 15～20mm，间隔为 3mm，小线段长度为 1mm，超出轮廓线长度约为 3～5mm。点画线与点画线相交时应是线段与线段相交。当要绘制的点画线长度较小时，可用细实线代替。

③ 在绘制双点画线时，长线段长度为 15～20mm，间隔为 5mm，小线段长度为 1mm，虚线和点画线的画法如图 1-13 所示，正、误对比和样例如图 1-14、图 1-15 所示。

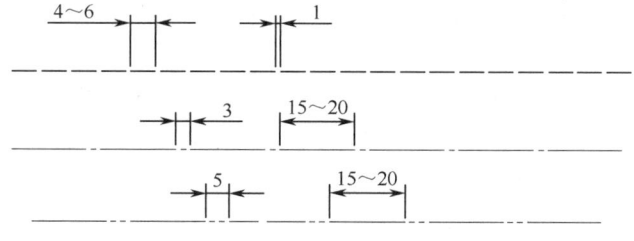

图 1-13　虚线和点画线的画法

9

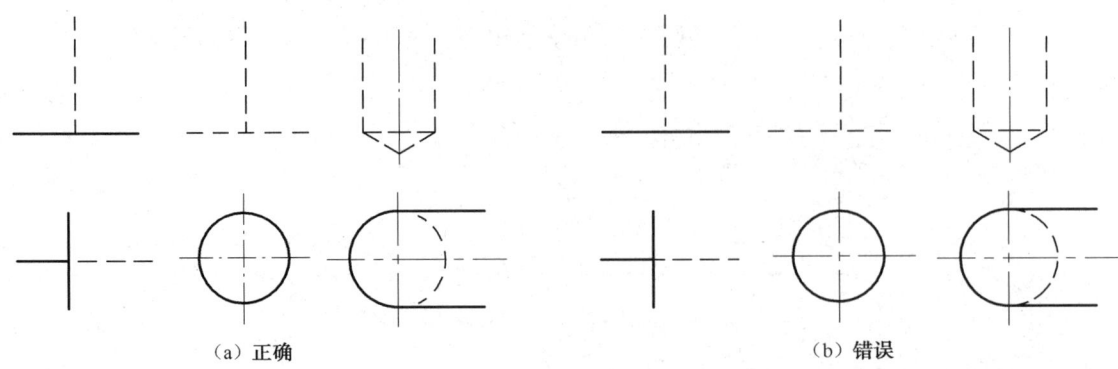

图 1-14　线型画法正、误对比

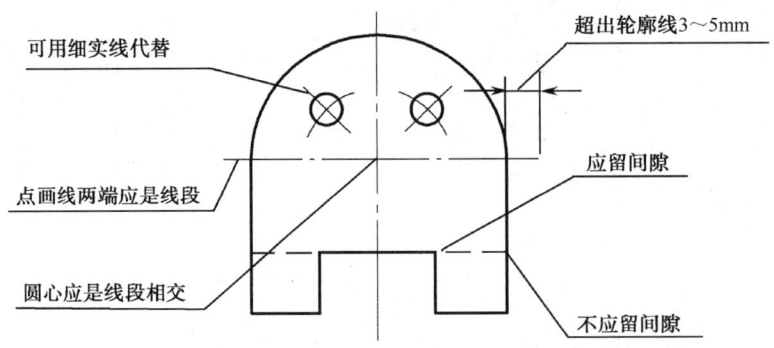

图 1-15　线型画法样例

（3）注意事项

① 各种图线相交时，应在线段处相交，不应在间隔处相交。

② 当虚线弧线和虚线直线相切时，虚线圆弧的线段应画到切点，而虚线直线需要留有空隙。

③ 点画线和双点画线的首末两端应是长画而不是点。

④ 圆的对称中心线应超出圆 3～5mm。

⑤ 在较小的图形上绘制点画线、双点画线有困难时，可用细实线代替。

⑥ 同一图样中，同类图线的宽度应基本一致。虚线、点画线及双点画线的长度和间隔应一致。

⑦ 两条平行线（包括剖面线）之间的间距应不小于粗实线的 2 倍宽度，最小距离不小于 0.7mm。

5. 尺寸注法（GB/T 4458.4—2003）

尺寸是图样中不可缺少的重要内容之一，是制造零件的直接依据。在标注尺寸时，必须严格遵守国家标准的有关规定，做到正确、完整、清晰、合理。

（1）标注尺寸的基本规则

① 机件的真实大小应以图样上所注的尺寸数值为依据，与图形大小及绘图比例无关。

② 图样中单位为毫米时，不需标注。若采取其他单位，则必须注明。

③ 图样中所注的尺寸为该图样的最后完工尺寸。

④ 机件上的每个尺寸一般只标注一次，并应标在反映该结构最清晰的图形上。

（2）标注尺寸的要素

标注尺寸由尺寸界线、尺寸线和尺寸数字三个要素组成，如图 1-16 所示。

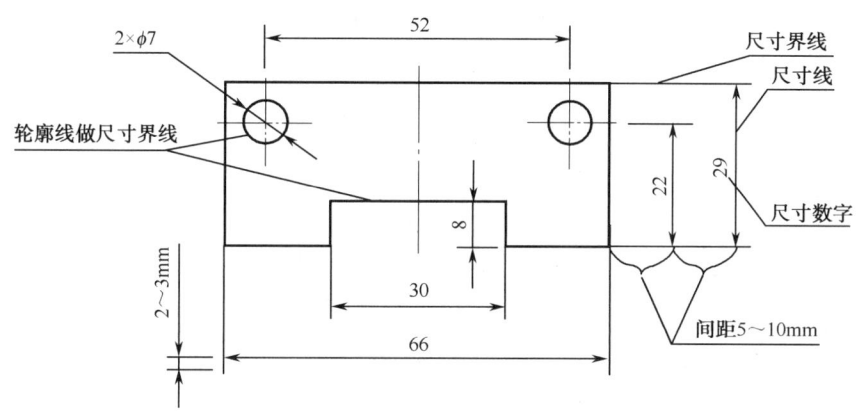

图 1-16 标注尺寸的组成

① 尺寸界线。

尺寸界线表示尺寸的度量范围,一般用细实线绘出,由轮廓线及轴线、中心线引出,也可利用轴线、中心线和轮廓线做尺寸界线。尺寸界线一般应与尺寸线垂直,必要时才允许倾斜。

② 尺寸线。

尺寸线表示所注尺寸的度量方向和长度,必须用细实线单独绘出,不能由其他线代替。尺寸线与轮廓线相距 5~10mm,尺寸界线应超出尺寸线 2~3mm。

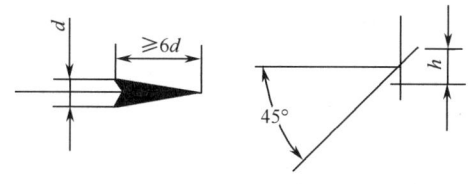

图 1-17 尺寸线的终端形式

尺寸线终端有两种形式:箭头和斜线。在同一张图样上只能采用一种尺寸线终端形式,如图 1-17 所示。机械图样上的尺寸线终端一般为箭头(图 1-17 中 d 为粗实线的宽度),箭头表明尺寸的起、止,其尖端应与尺寸界线接触,尽量画在所注尺寸的区域之内。在同一张图样中,箭头大小应一致。当没有足够的地方画箭头时,可用小圆点代替。采用斜线时,尺寸线与尺寸界线必须互相垂直,斜线用细实线绘制(图 1-17 中 h 为字体高度)。

③ 尺寸数字。

尺寸数字表示机件尺寸的实际大小,一般采用 3.5 号字,且同一张图样上尺寸数字字高应保持一致。

线性尺寸的数字通常注写在尺寸线的上方或中断处,尺寸数字不允许被任何图线所通过,否则需将图线断开,当图中没有足够的地方标注尺寸时,可引出标注,如图 1-17 所示。

尺寸标注中常用的符号如表 1-7 所示,常用尺寸标注示例如表 1-8 所示。

表 1-7 尺寸标注中常用的符号

名　　称	符号或缩写词	名　　称	符号或缩写词
直径	ϕ	45°倒角	C
半径	R	深度	↓
球面直径	$S\phi$	沉孔或锪平	⊔
球面半径	SR	埋头孔	∨
厚度	t	均布	EQS
正方形	□	弧长	⌒
斜度	∠	锥度	◁

表 1-8 常用尺寸标注示例

项目	图例	说明
线性尺寸	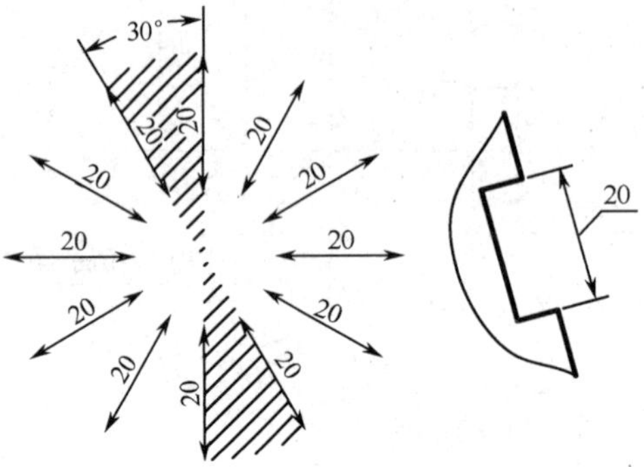	尺寸数字应按左图所示方向注写，并尽可能避免在图示 30°范围内标注尺寸，当无法避免时，可引出标注
	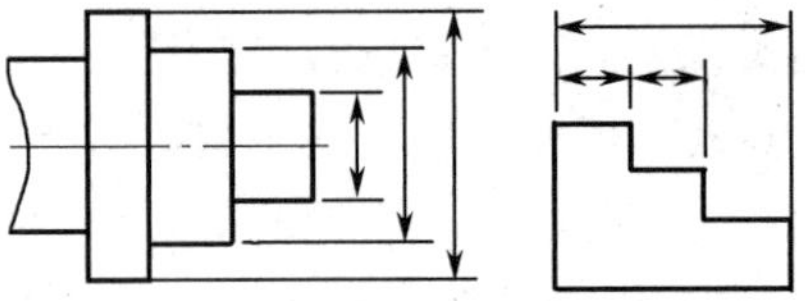	并列尺寸：小尺寸在里，大尺寸在外，尺寸线间隔应保持一致 串列尺寸：箭头应对齐
圆	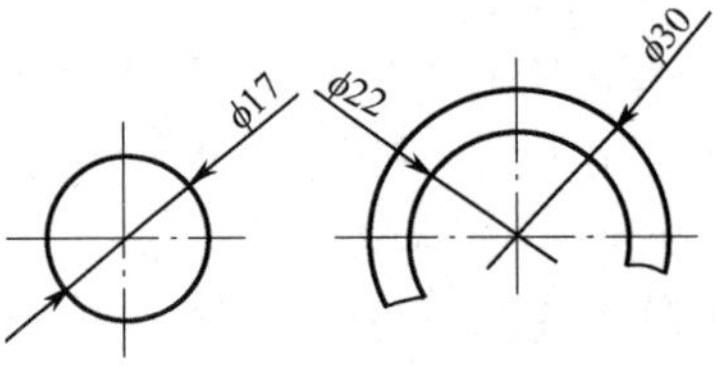	标注整圆或大于半圆的圆弧直径尺寸时，以圆周为尺寸界线，尺寸线通过圆心，并在尺寸数字前加注直径符号"ϕ"。圆弧直径尺寸线应画至略超过圆心，只在尺寸线一端画箭头指向圆弧
圆弧	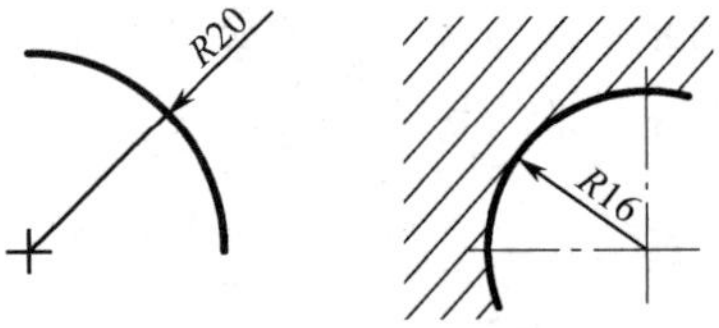	标注小于或等于半圆的圆弧半径尺寸时，尺寸线应从圆心出发引向圆弧，只画一个箭头，并在尺寸数字前加注半径符号"R"
	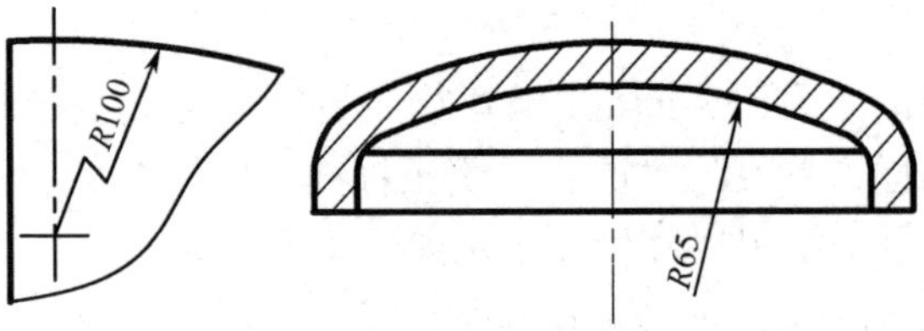	当圆弧的半径过大或在图纸范围内无法标出圆心位置时，可按左图所示的折线形式标注。不需标出圆心位置时，则尺寸线只画靠近箭头的一段，如右图所示
角度	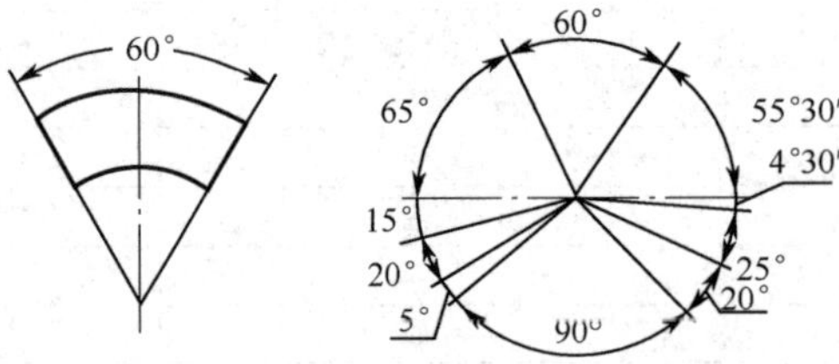	标注角度的尺寸界线应沿径向引出；用尺寸线画出圆弧，其圆心是角的顶点。角度数字一律写成水平方向，一般注写在尺寸线的中断处或尺寸线的上方或外边，也可引出标注

续表

项目	图 例	说 明
小尺寸	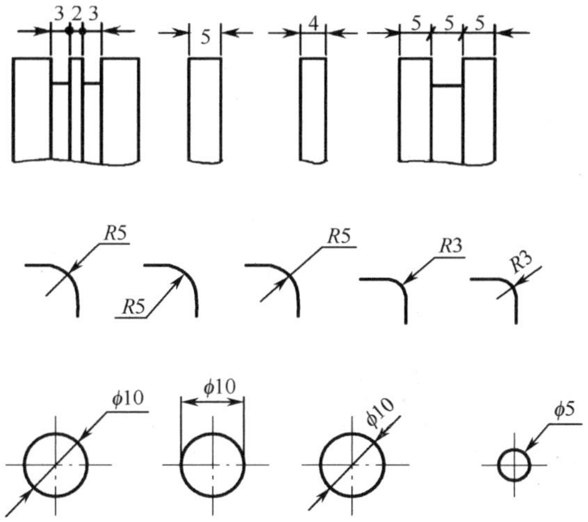	在尺寸界线之间没有足够位置画箭头或注写尺寸数字的小尺寸时，可按图示形式进行标注。标注连续尺寸时，代替箭头的圆点大小应与箭头尾部宽度相同
对称	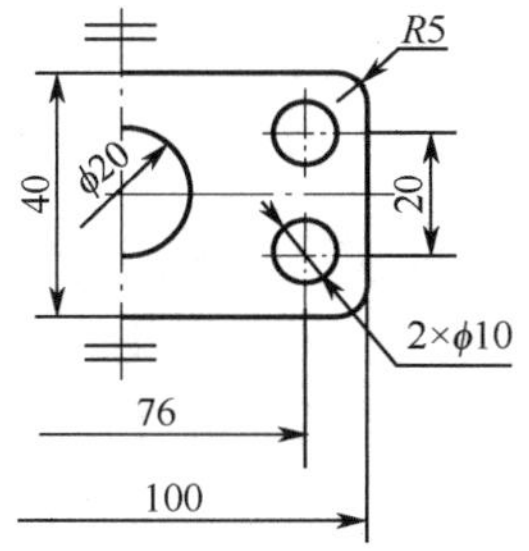	当图形对称时，可只画出一半，在中心线处画出两条平行的细实线表示对称
相同结构	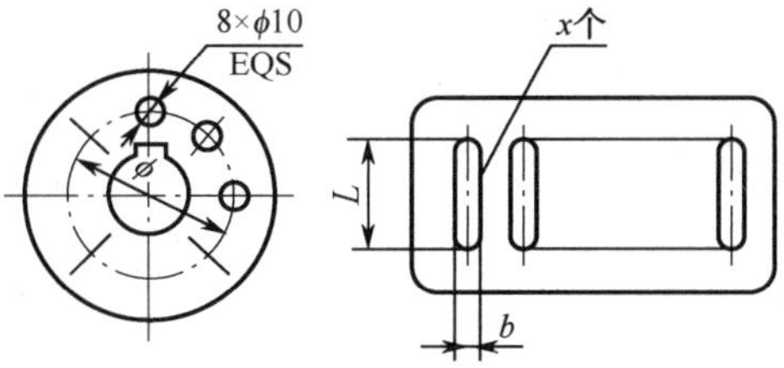	在同一个图形中，对于尺寸相同的孔、槽等组成要素，可仅在一个要素上标注其数量和尺寸，均匀分布在圆上的孔可在尺寸数字后加注 EQS 表示均匀分布

1.1.3 常用绘图工具的使用

1. 图板

图板的规格有 0 号、1 号、2 号，是画图时所用的垫板，因此要求其表面光洁平整、平坦，用作导边的左侧边必须平直，如图 1-18 所示。

2. 丁字尺

丁字尺用于画水平线，由尺头和尺身组成。绘图时尺头内侧紧靠图板的导边，上下移动，由左至右画水平线。图纸用胶带纸固定在图板上。丁字尺与图板配合使用，它主要用于画水平线和做三角板移动的导边，如图 1-18 所示。

3. 三角板

两块分别具有 45°及 30°、60°的直角三角形板与丁字尺配合使用，可绘制垂直线，30°、45°、60°及与水平线成 15°倍角的直线，如图 1-18 所示。

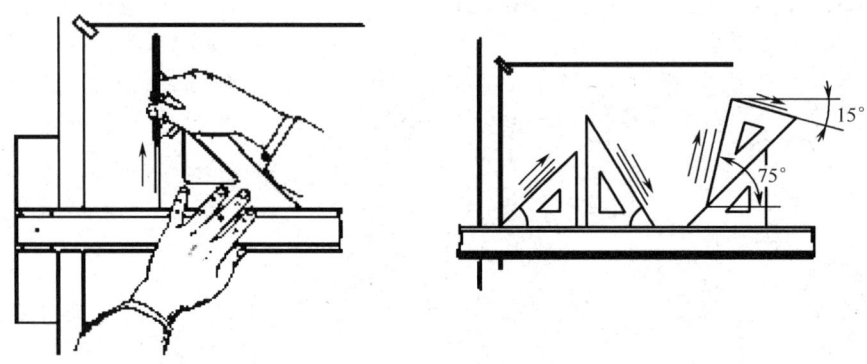

图 1-18　图板、丁字尺、三角板的使用

4. 分规和圆规

分规是用来量取、等分线段或圆周，以及从尺上量取尺寸的工具，其使用方法如图 1-19 所示。圆规是用来画圆或圆弧的工具。大圆规配有铅笔（画铅笔图用）、鸭嘴笔（画墨线图用）、刚针（做分规用）、三种插脚和一个延长杆（画大圆用），可根据不同需要选用。画小圆时宜采用弹簧圆规或点圆规。

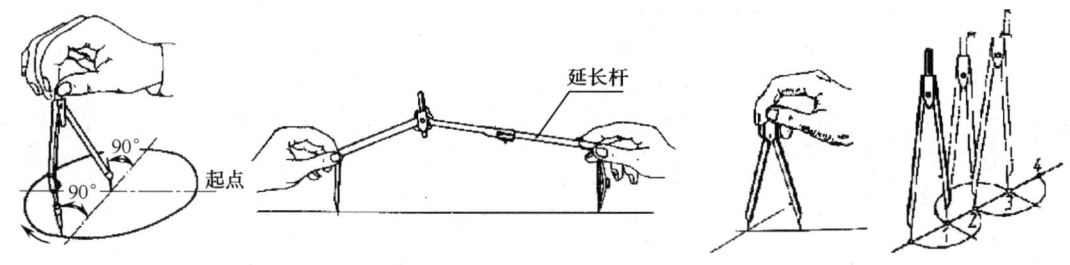

图 1-19　分规和圆规

5. 铅笔

绘图时应采用绘图铅笔，绘图铅笔有软、硬两种，用字母 B 和 H 表示，B（或 H）前面的数字越大表示铅芯越软（或越硬）。画粗线常用 B 或 HB 铅笔，画细线常用 H 或 2H 铅笔，写字常用 HB 或 H 铅笔，画底稿时建议用 2H 铅笔。铅笔的使用如图 1-20 所示。

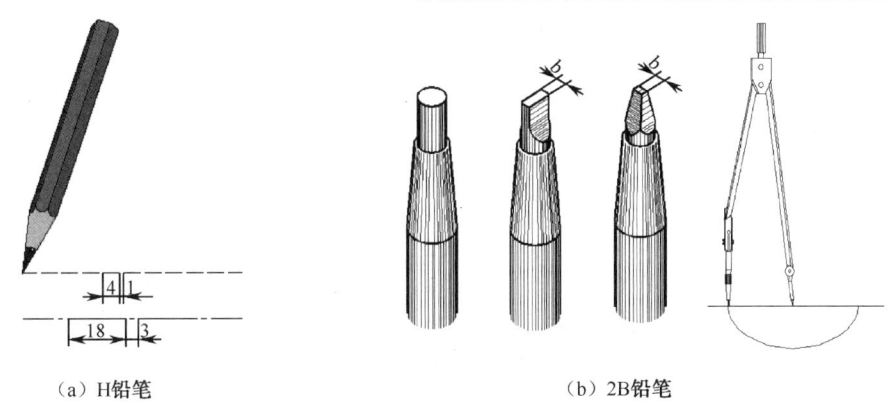

(a) H铅笔　　　　　　　　　　　　　(b) 2B铅笔

图 1-20　铅笔的使用

1.1.4　几何作图

1. 线段等分

将线段等分的方法如图 1-21 所示，步骤如下。

（1）过已知直线段 AB 的一个端点 A 任作一条射线 AC，由此端点起在射线上以任意长度截取 4 等份。

（2）将射线上的等分终点与已知直线段的另一个端点相连，并过射线上各等分点作此连线的平行线与已知直线段相交，交点即为所求。

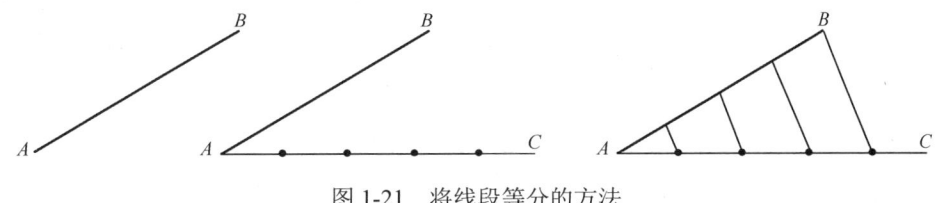

图 1-21　将线段等分的方法

2. 圆周等分及作正多边形

（1）将圆周六等分及作正六边形，作法如图 1-22 所示。

（2）将圆周四等分及作正方形，作法如图 1-23 所示。

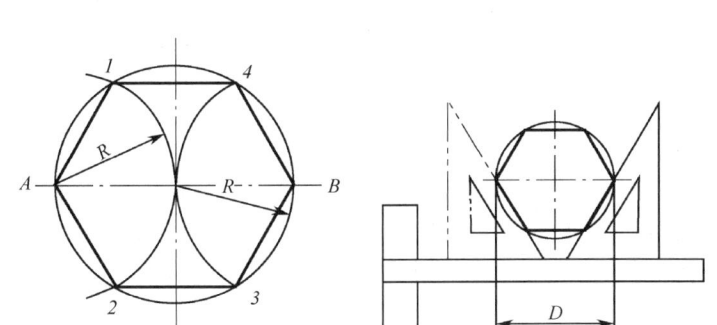

图 1-22　正六边形作法

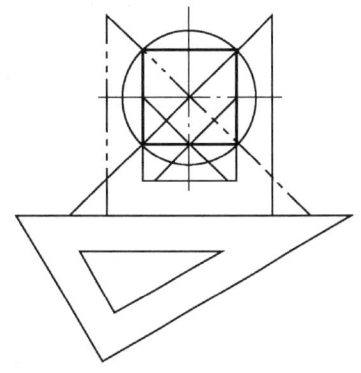

图 1-23　正方形作法

(3) 作正五边形，作法如图 1-24 所示。

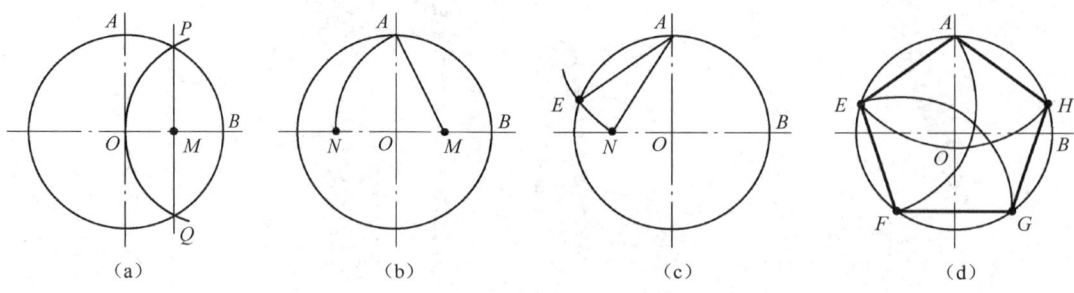

图 1-24　正五边形作法

① 求 OB 中点 M：以点 B 为圆心，R=OB 为半径作弧与已知圆相交得 P、Q 两点，连接 P、Q 与 OB 相交得点 M。

② 求五边形边长 AN：以 M 为圆心，AM 为半径作弧与 OB 延长线交于点 N。

③ 求五边形其余四点：以 AN 为边长，A 为起点等分圆，并连接各等分点。

3. 斜度和锥度

(1) 斜度

斜度是指一条直线对另一条直线或一个平面对另一个平面的倾斜程度。斜度=$\tan\alpha$=H：L=1：(L/H)，在图样中通常以 1：n 的形式标注，如图 1-25 所示。在图样中标注斜度时，在比值前加符号"∠"，并使符号"∠"的指向与斜度方向一致。

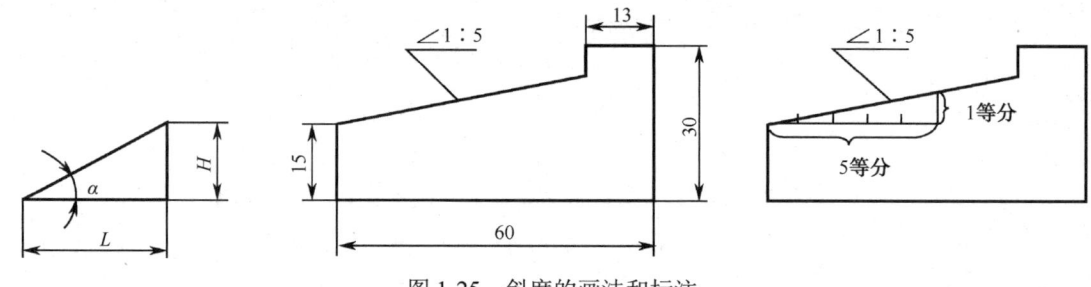

图 1-25　斜度的画法和标注

(2) 锥度

锥度是指圆锥的底面直径与锥体高度之比，以 1：n 的形式标注。如果是圆台，则为上、下两底圆的直径差与锥台高度之比值，即锥度=$\dfrac{D}{L}=\dfrac{D-d}{l}=2\tan\dfrac{\alpha}{2}$，如图 1-26 所示。

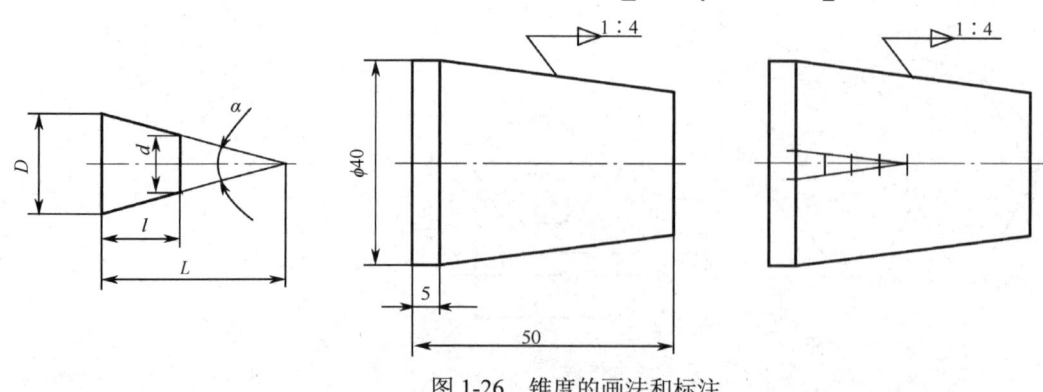

图 1-26　锥度的画法和标注

 **技能训练**

1. 参照图 1-27（a），在图 1-27（b）中按 1∶1 作 1∶6 斜度，保留作图痕迹，并标注斜度。

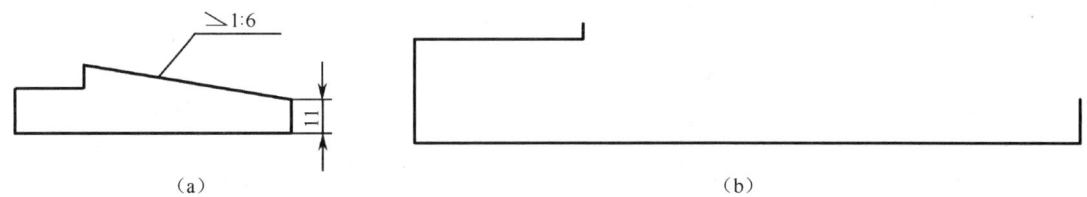

图 1-27 作斜度

2. 如图 1-28 所示，圆台锥度为 1∶20，则右端直径 X 值为_____。

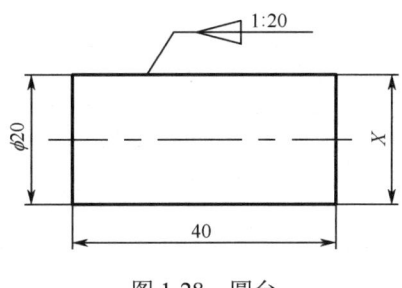

图 1-28 圆台

任务 1.2 绘制平面几何图形

任务目标

（1）掌握平面图形的基本知识；
（2）掌握圆弧连接的基本方法；
（3）能对平面图形进行尺寸分析与线段分析；
（4）能正确绘制平面图形；
（5）具有严谨细致的工作作风、求真务实的科学态度。

任务要求

扫一扫
看 AR 图

绘制如图 1-29 所示的手柄平面图形。

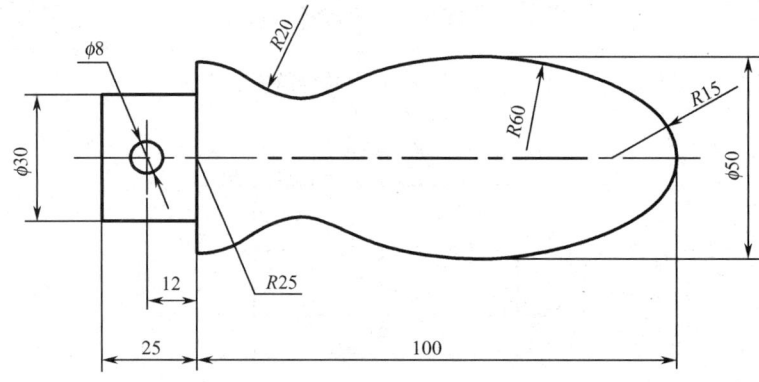

图 1-29　手柄平面图形

任务指导

1. 如图 1-30 所示为图 1-29 所示平面图形的作图步骤。

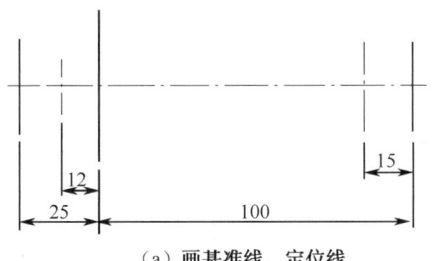

（a）画基准线、定位线

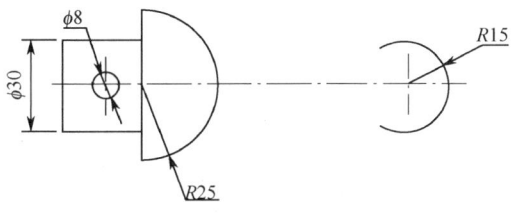

（b）画已知线段

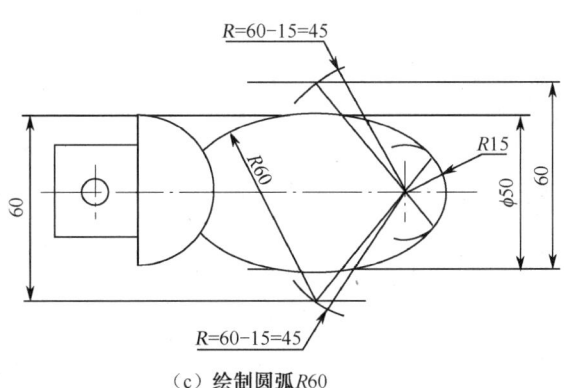

（c）绘制圆弧 $R60$

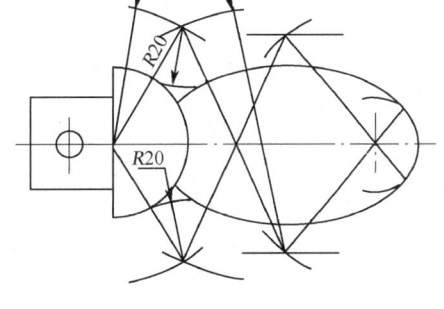

（d）绘制圆弧 $R20$

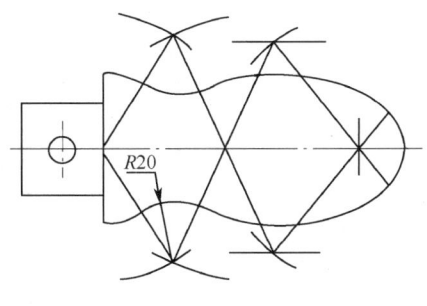

（e）整理图线

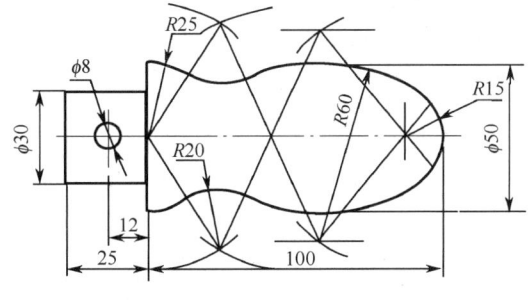

（f）加深粗实线，标注尺寸

图 1-30　平面图形的作图步骤

2. 在图 1-31 上完成平面图形（保留作图痕迹）。

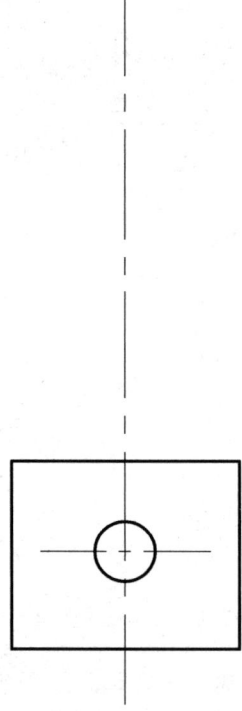

图 1-31 完成平面图形

 知识链接

1.2.1 圆弧连接

工程图样中的大多数图形是由直线与圆弧、圆弧与圆弧连接而成的。圆弧连接,实际上就是用已知半径的圆弧去光滑地连接两条已知线段(直线或圆弧)。其中起连接作用的圆弧称为连接弧。这里讲的连接,指圆弧与直线或圆弧与圆弧的连接处是相切的,连接点亦可称为切点。

1. 圆弧连接的作图原理

圆弧连接的作图原理如表 1-9 所示。

表 1-9 圆弧连接的作图原理

类别	圆弧与直线相切	圆弧与圆弧外切	圆弧与圆弧内切
图例	(a)	(b)	(c)
说明	圆心轨迹为与已知直线平行且距离为 R 的直线,由圆心向已知直线所作垂线的垂足即为切点	圆心轨迹为已知圆弧的同心圆,轨迹圆的半径为两个圆弧半径之和,圆心连线与已知圆弧的交点即为切点	圆心轨迹为已知圆弧的同心圆,轨迹圆的半径为两个圆弧半径之差,圆心连线的延长线与已知圆弧的交点即为切点

因此,在作图时,必须根据连接弧的几何性质,准确地求出连接弧的圆心和切点的位置,才能正确画出连接弧。

2. 圆弧连接的常见形式

(1) 用圆弧连接两条已知直线。

原理: 与已知直线相切的圆弧,其圆心的轨迹是一条与已知直线平行的直线,距离为半径 R,从圆心向已知直线作垂线,垂足就是切点,如图 1-32 所示。

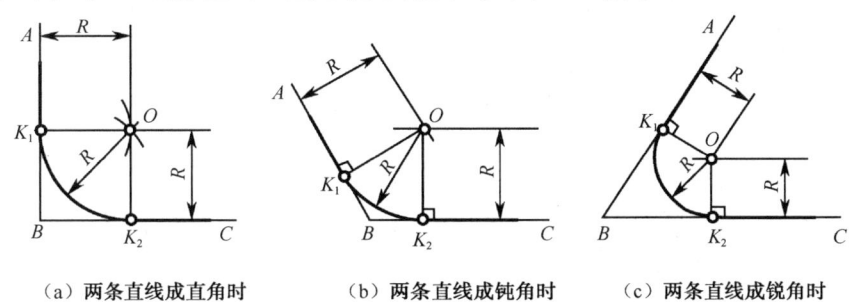

(a) 两条直线成直角时　　(b) 两条直线成钝角时　　(c) 两条直线成锐角时

图 1-32 用圆弧连接两条已知直线

① 作两条已知直线的平行线,距离为 R,两条平行线交于点 O,点 O 即为圆心。

② 过点 O 分别作两条已知直线的垂线，垂足 K_1、K_2 即为切点。

③ 以点 O 为圆心，R 为半径，过点 K_1、K_2 作圆弧。

（2）作半径为 R 的圆弧与两个已知圆外切。

原理：半径为 R 的圆弧的圆心轨迹为已知圆的同心圆，轨迹圆的半径为两个已知圆半径之和，切点在圆心的连线与已知圆的交点处，如图 1-33 所示。

① 找圆心：以 O_1 为圆心、R_1+R 为半径作圆弧，以 O_2 为圆心、R_2+R 为半径作圆弧，两圆弧交点 O_3 即为圆心。

② 找切点：分别连接 O_1、O_3 和 O_2、O_3，与两个已知圆的交点即为切点。

③ 作圆弧：以 O_3 为圆心，过两个切点作半径为 R 的圆弧。

（3）作半径为 R 的圆弧与两个已知圆内切。

原理：半径为 R 的圆弧的圆心轨迹为已知圆的同心圆，轨迹圆的半径为两个已知圆半径之差。切点在圆心连线的延长线与已知圆的交点处，如图 1-34 所示。

① 找圆心：以 O_1 为圆心、$R-R_1$ 为半径作圆弧，以 O_2 为圆心、$R-R_2$ 为半径作圆弧，两个圆弧交点 O_3 即为圆心。

② 找切点：分别连接 O_1、O_3 和 O_2、O_3 并延长，与两个已知圆的交点即为切点。

③ 作圆弧：以 O_3 为圆心，过两个切点作半径为 R 的圆弧。

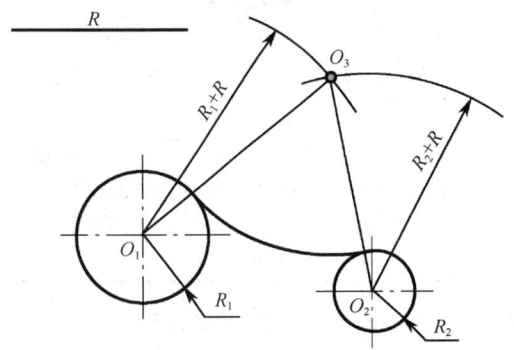

图 1-33　作半径为 R 的圆弧与两个已知圆外切

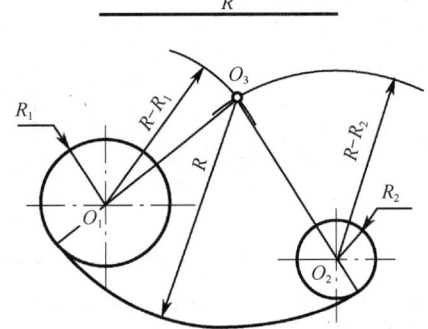

图 1-34　作半径为 R 的圆弧与两个已知圆内切

（4）作半径为 R 的圆弧与两个已知圆内、外切。

绘制步骤如图 1-35 所示。

（5）用圆弧连接直线与圆弧 R_1（圆心为 O_1）。

绘制步骤如图 1-36 所示。

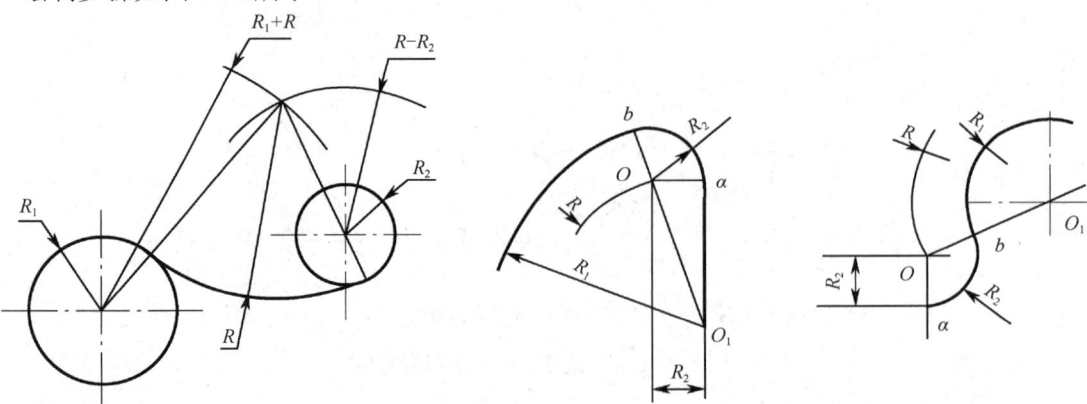

图 1-35　作半径为 R 的圆弧与两个已知圆内、外切　　图 1-36　用圆弧连接直线与圆弧 R_1（圆心为 O_1）

【例1-1】绘制如图1-37所示的圆弧连接图形。

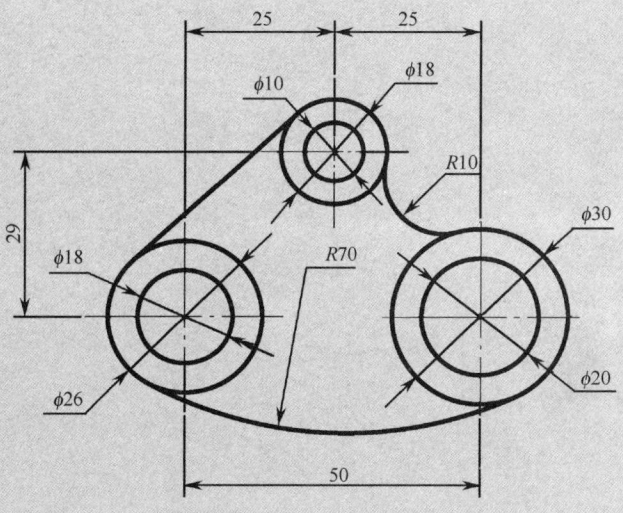

图1-37　圆弧连接图形

作图过程如图1-38所示。

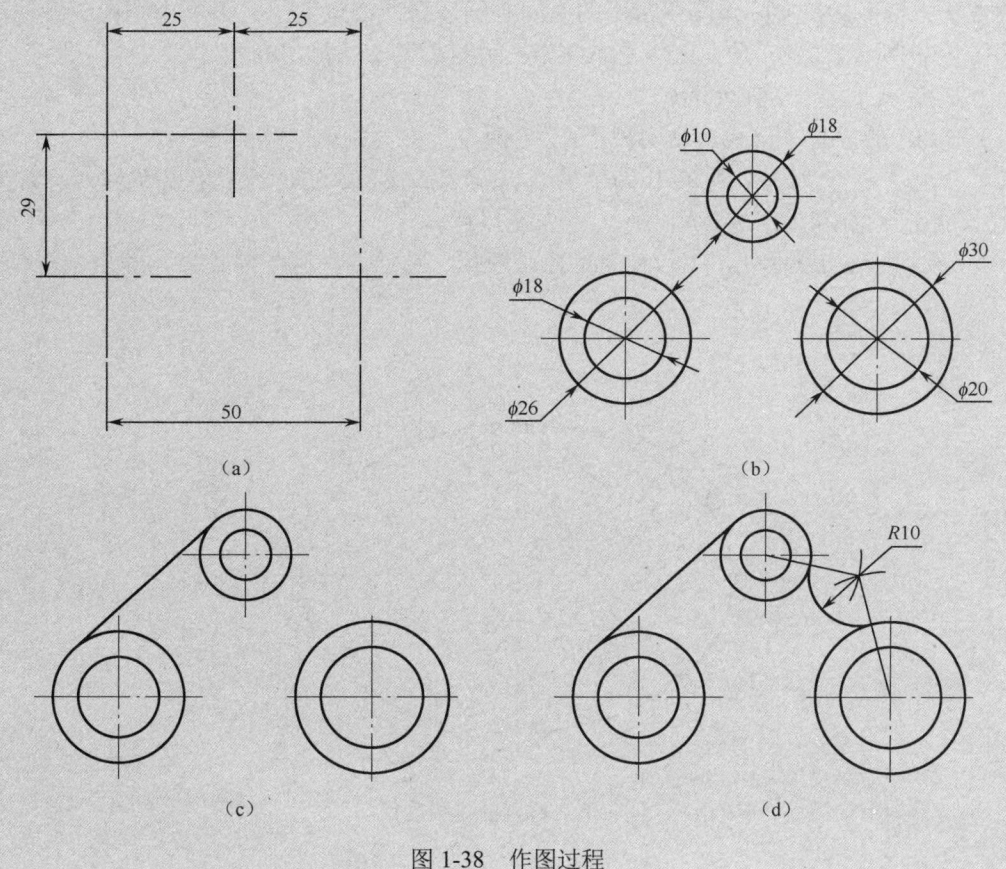

图1-38　作图过程

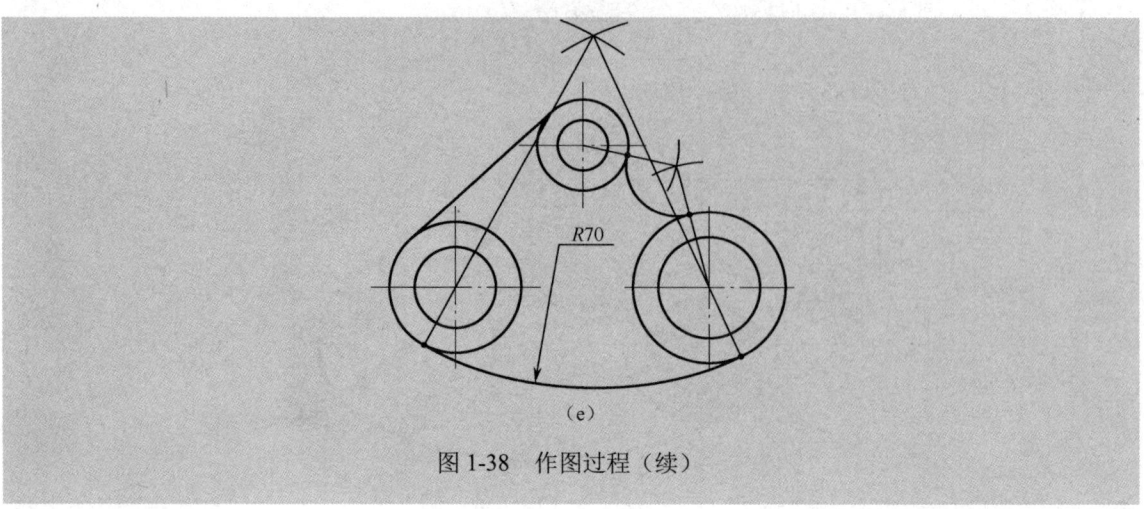

图 1-38 作图过程（续）

1.2.2 椭圆画法

椭圆为非圆曲线，由于一些机件具有椭圆形结构，因此在作图时应掌握椭圆的画法。画椭圆的方法比较多，在实际作图中常用的有同心圆法和四心近似法。下面介绍四心近似法。

如图 1-39 所示，已知长轴 AB、短轴 CD，用四心近似法作出椭圆。

（1）连接 AC，取 CF=OA−OC。

（2）作 AF 的垂直平分线，交两轴于 1、2 两点，并分别取对称点 3、4。

（3）分别以 2、3 为圆心，2C 长为半径画长弧交 21 和 23 的延长线于点 K 和 N，交 41 和 43 的延长线于点 K_1 和 N_1；K、N、K_1、N_1 为连接点。

（4）分别以 1、3 为圆心，以 1K 为半径画短弧，与前面所画长弧连接，即近似得到所求椭圆。

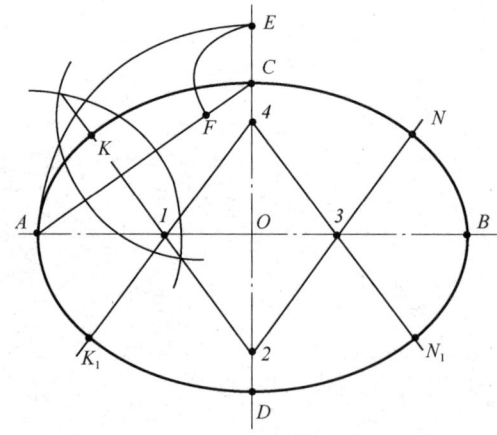

图 1-39 椭圆的作图过程

1.2.3 平面图形的绘制

平面图形一般包含一个或多个封闭图形，而每个封闭图形又由若干线段（直线、圆弧或曲线）组成，故只有首先对平面图形的尺寸和线段进行分析，才能正确地绘制图形。

1. 平面图形的尺寸分析

尺寸决定了平面图形各组成部分的形状、大小和相对位置。尺寸分为两类（按作用）：定形尺寸和定位尺寸，确定定位尺寸的起点称为基准。

（1）尺寸基准

尺寸基准是确定尺寸位置的几何元素，平面图形有水平和垂直两个方向的尺寸基准。在平面图形中，通常将尺寸基准选取为图形的对称中心线、图形的轮廓线、圆心等。基准选择的不同，其定位尺寸的标注也就不同。

（2）定形尺寸

定形尺寸是确定图形中各线段形状、大小的尺寸，一般情况下确定几何图形所需定形尺寸的个数是一定的，如矩形的定形尺寸是长和宽，圆和圆弧的定形尺寸是直径和半径等。如图 1-29 中 $\phi30$、$\phi8$、25、$R25$、$R20$、$R60$、$R15$、$\phi50$ 等为定形尺寸。

（3）定位尺寸

定位尺寸是确定图形中各线段间相对位置的尺寸。必须注意，有时一个尺寸既是定形尺寸，又是定位尺寸。如图 1-29 中，尺寸 12 是确定 $\phi8$ 小圆位置的定位尺寸；$\phi50$ 既是手柄粗细的定形尺寸，又是 $R60$ 圆弧的定位尺寸。

2. 平面图形的线段分析

绘制平面图形时，要对组成平面图形的各条线段的形状和位置进行分析，找出连接关系，明确哪些线段可以直接画出，哪些线段需要通过几何作图才能画出，即对平面图形进行线段分析，以确定平面图形的画法和作图步骤。

在平面图形中，线段可分为三种类型。

（1）已知线段

已注有齐全的定形尺寸和定位尺寸的线段为已知线段，不依靠与其他线段的连接关系即可画出。如注有圆弧半径（直径）或圆心两个定位尺寸的圆弧为已知圆弧，如图 1-29 中的 $\phi8$ 圆、$R15$ 圆弧、$R25$ 圆弧、$\phi30$ 线段等。

（2）中间线段

已注出定形尺寸和一个方向的定位尺寸，必须依靠相邻线段间的连接关系才能画出的线段为中间线段。如具有圆弧半径（直径）或圆心一个定位尺寸的圆弧为中间圆弧，如图 1-29 中的 $R60$ 圆弧。

（3）连接线段

只注出定形尺寸，未注出定位尺寸的线段为连接线段，其定位尺寸需根据该线段与相邻两条线段的连接关系，通过几何作图方法求出。作图时需要根据其与已知线段和中间线段的几何关系来确定线段的定位尺寸，从而作出连接线段，如图 1-29 中的 $R20$ 圆弧。

3. 平面图形的作图步骤

平面图形的作图步骤为：在对其进行线段分析的基础上，应先画出已知线段，再画出中间线段，后画出连接线段。

技能训练

1. 根据图 1-40 所注尺寸，按 1∶1 完成圆弧连接，保留作图过程（细线）。

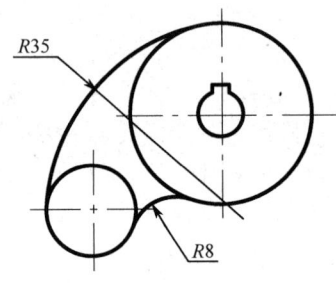
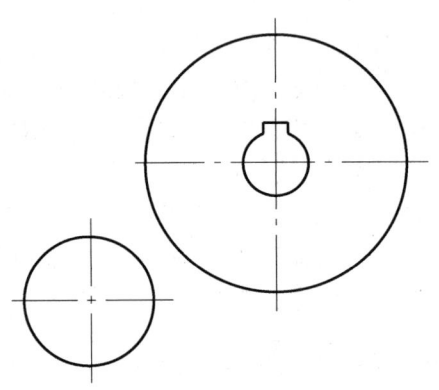

图 1-40　圆弧连接图形

2. 对图 1-41 所示平面图形进行尺寸分析与线段分析。

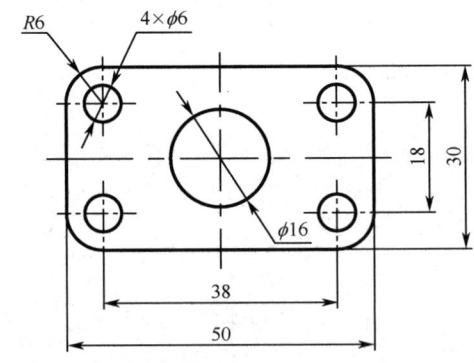

图 1-41　平面图形

（1）定形尺寸有：_____。
（2）定位尺寸有：_____。
（3）线段分析：圆 4×φ6 是_____，圆弧 R6 是_____。

延伸阅读

《新仪象法要》——我国保存至今最早、最完整的机械图纸

水运仪象台是北宋时期苏颂等人发明、制造,以漏刻水力驱动,集天文观测、天文演示和报时系统为一体的大型自动化天文仪器。它是我国古代的卓越创造成果,标志着我国古代天文仪器制造的高峰,是世界上最早的天文钟。水运仪象台是 11 世纪末我国制造的杰出的天文仪器,可以反映出我国古代力学知识的应用已经达到了相当高的水平。

水运仪象台完成后,苏颂把水运仪象台的总体结构和各部件绘图加以说明,著成《新仪象法要》一书。《新仪象法要》是一部具有重要意义的古代科技著作。这部不足三万字的著作,记下了我国古代的许多光辉成果,其中有世界上最早的机械钟表——锚状擒纵器;它记录的游仪窥管随天体运动,是现代天文台的跟踪机械——转仪钟的雏形;它记录的水运仪象台观测室活动屋板,是现代天文台圆顶的祖先。此外,此书还为我们留下天文仪器和机械传动的全图、分图、零件图五十多幅,绘制了一百五十多种机械零配件,这是我国保存至今的最早、最完整的机械图纸。正是由于这些图纸保存至今,现代学者才得以进行研究,王振铎、李约瑟才分别复原出水运仪象台。

苏颂之所以在天文仪器、本草医药、机械图纸、星图绘制方面都能站在时代的前列,是有诸多原因的,最重要的一条莫过于他致力于创新的科学精神。在天文仪器制造方面,他详尽地研究了前代天文学家张衡、一行、张思训等取得的成就,在仔细研读前人的理论后进行了演示、探索与改进,最后达到了成于自然、尤为精妙的成就。

当然,创新的前提是要具有扎实的理论功底、丰厚的学术积淀、严谨细致的工作态度、求真务实的科学精神。古人已经给我们做出了很好的榜样,我们应当自立自强,勇于开拓,取得更多创新成果。

项目 2　绘制简单形体三视图

任务 2.1　绘制平面体三视图

 **任务目标**

（1）了解投影法的基本知识；
（2）能够看懂立体图；
（3）能够对平面体进行形体分析；
（4）能绘制平面体的三视图并进行尺寸标注；
（5）具有一定的自学能力，能主动学习、独立思考。

 **任务要求**

根据如图 2-1 所示平面体立体图，绘制平面体三视图，并标注尺寸。

扫一扫
看 AR 图

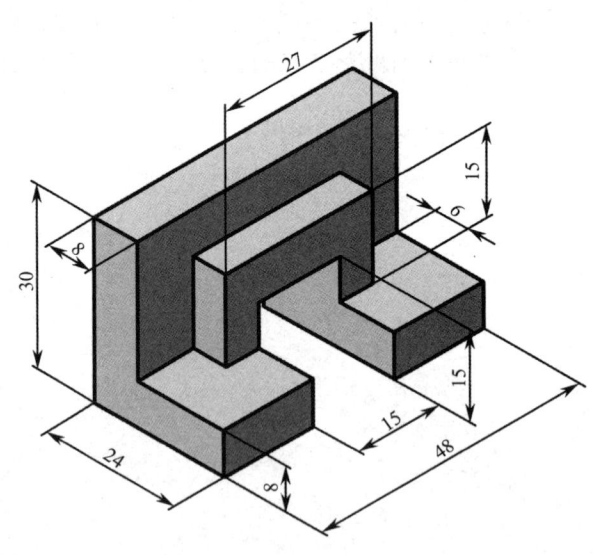

图 2-1　平面体立体图

项目 2　绘制简单形体三视图

任务指导

图 2-1 所示平面体三视图绘图步骤如表 2-1 所示。

表 2-1　平面体三视图绘图步骤

实施步骤	图　示
1. 绘制底板三视图	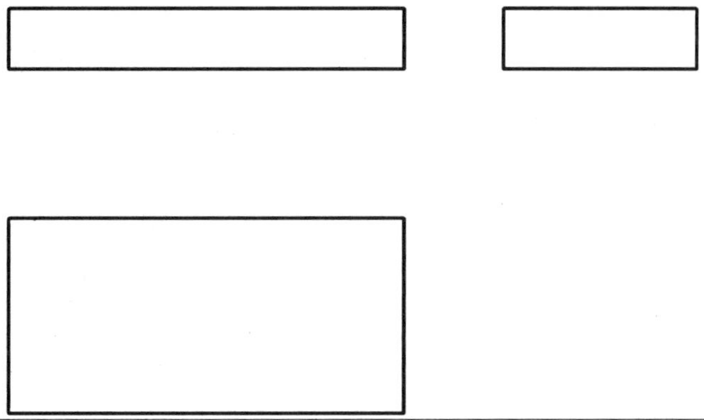
2. 绘制后方竖板三视图	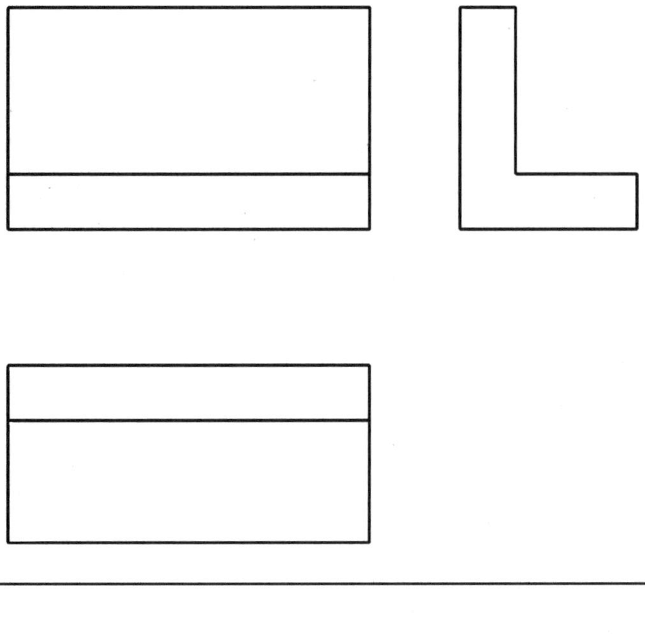

29

续表

实施步骤	图　示
3. 绘制中间小竖板三视图	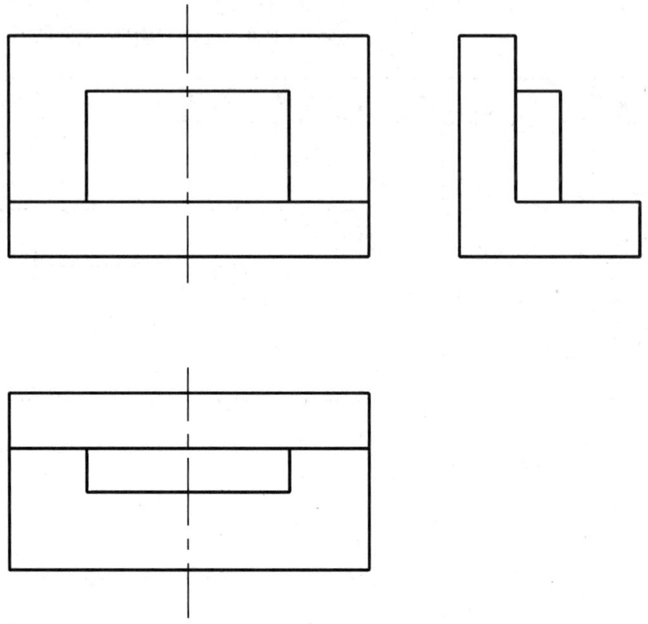
4. 完成任务：绘制中间方槽截切三视图（根据主视图、左视图，画出俯视图）	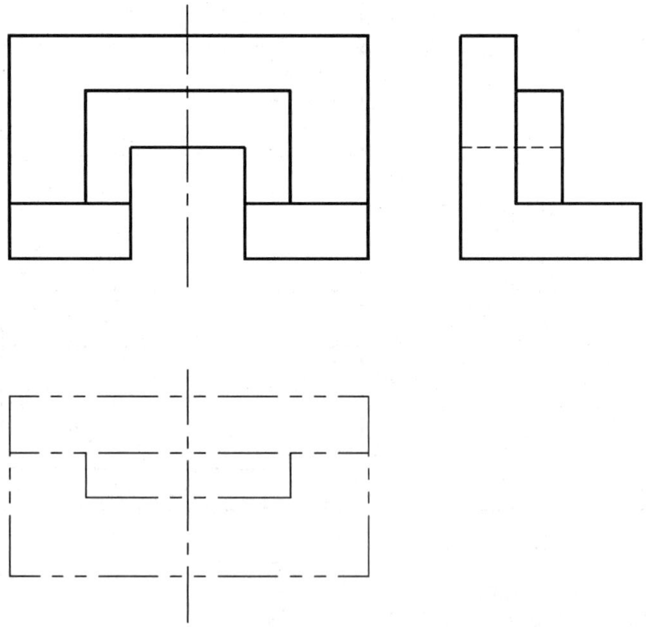

知识链接

2.1.1 投影法的基本知识

正投影法能准确表达物体的形状，而且度量性好，作图方便，在工程上得到了广泛应用。机械图样是以正投影法为基础绘制的，因此，正投影法的基本原理是学习机械制图的理论基础，也是核心内容。

1. 概述

投影法是指投射线通过物体向选定的面投射，并在该面上得到图形的方法。

如图 2-2 所示，设平面 P 为投影面，不属于投影面的定点 S 为投射中心。过空间点 A 由投射中心可引直线 SA，SA 称为投射线。投射线 SA 与投影面 P 的交点 a，称作空间点 A 在投影面 P 上的投影。同理，点 b 是空间点 B 在投影面 P 上的投影（注：空间点以大写字母表示，如 A、B、C；其投影用相应的小写字母表示，如 a、b、c）。

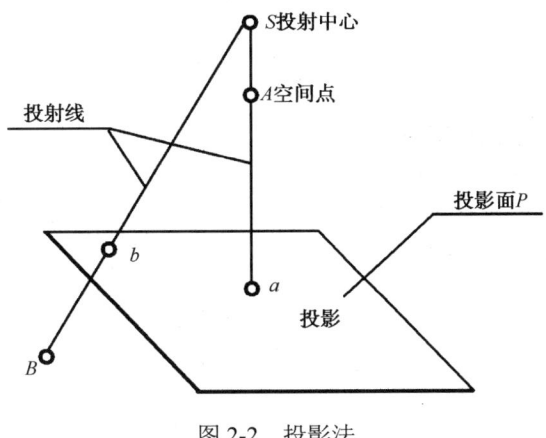

图 2-2 投影法

2. 投影法的分类

（1）中心投影法

投射线均从投射中心出发的投影法称为中心投影法，所得到的投影称为中心投影。

（2）平行投影法

投射线相互平行的投影法称为平行投影法，所得到的投影称为平行投影。根据投射线与投影面的相对位置，平行投影法分为以下两种。

① 斜投影法：投射线倾斜于投影面。由斜投影法得到的投影称为斜投影。

② 正投影法：投射线垂直于投影面。由正投影法得到的投影称为正投影。

正投影法常用来绘制工程图样，所以机械制图的基础是正投影法。

3. 正投影法的投影特性

（1）真实性

当直线或平面图形平行于投影面时，其投影反映直线的实长或平面图形的实形，如图 2-3（a）所示。

（2）积聚性

当直线或平面图形垂直于投影面时，直线的投影积聚成一点，平面图形的投影积聚成一条直线，如图2-3（b）所示。

（3）类似性

当直线或平面图形倾斜于投影面时，直线的投影仍为直线，但小于实长。平面图形的投影小于真实形状，但类似于平面图形，图形的基本特征不变，如多边形的投影仍为多边形，如图2-3（c）所示。

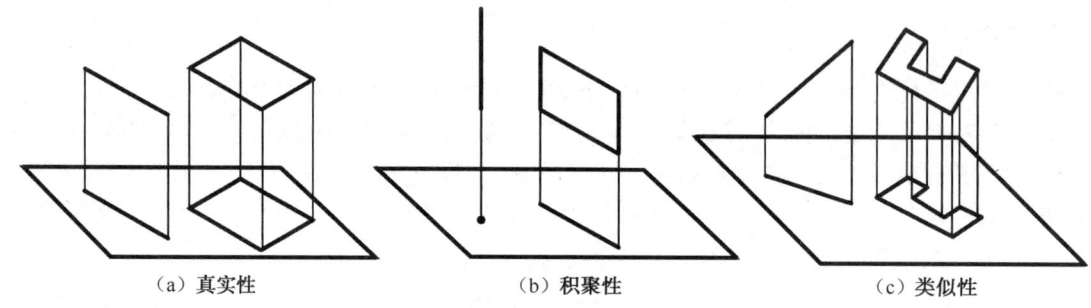

(a) 真实性　　　　　　　　(b) 积聚性　　　　　　　　(c) 类似性

图2-3　正投影法的投影特性

2.1.2　三视图的形成及其投影规律

1. 三投影面体系的建立及三视图的形成

一般工程图样采用正投影法绘制，用正投影法绘制出的物体的图形称为视图。通常一个视图不能确定物体的形状，如图2-4所示。要反映物体的真实形状，必须增加不同方向的投影面，所得到的几个视图相互补充，完整表达物体形状。

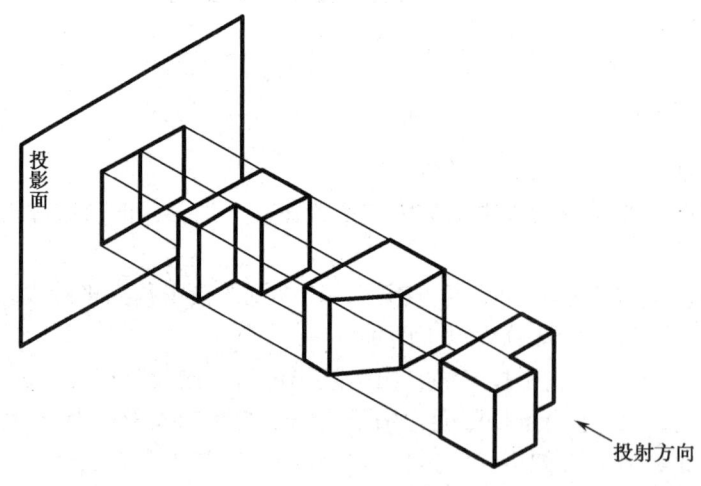

图2-4　视图

工程上常用三视图，如图2-5所示。设三个互相垂直的投影面，分别为正立投影面 V（简称正面）、水平投影面 H（简称水平面）、侧立投影面 W（简称侧面）。三个投影面的交线 OX、OY、OZ（O 为三个投影面的交点）也互相垂直，分别代表长、宽、高三个方向，称为投影轴。把物体放在观察者与投影面之间，按正投影法向各投影面投射，即可分别得到正面投影、水平投影和侧面投影。

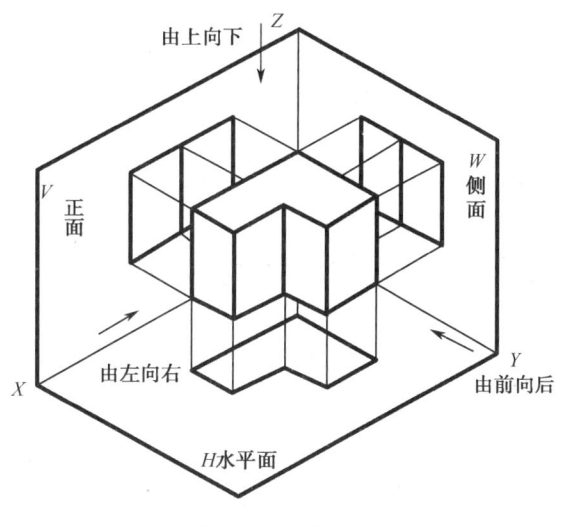

图 2-5 三视图

为了使所得到的三个投影处于同一平面上，保持 V 面不动，将 H 面绕 OX 轴向下旋转 90°，W 面绕 OZ 轴向右旋转 90°，与 V 面处于同一平面上，如图 2-6（a）、（b）所示。V 面上的视图称为主视图，H 面上的视图称为俯视图，W 面上的视图称为左视图。在画视图时，投影面的边框及投影轴不必画出，三个视图的相对位置不能变动，即俯视图在主视图的下边，左视图在主视图的右边。三个视图的配置如图 2-6（c）所示，称为按投影关系配置，三个视图的名称不必标注。

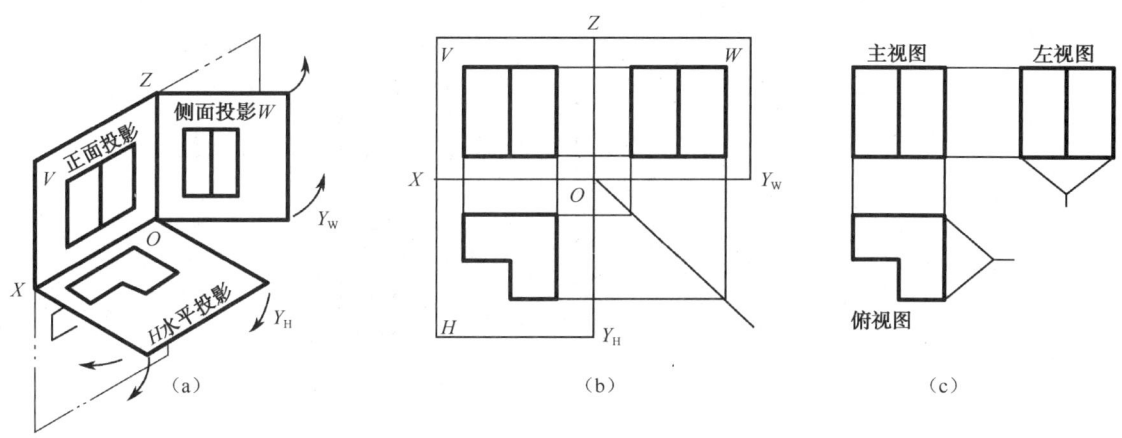

图 2-6 三视图的形成

2. 三视图的投影规律

物体有长、宽、高三个方向的尺寸。物体左右间的距离为长度（X），前后间的距离为宽度（Y），上下间的距离为高度（Z），如图 2-7（a）所示。一个视图只能反映两个方向的尺寸，如图 2-7（b）、（c）所示。主视图反映物体的长和高，俯视图反映物体的长和宽，左视图反映物体的宽和高。由此可归纳出三视图的投影规律：

主视图和俯视图**长对正**；

主视图和左视图**高平齐**；

俯视图和左视图**宽相等**。

这是三视图的投影规律，也是画图和看图的主要依据。

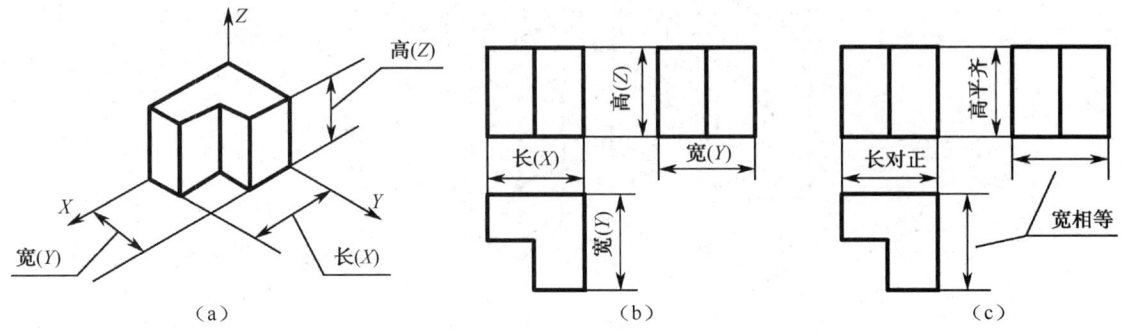

图 2-7　三视图的投影关系

3. 方位关系

物体有上、下、左、右、前、后六个方位，如图 2-8（a）所示。由图 2-8（b）可知：

（1）主视图反映物体的上、下和左、右相对位置关系。

（2）俯视图反映物体的前、后和左、右相对位置关系。

（3）左视图反映物体的前、后和上、下相对位置关系。

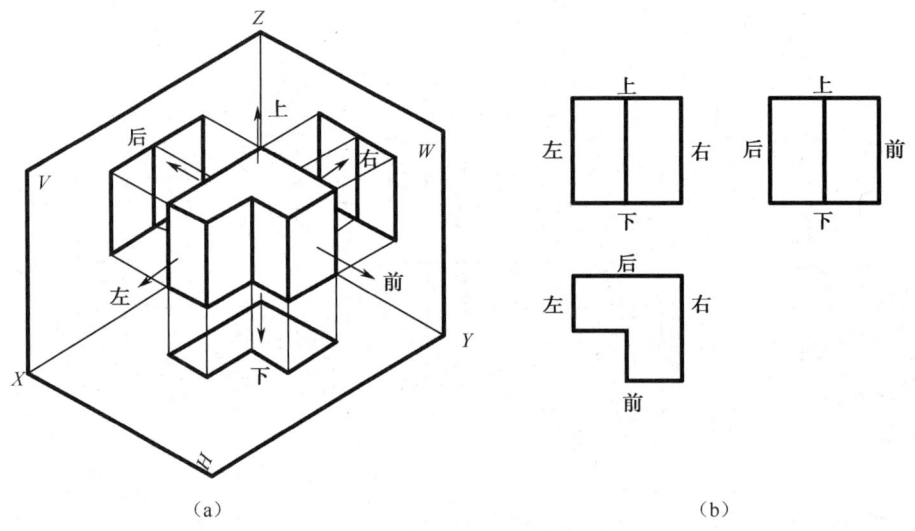

图 2-8　三视图的方位关系

在画图和读图时，要把其中两个视图联系起来，才能表明物体的六个方位的关系，特别要注意俯视图和左视图之间的前后对应关系，以及其保持宽相等的方法。

【例 2-1】 根据图 2-9（a）所示物体，绘制其三视图。

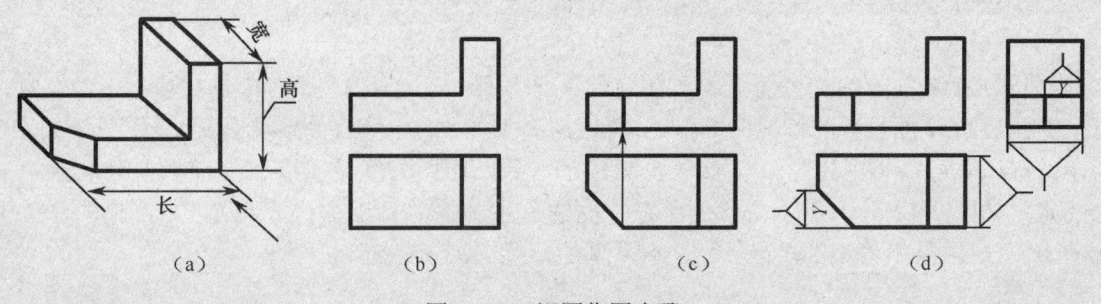

图 2-9 三视图作图步骤

画物体的三视图，首先要根据物体的形状特征选择主视图的投射方向，并使物体的主要表面与相应的投影面平行。图 2-9（a）中所示物体是底板左侧切角的直角弯板，画三视图时，应先画反映物体形状特征的视图，再按投影规律画出其他视图。

作图步骤：

① 量取弯板的长度和高度，画出反映特征轮廓的主视图，根据长对正关系，量取宽度画出俯视图，如图 2-9（b）所示。

② 在俯视图上画出底板左侧的切角，再根据长对正关系在主视图上画出切角的图线，如图 2-9（c）所示。

③ 按主、左视图高平齐，俯、左视图宽相等的关系，画出左视图。注意俯、左视图上"Y"的前后对应关系，如图 2-9（d）所示。

④ 检查无误，擦去多余作图线，描深加粗三视图的图线，如图 2-9（d）所示。

2.1.3 平面立体

1. 棱柱

棱柱的棱线互相平行，常见的棱柱有三棱柱、四棱柱、五棱柱和六棱柱等。下面以图 2-10 所示的正六棱柱为例，分析其投影特性和作图方法。

（1）形状和位置

正六棱柱的顶面和底面是两个相互平行的正六边形，六个侧棱面均为矩形，各侧棱面均与顶面和底面垂直。为了便于作图，选择六棱柱的顶面、底面平行于水平面，并使其中的两个侧棱面与 V 面平行。

（2）投影分析

画平面立体的投影就是要画出各棱面、棱线和顶点的投影。图 2-10 中，H 面投影是一个正六边形，它反映了正六棱柱顶面和底面的实形，六条边分别是六个棱面的积聚投影。在 V 面投影中，上、下两条横线是顶面和底面的积聚投影，四条竖线是六条棱线的投影，三个封闭的线框是棱面的投影，中间的线框反映了棱面的实形。在 W 面的投影中，上、下两条横线是顶面和底面的积聚投影，三条竖线中，左、右两条分别是前、后棱面的积聚投影，中间一条是六棱柱左、右棱线的投影。

（3）作图步骤

用对称中心线或基准线确定各视图的位置后，首先用细线画六棱柱的 H 面投影——正六边形；再根据长对正的投影关系和六棱柱的高度画出 V 面投影；然后由高平齐及宽相等的投影关系画出 W 面投影；最后检查并描粗，即得正六棱柱的三视图。

(4) 表面上取点

如点 A 在右前方的侧棱面上，已知它的 V 面投影 a'，求 H 面和 W 面投影 a 和 a'' 时，可根据侧棱面 H 面投影的积聚性求出 a，再根据高平齐、宽相等的关系求出 a''，如图 2-10（b）所示。宽相等可以不用投影轴与 45°分角线的关系，而用分规量出点 A 至前后对称面的距离来确定，如图 2-10（c）所示。点 A 所在平面的 V 面投影是可见的，因此 a' 是可见的。该平面的 W 面投影是不可见的，故 a'' 是不可见的，用（a''）表示。

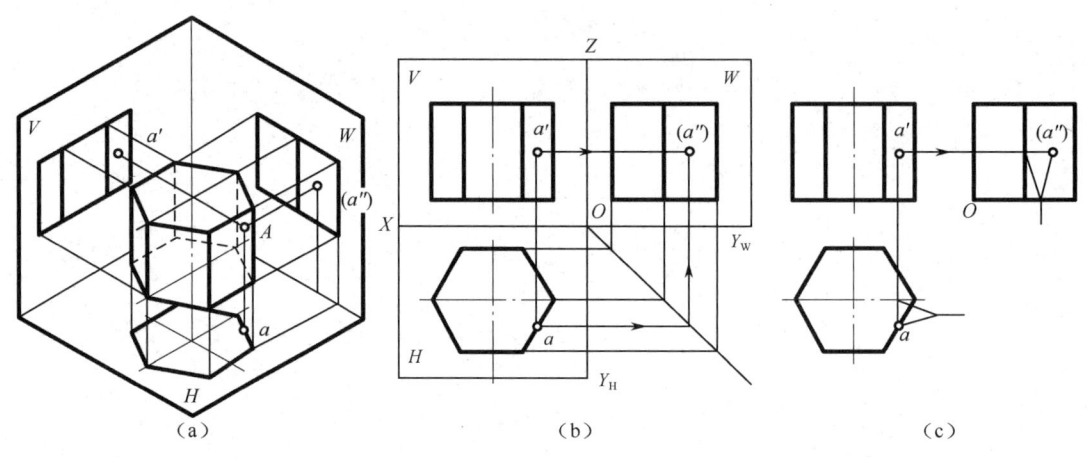

图 2-10 正六棱柱的投影

2. 棱锥

棱锥的棱线交于一点，常见的棱锥有三棱锥、四棱锥、五棱锥等。下面以图 2-11（a）所示的正三棱锥为例，分析其投影特性和作图方法。

(1) 形状和位置

图 2-11（a）所示是一个正三棱锥投影的直观图。该三棱锥的底面为等边三角形，三个侧面为全等的等腰三角形，将其放置成底面平行于水平面，并有一个侧面垂直于 W 面。

(2) 投影分析

由于锥底面△ABC 为水平面，所以它的 H 面投影△abc 反映了底面的实形，V 面和 W 面投影分别积聚成平行于 X 轴和 Y 轴的直线段 $a'b'c'$ 和 $a''(c'')b''$。锥体的后侧面△SAC 为侧垂面，它的 W 面投影积聚为一段斜线 $s''a''(c'')$，它的 V 面和 H 面投影为类似形△$s'a'c'$ 和△sac，前者不可见，后者可见。左、右两个侧面为一般位置面，它在三个投影面上的投影均是类似形。

(3) 作图步骤

画正三棱锥三视图时，一般先画底面的各个投影，然后确定锥顶 S 的各个投影，同时将它与底面各顶点的同名投影连接起来，即可完成三视图。

(4) 表面上取点

凡特殊位置表面上的点，可利用投影的积聚性直接求得；而属于一般位置表面上的点，可通过在该面上作辅助线的方法求得。

如图 2-11（b）所示，已知棱面△SAB 上点 M 的 V 面投影 m' 和棱面△SAC 上点 N 的 H 面投影 n，求作 M、N 两点的其余投影。

由于点 N 所在的棱面△SAC 为侧垂面，可利用该平面在 W 面上的积聚投影求得 n″，再由 n 和 n″ 求得（n′）。由于点 N 所属棱面△SAC 的 V 面投影不可见，所以（n′）不可见。

点 M 所在平面△SAB 为一般位置面，可按图 2-11（a）所示，过锥顶 S 和 M 引一直线 SI，作出 SI 的有关投影，就可根据点与直线的从属性质求得点的相应投影。具体作图时，过 m′ 引 s′1′，由 s′1′ 求作 H 面投影 s1，再由点 M 引投影连线交于 s1 上 m，最后由 m′ 和 m 求得 m″。

由于点 M 所属棱面△SAB 在 H 面和 W 面上的投影都是可见的，所以 m 和 m″ 也是可见的。

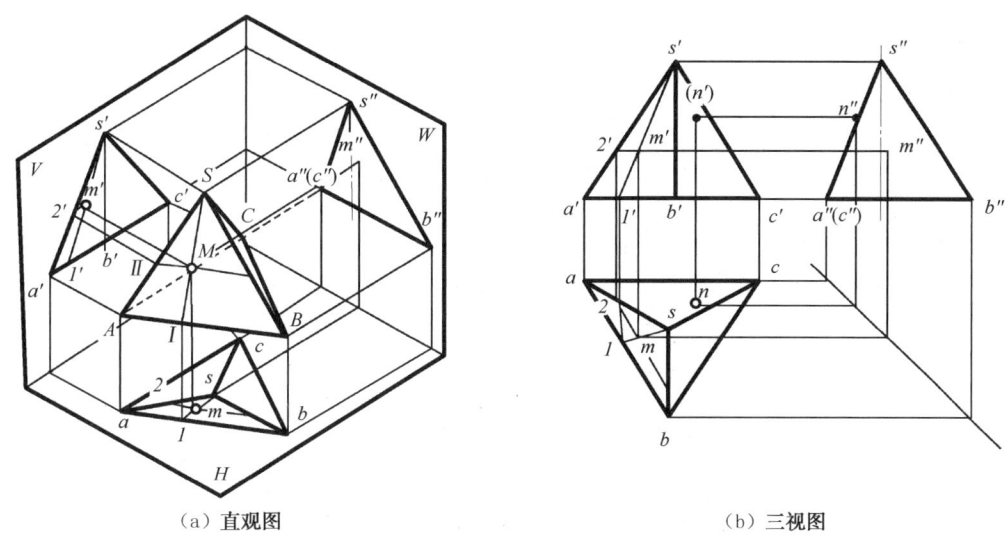

（a）直观图　　　　　　　　　　　　（b）三视图

图 2-11　正三棱锥的投影

2.1.4　平面与平面体相交

平面与平面体相交而产生的交线称为截交线。

求平面体的截交线就是要找出平面体上被截棱线的截断点，然后依次连接这些截断点就可得到该平面体的截交线。

（1）图 2-12（a）表示四棱锥被一个正垂面 P 截断，作截交线。

四棱锥被正垂面 P 斜切，截交线组成四边形，其四个顶点分别是四条侧棱与截平面 P 的交点。因此，只要求出四个顶点在各投影面上的投影，然后依次连接各顶点的同名投影，即得截交线的投影。

作图步骤：

① 因截平面的正面投影积聚成直线，可直接求出截交线各顶点的正面投影（1′）、2′、3′、(4′)。

② 根据直线上点的投影规律，求出各顶点的水平投影 1、2、3、4 和侧面投影 1″、2″、3″、4″。

③ 依次连接各顶点的同名投影，即得截交线的投影。

（2）如图 2-13（a）所示为 L 形六棱柱被正垂面 P 切割，求作切割后六棱柱的三视图。

正垂面 P 切割 L 形六棱柱，与六棱柱的六个棱面都相交，所以截交线为六边形。如图 2-13（b）所示，平面 P 垂直于正面，截交线的正面投影积聚在 P′ 上。因为六棱柱六个棱面的侧面投影都有积聚性，所以截交线的正面和侧面投影均为已知，仅需作截交线的水平投影。

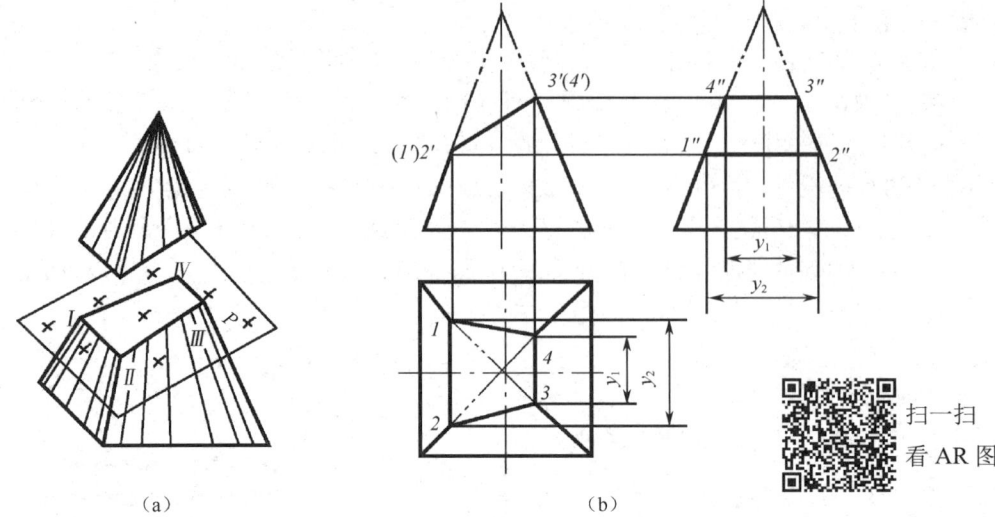

图 2-12 四棱锥的投影

① 参照立体图，在主、左视图上标注已知各点的正面和侧面投影（见图 2-13（b））。
② 由已知各点的正面和侧面投影作水平投影 a、b、c、d、e、f（见图 2-13（c））。
③ 擦去作图线，描深六棱柱被切割后的图线。值得注意的是，截交线的水平投影和侧面投影为六边形的类似形（L 形），如图 2-13（d）所示。

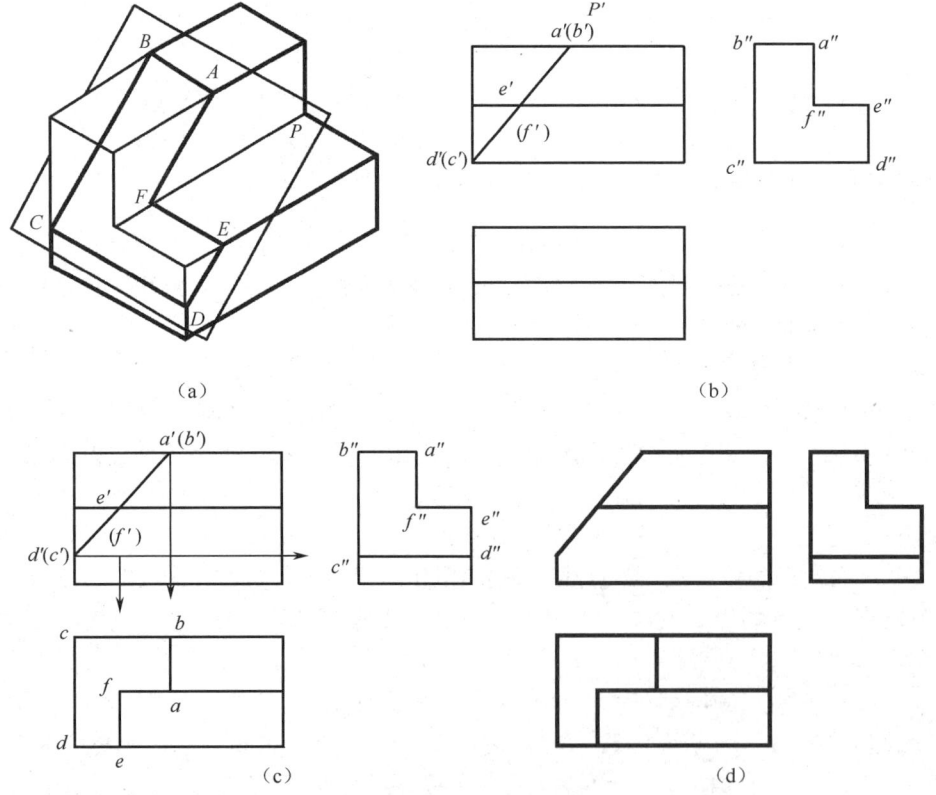

图 2-13 正垂面切割六棱柱

2.1.5 基本体尺寸标注

视图只能表示物体的形状,物体的大小则由标注尺寸来确定。组合体尺寸标注的要求是正确、完整、清晰、合理。

(1) 正确。所注尺寸应符合国家标准有关尺寸注法的基本规定,注写的尺寸数字要正确无误。

(2) 完整。将确定组合体各部分形状大小及相对位置的尺寸标注齐全,不遗漏,不重复。

(3) 清晰。尺寸标注要布置匀称、清楚、整齐,便于阅读。

(4) 合理。所注尺寸应符合形体构成规律与要求,便于加工和测量。这是一个很大的课题,这里暂不加以叙述。

要掌握组合体的尺寸标注,必须先了解基本体的尺寸标注方法。常见基本体尺寸注法如图 2-14 所示。需要注意的是,有些基本体的尺寸中有互相关联的尺寸,如图 2-10 中正六棱柱底面的对边距和对角距相关联,因此底面尺寸只标注对边距(或对角距)。

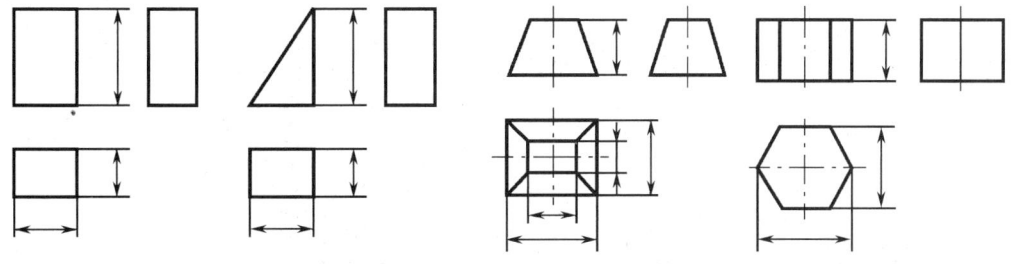

图 2-14 常见基本体的尺寸注法

【例 2-2】根据如图 2-15 所示平面体立体图,画平面体的三视图,比例自定。

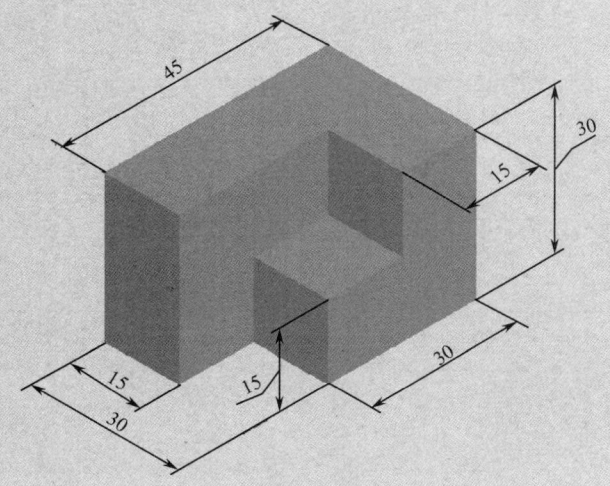

图 2-15 平面体立体图

(1) 形体分析

对平面体的形体分析如图 2-16 所示。

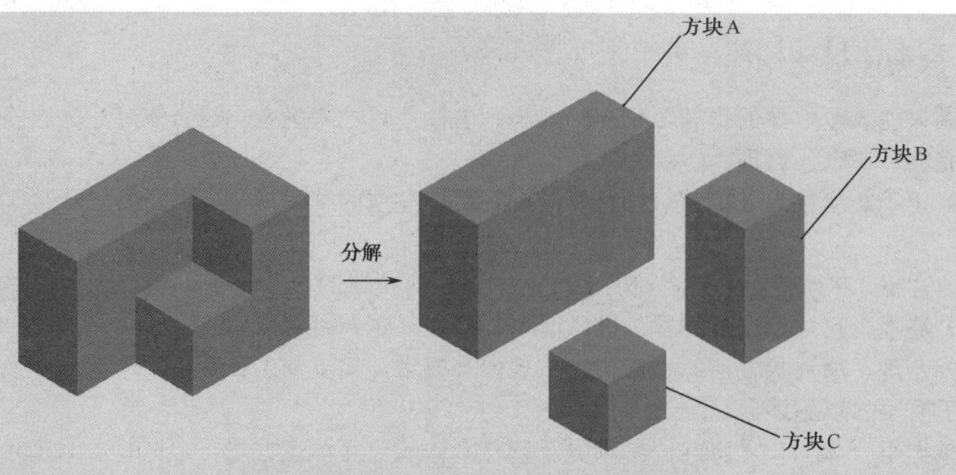

图 2-16　对平面体的形体分析

（2）绘图步骤

绘图步骤如图 2-17 所示。

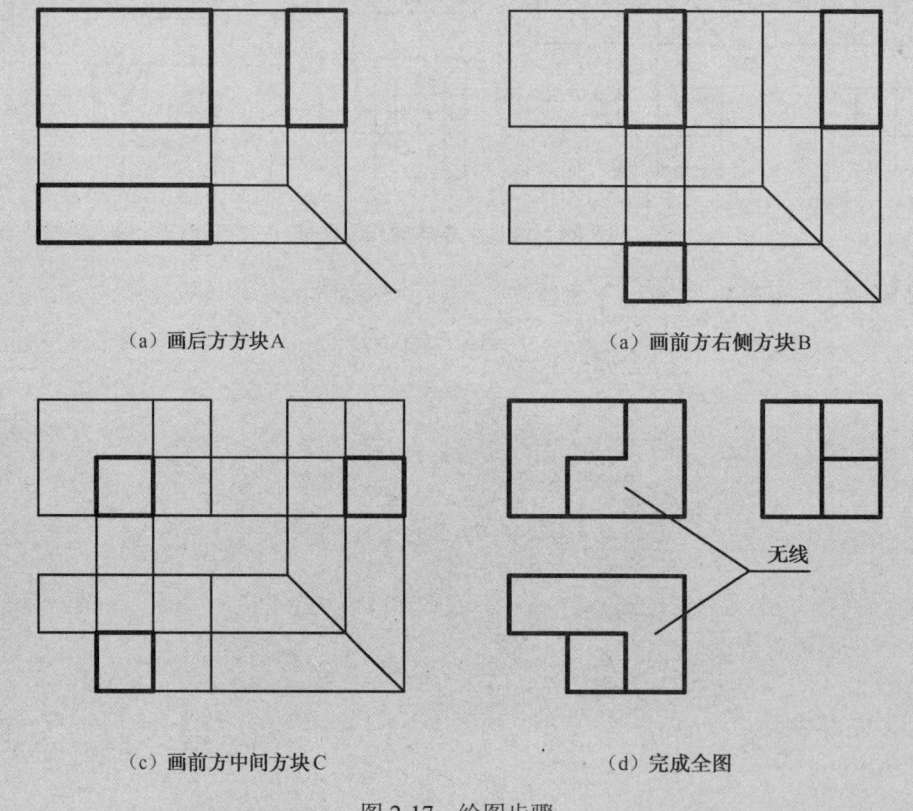

图 2-17　绘图步骤

 **技能训练**

1. 根据如图 2-18 所示形体立体图，绘制其三视图。

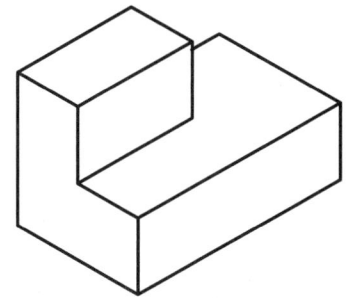

（a）

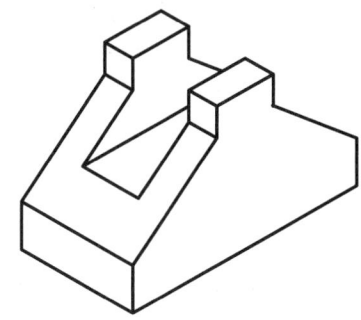

（b）

图 2-18　绘制三视图

2. 完成如图 2-19 所示平面体的三视图。

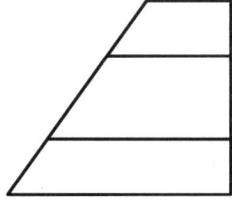 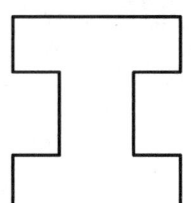　　　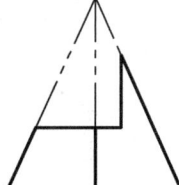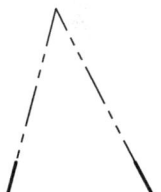

　　　　　　　　　　　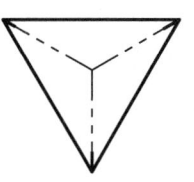

（a）　　　　　　　　　　　　　　　　（b）

图 2-19　完成三视图

任务 2.2　绘制回转体三视图

 **任务目标**

（1）能够看懂立体图；
（2）能够对回转体进行形体分析；
（3）掌握圆柱、圆锥等常见回转体的三视图画法；
（4）掌握圆柱、圆锥等常见回转体的截交线画法；
（5）能绘制回转体的三视图并进行尺寸标注；
（6）具有高度的责任意识、追求卓越的工匠精神。

扫一扫
看 AR 图

 **任务要求**

根据如图 2-20 所示回转体立体图，绘制回转体的三视图，并标注尺寸。

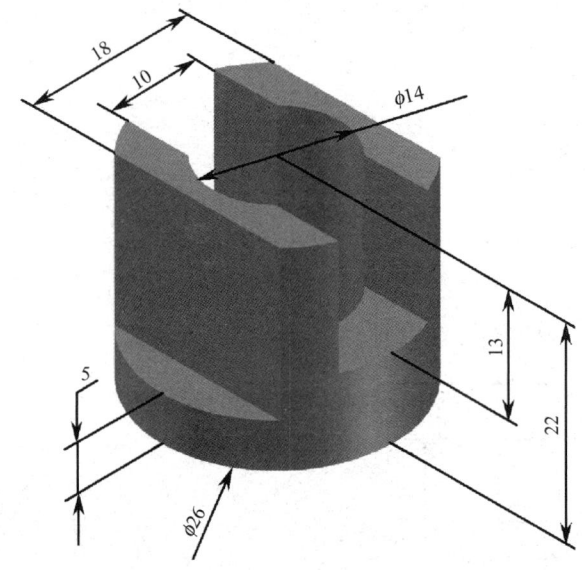

图 2-20　回转体立体图

项目 2　绘制简单形体三视图

任务指导

图 2-20 所示回转体三视图绘图步骤，如表 2-2 所示。

表 2-2　回转体三视图绘图步骤

实 施 步 骤	图　示
1. 绘制圆柱体三视图	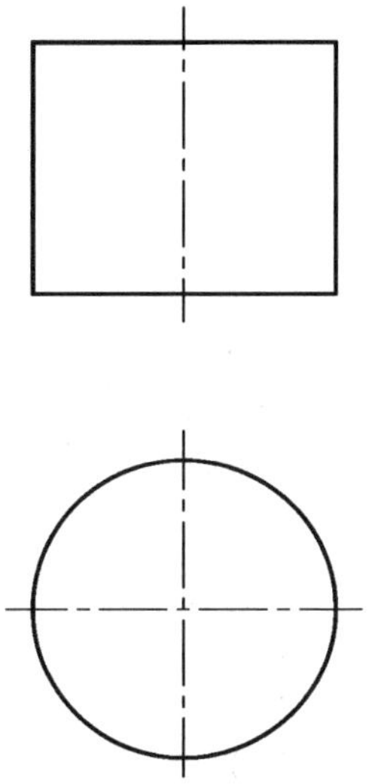
2. 用左右对称两个平面截切	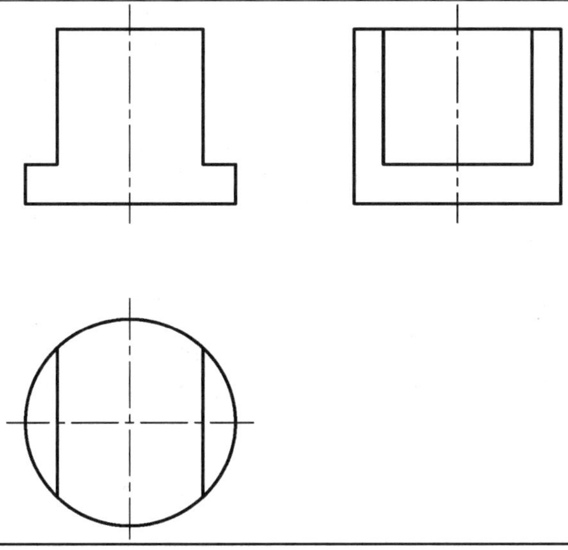

续表

实 施 步 骤	图 示
3. 用中间圆柱孔截切	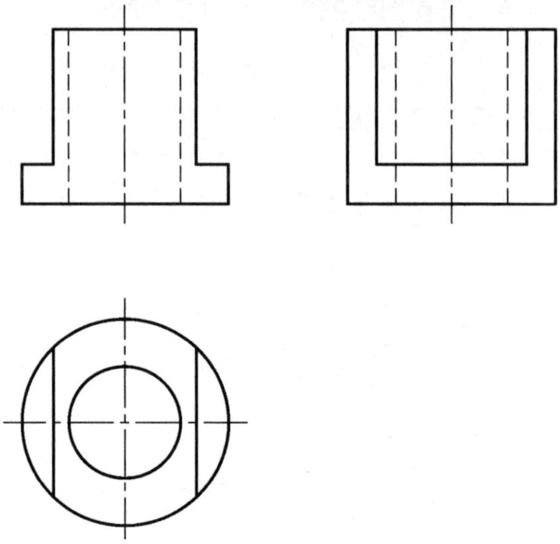
4. 完成任务：用中间前后向方槽截切（根据主视图、俯视图，画出左视图）	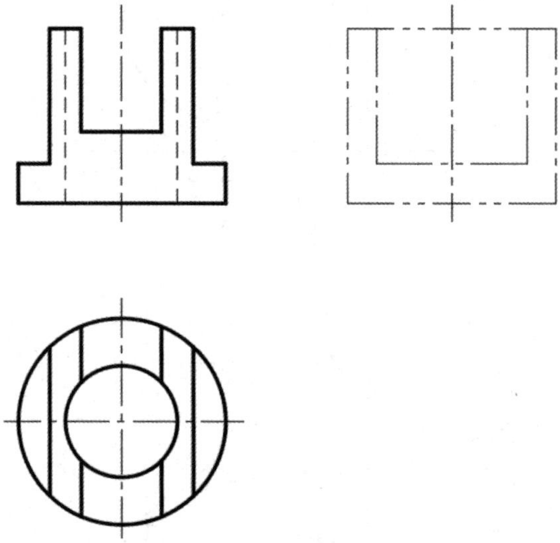

知识链接

2.2.1 圆柱

（1）圆柱面的形成

圆柱是由顶面、底面（也称上、下底面）和圆柱面所组成的。圆柱面可看成由一条母线绕与它平行的轴线回转而成的，如图 2-21（a）所示。圆柱面上任意一条平行于轴线的直线，称为圆柱面的素线。

（2）投影分析

如图 2-21（b）所示，当圆柱轴线垂直于水平面时，圆柱上、下底面的水平投影反映实形，正面和侧面投影积聚成直线。圆柱面的水平投影积聚为一个圆，与两个底面的水平投影重合。在正面投影中，前、后两个半圆柱面的投影重合为一个矩形，矩形的两条竖线分别是圆柱面最左、最右素线的投影，也是圆柱面前、后分界的转向轮廓线，中心线可以看作最前、最后素线的重合投影。在侧面投影中，左、右两个半圆柱面的投影重合为一个矩形，矩形的两条竖线分别是圆柱面最前、最后素线的投影，也是圆柱面左、右分界的转向轮廓线，中心线可看作最左、最右素线的重合投影。

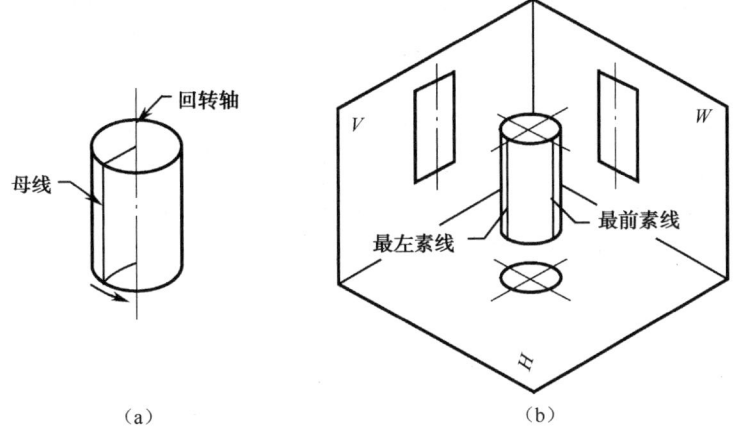

图 2-21 圆柱面的形成

（3）作图步骤

画圆柱体的三视图时，先画各投影的中心线，再画圆柱面投影具有积聚性的圆的俯视图，然后根据圆柱体的高度画出另外两个视图，如图 2-22（a）所示。

（4）表面上取点

圆柱面上点的投影，均可用圆柱面投影的积聚性来作图，如图 2-22（b）所示。

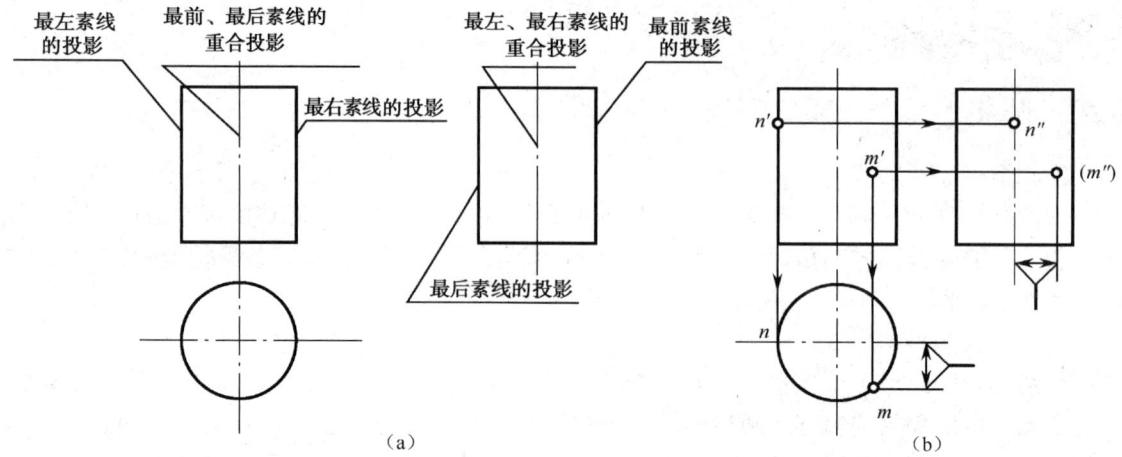

图 2-22 圆柱体的三视图

2.2.2 圆锥

(1) 圆锥面的形成

如图 2-23（a）所示，圆锥面可看成以一条直线做母线围绕与其相交成一定角度的轴线回转而成的。在圆锥面上通过锥顶的任一直线称为圆锥面的素线。

(2) 投影分析

如图 2-23（b）所示为轴线垂直于水平面的正圆锥。锥底面平行于水平面，水平投影反映实形，正面和侧面投影积聚成直线。圆锥面的三个投影都没有积聚性，其水平投影与底面的水平投影重合，全部可见。正面投影由前、后两个半圆锥面的投影重合为一个等腰三角形，三角形的两腰分别是圆锥面最左、最右素线的投影，也是圆锥面前、后分界的转向轮廓线，中心线可看成最前、最后素线的重合投影。侧面投影由左、右两个半圆锥面的投影重合为一个等腰三角形，三角形的两腰分别是圆锥面最前、最后素线的投影，也是圆锥面左、右分界的转向轮廓线，中心线可看成最左、最右素线的重合投影。

(3) 作图步骤

画圆锥的三视图时，先画各投影的中心线，再画底面圆的投影，然后画出锥顶的投影和等腰三角形，完成圆锥的三视图（见图 2-23（c））。

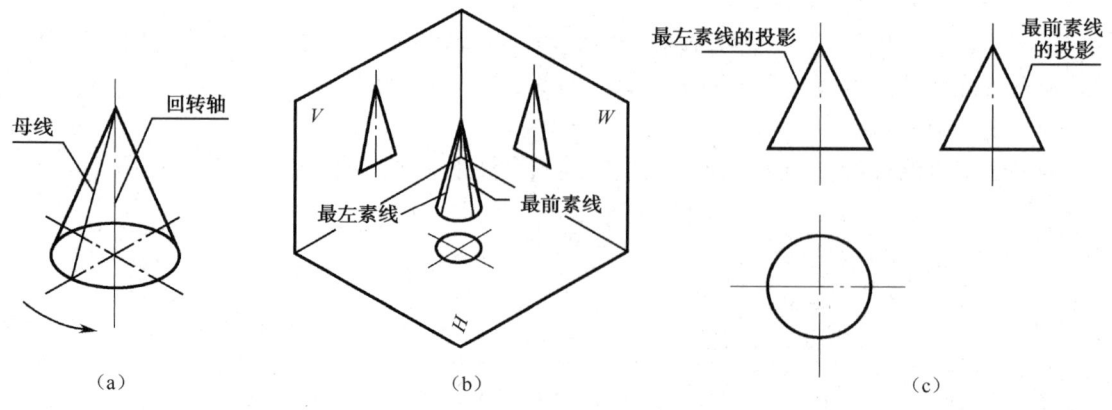

图 2-23 圆锥的三视图

(4) 圆锥表面上取点

如图 2-24 所示,已知圆锥表面上点 M 的正面投影,求作其 H 面投影和 V 面投影。作图方法有两种。

① 辅助素线法。

如图 2-24（a）所示,过锥顶 S 和锥面上点 M 引一条素线 SA,作其 H 面投影,就可求出点 M 的 H 面投影 m,再根据 m 和 m' 求得 m''。

由于锥面的 H 面投影均是可见的,故 m 是可见的。又因点 M 在左半部的锥面上,而左半部锥面的 W 面投影是可见的,所以 m'' 也是可见的（见图 2-24（b））。

② 辅助纬圆法。

如图 2-24（a）所示,可在锥面上过点 M 作一个辅助纬圆,这个圆过点 M 垂直于圆锥轴线（平行于底面）,点 M 的各个投影必在此纬圆的相应投影上。

作图时,按图 2-24（c）所示,在主视图上过 m' 作水平线交圆锥轮廓线素线于 $c'd'$,即为辅助纬圆的 V 面投影。在俯视图中作辅助纬圆的 H 面投影（以 s 为圆心,$c'd'/2$ 为半径画圆）,然后过 m' 作垂线,交于该圆的下半个圆周得 m。最后由 m' 和 m 求得 m'',并判断可见性,即为所求。

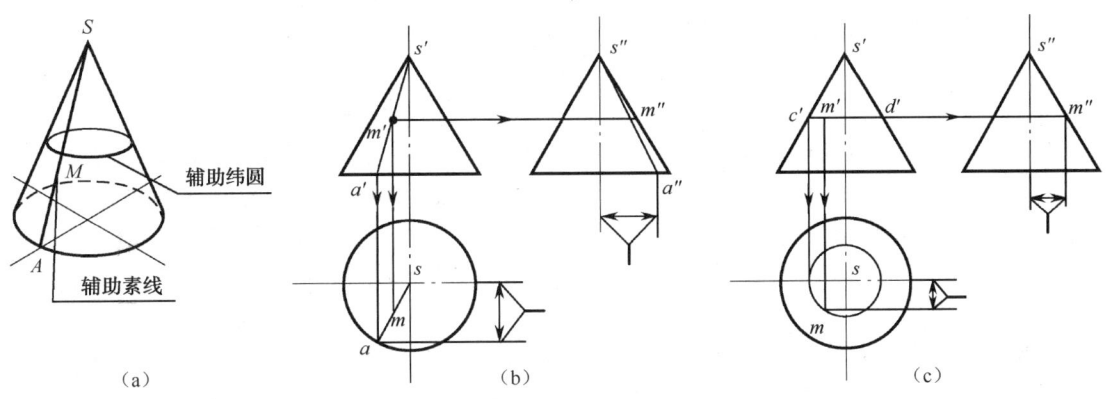

图 2-24 圆锥表面上取点

2.2.3 圆球

(1) 圆球面的形成

如图 2-25（a）所示,圆球面是以一个圆为母线,以其直径为轴线旋转而成的。母线上任一点的运动轨迹均是一个圆,点在母线上位置不同,其轨迹圆的直径也不相同。球面上这些圆称为纬圆,最大纬圆称为赤道圆。

(2) 投影分析

如图 2-25（b）所示,圆球的三个视图都是等径圆,并且是圆球上平行于相应投影面的三个不同位置的最大轮廓圆。正面投影的轮廓圆是前、后两个半球面可见与不可见的分界线;水平投影的轮廓圆是上、下两个半球面可见与不可见的分界线;侧面投影的轮廓圆是左、右两个半球面可见与不可见的分界线。

(3) 作图步骤

如图 2-25（c）所示,先确定球心的三面投影,过球心分别画出圆球轴线的三面投影,再画出与球等直径的圆。

（4）圆球表面上点的投影

圆球表面上点的投影作法如图 2-25（c）所示。

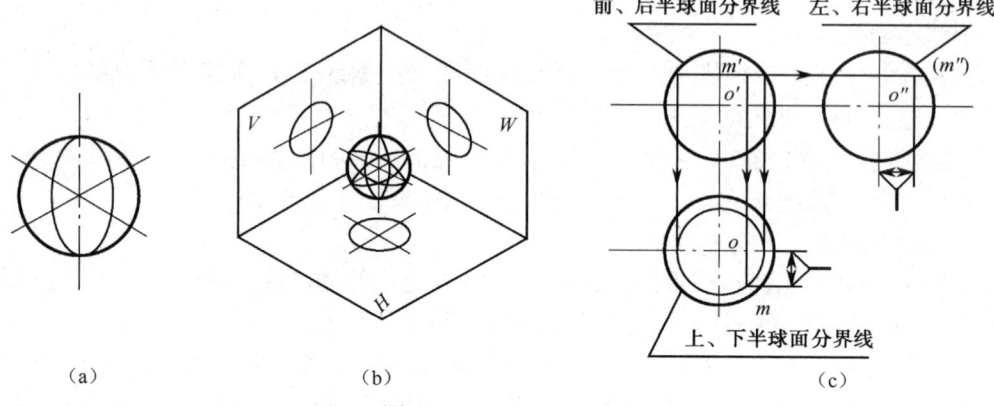

图 2-25　圆球的三视图

2.2.4　圆环

圆环的表面可看成以一个圆的母线绕不通过圆心，但在同一平面上的轴线回转而成的（见图 2-26（a））。

（1）投影分析

如图 2-26（b）所示，俯视图中的两个同心圆分别是圆环上最大和最小两个纬圆的水平投影，也是上半圆环面与下半圆环面可见与不可见的分界线；点画线圆是母线圆心轨迹的投影。主视图中的两个小圆是平行于正面的最左、最右两个素线圆的投影，两个粗实线半圆及上、下两条公切线为外环面正面投影的转向轮廓线，内环面在主视图上是不可见的，画虚线。

（2）作图方法

按母线圆的大小及位置，先画出圆环的轴线和中心线，再作反映母线圆实形的正面投影及上、下两条公切线，然后按主视图上外环面和内环面的直径，作俯视图上最大、最小轮廓圆（见图 2-26（b））。左视图与主视图相同。

（3）圆环表面上点的投影

圆环表面上点的投影作法如图 2-26（c）所示。

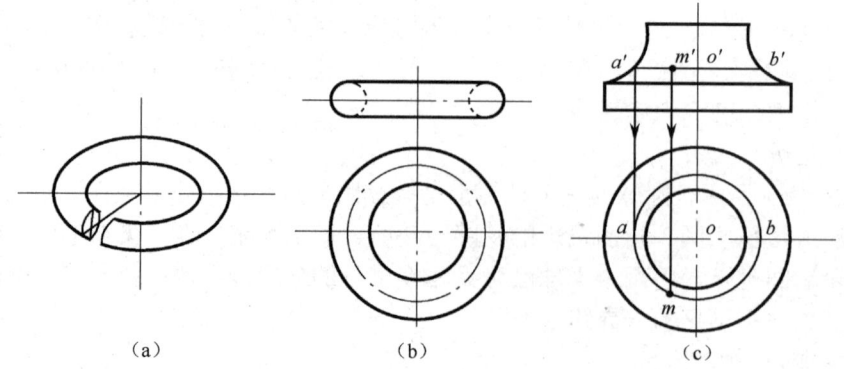

图 2-26　圆环的三视图

2.2.5 平面与回转体相交

回转体的截交线形状，取决于回转体表面形状及截平面与回转体的相对位置。

求回转体的截交线的一般步骤如下。

① 判断截交线的空间形状，确定截交线在视图中的特殊点（如最高、最低、最左、最右、最前、最后等点及可见性的分界点等）。

② 求截交线的一般点。在回转体表面上取直素线或纬圆，求这些素线或纬圆与截平面的交点。

③ 将这些交点光滑连成曲线。

④ 判断截交线的可见性。

（1）圆柱的截交线

根据截平面对圆柱轴线的相对位置不同，圆柱的截交线可以有圆、矩形和椭圆三种情况，如图 2-27 所示。

① 当平面与圆柱轴线平行时，截交线为矩形（见图 2-27（a））。

② 当平面与圆柱轴线垂直时，截交线为圆（见图 2-27（b））。

③ 当平面与圆柱轴线倾斜时，截交线为椭圆（见图 2-27（c））。

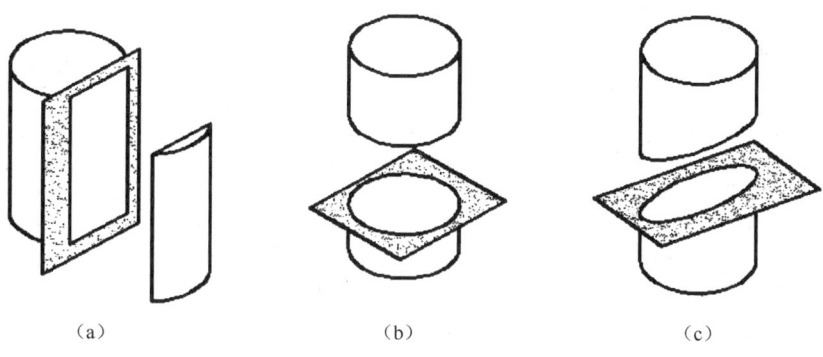

图 2-27 平面与圆柱相交

【例 2-3】绘制如图 2-28 所示圆柱被平面切割以后的三视图。

图 2-28 圆柱被平面切割立体图

（1）分析

图 2-28 所示是一个圆柱由左端开槽（中间被两个正平面和一个侧平面切割），右端切肩（上、下被水平面和侧平面对称地切去两块）而形成的，所产生的截交线为直线和平行于侧面的圆。

（2）作图

① 作槽口的侧面投影（两条竖线），再按投影关系作槽口的正面投影。

② 作切肩的侧面投影（两条虚线），再按投影关系作切肩的水平投影。

③ 擦去多余的图线，描深。图 2-29（d）所示为完整的切割体的三视图。

作图步骤如图 2-29 所示。

（a）（b）（c）（d）

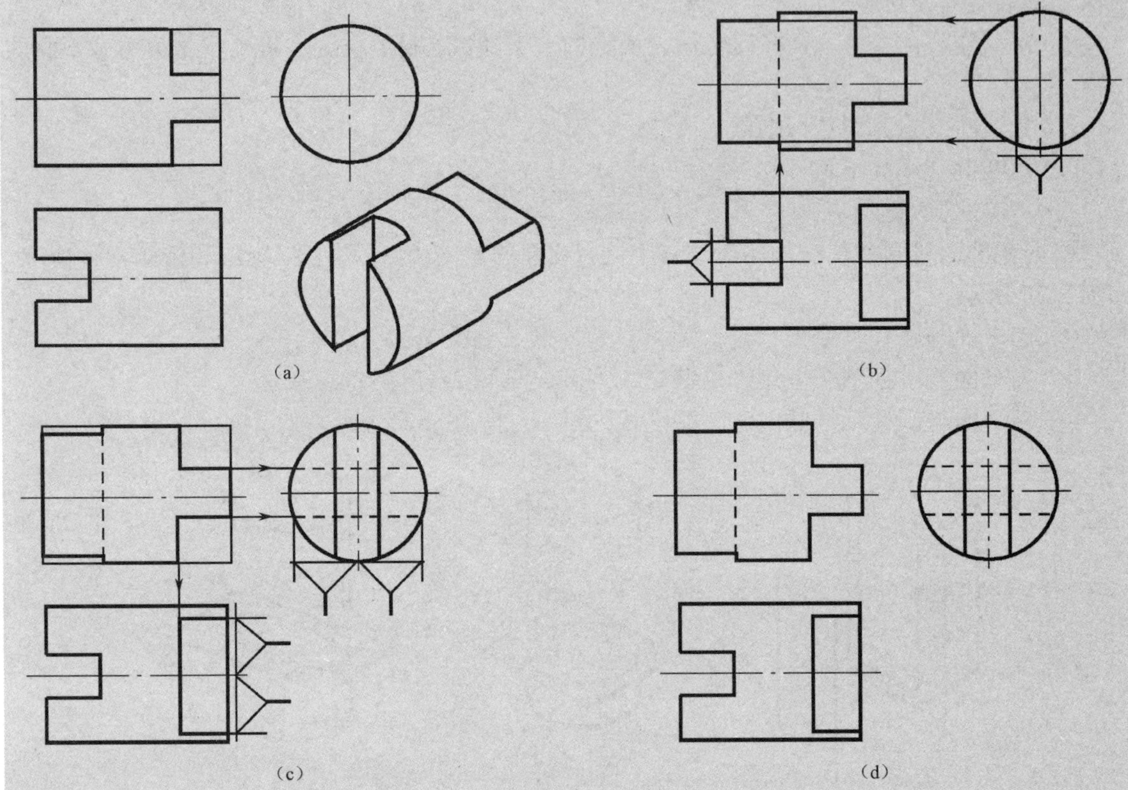

图 2-29 圆柱被平面切割三视图的作图步骤

（2）圆锥的截交线

根据截平面的位置不同，圆锥的截交线有圆、椭圆、抛物线和直线、双曲线和直线、三角形五种情形，如图 2-30 所示。

（a）（b）（c）（d）（e）

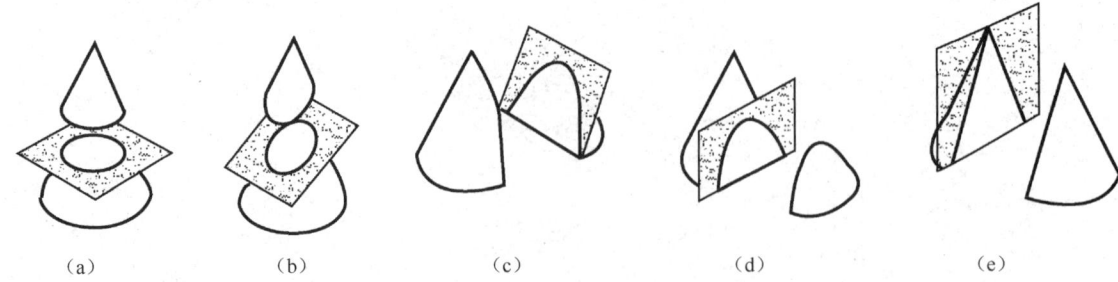

图 2-30 平面与圆锥相交

① 当平面与圆锥轴线垂直时，截交线为圆（见图 2-30（a））。
② 当平面与圆锥轴线倾斜时，截交线为椭圆（见图 2-30（b））。
③ 当平面平行于圆锥面上一条素线时，截交线为抛物线加直线（见图 2-30（c））。
④ 当平面平行于圆锥轴线时，截交线为双曲线加直线（见图 2-30（d））。
⑤ 当平面过锥顶时，截交线为三角形（见图 2-30（e））。

【例 2-4】如图 2-31 所示为用正平面切割圆锥，求截交线的作图方法。

分析：正平面 P 与圆锥轴线平行，截交线为双曲线加直线，其正面投影反映实形，水平投影和侧面投影积聚成直线。可用辅助纬圆法或辅助素线法求作截交线的正面投影。

① 求特殊点（见图 2-31（b））。最高点 C 是圆锥最前素线与 P 平面的交点，利用积聚性直接作侧面投影 c'' 和水平投影 c，由 c'' 和 c 作正面投影 c'；最低点 A、E 是圆锥底面与 P 平面的交点，直接作 a、e 和 a''、(e'')，再作出 a' 和 e'。

② 求中间点（见图 2-31（c））。在适当位置作水平纬圆，该圆的水平投影与 P 平面的水平投影的交点 b、d 即为截交线上两点的水平投影，再作 b'、d' 和 b''、(d'')。

③ 依次光滑连接 a'、b'、c'、d'、e'，即为截交线的正面投影（见图 2-31（d））。

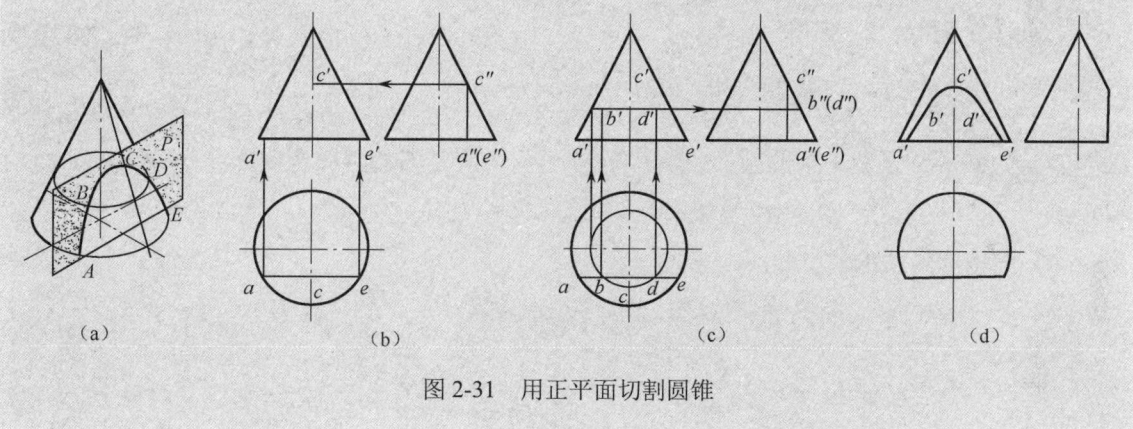

图 2-31 用正平面切割圆锥

（3）圆球的截交线

用平面截圆球时，截交线的空间形状总是圆。根据截平面对投影面的位置的不同，圆球的截交线投影可能是反映其实形的圆，也可能是椭圆，或积聚为直线（见图 2-32）。

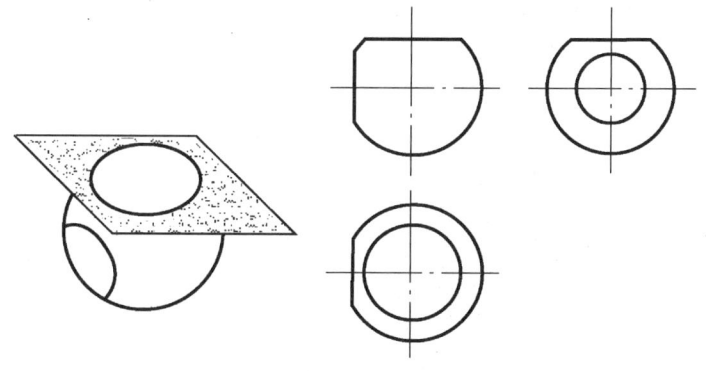

图 2-32 圆球的截交线

【例 2-5】 画出如图 2-33 所示半圆球被截切的截交线。

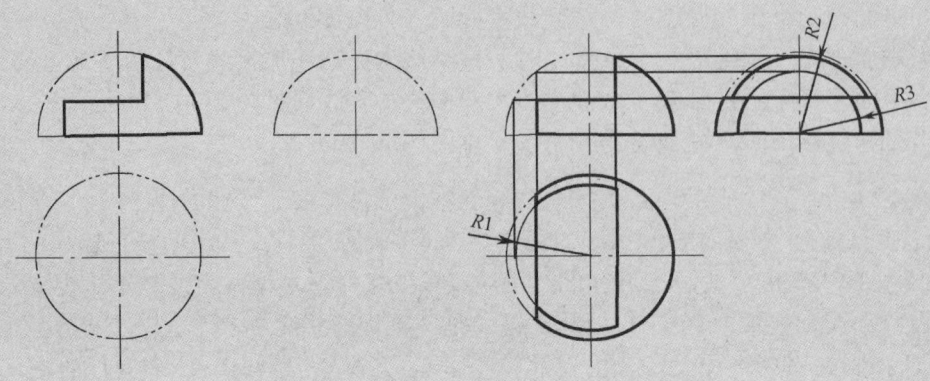

图 2-33 半圆球被截切

半圆球的切口是由一个水平面和两个侧平面切割球面而形成的。两个侧平面与球面的截交线各为一段平行于侧面的圆弧（半径分别为 $R2$、$R3$），而水平面与球面的截交线为两段水平的圆弧（半径为 $R1$）。

① 作切口的水平投影。切口底面的水平投影由两段半径相同的圆弧和两段积聚性直线组成，圆弧的半径为 $R1$，如图 2-33 所示。

② 作切口的侧面投影。切口的两个侧面为侧平面，其侧面投影为圆弧，半径分别为 $R2$、$R3$，左边的侧面是保留下部的圆弧，右边的侧面是保留上部的圆弧。底面为水平面，侧面投影积聚为一条直线。

（4）同轴回转体的截交线

【例 2-6】 绘制如图 2-34（a）所示顶尖的截交线。

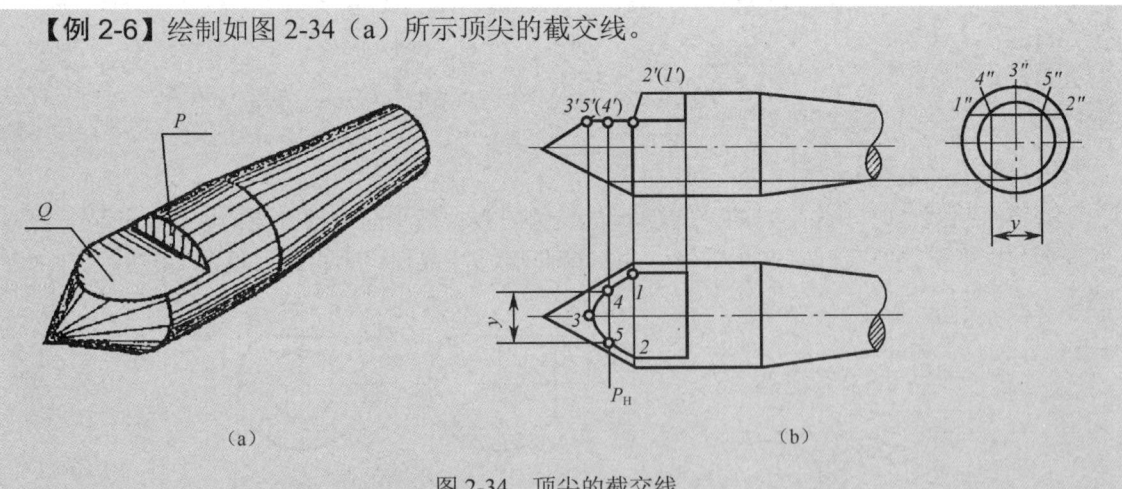

图 2-34 顶尖的截交线

顶尖头部由同轴（侧垂线）的圆锥和圆柱组成，被 P、Q 两平面切去一部分。Q 平面为平行于轴线的水平面，与圆锥面的截交线为双曲线，与圆柱面的截交线为两条侧垂线。P 平面为侧平面，与圆柱面的截交线为圆的一部分。

① 截交线的正面投影都积聚为直线，截交线的侧面投影是 P 平面反映实形的部分圆，Q 平面积聚为直线，都可直接画出。

② 根据截交线的正面投影和侧面投影画截交线的水平投影。首先求出双曲线上的三个特

殊点 1、2、3，再用辅助纬圆法求出双曲线上一般位置点 4、5。

③ 最后将 1、4、3、5、2 各点光滑连成双曲线并和圆柱截交线组成一个封闭的平面图形，即得截交线的水平投影（见图 2-34（b））。

2.2.6 回转体尺寸标注

圆柱、圆锥（台）的尺寸一般标注在非圆视图上，在标注底面直径时，应在数字前面加注"ϕ"，用这种标注形式，有时只用一个视图就能确定其形状和大小，其他视图即可省略；圆球在直径数字前加注"$S\phi$"，也可只用一个视图表达，如图 2-35 所示。

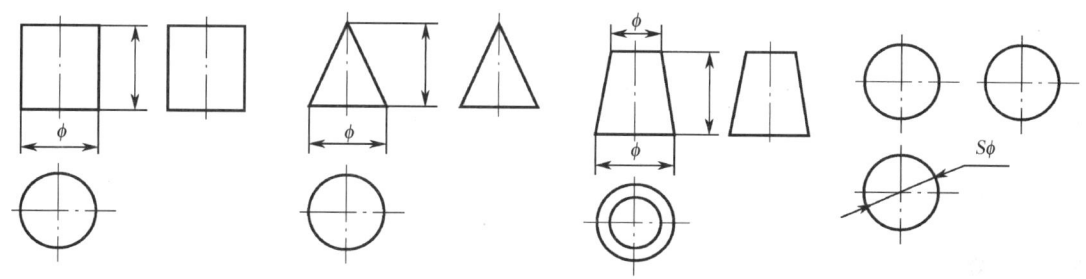

图 2-35 回转体尺寸标注

当基本体被平面截切时，除标注基本体的尺寸大小外，还应标注截平面的位置尺寸，不允许直接标注截交线的尺寸大小。因为截平面与基本体的相对位置确定之后，截交线的形状和大小就唯一确定了，如图 2-36 中打"×"的即是错误标注。

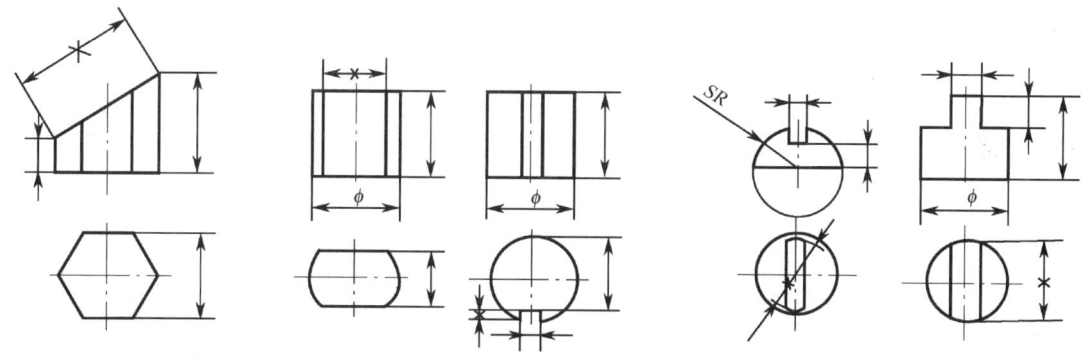

图 2-36 切割体的尺寸标注

技能训练

1. 画出如图 2-37 所示被截切圆柱的第三视图。

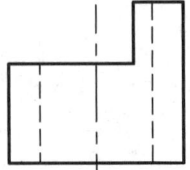 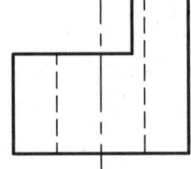

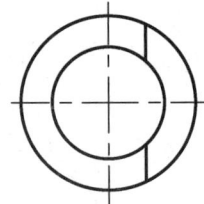 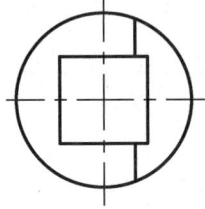

图 2-37 画第三视图

2. 完成如图 2-38 所示被截切圆锥体的三视图。

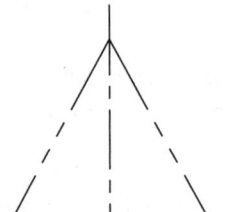

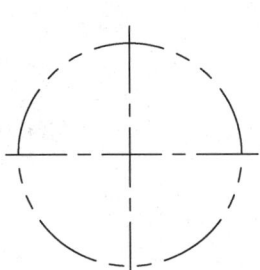

图 2-38 完成被截切圆锥体三视图

项目 2　绘制简单形体三视图

任务 2.3　绘制相贯体三视图

 **任务目标**

（1）能够看懂立体图；
（2）能够对相贯体进行形体分析；
（3）掌握两个圆柱正交相贯线的画法；
（4）掌握相贯线的简化画法和特殊情况画法；
（5）能绘制相贯体的三视图并进行尺寸标注；
（6）具有民族精神和时代精神，弘扬大国工匠精神。

 扫一扫
看 AR 图

 **任务要求**

如图 2-39 所示，根据相贯体立体图绘制相贯体的三视图，并标注尺寸。

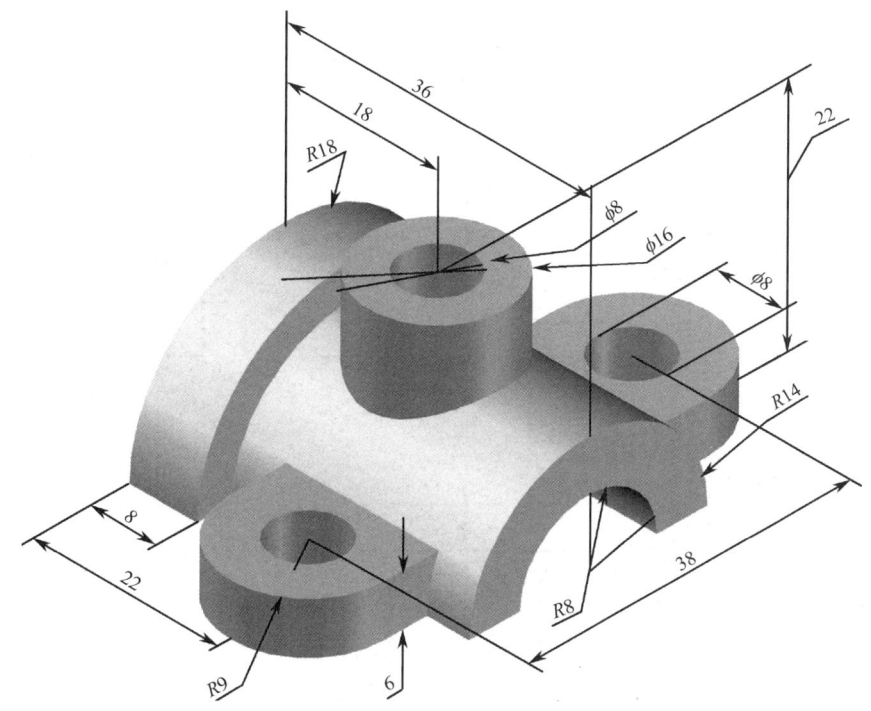

图 2-39　相贯体立体图

55

任务指导

绘制图 2-39 所示相贯体三视图的步骤，如表 2-3 所示。

表 2-3 绘制相贯体三视图的步骤

实施步骤	图　示
1. 绘制前后两个半圆柱体	
2. 绘制两端凸耳和中间凸台	

续表

实施步骤	图　　示
3. 绘制两端凸耳上圆柱孔	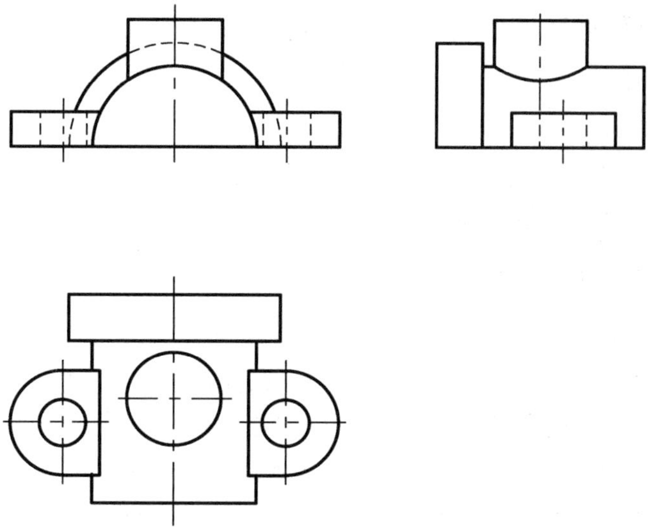
4. 完成任务：绘制中间两个圆柱孔槽截切视图（根据主视图、俯视图，画出左视图）	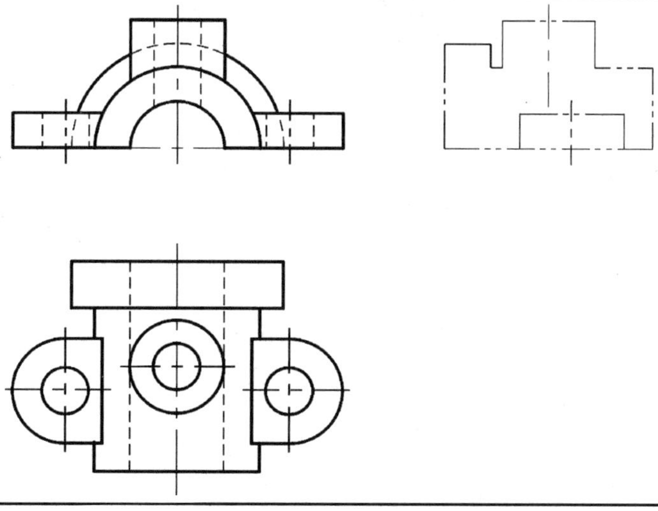

知识链接

2.3.1 两个回转体正交

两个回转体相交,表面产生的交线通常称为相贯线。

相贯线的性质:

① 相贯线是相贯的两个立体表面的共有线,相贯线上的点是两个立体表面的共有点。

② 相贯线一般是封闭的空间曲线,特殊情况下可能是平面曲线或直线。

1. 两个圆柱正交

(1) 分析作图

如图 2-40 (a) 所示,两个圆柱轴线垂直相交,直立圆柱(称为小圆柱)的直径小于水平圆柱(称为大圆柱)的直径,其相贯线为封闭的空间曲线,且前后、左右对称。

由于直立圆柱的水平投影和水平圆柱的侧面投影都有积聚性,所以相贯线的水平投影和侧面投影分别积聚在它们有积聚性的投影圆上,因此,只需作出相贯线的正面投影。

由于相贯线的前后、左右对称,因此,在其正面投影中,可见的前半部分和不可见的后半部分重合,左、右部分则对称。

作图步骤:

① 先求特殊位置点。最高点 A、E(也是最左、最右点,又是大圆柱与小圆柱轮廓线上的点)的正面投影 a'、e' 可直接画出。最低点 C(也是最前点,又是侧面投影中两个圆柱轮廓线上的点)的正面投影 c' 可根据侧面投影 c'' 求出。

② 再求一般位置点。利用积聚性和投影关系,根据水平投影 b、d 和侧面投影 b''(d'')求出正面投影。

③ 将各点光滑连接,即得相贯线的正面投影,如图 2-40 (b) 所示。

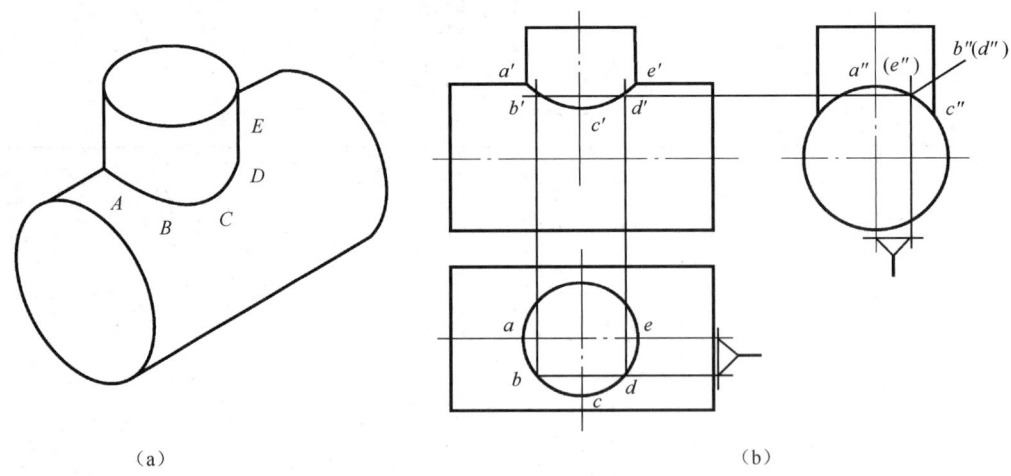

图 2-40 两个圆柱正交

(2) 相贯线的简化画法

当两个圆柱正交且直径不相等时,相贯线的投影可采用简化画法。如图 2-41 所示,相贯线的正面投影以大圆柱的半径为半径,以两个圆柱轮廓线的交点为圆心向大圆柱的外侧作圆弧，与小圆柱的轴线相交，再以该交点为圆心，以大圆柱的半径为半径作圆弧即为相贯线的投影，该投影向大圆柱内弯曲。

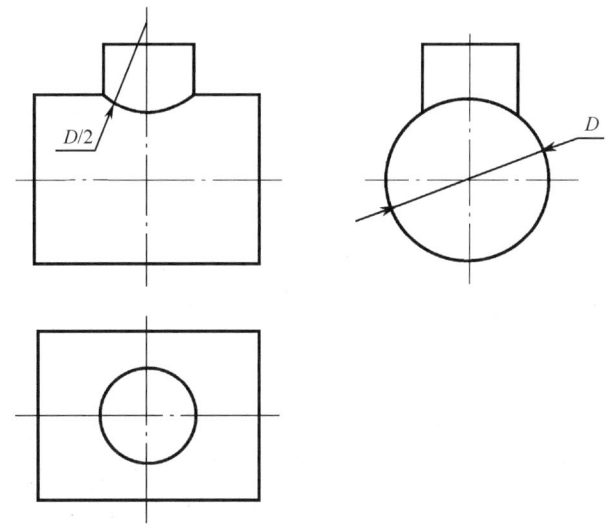

图 2-41 两个圆柱正交简化画法

（3）两个圆柱直径的相对大小对相贯线形状和位置的影响

如图 2-42 所示，设直立圆柱直径为 D_1，水平圆柱直径为 D，则：

当 $D>D_1$ 时，相贯线正面投影为上下对称的曲线，如图 2-42（a）所示。

当 $D=D_1$ 时，相贯线为两个相交的椭圆，其正面投影为正交的两条直线，如图 2-42（b）所示。

当 $D<D_1$ 时，相贯线正面投影为左右对称的曲线，如图 2-42（c）所示。

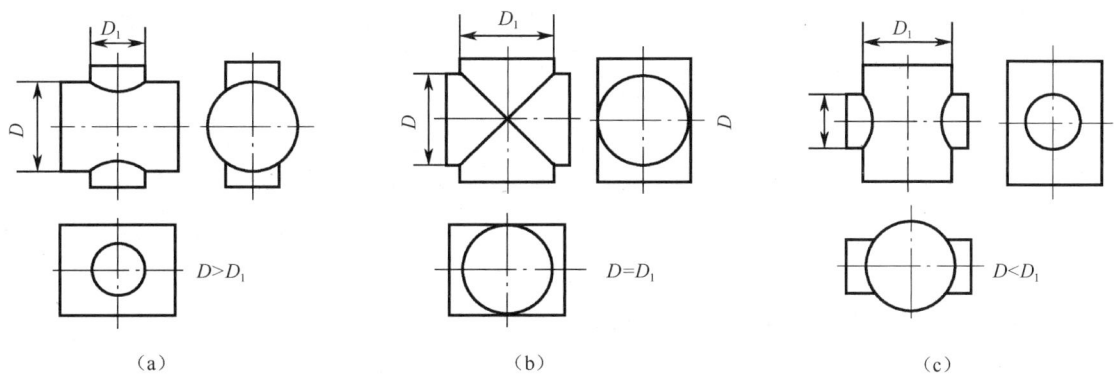

图 2-42 两个圆柱直径的相对大小对相贯线形状和位置的影响

（4）内、外圆柱面相交的情况

圆柱孔与外圆柱面相交时，在孔口会形成相贯线；两个圆柱孔相交时，在表面处也会产生相贯线。这两种情况下相贯线的形状和作图方法与图 2-41 所示两个外圆柱面相交时相同，如图 2-43 所示。

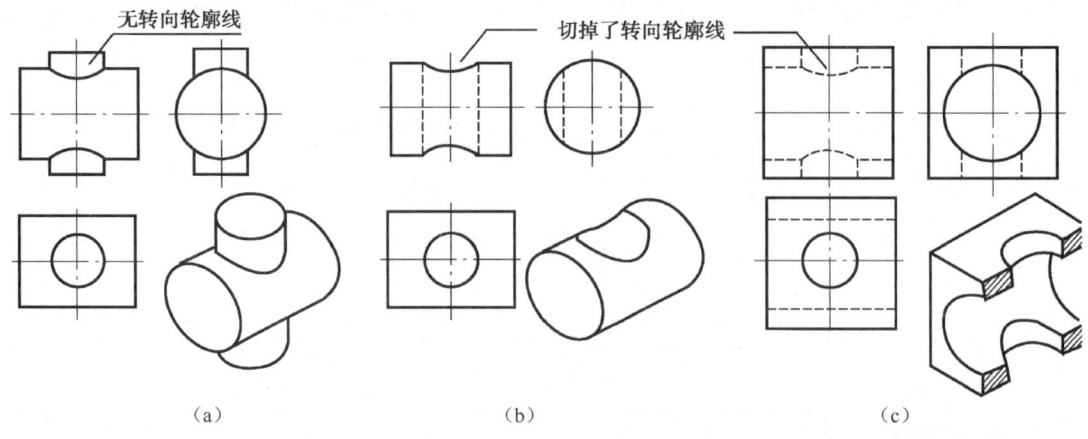

(a)   (b)   (c)

图 2-43 内、外圆柱面相交

【例 2-7】绘制如图 2-44 所示形体的三视图中缺少的图线。

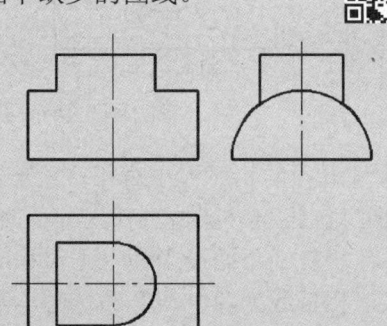

图 2-44 相贯体

（1）形体分析

对相贯体的形体分析如图 2-45 所示。

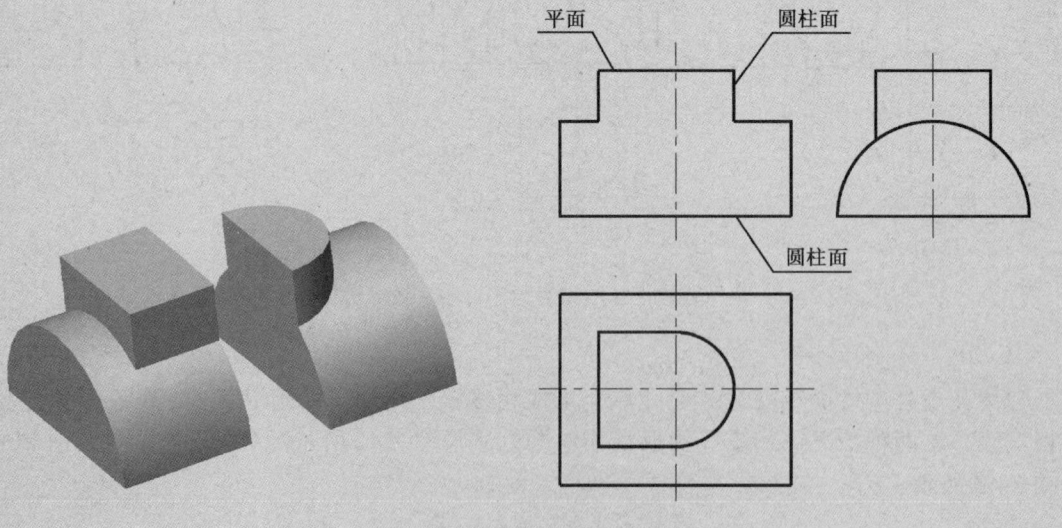

图 2-45 对相贯体的形体分析

（2）作图

相贯体三视图作图步骤如图 2-46 所示。

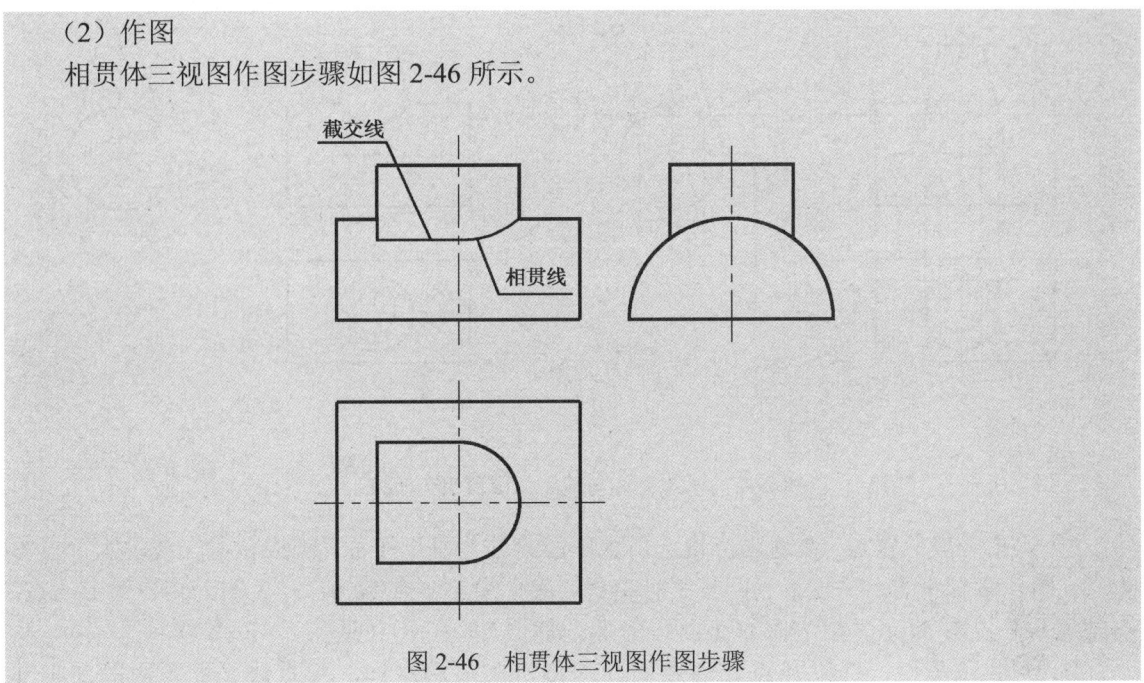

图 2-46　相贯体三视图作图步骤

2. 圆柱与圆锥正交

（1）分析

如图 2-47（a）所示为水平圆柱与直立圆锥台相交。由于水平圆柱的轴线垂直于侧面，相贯线的侧面投影在圆柱积聚性的圆上。而圆锥台在主视图和俯视图中没有积聚性，所以要作相贯线在主、俯视图中的投影。

（2）作图

① 先求特殊位置点。根据相贯线最高点 I、II（也是最左、最右点）和最低点III、IV（也是最前、最后点）的侧面投影 1″、(2″)、3″、4″，可求出正面投影 1′、2′、3′、(4′) 和水平投影 1、2、3、4（见图 2-47（b））。

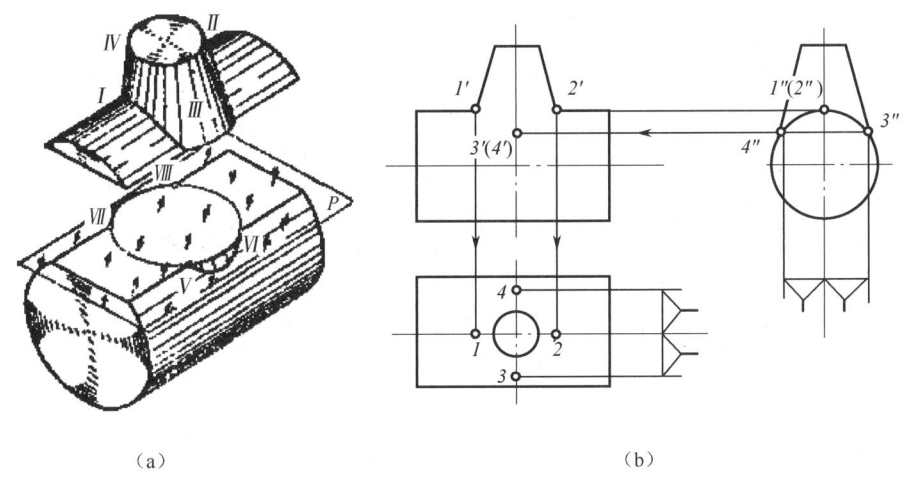

(a)　　　　　　　　　　　　　(b)

图 2-47　水平圆柱与直立圆锥台相交

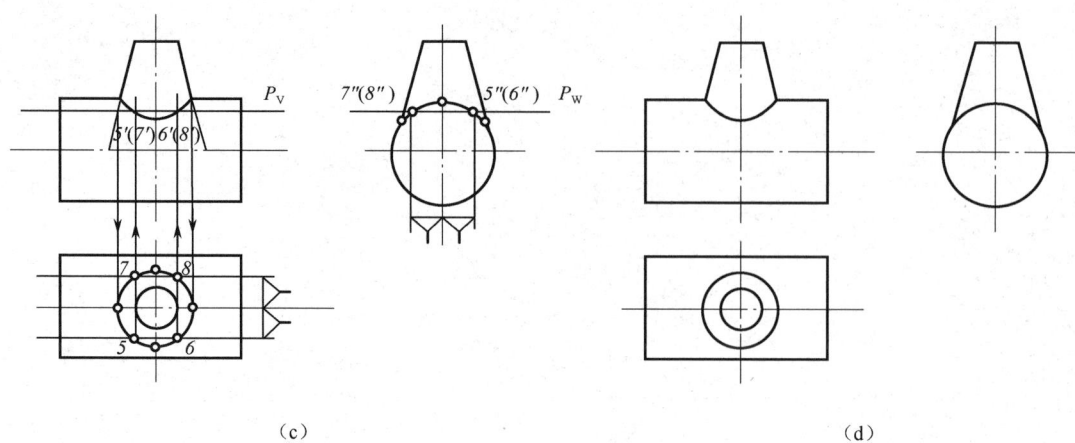

(c)   (d)

图 2-47 水平圆柱与直立圆锥台相交（续）

② 再求一般位置点。在适当位置选用水平面 P 作为辅助平面，圆锥台截交线的水平投影为圆，圆柱截交线的水平投影为两条平行直线，截交线的交点 5、6、7、8 即为相贯线上的点。再根据水平投影 5、6、7、8 求出正面投影 5′、6′、（7′）、（8′）（见图 2-47（c））。

③ 判断可见性，通过各点光滑连线。因相贯体前后对称，相贯线正面投影的前半部分与后半部分重合为一段曲线。光滑连接各点的同名投影，即得相贯线的正面投影和水平投影（见图 2-47（d））。

2.3.2 相贯线的特殊情况

1. 两个回转体共轴线相交

如图 2-48 所示，两个回转体相交且有一条公共轴线时，它们的相贯线都是平面曲线——圆。因为两个回转体的轴线都平行于正立投影面，所以它们相贯线的正面投影为直线，水平投影为圆或椭圆。

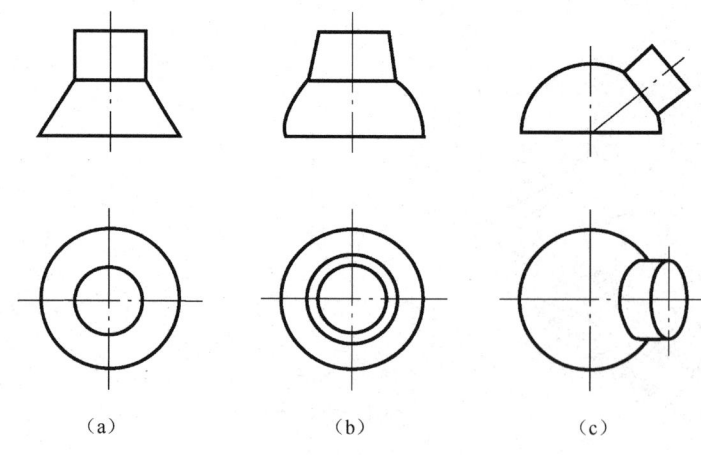

(a)   (b)   (c)

图 2-48 共轴回转体

2. 两个回转体共切于球

如图 2-49（a）、（b）所示，圆柱与圆柱相交，共切于球；或如图 2-49（c）所示，圆柱与圆锥相交也共切于球，即都属于两个回转体相交，且共切于球，则它们的相贯线都是平面曲线——椭圆。因为两个回转体的轴线都平行于正立投影面，所以它们相贯线的正面投影为直线，水平投影为圆或椭圆。

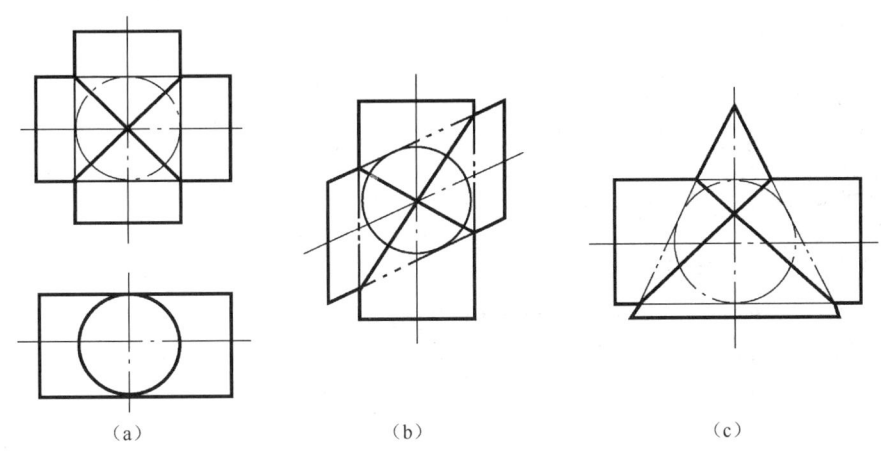

图 2-49 具有公共内切球的两个回转体

3. 两个圆柱面的轴线平行或两个圆锥面共锥顶

当两个圆柱面的轴线平行或两个圆锥面共锥顶时，表面交线为直线，如图 2-50 所示。

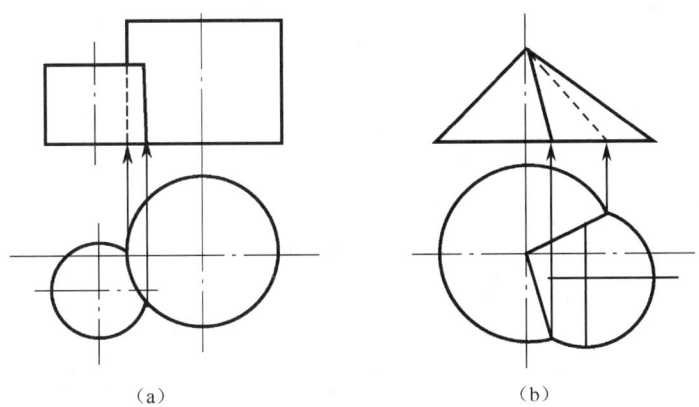

图 2-50 表面交线为直线的两个回转体

2.3.3 相贯体的尺寸标注

当基本体表面相贯时，应标注出两个基本体的形状、大小和相对位置尺寸，而不允许直接在相贯线上标注尺寸，如图 2-51 所示。

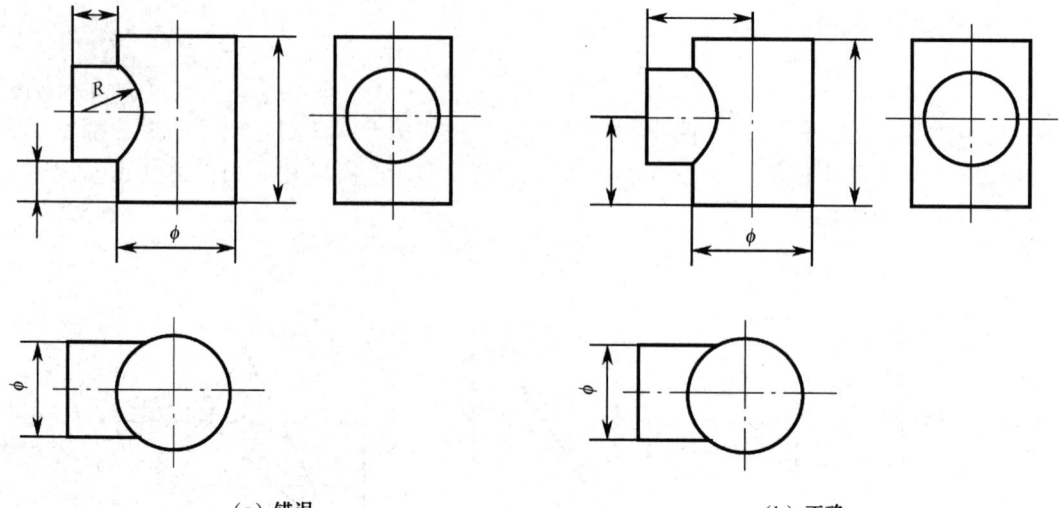

（a）错误　　　　　　　　　　　　（b）正确

图 2-51　相贯体的尺寸标注

 **技能训练**

1. 求作图 2-52 所示图形表面交线的投影，完成三视图。  扫一扫
看 AR 图

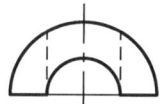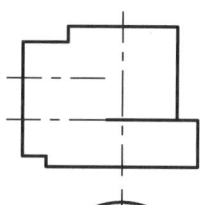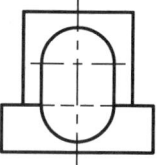

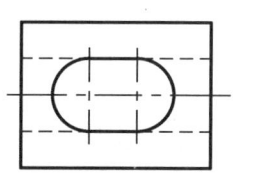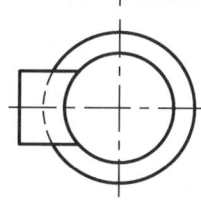

图 2-52 完成三视图

2. 分析相贯线的投影，补画图 2-53 所示视图中所缺的图线。

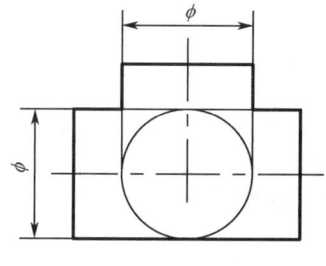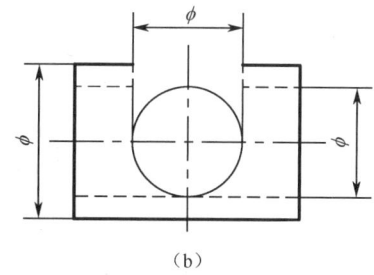

（a） （b）

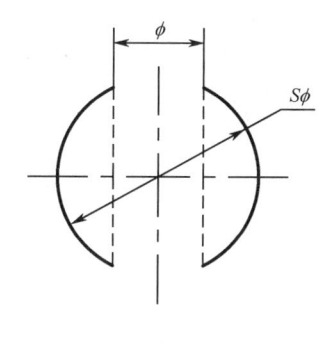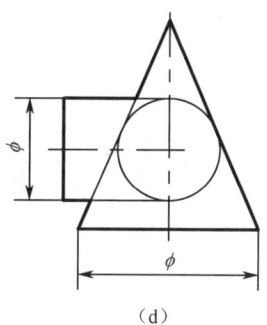

（c） （d）

图 2-53 补画图线

 扫一扫
看 AR 图

任务 2.4　绘制组合体三视图

（1）能够看懂组合体立体图；
（2）能够对组合体进行形体分析和线面分析；
（3）能绘制组合体的三视图并进行尺寸标注；
（4）能识读组合体的三视图；
（5）具有积极进取的人生观，弘扬社会主义核心价值观。

扫一扫
看 AR 图

根据如图 2-54 所示组合体立体图，绘制组合体的三视图，并标注尺寸。

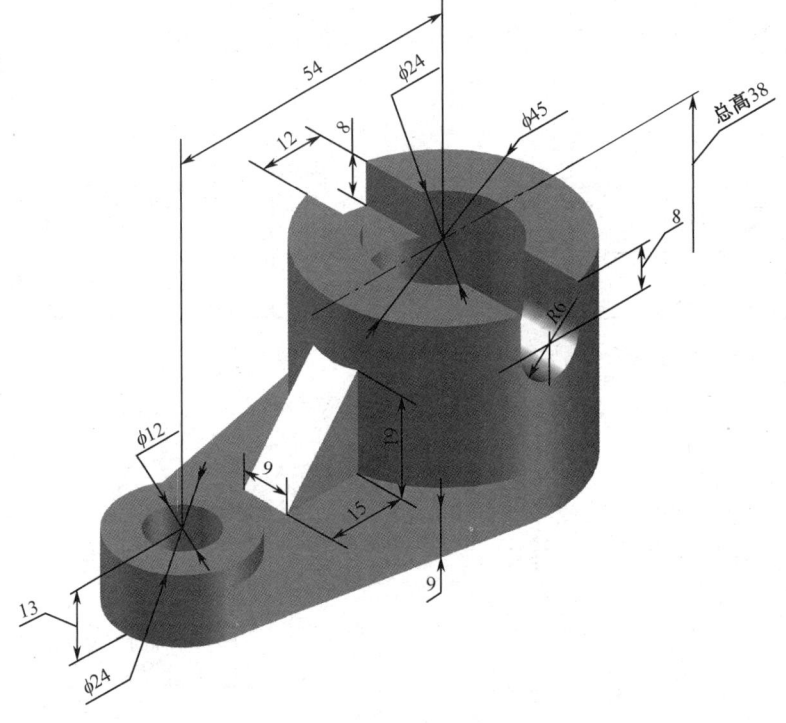

图 2-54　组合体立体图

任务指导

绘制图 2-54 所示组合体三视图的步骤，如表 2-4 所示。

表 2-4　绘制组合体三视图的步骤

实施步骤	图　　示
1. 绘制左右两个圆柱体	
2. 绘制中间底板和肋板	
3. 绘制两端圆柱体上圆柱孔	

续表

图示	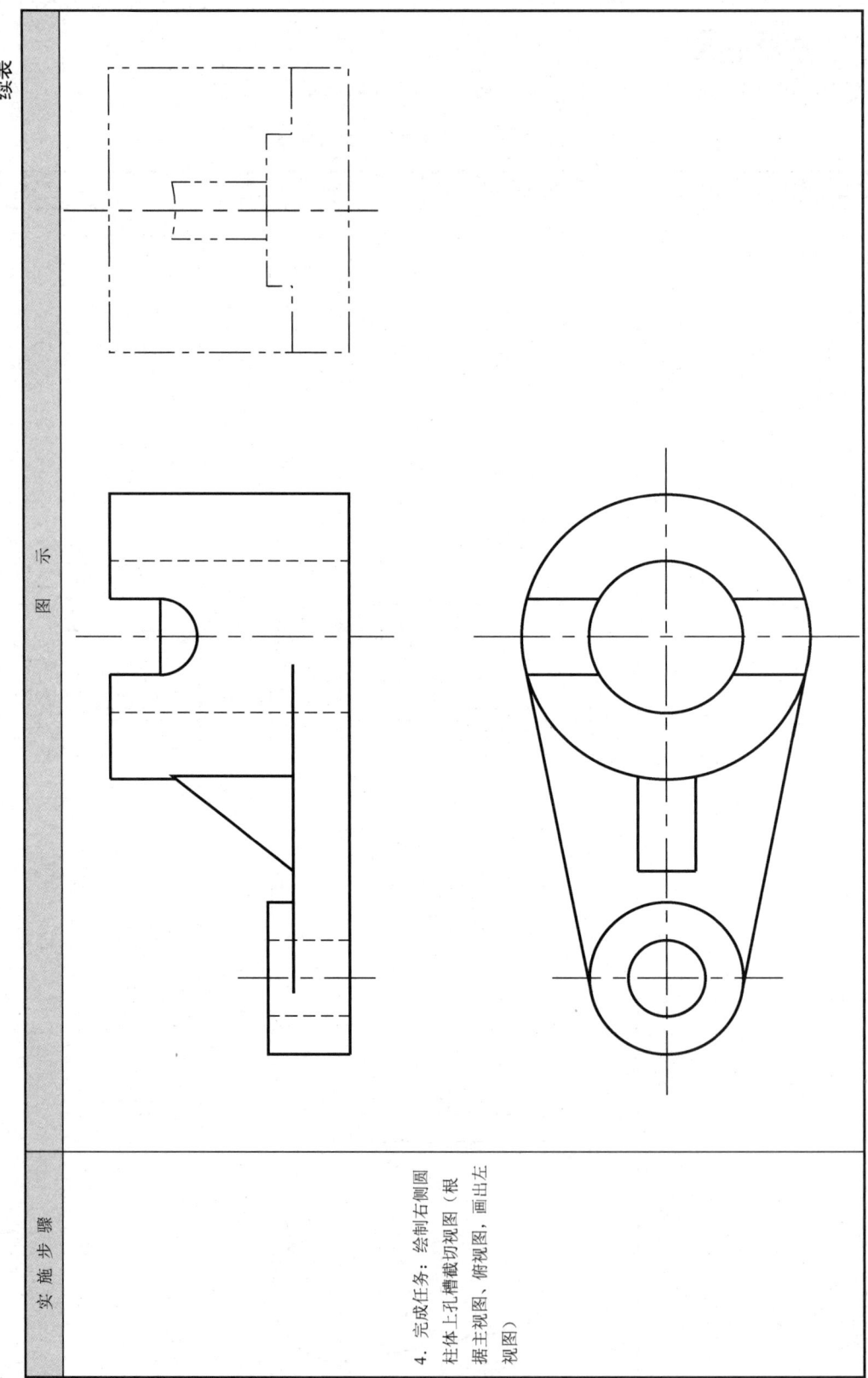
实施步骤	4. 完成任务：绘制右侧圆柱体上孔槽截切视图（根据主视图、俯视图，画出左视图）

知识链接

2.4.1 组合体的形体分析

任何复杂的物体（或零件），从形体的角度都可以看成是由一些基本的形体（柱、锥、球、环等）按照一定的连接方式组合而成的。这种由两个或两个以上的基本形体所组成的复杂物体称为组合体。

1. 组合体的组合方式

组合体的组合方式有叠加和切割两种形式，常见的组合体则是这两种方式的综合。

图 2-55（a）所示是由圆柱和四棱柱堆积而成的组合体，属于叠加型。

图 2-55（b）所示是由原始的四棱柱切去两个三棱柱和一个圆柱后形成的组合体，属于切割型。

图 2-55（c）所示是既有叠加又有切割的综合组合形式。

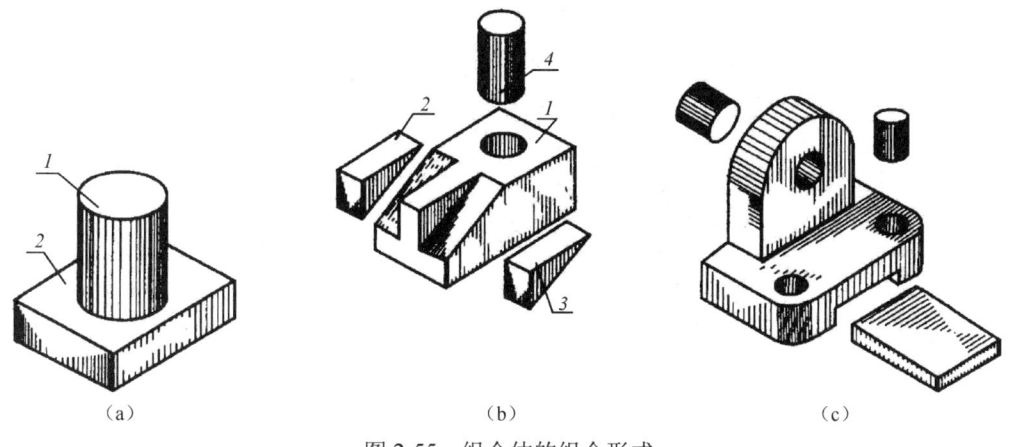

图 2-55 组合体的组合形式

2. 组合体表面的连接关系

无论以何种方式构成组合体，其基本形体的相邻表面都存在一定的连接关系。其形式一般可分为不平齐、平齐、相切和相交等情况。

（1）两个表面不平齐

当相邻两个基本体的表面不平齐，没有公共的表面时，在视图中两个基本体之间有分界线，如图 2-56（a）所示。

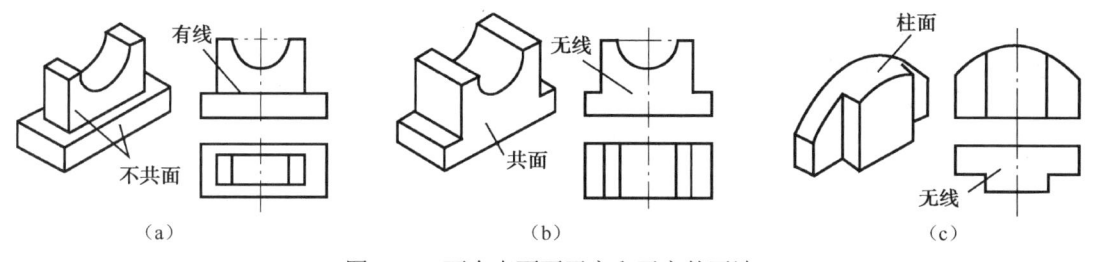

图 2-56 两个表面不平齐和平齐的画法

（2）两个表面平齐

当相邻两个基本体的表面互相平齐连接成一个面（共平面或共曲面）时，结合处没有分界线，在视图上不应画出两个表面的分界线，如图 2-56（b）、(c) 所示。

（3）两个表面相切

当两个基本体表面相切时，两个表面在相切处光滑过渡，不存在明显的轮廓线，所以在视图上相切处不应画出分界线，如图 2-57 所示。

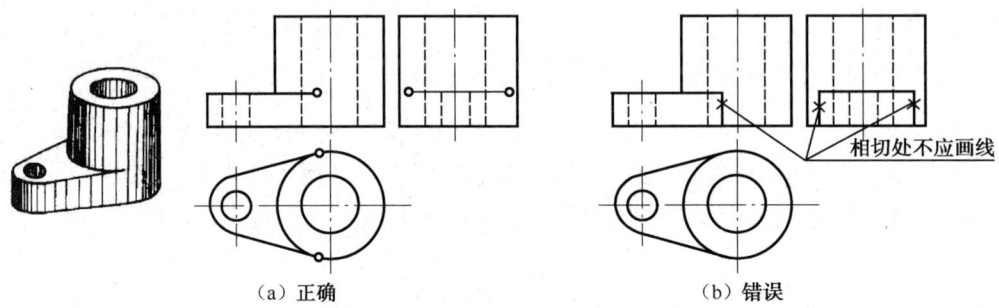

图 2-57　两个表面相切的画法

当两个曲面相切时，则要看两个曲面的公切面是否垂直于投影面。如果公切面与投影面垂直，则在该投影面相切处画线，否则不画线，如图 2-58 所示。

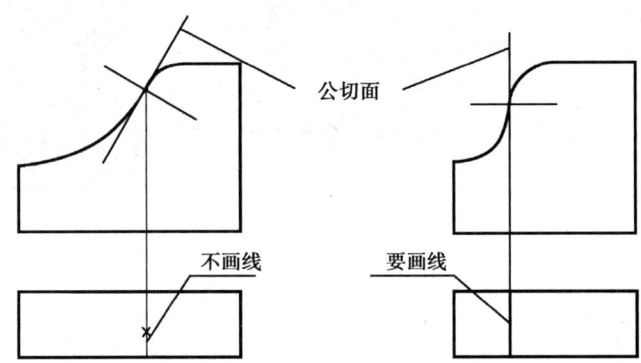

图 2-58　两个曲面相切的画法

（4）两个表面相交

当两个基本体表面相交时，相交处会产生不同形式的交线，在视图中应画出这些交线（截交线或相贯线）的投影，如图 2-59 所示。

3．形体分析法

所谓形体分析法就是通过假想将组合体按照其组合方式分解为若干基本体，弄清楚各基本体的形状、相对位置和表面间的连接关系，这种方法称为形体分析法。形体分析法是解决组合体画图、读图和尺寸标注问题的基本方法。

项目 2　绘制简单形体三视图

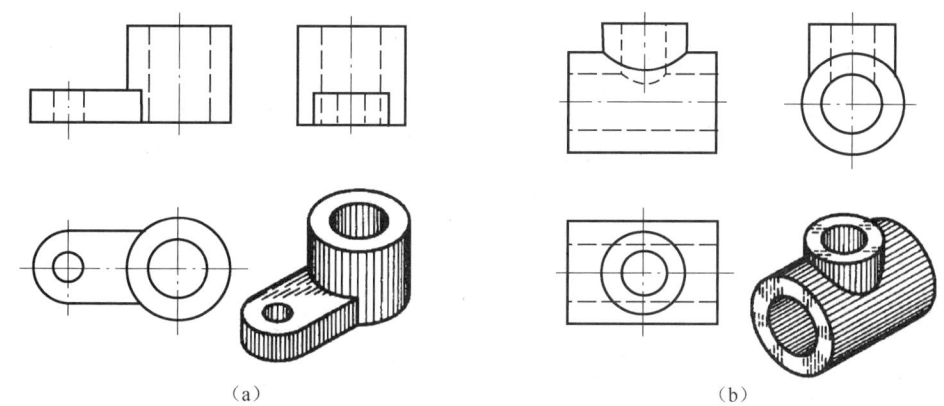

图 2-59　两个表面相交的画法

【例 2-8】根据如图 2-60 所示组合体立体图，画组合体的三视图。

（1）进行形体分析，如图 2-61 所示。

图 2-60　组合体立体图 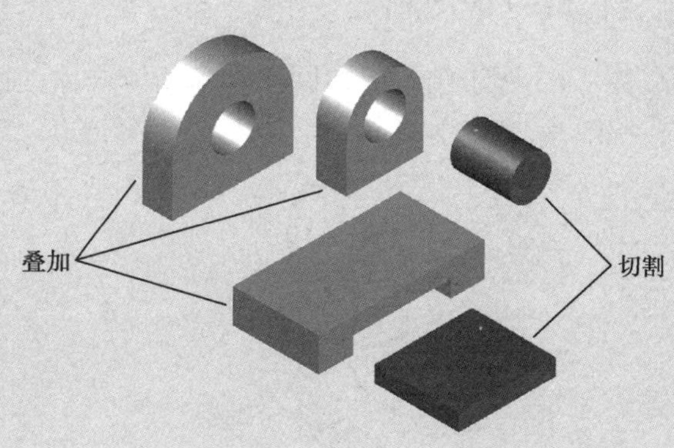　　　　图 2-61　组合体形体分析

（2）作图步骤，如图 2-62 所示。

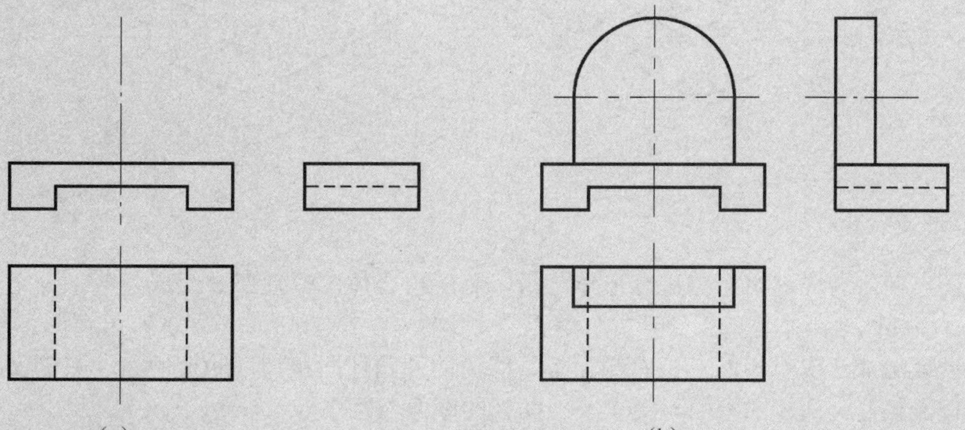

图 2-62　组合体三视图作图步骤

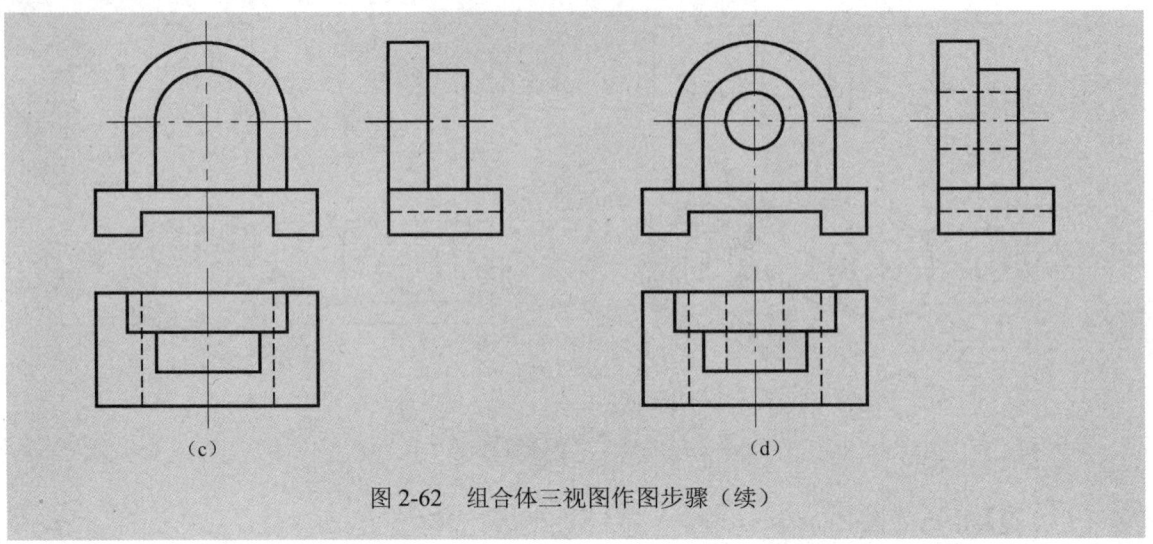

图 2-62 组合体三视图作图步骤（续）

2.4.2 组合体的三视图画法

下面以图 2-63 所示轴承座为例，介绍画组合体三视图的一般步骤和方法。

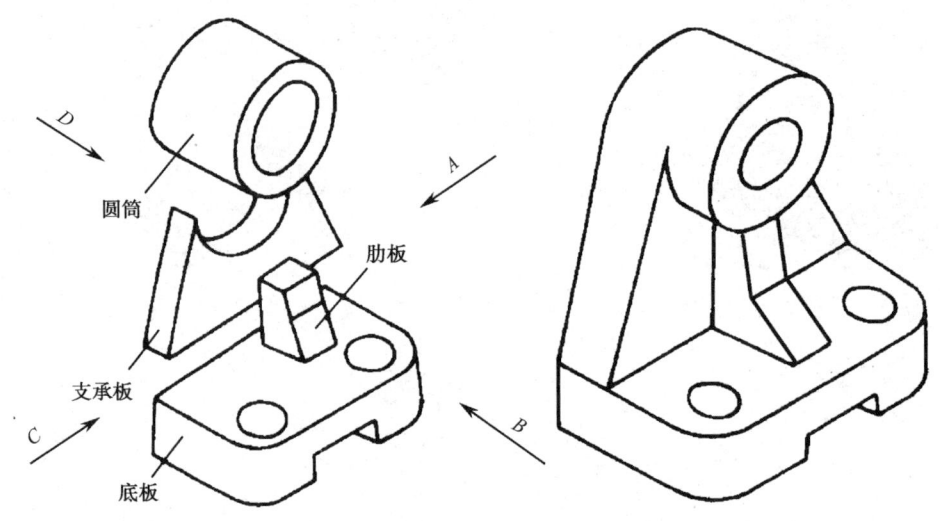

图 2-63 轴承座

1. 形体分析

画图之前，首先对组合体进行形体分析，分析组合体由哪几部分组成、各部分之间的相对位置、相邻两个基本体的组合形式、是否产生交线等。图 2-63 中，轴承座由圆筒、支承板、底板及肋板组成。支承板的左、右侧面都与圆筒的外圆柱面相切，肋板的左、右侧面与圆筒的外圆柱面相交，底板的顶面与支承板、肋板的底面相互重合。

2. 选择主视图

首先确定主视图。一般应选能较明显反映出组合体形状的主要特征，即把能反映组合体较多形状特征和相对位置的某一面作为主视图的投射方向，并尽可能将组合体的主要表面或主要轴线放置在与投影面平行或垂直的位置，同时考虑组合体的自然安放位置，还要兼顾其他两个视图表达的清晰性。

当轴承座按如图 2-63 所示自然位置放置时，对如图 2-64 所示的 A、B、C、D 四个方向投射所得的视图进行比较，选出最能反映轴承座各部分形状特征和相对位置的方向作为主视图的投射方向。投射方向 B 向与 D 向比较，D 向视图的虚线多，不如 B 向视图清晰；A 向视图与 C 向视图同等清晰，但如以 C 向视图作为主视图，则在左视图上会出现较多的虚线，所以不如 A 向视图好；再将 A、B 向视图进行比较，B 向视图能反映圆筒、支承板的形状特征，以及肋板、底板的厚度和各部分上、下、左、右的位置关系，A 向视图能反映肋板的形状特征、圆筒的长度和支承板的厚度，以及各部分的上、下、左、右的位置关系。

由对 A 向与 B 向视图的比较不难看出，两者对反映各部分的形状特征和相对位置来说各有特点，差别不大，均符合选为主视图的条件。在此前提下，要尽量使画出的三视图长大于宽，因此选用 B 向视图作为主视图。主视图一经确定，其他视图也随之确定。

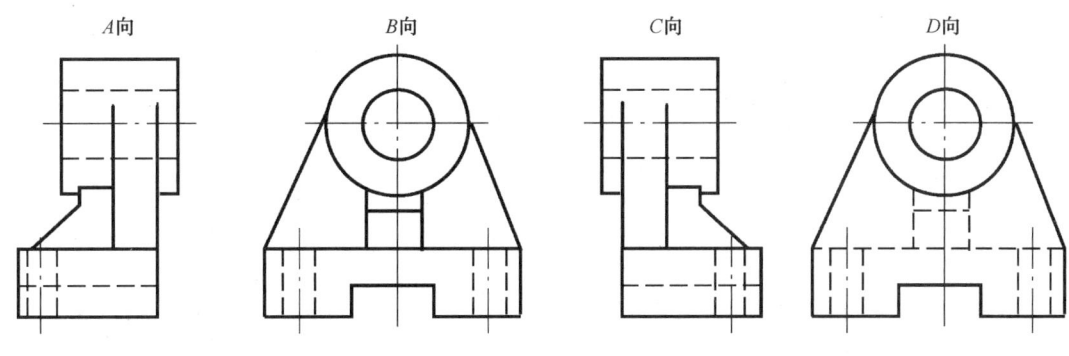

图 2-64　轴承座主视图的选择

3. 选比例、定图幅

视图确定后，便要根据实物的大小和形体的复杂程度，按制图标准规定选择适当的作图比例和图幅。

4. 布置视图，画出作图基准线

布图时，根据各视图每个方向的最大尺寸和视图间需有足够的地方注全尺寸，来确定每个视图的位置，将各视图均匀地布置在图框内。

根据各视图的位置，画出基准线。常用底面、对称中心面、较大的端面或过重要轴线的平面等作为作图基准。

5. 绘制底稿

为了迅速而正确地画出组合体的三视图，画底稿时应注意以下内容。

（1）画图顺序按照形体分析法，先画主要部分，后画次要部分；先画可见的部分，后画不可见部分。如先画底板和圆筒，后画支承板、肋板，如图 2-65 所示。

（2）每个形体应先反映其形状特征的视图，再按投影关系画其他视图（如图 2-65（b）中底板先画俯视图，凹槽先画主视图等）；画图时，每个形体的三个视图最好配合起来画。画完一个形体的视图，再画另一个形体的视图，以便利用投影的对应关系，使作图既快又正确。

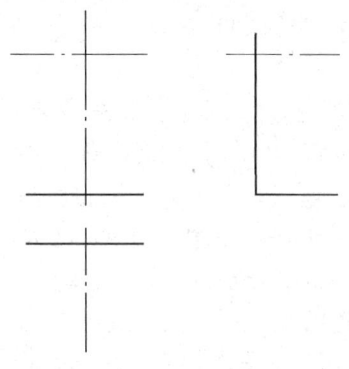

（a）画出各视图作图基准线、对称轴线、大圆孔中心线及其对应的轴线、底面和背面的位置线

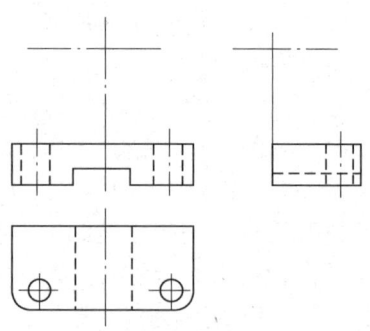

（b）画底板：先画俯视图，凹槽则先从主视图画起

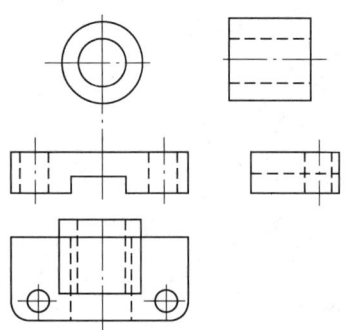

（c）画圆筒：先画反映圆筒特征的主视图

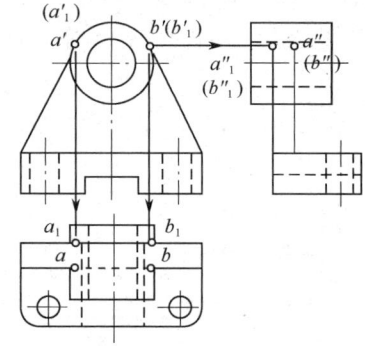

（d）画支承板：先画反映支承板特征的主视图，在画俯、左视图时应注意支承板侧面与圆筒相切处无分界线，要准确定出切点的投影

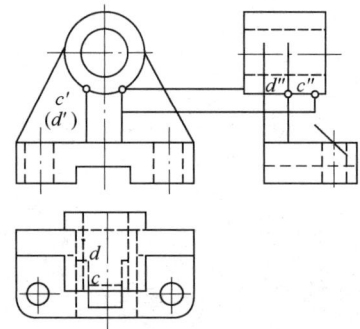

（e）画肋板：主、左视图配合，先画左视图上交线 $c''d''$，取代圆柱上的一段轮廓素线

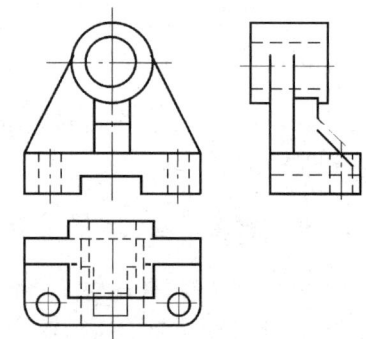

（f）检查确认无误后，按标准线型描深

图 2-65　画轴承座三视图的步骤

（3）形体之间的相对位置要正确。

（4）形体间的表面过渡关系要正确。

（5）要注意各形体间内部融为整体。由于圆筒、支承板、肋板融合成整体，原来的轮廓线也发生变化，如图 2-65（d）中左视图和俯视图上圆筒的轮廓线，图 2-65（e）中俯视图上支承板和肋板的分界线的变化。

6. 检查描深

用细实线画完底稿后，应按形体逐个进行认真仔细的检查，确认无误后，按机械制图的线型标准描深全图，如图 2-65（f）所示。

2.4.3 组合体的尺寸标注

视图只能表示物体的形状，物体的大小则由标注尺寸来确定。组合体尺寸标注的要求是正确、完整、清晰、合理。

① 正确。所注尺寸应符合国家标准有关尺寸注法的基本规定，注写的尺寸数字要正确无误。
② 完整。将确定组合体各部分形状、大小及相对位置的尺寸标注齐全，不遗漏，不重复。
③ 清晰。尺寸标注要布置匀称、清楚、整齐，便于阅读。
④ 合理。所注尺寸应符合形体构成规律与要求，便于加工和测量。

1. 组合体的尺寸种类

（1）定形尺寸：确定组合体各组成部分形状、大小的尺寸称为定形尺寸，如图 2-66（a）所示。

（2）定位尺寸：确定组合体各组成部分相对位置的尺寸称为定位尺寸，如图 2-66（b）所示。

（3）总体尺寸：确定组合体外形的总长、总宽和总高的尺寸称为总体尺寸，如图 2-66（c）中组合体总长 50、总宽 30、总高 27。组合体一般应注出长、宽、高三个方向的总体尺寸。

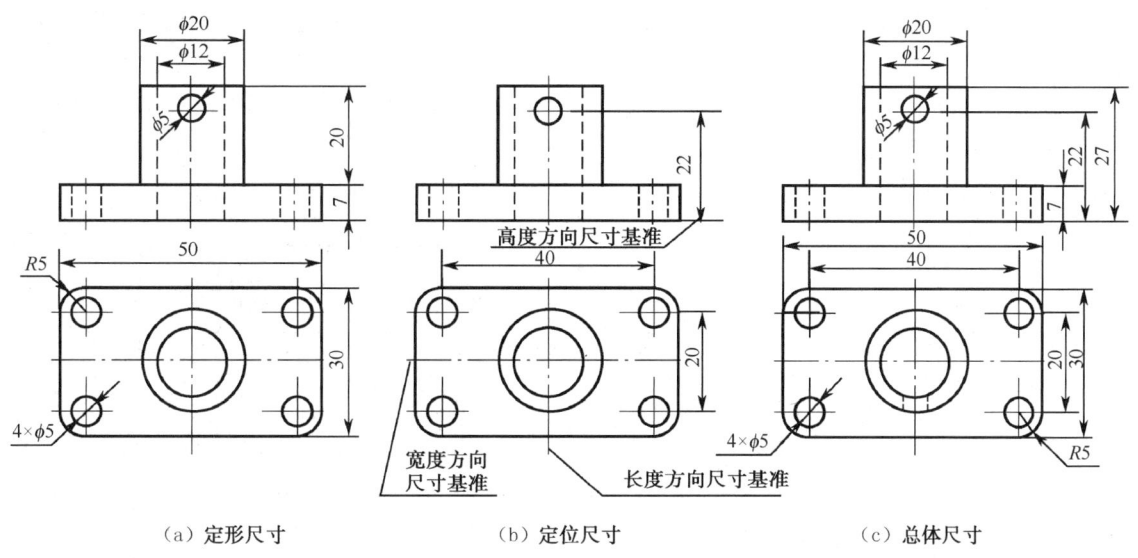

图 2-66 组合体的尺寸标注

注意：

① 如果组合体定形、定位尺寸已标注完整，再加注总体尺寸就会出现尺寸多余或重复。因此加注总体尺寸的同时，应减去一个同方向的定形尺寸。

② 当组合体的某一方向具有回转面结构时，一般只标注回转面轴线的定位尺寸和外端圆柱面的半径，不标注总体尺寸，如图 2-67 所示。

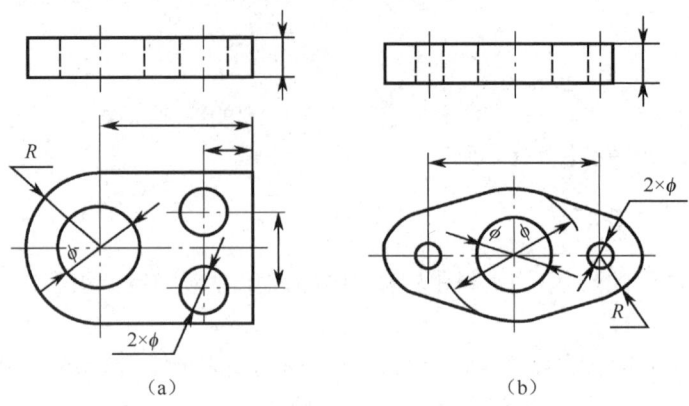

图 2-67 不标注总体尺寸的结构示例

2. 组合体的尺寸基准

所谓尺寸基准是指标注尺寸的起点。标注定位尺寸时,必须考虑尺寸以哪里为起点去定位的问题。如图 2-66 中高度方向以底面为尺寸基准,长度方向选用左右对称平面为尺寸基准,宽度方向以前后对称平面为尺寸基准。在选择尺寸基准和标注尺寸时应注意以下内容。

(1) 物体有长、宽、高三个方向的尺寸,每个方向至少要有一个尺寸基准。通常画图时的三条基准线就是组合体三个方向上的尺寸基准,也可称作主要基准。在一个方向上有时根据需要允许有 2 个或 2 个以上的尺寸基准,除主要基准外,其余皆为辅助基准。辅助基准与主要基准之间必须有尺寸相连。

(2) 通常以组合体的底面、重要的端面、对称面、回转体的轴线及圆的中心线等作为尺寸基准。

(3) 在标注回转体的定位尺寸时,一般标注它们的轴线的位置。如图 2-66(b)中用尺寸 40 和 20 确定 $4×\phi5$ 孔的轴线位置。

(4) 以对称平面为基准标注对称尺寸时,不能只注一半,如图 2-68 所示。

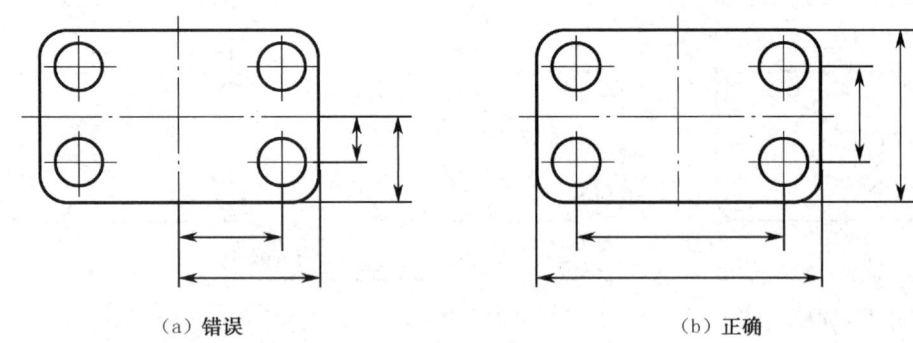

图 2-68 对称结构的尺寸标注

3. 组合体的尺寸标注方法

(1) 对轴承座进行形体分析,如图 2-63 所示。
(2) 标注各形体的定形尺寸,如图 2-69(a)所示。

（3）选择长、宽、高三个方向的尺寸基准，标注各形体的定位尺寸，如图2-69（b）、（c）所示。

（4）标注总体尺寸，如图2-69（d）所示。总长与底板的长度一致，不能重复标注；高度方向因上端面是回转体，因此只标注圆筒高度方向的定位尺寸和定形尺寸，不再标注总高；总宽由底板宽度方向的定形尺寸和圆筒宽度方向的定位尺寸确定，不再标注。

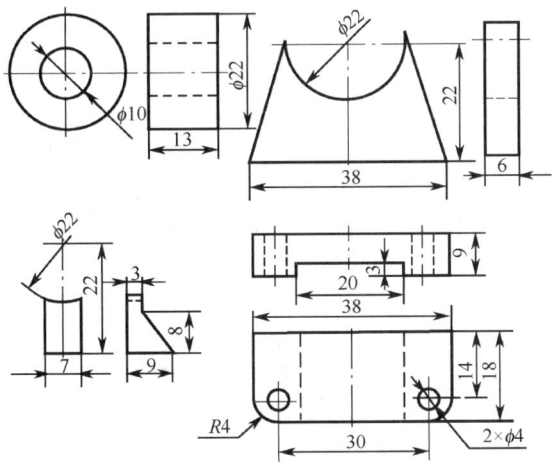

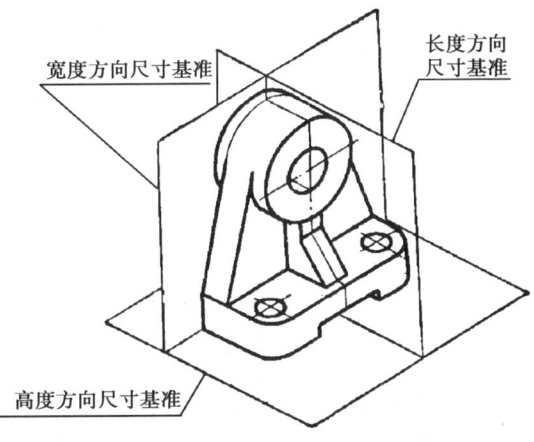

(a) 轴承座分解为底板、支承板、圆筒和肋板四个部分，标注出这四个部分的定形尺寸

(b) 选择尺寸基准：根据轴承座结构特点，长度方向以左右对称面为基准，高度方向以底面为基准，宽度方向以背面为基准

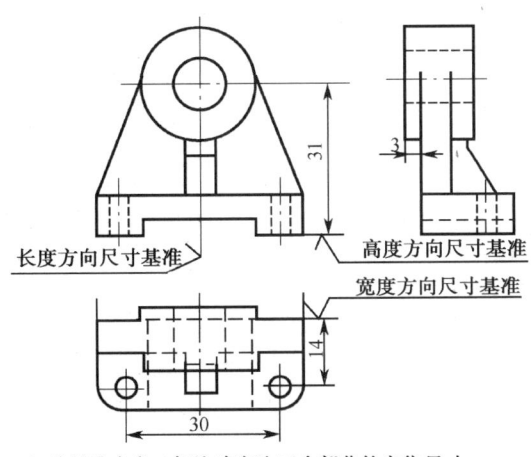

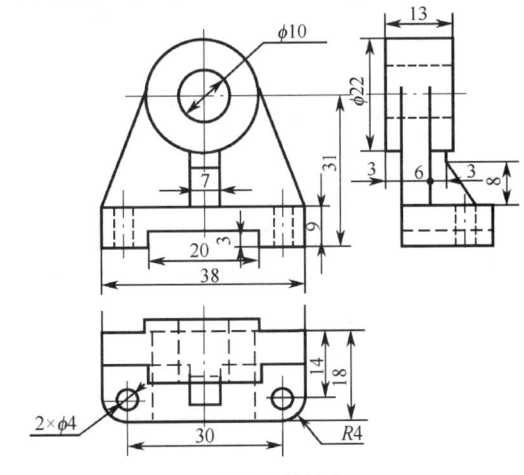

(c) 从基准出发，标注确定这四个部分的定位尺寸

(d) 标注总体尺寸

图2-69 轴承座的尺寸标注

4. 尺寸布置的要求

为了便于看图，尺寸的布置必须整齐、清晰，应注意如下几点。

（1）尺寸应尽量标注在形状特征最明显的视图上，如图2-70所示。

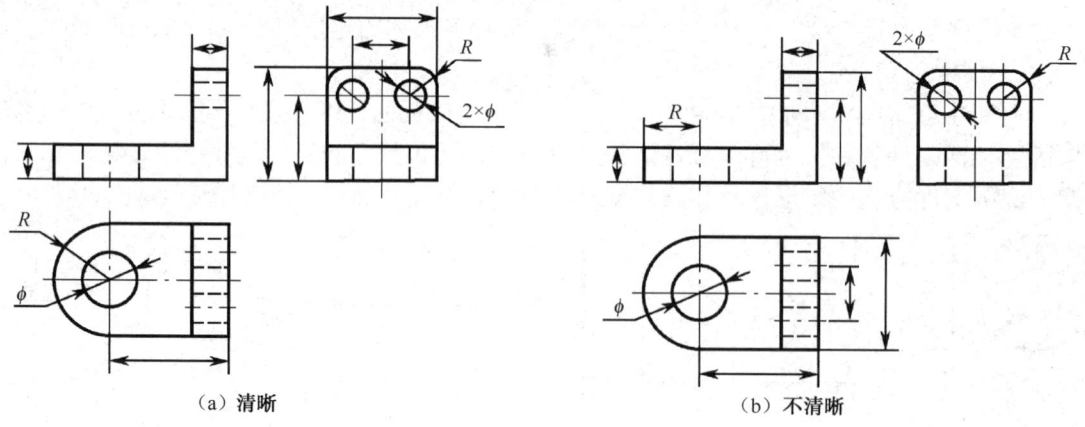

图 2-70　尺寸清晰标注 1

（2）同一形体的尺寸应尽量集中标注，如图 2-71 所示。

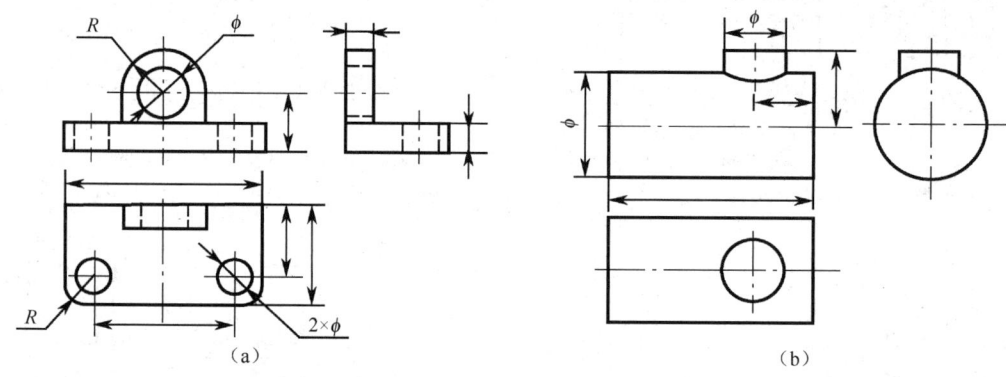

图 2-71　尺寸清晰标注 2

（3）尺寸排列要整齐。同方向串联的尺寸，箭头应互相对齐，排在一条直线上；同方向并联的尺寸，小尺寸在内（靠近视图），大尺寸在外，依次向外分布，间隔要均匀，避免尺寸线与尺寸界线相交，如图 2-72 所示。

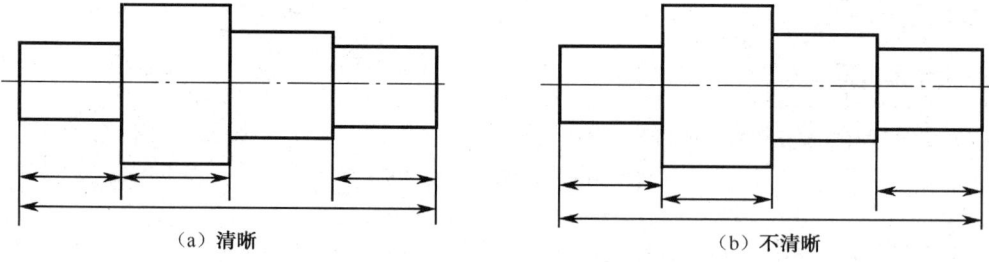

图 2-72　尺寸清晰标注 3

（4）尽量将尺寸布置在图形外面，必要时也可标注在图形内，如图 2-73 所示。

项目 2　绘制简单形体三视图

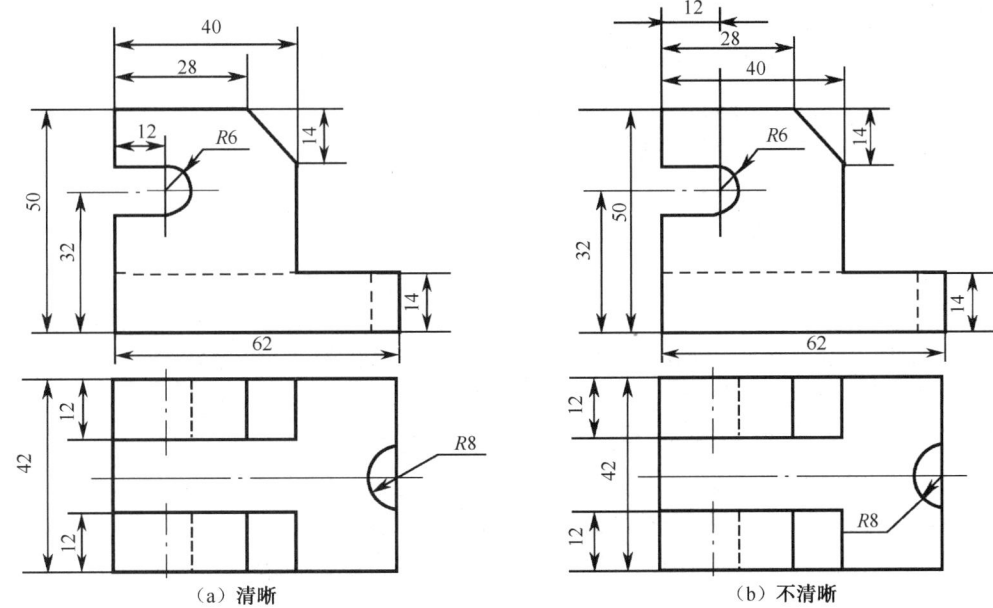

（a）清晰　　　　　　　　　　　　　　　（b）不清晰

图 2-73　尺寸清晰标注 4

（5）同轴的圆柱、圆锥的径向尺寸，一般标注在非圆视图上，圆弧半径应标注在投影为圆弧的视图上，如图 2-74 所示。

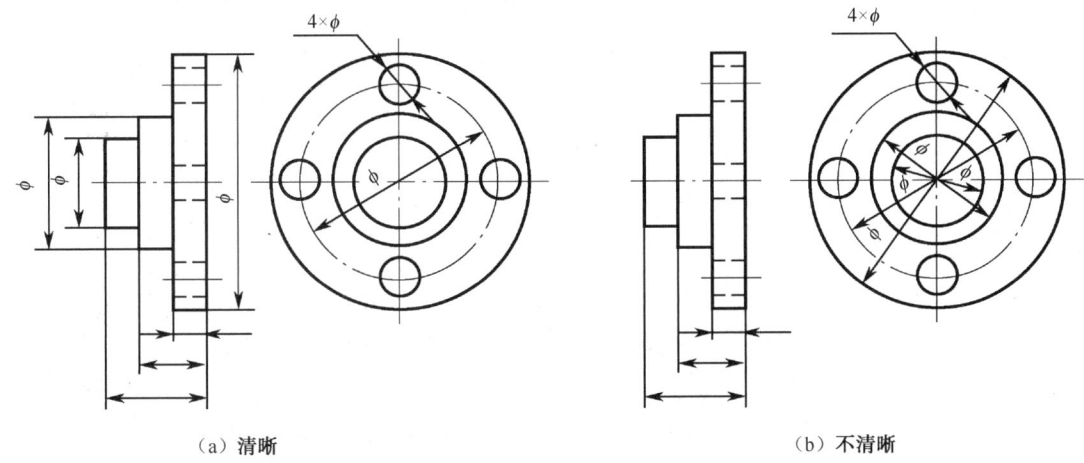

（a）清晰　　　　　　　　　　　　　　　（b）不清晰

图 2-74　尺寸清晰标注 5

（6）应避免在虚线上标注尺寸。

2.4.4　组合体视图的识读

1. 读图的基本要领

（1）几个视图联系起来读

一般情况下，一个或两个视图往往不能唯一确定物体的形状。读图时，必须将几个视图联系起来进行分析、构思、设想、判断，才能想象出物体的形状。

（2）善于抓住形状特征和位置特征视图
① 最能清晰表达物体形状特征的视图称为形状特征视图。
② 最能清晰表达组合体各形体之间相互位置关系的视图称为位置特征视图。抓住特征视图，再配合其他视图，就能较快地想象出物体的形状。
（3）了解视图中的点、线、线框的空间含义
分析视图中点、线和线框的含义是读图的基础。
① 视图中的一个点。
➢ 表示形体上的某一个点，一般是形体上棱线、素线或其他线之间交点的投影。
➢ 表示形体上的某一条直线，这个点是投影面垂直线的积聚性投影。
② 视图中的一条线。
视图是由图线组成的，图中的实线和虚线有三种含义。
➢ 表示形体上两个面交线的投影。
➢ 表示形体上投影面平行面或投影面垂直面的积聚性投影。
➢ 表示形体上回转面（圆柱面、圆锥面等）的轮廓素线的投影。
③ 视图中的一个线框。
视图中的一个封闭线框，一般表示物体上不同位置的一个面（平面、曲面或平面与曲面相切连接）的投影，或者是一个孔的投影，如图 2-75 所示。

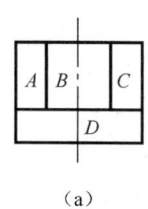
（a）
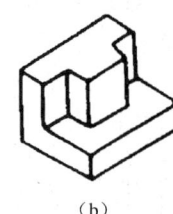
（b）
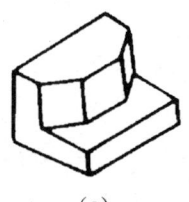
（c）
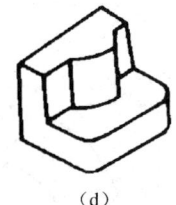
（d）

（e）

图 2-75　视图中线框的含义

④ 视图中相邻的线框。
视图上任何两个相邻的封闭线框，一定是物体上相交的或者同向错位的两个面的投影。如图 2-75（c）、（d）、（e）中线框 A 和 B、B 和 C 表示相交的两个面，图 2-75（b）中 A 和 B、B 和 C 表示前后的两个面。
（4）用图中虚、实线的变化区分各部分的相对位置关系
（5）善于构思空间形体

要想正确、迅速地想象出视图所表达的物体的空间形状，必须多看、多构思。读图的过程是不断地把想象中的物体与给定的视图进行对照的过程，也是不断修正想象中的物体的形状的思维过程，要始终把空间想象和投影分析结合起来。

2. 读图的基本方法

组合体读图的基本方法是形体分析法和线、面分析法。
（1）形体分析法
首先用"分线框、对投影"的方法分析出构成组合体的基本体有几个，找出每个形体的形状特征视图，对照其他视图，想象出各基本体的形状，然后分析各基本体的相对位置、组合方式、表面关系，最后综合想象出整体形状。

下面以图2-76所示组合体视图为例，说明用形体分析法读图的方法、步骤。

① 抓住特征，合理分解。首先从主视图着手，将其线框分为Ⅰ、Ⅱ、Ⅲ、Ⅳ四个部分，如图2-76（a）所示。

② 根据投影的"三等"规律，在其他视图中找出每个线框对应的两个投影，判断其是否符合基本体的图示特征，构思各基本体的空间形状，如图2-76（b）、（c）、（d）、（e）所示。

③ 综合起来想整体。在读懂各部分形体的基础上，抓住位置特征视图，分析确定各形体间相对位置和表面连接关系，最后综合起来想象物体整体形状，如图2-76（f）所示。

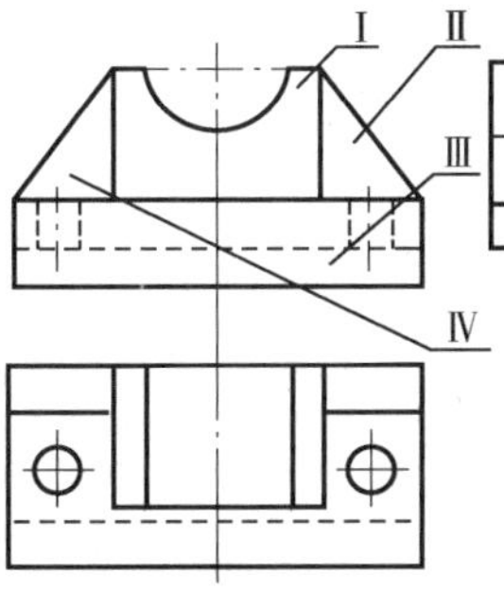

（a）合理分块 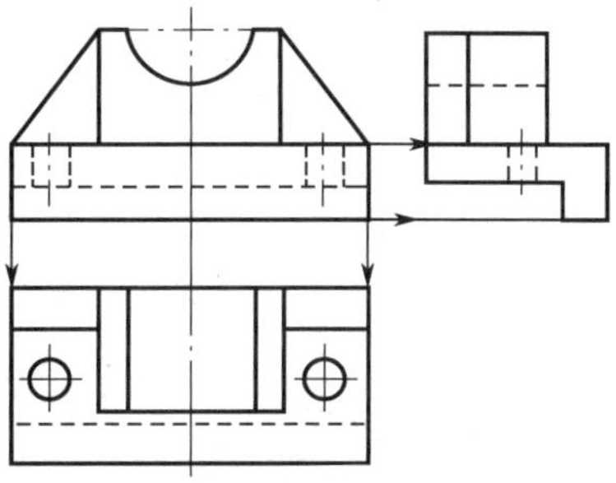　　　　　　　　　　（b）找出Ⅲ部分的投影

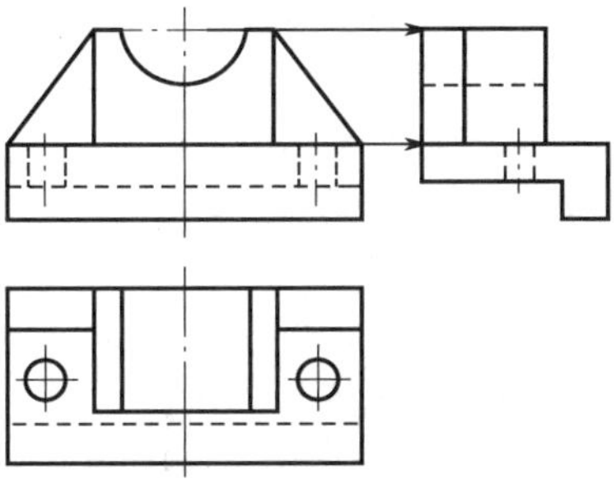

（c）找出Ⅰ部分的投影 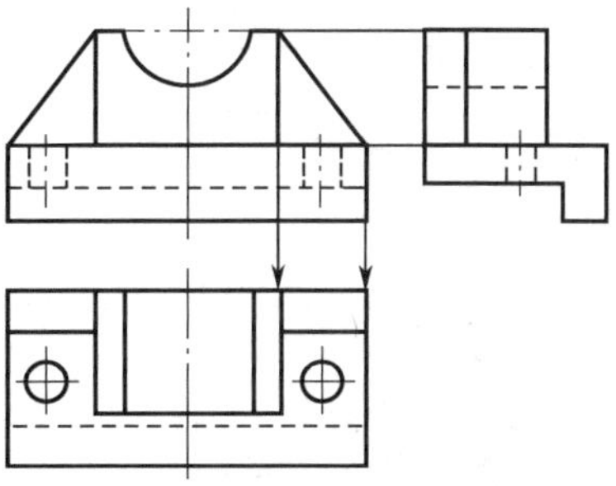　　　　　　（d）找出Ⅱ、Ⅳ部分的投影

扫一扫
看AR图

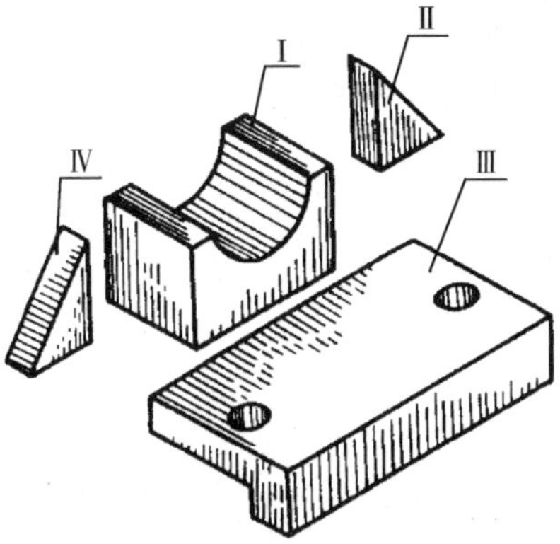

（e）构想各部分形状　　　　　　　（f）综合想整体

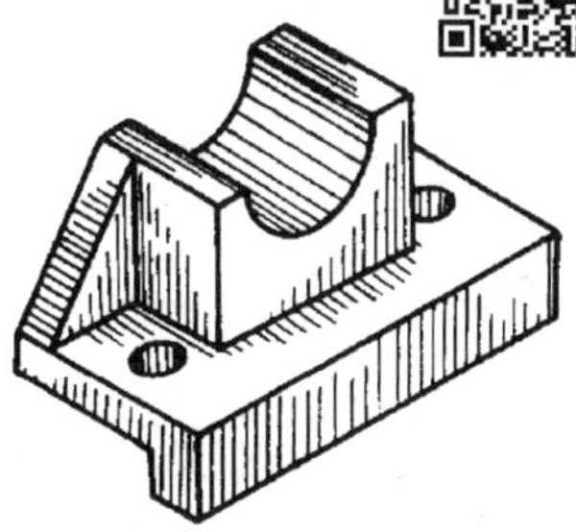

图2-76　用形体分析法读图的方法、步骤

（2）线、面分析法

首先用"分线框、对投影"的方法分析出其原始基本体的形状，找出切割平面的位置及切割后断面的特征视图，从而分析出形体的表面特征，最后综合想象出整体形状。

① 分析整体形状。
② 分析局部形状。
③ 利用视图上线、面的投影规律,进行线、面分析。
④ 综合起来想整体。

如图 2-77 所示为用线、面分析法读图的方法、步骤。

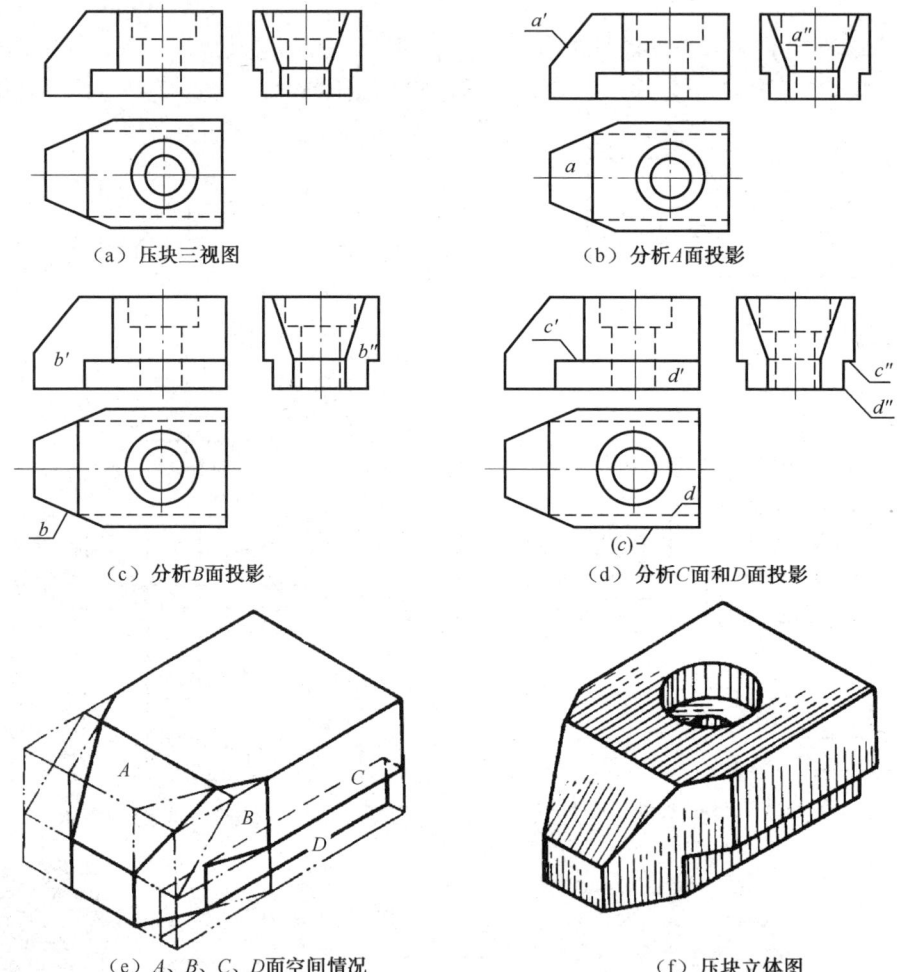

图 2-77　用线、面分析法读图的方法、步骤

3. 读图举例

【例 2-9】已知支承架的主视图和俯视图(见图 2-78(a)),求作左视图。

① 形体分析:在主视图上将支承架分成三个线框,按投影关系找出各线框在俯视图上的对应投影:线框Ⅰ是长方形立板,其后部自上而下开有一个通槽,通槽大小与底板后部缺口大小一致,中部有一个圆孔;线框Ⅱ是一个带通孔的U形凸台;线框Ⅲ是带圆角的长方形底板,后部有矩形缺口,底部有槽。

② 补画左视图。根据以上分析可想象出该物体是由三部分简单叠加而成的,依次画出这些形体的主视图,如图 2-78(b)、(c)、(d) 所示,最后检查加深,完成全图,如图 2-78(f) 所示。

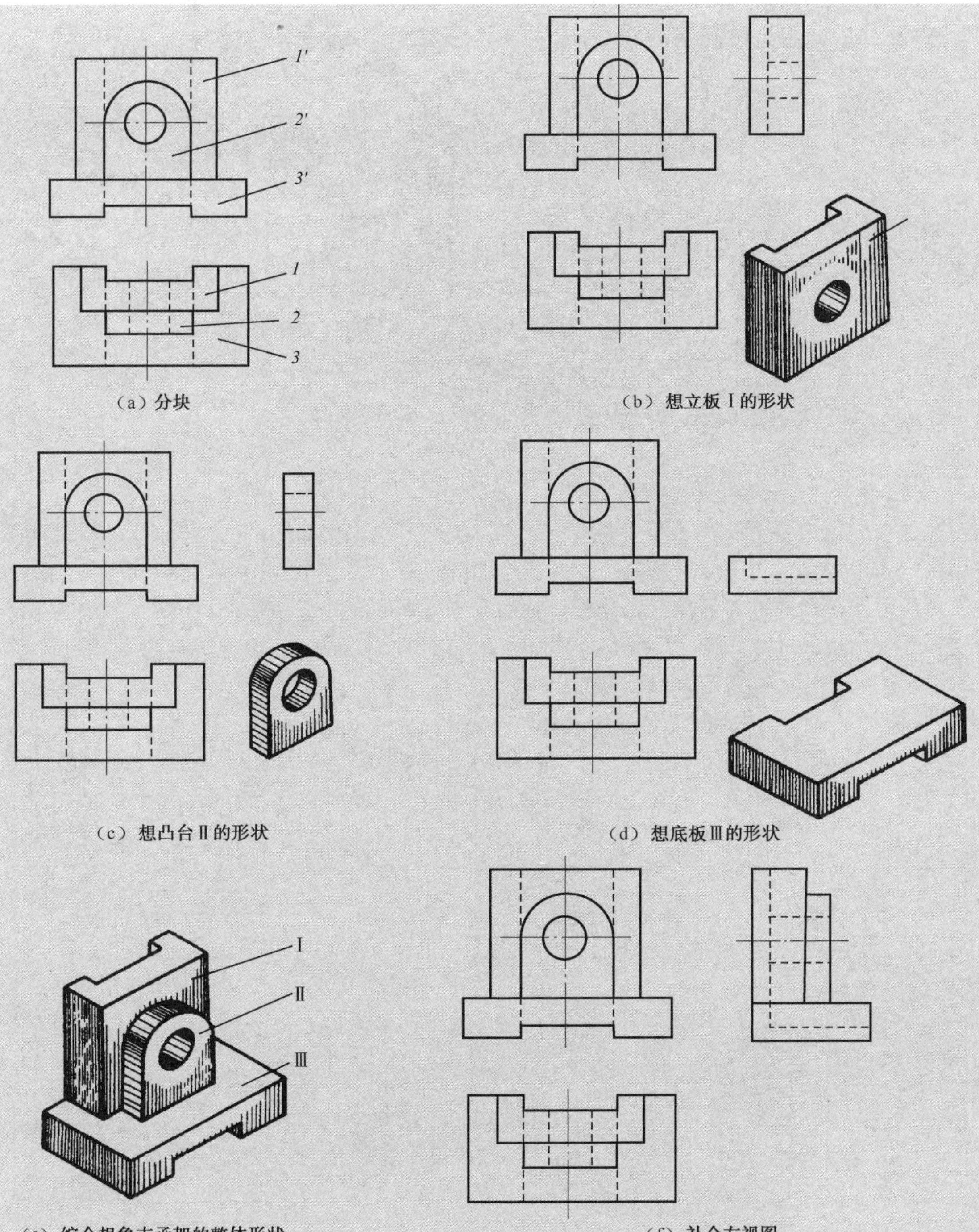

（a）分块 （b）想立板Ⅰ的形状

（c）想凸台Ⅱ的形状 （d）想底板Ⅲ的形状

（e）综合想象支承架的整体形状 （f）补全左视图

图 2-78　例 2-9 图

【例2-10】如图2-79所示,已知支座的主视图和俯视图,求作其左视图。

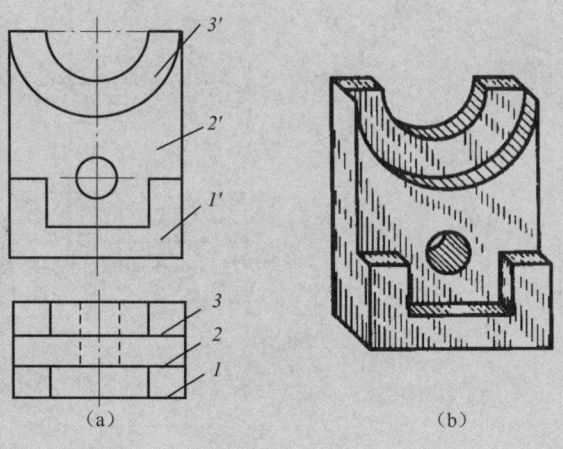

图 2-79 支座

如前所述,视图中的封闭线框表示物体上一个面的投影,而视图上任何两个相邻的封闭线框,一定是物体上相交或者同向错位的两个面的投影。在一个视图中,要确定面与面之间的相对位置,必须通过其他视图来分析。看懂三个线框的层次关系后,再用形体分析法对构成支座的各个形体进行分析,想象出整体形状,逐步画出左视图,如图2-80所示。

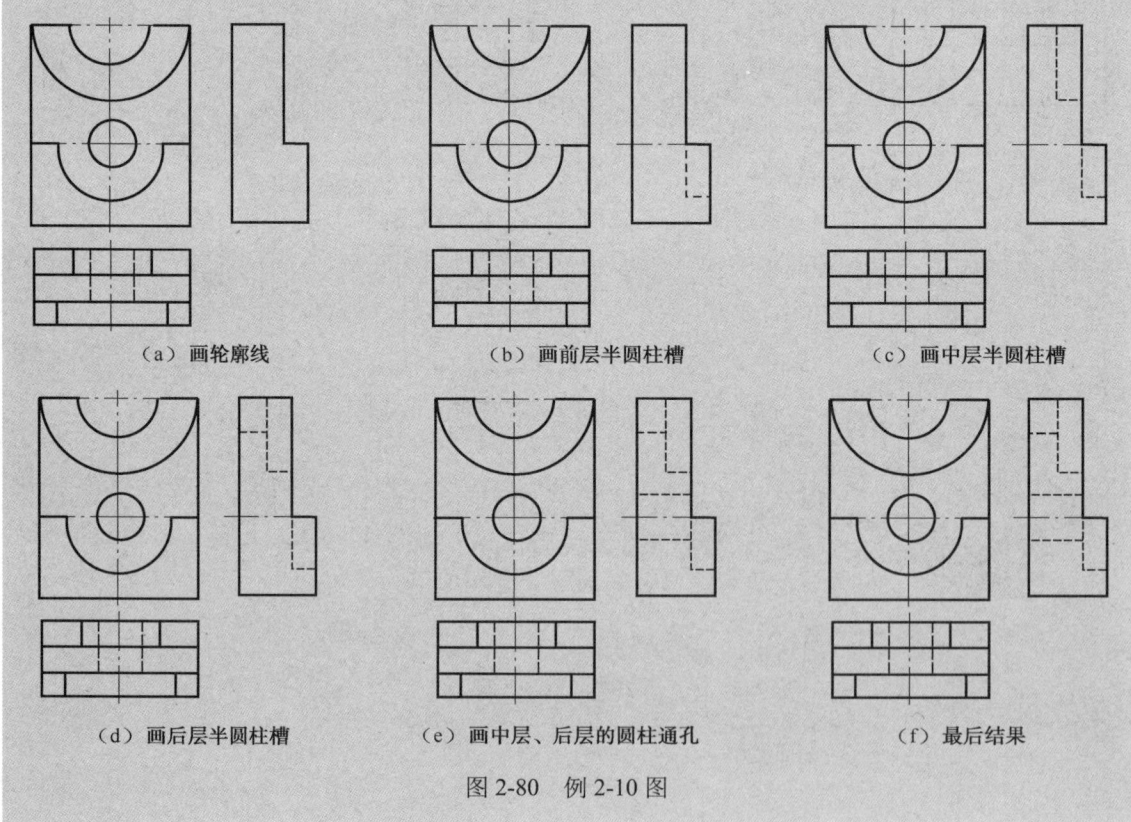

图 2-80 例 2-10 图

项目 2　绘制简单形体三视图

 **技能训练**

1. 已知图 2-81 所示组合体两视图，补画第三视图。

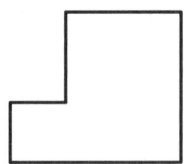 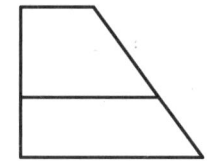 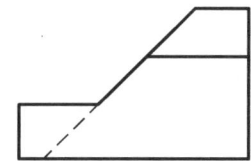 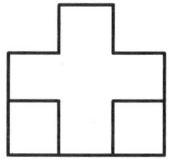

（a） （b）

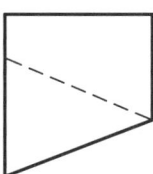 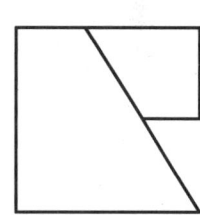

（c） （d）

图 2-81　补画第三视图

  扫一扫
看 AR 图

2. 如图 2-82 所示，根据立体图画组合体三视图。

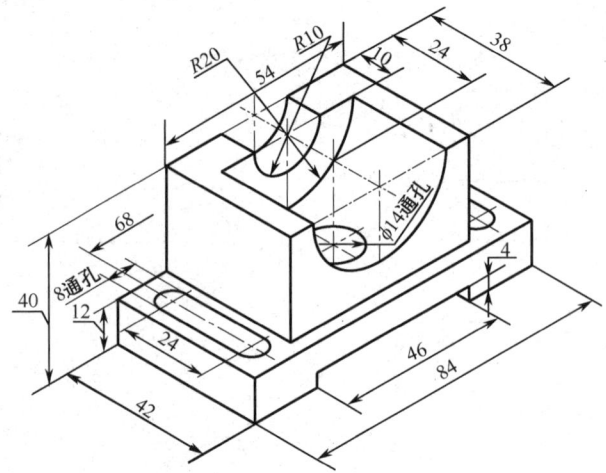

图 2-82　画三视图

延伸阅读

"工人院士"胡胜：雕刻金色时光 极致工匠精神

胡胜，2019年大国工匠年度人物，现任中国电科第十四研究所数控车高级技师，享受国务院政府特殊津贴，他被称为锻造"千里眼"雷达的幕后英雄。从一名初级工到高级技师，胡胜完成了技能上的大提升；从一名小车工到全国技术能手，胡胜实现了人生的大跨越；从一名普通工人到中华技能大奖获得者，胡胜展现出大国工匠的筑梦之路。

从一名职业高中毕业生成长为全国技术能手，胡胜在车床上诠释着精益求精、追求完美极致的工匠精神。工匠精神是中国制造、中国创造的灵魂。我们国家发展制造业，发展实体经济，需要千千万万的工匠。他先后在机载、舰载、车载火控雷达上，承担了70多项关键重要零部件的加工任务。雷达零部件，对精度的要求非常苛刻，误差不能超过一根头发丝的十分之一，甚至要达到0.004毫米的精度，一丝划痕也不能出现。

"工匠精神是每个人都需要具备的职业素养，是一种追求高品质零件的精益求精、精雕细琢的精神。"胡胜领衔的创新工作室先后破解了狭小空间加工、高精度薄壁零件等30多项技术难题，承担了关键工序、关键件和重要件加工100多项；先后组织完成技术革新、合理化建议、QC成果150多项，实现经济效益2000多万元。胡胜认为，作为大国工匠，有义务和责任为企业、行业带出人才队伍，为年轻人成长创造好的环境，他要在更大的舞台上传递工匠精神。

胡胜对当代大学生寄予厚望，他希望当代的大学生，能抓住现今在大学的美好时光，在这个最具潜力的阶段，更好地提升自己，最大限度地发掘自己的潜能。特别是当代社会的大趋势大背景下，全面建设社会主义现代化国家新的伟大征程，也为当代大学生提供了宝贵机遇和广阔舞台。

这是一个呼唤劳动创造、鼓励拼搏进取的时代，也是一个有机会干事创业，更能干成事业的时代。榜样蕴藏无穷力量，精神激发奋斗意志。让我们大力弘扬劳模精神、劳动精神、工匠精神，靠双手开创更好明天。

项目 3 识读和绘制机件图样

任务 3.1 绘制支架轴测图

任务目标

（1）了解轴测投影的基本知识；
（2）掌握机件的正等测图的画法；
（3）了解机件的斜二测图的画法；
（4）具有爱祖国、爱人民的情怀。

任务要求

根据如图 3-1 所示支架视图及立体图，绘制其正等测图。

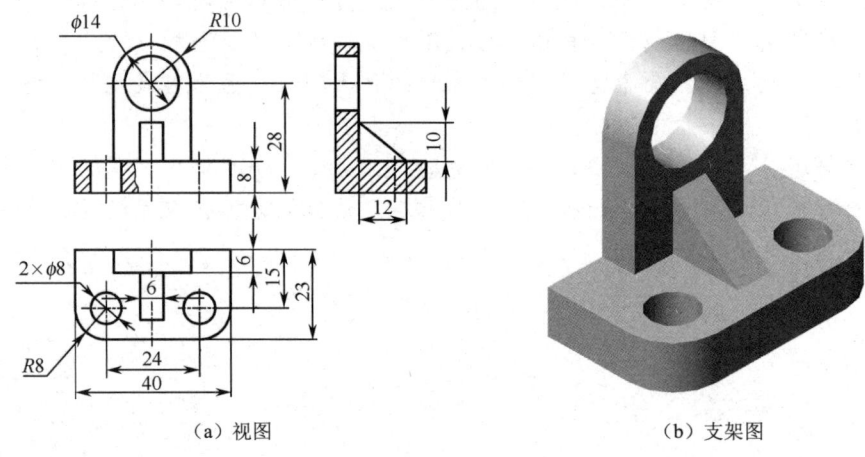

（a）视图 　　　　　　　　　　　　　　（b）支架图

图 3-1 支架视图及立体图

任务指导

绘制图 3-1 所示支架的正等测图步骤如下。

1. 绘制平板

平行于坐标面的圆角,实际上是平行于坐标面的圆的一部分,因此常见的 1/4 圆的圆角(见图 3-2(a)),其正等测图是近似椭圆的四段圆弧中相应的一段。

① 画出平板的轴测图,并根据圆角的半径 R,按椭圆近似画法在平板底面相应的棱线上作切点 1、2 和 3、4(见图 3-2(b))。

② 过切点 1、2 分别作相应棱线的垂线,得交点 O_1。同样,过切点 3、4 作相应棱线的垂线,得交点 O_2。以 O_1 为圆心,$O_1 1$ 为半径,作圆弧 12;以 O_2 为圆心,$O_2 3$ 为半径作圆弧 34,即得平板上面圆角的轴测图。将圆心 O_1、O_2 下移平板厚度 h,再以与上面相同的半径分别画出两段圆弧,即得平板下面圆角的轴测图(见图 3-2(c))。

③ 在平板右端作上、下圆弧的公切线,擦去多余作图线,描深,完成作图(见图 3-2(d))。

④ 作平板上两个小圆孔(详见最终效果图)。

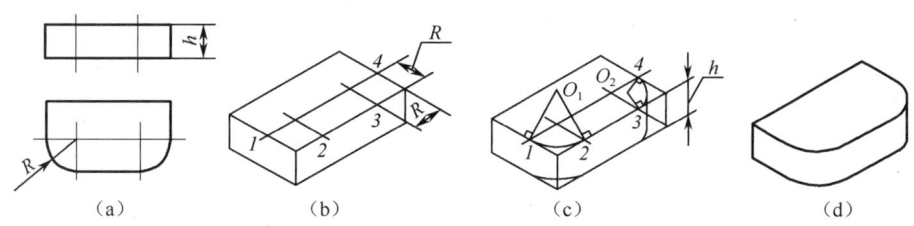

图 3-2 圆角的正等测画法

2. 绘制半圆头板

根据图 3-3(a),先作包络半圆头板的长方体,采用作圆角的方法作半圆头板轴测图,然后作小圆孔的轴测图。

① 作长方体的轴测图。根据给出的半圆头板半径 R 定出点 1、2、3(见图 3-3(b))。

② 过点 1、2 分别作相应棱边的垂线,得交点 O_1、O_2。以 O_1 为圆心,$O_1 1$ 为半径作圆弧 12;以 O_2 为圆心,$O_2 2$ 为半径作圆弧 23(见图 3-3(c))。

③ 将 O_1、O_2 分别向后平移板厚 c,作相应的圆弧,再作右端两段圆弧的公切线(见图 3-3(d))。

④ 作小圆孔椭圆,后壁的椭圆只需画出可见的一小段圆弧,完成作图(见图 3-3(e))。

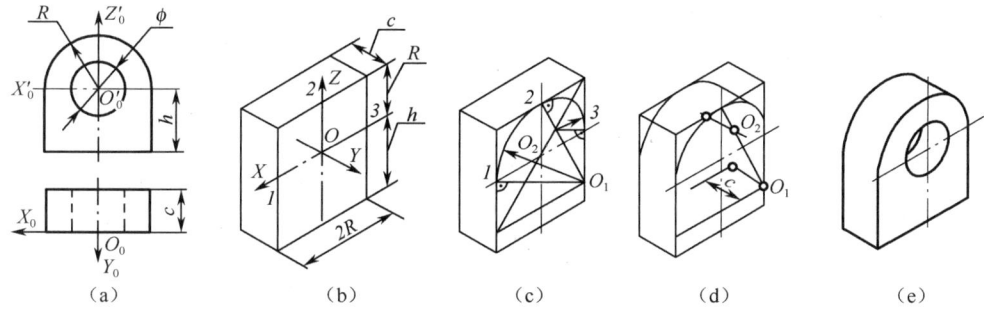

图 3-3 半圆头板的正等测画法

3. 完成任务：根据平板，绘制半圆头板、中间肋板，完成支架正等测图。

支架正等测图如图 3-4 所示。

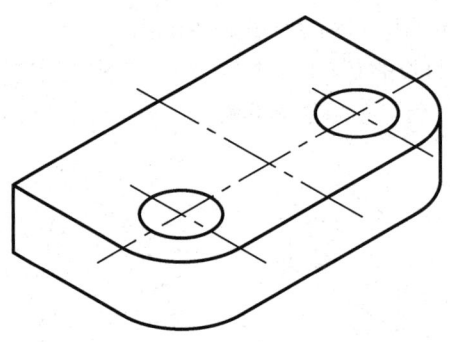

图 3-4　支架正等测图

3.1.1 轴测投影的基本知识

视图是物体在相互垂直的两个或三个投影面上的多面正投影图，多面正投影图的优点是能够完整、准确地表示物体的形状和大小，而且作图简便，度量性好，所以在工程实践中得到了广泛应用，但其缺乏立体感。为此，工程上还常用一种富有立体感的投影图来表达物体，以弥补多面投影图的不足，这种单面投影图称为轴测图。

轴测图是一种能同时反映出物体长、宽、高三个方向尺度的单面投影图，这种图形富有立体感，直观性好，并可沿坐标轴方向按比例进行度量，但这种图不能真实反映物体的尺寸与形状，因此在工程中常被用作辅助图样。

1. 轴测图的形成（GB/T 4458.3—2013）

轴测图是将物体连同其参考直角坐标系，沿不平行于任一坐标平面的方向，用平行投影法将其投射在单一投影面上所得到的图形，如图 3-5 所示。在轴测投影中，被投射的单一投影面称为轴测投影面，投射方向 S 称为轴测投射方向。

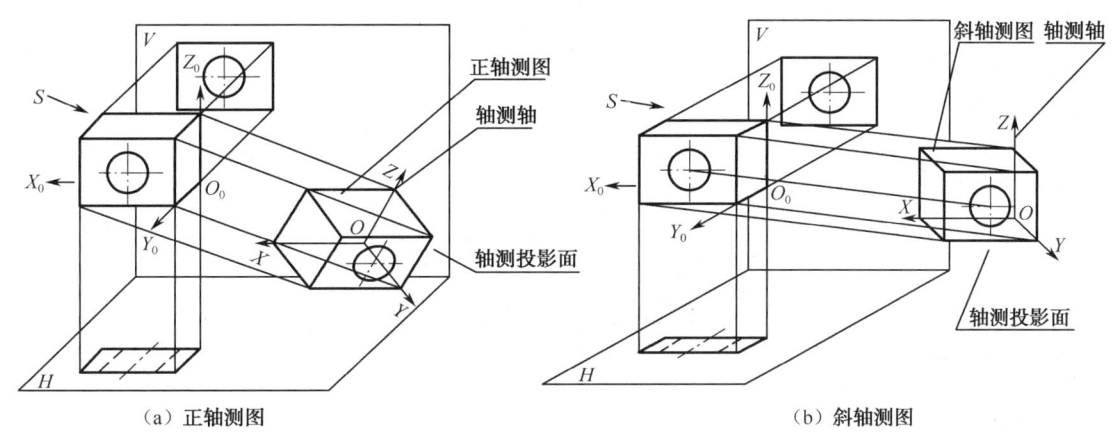

图 3-5 轴测图的形成

2. 轴测轴、轴间角和轴向伸缩系数

（1）轴测轴

空间直角坐标轴 O_0X_0、O_0Y_0、O_0Z_0 在轴测投影面上的投影 OX、OY、OZ 称为轴测轴，三条轴测轴的交点 O 称为原点。

（2）轴间角

轴间角是指相邻两轴测轴之间的夹角，如 $\angle XOY$、$\angle XOZ$、$\angle YOZ$。

（3）轴向伸缩系数

轴向伸缩系数是指轴测轴上的单位长度与相应空间直角坐标轴上单位长度的比值。如图 3-5 所示，OX、OY、OZ 轴上的轴向伸缩系数，分别用 p、q、r 简化表示。

3. 轴测图的投影特性

由于轴测图是用平行投影法绘制的，所以具有以下平行投影的特性。

（1）平行性。物体上互相平行的线段，轴测投影仍互相平行；平行于坐标轴的线段，轴测投影仍平行于相应的轴测轴。

（2）定比性。物体上两条平行线段或同一条直线上的两条线段长之比，在轴测图上保持不变。即同一轴向所有线段的轴向伸缩系数相同。

（3）类似性。物体上不平行于轴测投影面的平面图形，在轴测图上变成原形的类似图形。

画轴测图时，物体上凡平行于坐标轴的线段，可按其原尺寸乘以轴向伸缩系数，再沿着轴测方向定出其轴测图的长短，这就是"轴测"两字的含义。

4. 轴测图的分类

根据投射方向 S 与轴测投影面的相对位置，轴测图分为以下两类。

（1）正轴测图

正轴测图是投射方向与轴测投影面相垂直所得的轴测图。此时物体的三个坐标面都倾斜于轴测投影面，如图3-5（a）所示。

（2）斜轴测图

斜轴测图是投射方向与轴测投影面相倾斜所得的轴测图。此时物体的一个参考面应平行于轴测投影面，如图3-5（b）所示。

正（斜）轴测图按轴向伸缩系数的不同，又可分为下列三种不同的形式。

$$\text{正（斜）轴测图}\begin{cases}\text{正（斜）等轴测图}（p=q=r）\\\text{正（斜）二轴测图}（p=q\neq r，\text{或} p=r\neq q，\text{或} p\neq r=q）\\\text{正（斜）三轴测图}（p\neq q\neq r）\end{cases}$$

工程上常采用立体感较强、作图较简便的正等轴测图（简称正等测图）和斜二轴测图（简称斜二测图）。

3.1.2 正等测图

1. 轴间角和轴向伸缩系数

在正等测图中，要使三个轴向伸缩系数相等，必须使确定物体空间位置的三个坐标轴与轴测投影面的倾角均相等，如图3-6（a）所示。投影后，轴间角$\angle XOY=\angle XOZ=\angle YOZ=120°$。作图时，将 OZ 轴画成铅垂线，OX、OY 轴与水平线夹角均为30°，如图3-6（b）所示。

正等测图各轴向伸缩系数均相等，根据理论计算，可知 $p=q=r=0.82$。为了作图方便，通常采用简化的轴向伸缩系数，即 $p=q=r=1$。作图时，凡平行于轴测轴的线段，可直接按物体上相应线段的实际长度量取，不需换算。这样画出的正等测图，各轴向长度是原长的 $1/0.82\approx1.22$ 倍，但形状没有改变。

2. 正等测图画法

轴测图的基本作图方法是坐标法。作图时，先选定合适的坐标轴并画出轴测轴，再按立体表面上各顶点或线段端点的坐标，画出其轴测投影，然后分别连线完成轴测图。

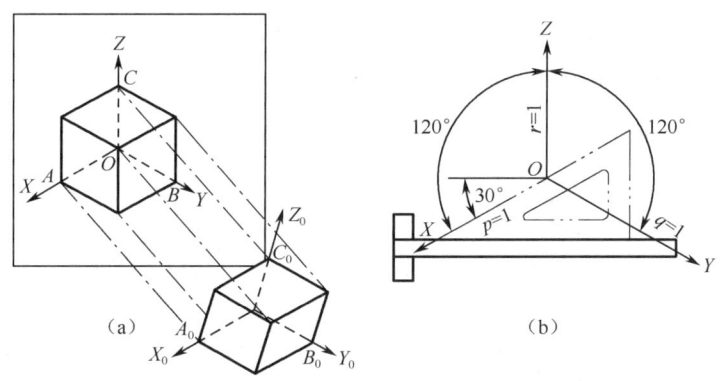

图 3-6　正等测图的轴间角和轴向收缩系数

（1）正六棱柱

如图 3-7（a）所示，正六棱柱的前后、左右对称，将坐标原点 O_0 定在顶面六边形的中心，以六边形的中心线为 X 轴和 Y 轴。这样便于直接定出顶面六边形各顶点的坐标，从顶面开始作图。

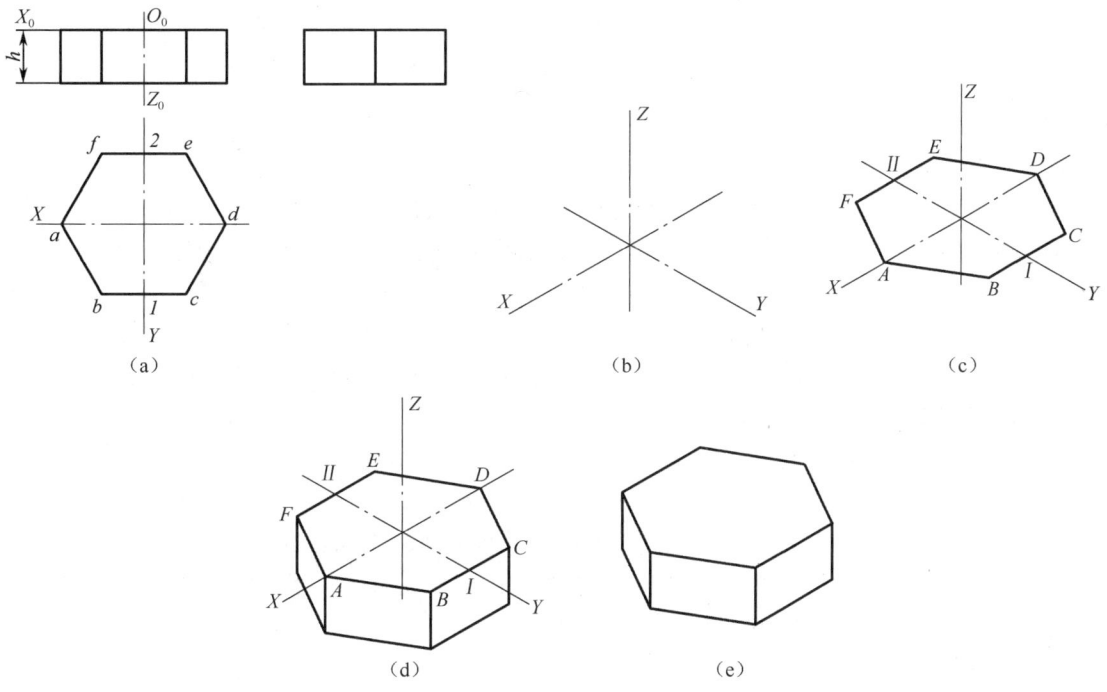

图 3-7　正六棱柱正等测图的画法

作图步骤：

① 定出坐标原点及坐标轴（见图 3-7（a））。

② 画轴测轴（见图 3-7（b）），由于 a、d 和 1、2 分别在 X_0、Y_0 轴上，可直接量取并在轴测轴 X、Y 上定出 A、D 和 I、II（见图 3-7（c））。

③ 过 I、II 作 X 轴平行线，过 B、C 和 E、F 连成顶面六边形（见图 3-7（c））。

④ 过 A、B、C、D、E、F 沿 Z 轴量取高度 h，得底面各点，连接相关点，擦去多余作图线，描深，完成正六棱柱正等测图（见图 3-7（e））。轴测图中的不可见轮廓线一般不要求画出。

（2）垫块

对于如图 3-8（a）所示的垫块，可采用坐标法结合切割法作图，即把垫块看成一个长方体，先用正垂面切去一角，再用铅垂面切去一角。截切后的斜面上与三个坐标轴均不平行的线段，在轴测图上不能直接从正投影图中量取，必须按坐标求出其端点，然后连接各点。

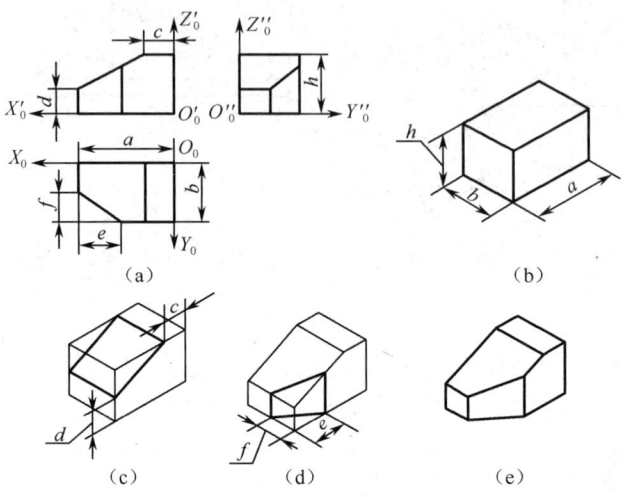

图 3-8 采用坐标法结合切割法作垫块的正等测图

作图步骤：

① 选定坐标轴和坐标原点（见图 3-8（a））。

② 根据给出的尺寸 a、b、h 作长方体的轴测图（见图 3-8（b））。

③ 倾斜线上不能直接量取尺寸，可在与轴测轴平行的对应棱线上量取倾斜线的尺寸（如 c、d），再连接两端点则形成该倾斜线的轴测图，然后连成平行四边形，得正垂面轴测图（见图 3-8（c））。

④ 同理，根据给出的尺寸 e、f 定出左下角铅垂面上倾斜线端点的位置，并连成四边形（见图 3-8（d））。

⑤ 擦去多余作图线，描深，完成轴测图（见图 3-8（e））。

（3）圆柱

如图 3-9（a）所示，直立正圆柱的轴线垂直于水平面，顶面、底面为两个与水平面平行且大小相同的圆，在轴测图中均为椭圆。可按圆柱的直径 ϕ 和高 h 作两个形状和大小相同、中心距为 h 的椭圆，再作两个椭圆的公切线。

作图步骤：

① 选定坐标轴及坐标原点。作圆柱顶面的外切正方形，得切点 a、b、c、d（见图 3-9（a））。

② 画轴测轴，定出四个切点 A、B、C、D，过四个点分别作 X、Y 轴的平行线，得外切正方形的轴测图（菱形）。沿 Z 轴量取圆柱高度 h，用同样方法作底面菱形（见图 3-9（b））。

③ 过菱形两个顶点 1、2，连接 1C、2B 得交点 3，连接 1D、2A 得交点 4。1、2、3、4 即为形成近似椭圆的四段圆弧的圆心。以 1、2 为圆心，1C 为半径作圆弧 CD 和圆弧 AB；以 3、4 为圆心，3B 为半径作圆弧 BC 和圆弧 AD，得圆柱顶面的轴测图（椭圆）。将椭圆的三个圆心 2、3、4 沿 Z 轴平移距离 h，作底面椭圆，不可见的圆弧不必画出（见图 3-9（c））。

④ 作两个椭圆的公切线，擦去多余作图线，描深，完成圆柱轴测图（见图 3-9（d））。

项目 3 识读和绘制机件图样

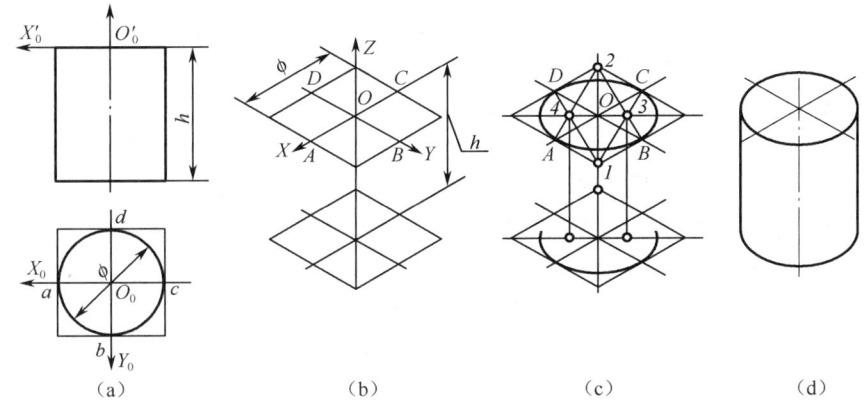

图 3-9 圆柱的正等测图画法

（4）圆球

圆球的正等测图是包容球上所有能画出来的最大圆的轴测投影（椭圆）的一个圆。实际作图时至少要画一个椭圆，再以所画椭圆的长轴为直径画一个外切圆，即为圆球的正等测图，如图 3-10 所示。

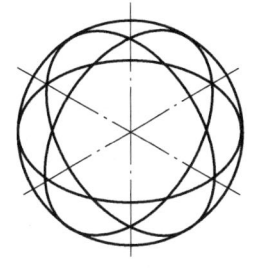

图 3-10 圆球的正等测图

3.1.3 斜二测图

1. 轴间角和轴向伸缩系数

轴测投影面平行于一个坐标平面，投射方向倾斜于轴测投影面时，即得斜二测图。如图 3-11（a）所示是国标中的一种斜二测图，坐标面 XOZ 平行于轴测投影面，所以轴测轴 OX、OZ 分别为水平方向和铅垂方向。如图 3-11（b）所示，X、Z 轴的轴向伸缩系数 $p_1=r_1=1$，轴测轴 OY 与水平线夹角为 45°，轴向伸缩系数 $q_1=0.5$。轴间角 $\angle ZOX=90°$，$\angle XOY=\angle YOZ=135°$。

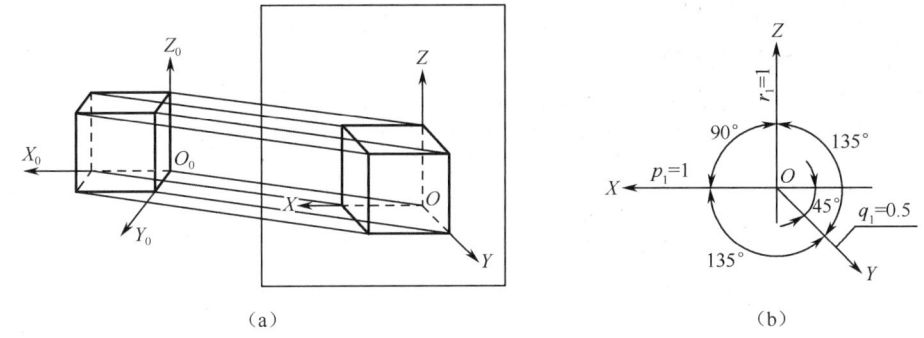

图 3-11 斜二测图、轴间角与轴向伸缩系数

2. 斜二测图画法

在斜二测图中，物体上平行于坐标面 XOZ 的直线和平面图形均反映实长和实形。所以当物体上有较多的圆或曲线平行于坐标面 XOZ 时，采用斜二测图比较方便。下面用一些典型的图例来说明斜二测图的画法。

（1）圆台

如图3-12（a）所示是一个具有同轴圆柱孔的圆台，圆台的前、后端面及孔口都是圆。因此，将前、后端面平行于正面放置，作图很方便。

作图步骤：

① 作轴测图，在 Y_0 轴上量取 $L/2$，定出前端面的圆心 A（见图3-12（b））。

② 画出前、后端面圆的轴测图（见图3-12（c））。

③ 作两个端面圆的公切线及前孔口和后孔口的可见部分。擦去多余作图线，描深，完成作图（见图3-12（d））。

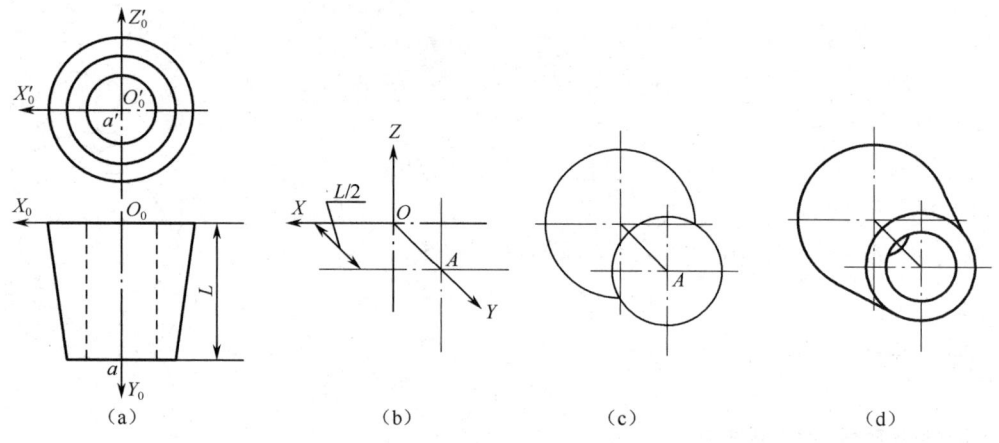

图3-12　圆台的斜二测图的画法

（2）穿半圆头板

如图3-13（a）所示，该板左右对称，前后表面平行，由底部向上穿了一个孔，孔的上部是半圆形，下部是长方形，该板的其余表面都是相互垂直的平面。因此，将板的前后表面平行于正面放置，将坐标原点建立在前表面底部的中点，可以给作图带来方便。

作图步骤：

① 建立轴测轴（见图3-13（b））。

② 画出前后表面的轴测图。

③ 作前后表面半圆的切线（见图3-13（c））。

④ 擦去多余作图线，描深，完成作图（见图3-13（d））。

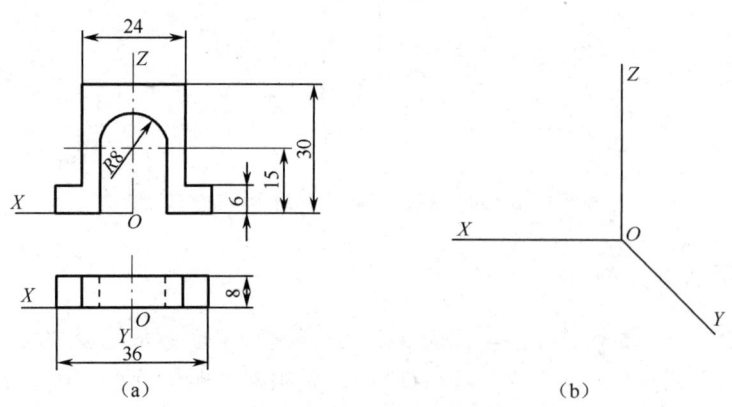

图3-13　穿半圆头板的斜二测图的画法

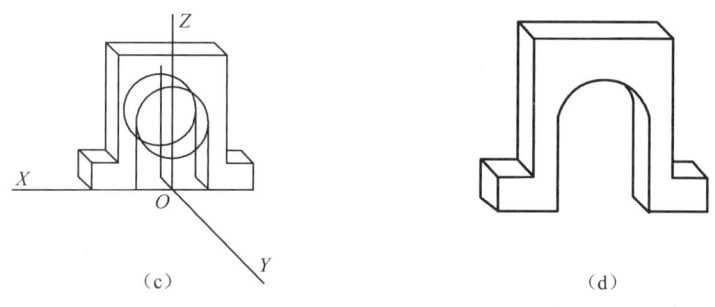

（c） （d）

图 3-13　穿半圆头板的斜二测图的画法（续）

如图 3-14 所示，画形体的正等测图。

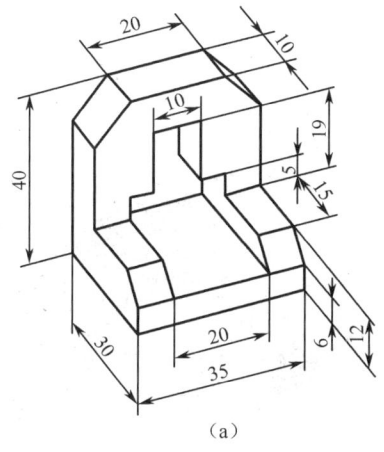
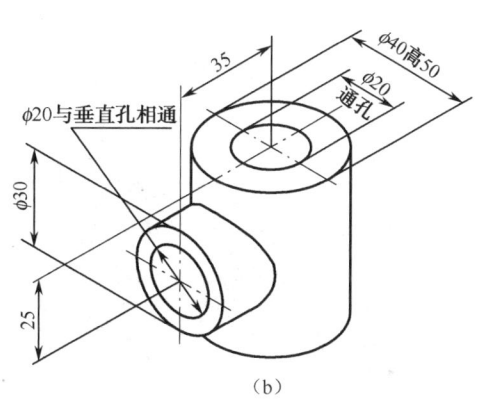

（a） （b）

图 3-14　画正等测图

任务 3.2 绘制压紧杆零件视图

（1）掌握视图的种类及其表达方法；
（2）了解并识读第三角画法图样；
（3）能选择合理的表达方法绘制零件视图；
（4）具有勤劳致富的人生态度，热爱学习、热爱工作、热爱岗位。

扫一扫
看 AR 图

如图 3-15 所示，观察压紧杆零件结构，看懂其形状，选择合理的表达方案，绘制压紧杆零件视图。

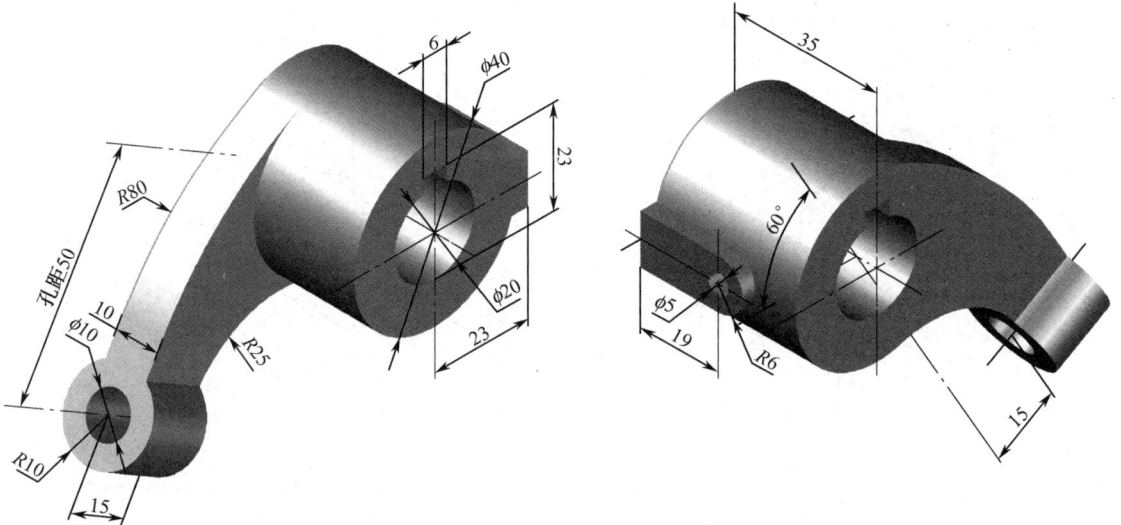

图 3-15　压紧杆零件

项目 3　识读和绘制机件图样

任务指导

图 3-15 所示压紧杆零件的视图如图 3-16 所示。

1. 绘图过程

（1）主视图为基本视图，表达机件的外形、轴孔的形状。

（2）俯视图为局部视图，表达右侧圆柱上轴孔和凸台的宽度方向尺寸。

2. 完成任务

（1）绘制 B 向视图，表达右侧凸台的结构形状。

（2）绘制 A 向斜视图，表达左侧倾斜结构形状。

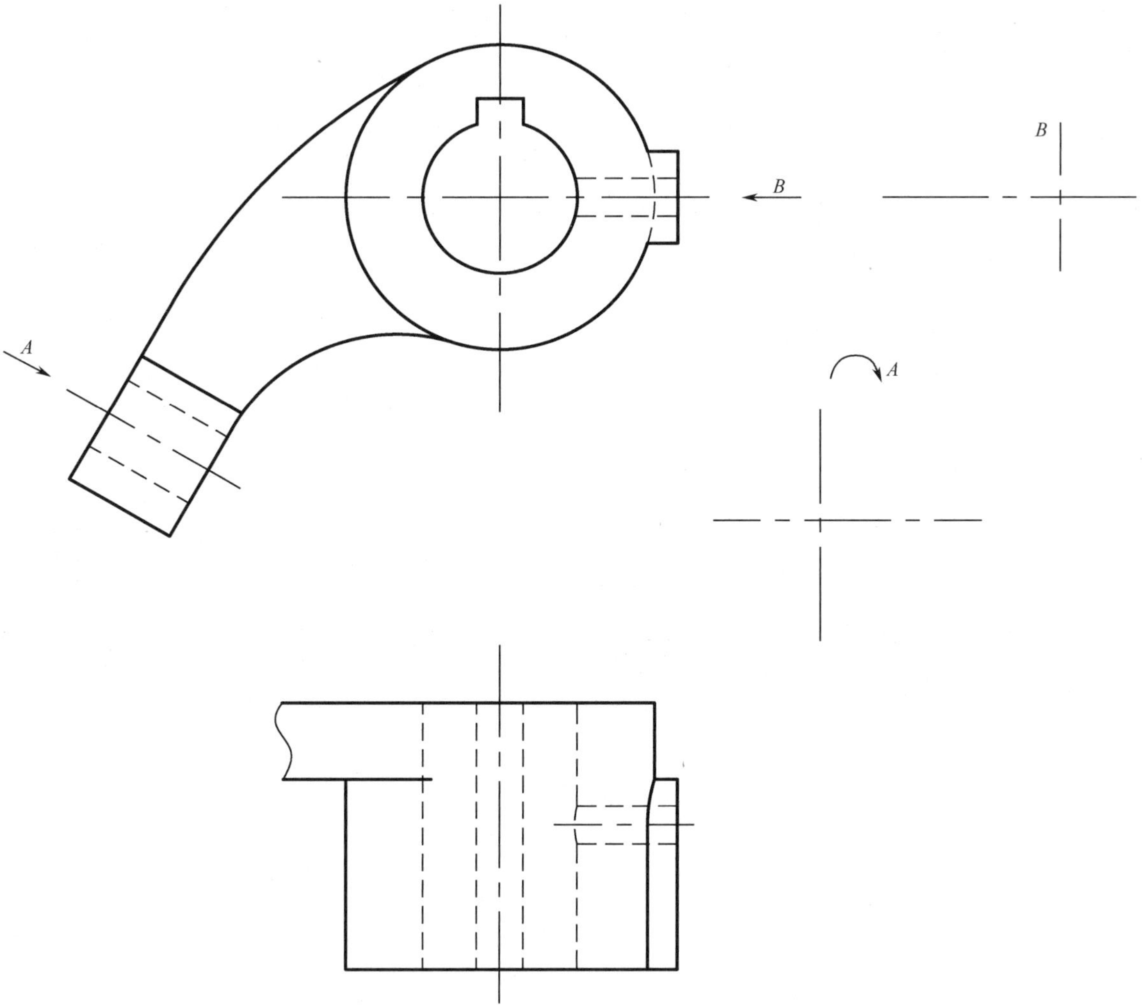

图 3-16　压紧杆零件的视图

知识链接

3.2.1 视图

视图（GB/T 17451—1998）是用正投影法将机件向投影面投射所得的图形，主要用来表达机件的外部结构形状，一般仅画出机件的可见部分，必要时才用虚线画出不可见部分。

视图通常有基本视图、向视图、局部视图和斜视图四种。

1. 基本视图

（1）定义

物体向基本投影面投射所得的视图，称为基本视图。在原有水平面、正面和侧面三个投影面的基础上，再增设三个投影面构成一个正六面体，正六面体的六个侧面称为基本投影面。将物体放在正六面体中，分别向六个基本投影面进行投射，即得到六个基本视图。

除了前面介绍的三个基本视图——主视图、左视图和俯视图，新增如下三个视图。

右视图：从右向左投射所得的视图。

后视图：从后向前投射所得的视图。

仰视图：从下向上投射所得的视图。

（2）基本投影面的展开

基本投影面的展开方法：保持 V 面不动，其他各投影面按图 3-17 中箭头所指方向转至与 V 面共面位置，即得六个基本视图。

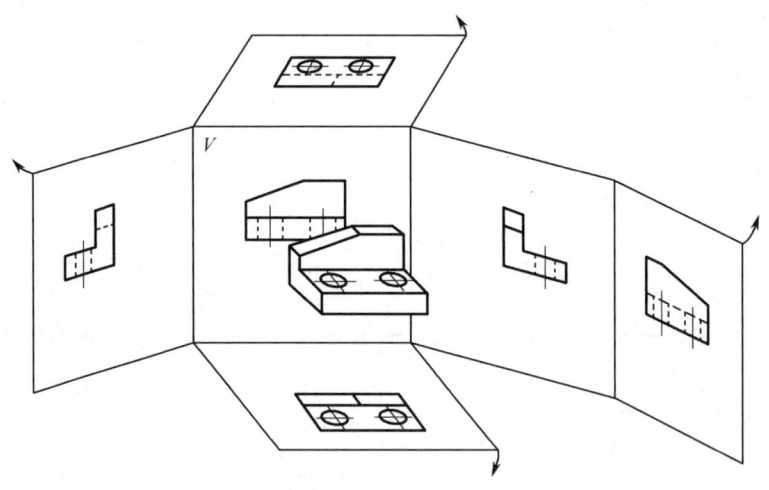

图 3-17 基本投影面的展开

（3）六个基本视图的投影规律

展开后，基本视图配置如图 3-18 所示。六个基本视图之间仍符合"长对正、高平齐、宽相等"的基本视图的投影规律，即：

主、俯、仰、后四个视图长对正；

主、左、后、右四个视图高平齐；

俯、左、仰、右四个视图宽相等。

扫一扫
看 AR 图

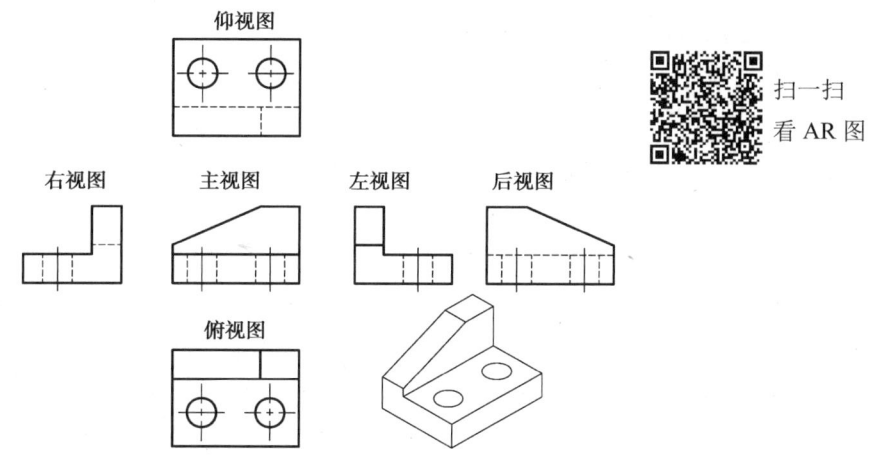

图 3-18 基本视图配置

（4）六个基本视图的方位对应关系及其配置

六个基本视图中，除了后视图，其他视图中靠近主视图的一边表示物体的后面，远离主视图的一边表示物体的前面，如图 3-19 所示。

按照基本视图配置的视图，可以不标注视图名称。

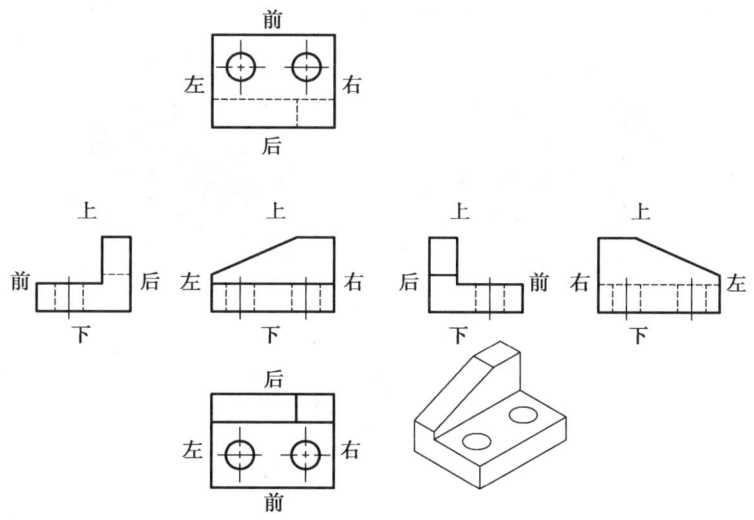

图 3-19 基本视图方位关系

（5）基本视图的应用

在表达机件的形状时，不是任何机件都需要画出六个基本视图，而应根据机件的结构特点，选择表示物体信息量最多的那个视图（通常是物体的工作位置或加工位置或安装位置）作为主视图，再按需要选用必要的其他视图。总的要求是表达完整、清晰，又不重复，使视图的数量最少。

2．向视图

（1）定义

可以自由配置的视图称为向视图。

（2）配置及标注

① 在向视图的上方标出视图的名称"×"（"×"为大写拉丁字母）。

② 在相应视图附近用箭头指明投射方向，并注上同样字母，如图 3-20 所示。

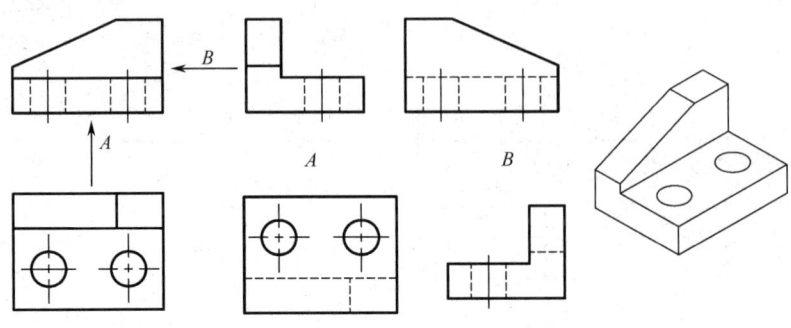

图 3-20　向视图

3. 局部视图

（1）定义

将物体的某一部分向基本投影面投射所得的视图称为局部视图。如图 3-21 所示物体，对于其左边的 U 形槽及右边的凸台，用 A 向和 B 向局部视图表达，如图 3-22 所示。

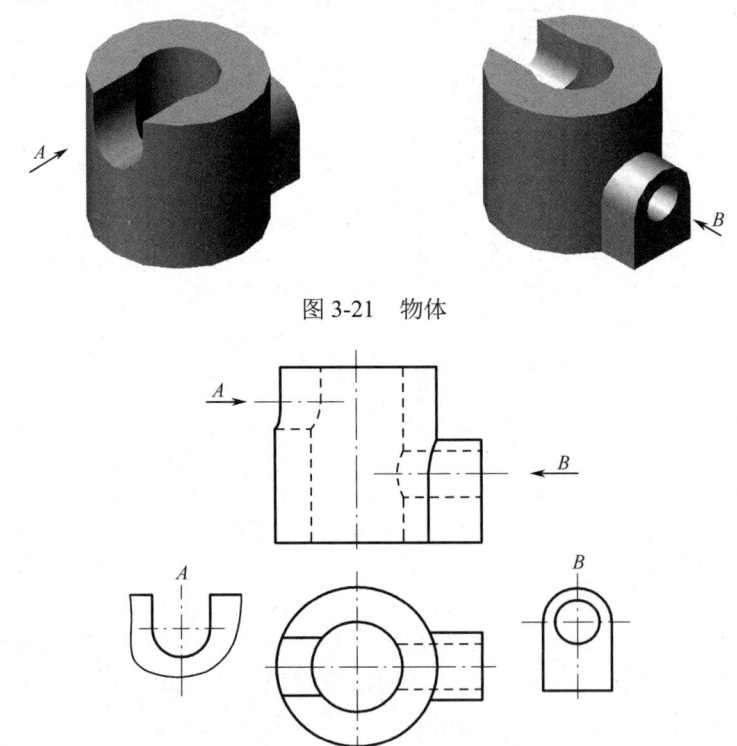

图 3-21　物体

图 3-22　局部视图

（2）局部视图的标注

① 投射方向：用箭头指明投射方向。

② 投影名称：用大写拉丁字母水平书写在表示投射方向的箭头附近。

③ 局部视图名称：在局部视图上方水平书写相同的字母。

（3）局部视图的配置与画法

局部视图应尽量按基本视图的形式配置；有时为了合理布置图面，也可按向视图的形式配置。

局部视图断裂处的边界线应以波浪线（或双折线）表示，如图3-22中A向局部视图。当其所表达的局部结构是完整的，且外轮廓线封闭时，则可省略波浪线，如图3-22中B向局部视图。

4. 斜视图

（1）定义

将物体向不平行于基本投影面的平面投射所得的视图称为斜视图，如图3-23（a）所示。

（2）配置及标注

① 斜视图只要求表达倾斜部分的局部形状，其余部分不必全部画出，可用波浪线断开，如图3-23（b）所示。

② 绘图时，必须在斜视图的上方标出视图的名称"×"（大写拉丁字母），在相应的视图附近用箭头指明投射方向，并注上同样的字母。

③ 斜视图通常按向视图的形式配置并进行标注，如图3-23（b）所示。

必要时，允许将斜视图旋转配置，此时应标注旋转符号，"×"应靠近旋转符号的箭头端，如图3-23（c）所示。也允许将旋转角度注写在字母之后，如图3-23（d）所示。

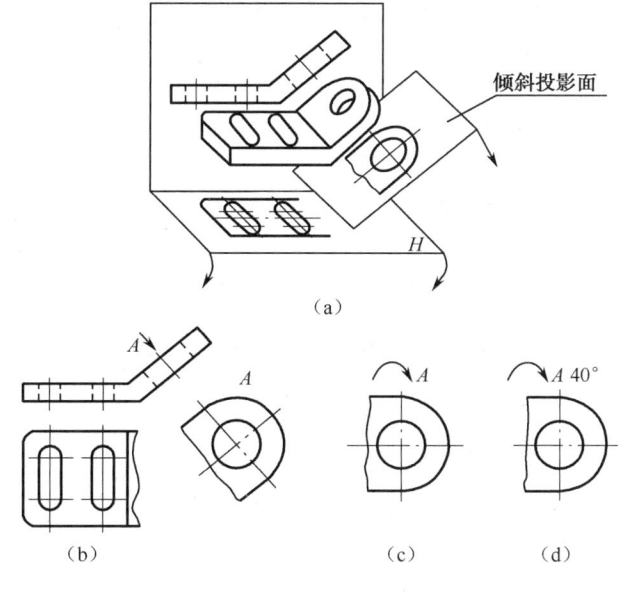

图3-23 斜视图

【例3-1】如图3-24所示，观察零件结构，看懂其形状，了解零件的功用。选择合理的表达方案，将零件表达清楚。

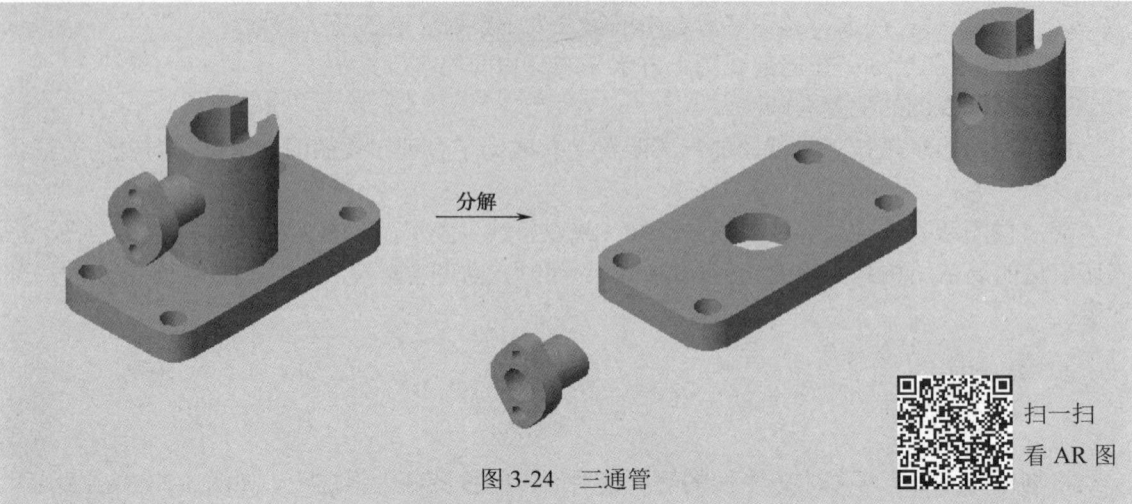

图 3-24 三通管

运用形体分析法分析三通管，可把它分解成：方形底板、中间圆管、左边细管和带圆角的棱形板，其上还有局部小结构。如果采用方案 1（见图 3-25），对此零件的表达效果很差，结构重叠且重复；若采用方案 2（见图 3-26），用主视图表达整体形象，用俯视图表达方形底板形状特征，用 A 向和 B 向局部视图表达局部结构，效果会好很多。

比较方案 1 和方案 2，显然方案 2 比方案 1 表达得更加清晰，各视图重点突出，看图简单明了。

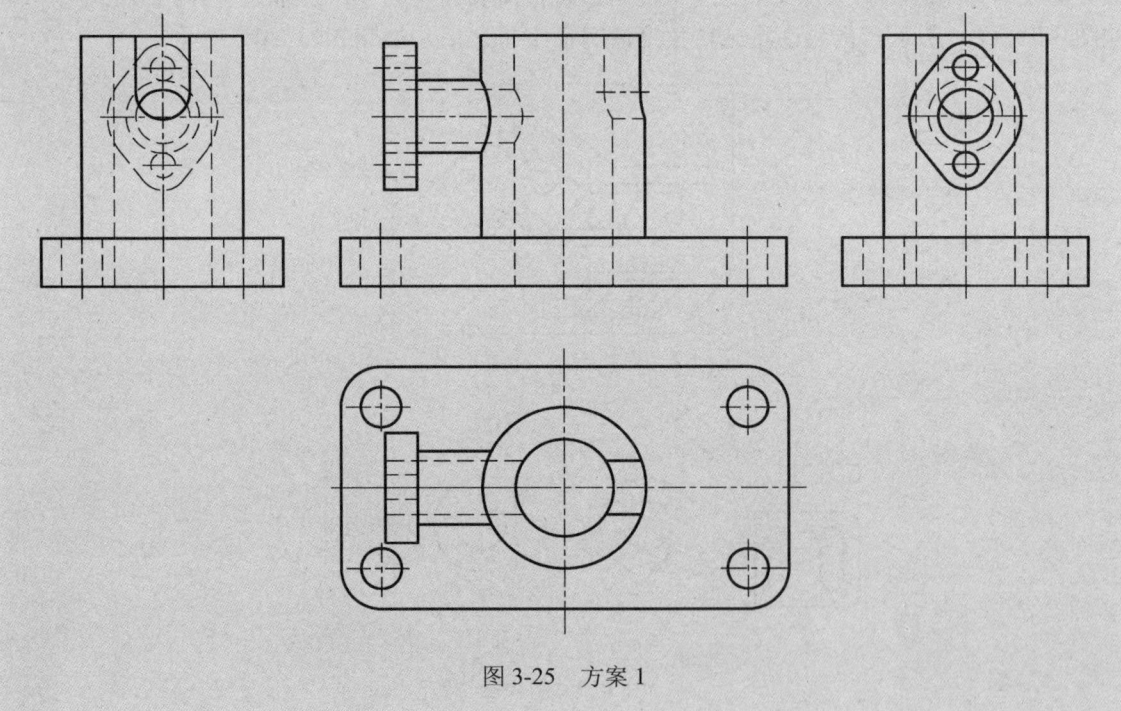

图 3-25　方案 1

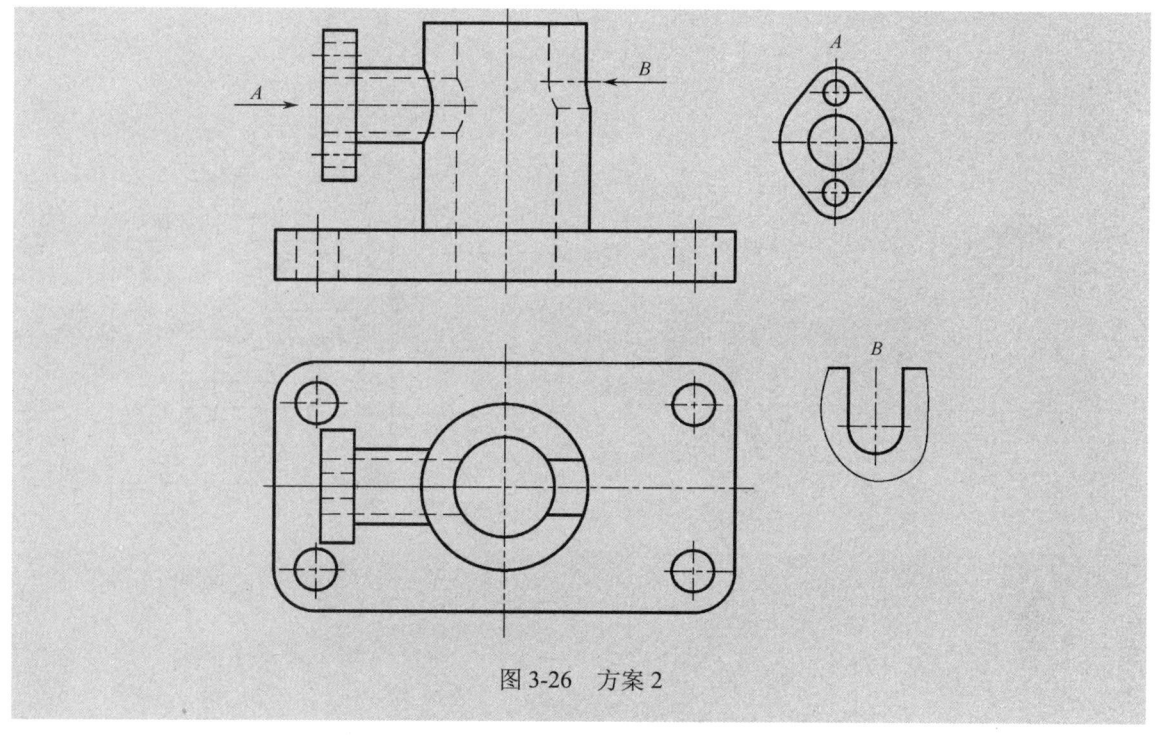

图 3-26 方案 2

3.2.2 第三角画法

ISO 标准规定,在表示物体结构形状的正投影中,第一角画法与第三角画法等效实用。中国及其他一些国家采用第一角画法,而美国、日本等国家采用第三角画法。为了更好地进行国际间的技术交流,下面对第三角画法(GB/T 16948—1997)简介如下。

1. 第三角画法的形成

三个互相垂直的投影面,可将空间划分为八个分角,如图 3-27 所示。

(1)概念

将物体置于第三分角内(V 面之后,H 面之下),并使投影面处于观察者与物体之间得到多面正投影的方法称为第三角画法,如图 3-28 所示。

(2)第三角画法中的六个基本视图

在第三角画法中,假设各投影面均为透明的,按照观察者—投影面—物体的相对位置关系进行投射,所得投影均与观察者的平行视线所见图形一致,然后展开各投影面,得到第三角画法中的六个基本视图,如图 3-29(a)所示。

第三角画法中的六个基本视图的名称和投射方向与第一角画法相同,只是配置不同。这六个视图分别是:

➢ 主视图,即由前向后投射所得到的视图;
➢ 俯视图,即由上向下投射所得到的视图,置于主视图的上方;
➢ 左视图,即由左向右投射所得到的视图,置于主视图的左方;
➢ 右视图,即由右向左投射所得到的视图,置于主视图的右方;
➢ 仰视图,即由下向上投射所得到的视图,置于主视图的下方;
➢ 后视图,即由后向前投射所得到的视图,置于右视图的右方。

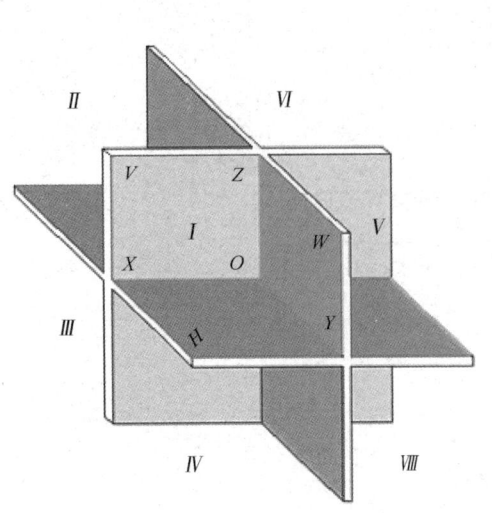

图 3-27 八个分角　　　　图 3-28 第三角画法中三视图的形成

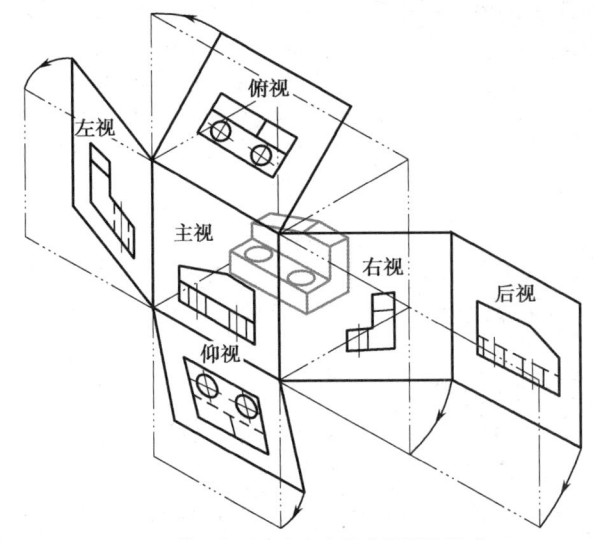

(a) 第三角画法中六个基本视图的形成

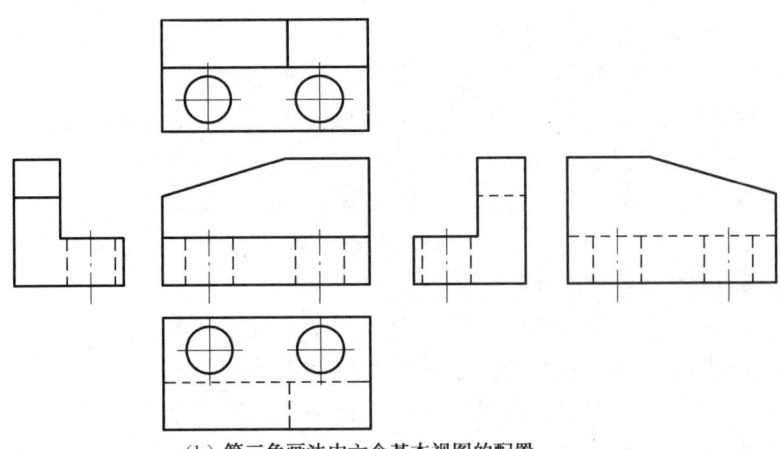

(b) 第三角画法中六个基本视图的配置

图 3-29 第三角画法中的六个基本视图

第三角画法中的六个基本视图的配置如图 3-29（b）所示，当按此形式配置时，不需注写视图名称。

2. 第一角画法和第三角画法的异同

第一角画法和第三角画法，都采用正投影法，视图名称相同。

第一角画法是将物体放置在第一分角内，保持着观察者—物体—投影面的位置关系；第三角画法则是将物体放置在第三分角内，保持着观察者—投影面—物体的位置关系，两者的物体放置位置不同，投影面展开方向不同，因此视图的配置位置也不同。在第三角画法中，左、右、俯、仰视图靠近主视图的一边是物体的前面，远离主视图的一边是物体的后面，与第一角画法各视图所反映的物体上、下、左、右、前、后的方位关系不同。

3. 第一角画法和第三角画法的标识

采用第三角画法时，必须在图样中画出第三角画法的识别符号，如图 3-30 所示。识别符号画在标题栏中专设的格内或标题栏附近。由于我国默认采用第一角画法，因此采用第一角画法时不需要画出识别符号，采用第三角画法时必须画出识别符号。

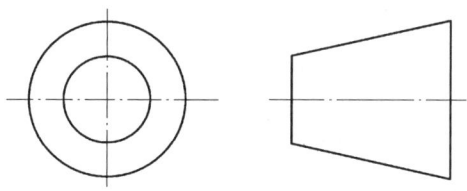

图 3-30　第三角画法的识别符号

【例 3-2】用第三角画法画出轴承架（见图 3-31（a））的三视图（主视图、俯视图和右视图）。

① 分析：首先用形体分析法将轴承架的立体图读懂，将箭头所示方向选为主视图的方向。
② 画图：确定主视图后，按投影规律画出右视图和俯视图，如图 3-31（b）所示。

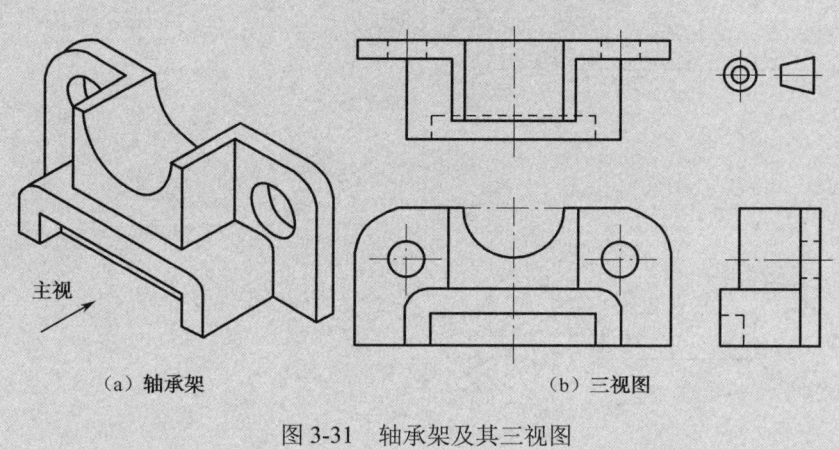

图 3-31　轴承架及其三视图

 **技能训练**

1. 如图 3-32 所示，根据主、俯、左视图，补画出右、后、仰视图。

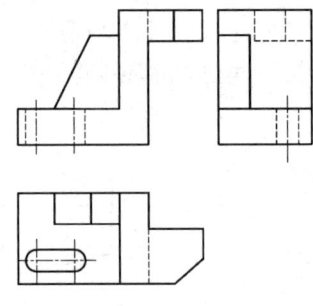

图 3-32 补画视图

2. 如图 3-33 所示，画出 A 向斜视图和 B 向局部视图。

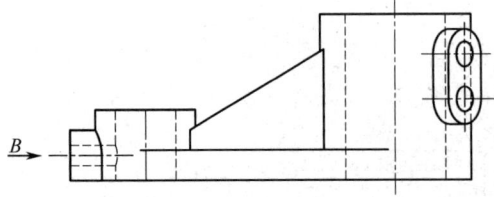

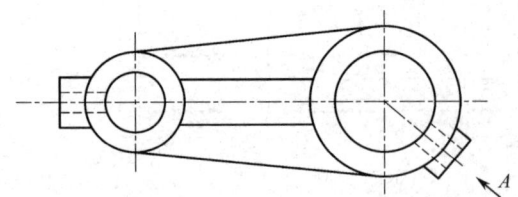

图 3-33 画斜视图和局部视图

项目 3　识读和绘制机件图样

任务 3.3　绘制短轴零件视图

任务目标

（1）掌握剖视图的种类、表示方法及其应用场合；
（2）掌握断面图表示方法及其应用场合；
（3）能用适当的图样表示方法绘制轴套零件视图；
（4）具有诚实守信的态度，弘扬社会主义核心价值观。

 扫一扫
看 AR 图

任务要求

如图 3-34 所示，观察短轴零件结构，看懂其形状，选择合理的表达方案，绘制零件视图。

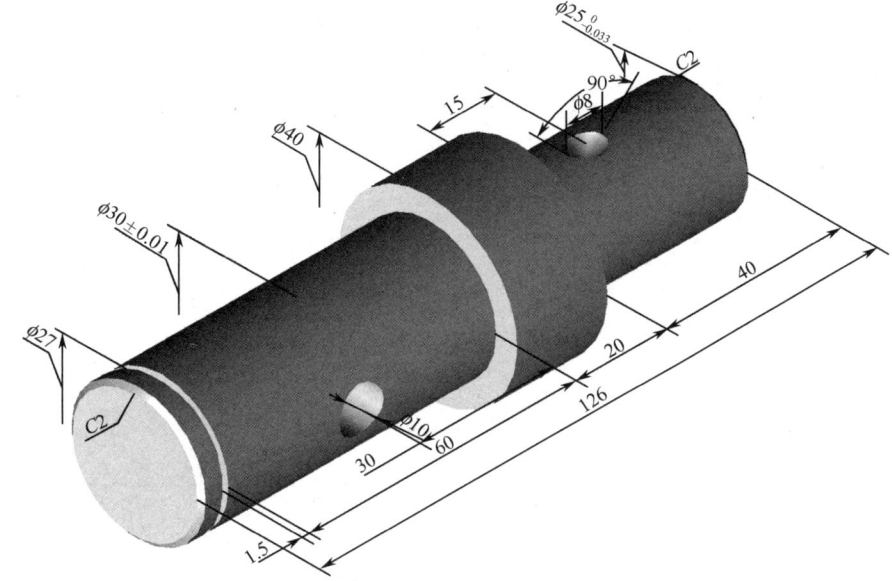

图 3-34　短轴立体图

机械制图（第 2 版）

 任务指导

绘制图 3-34 所示短轴零件视图的步骤如下。

1．绘制短轴主视图，如图 3-35 所示。

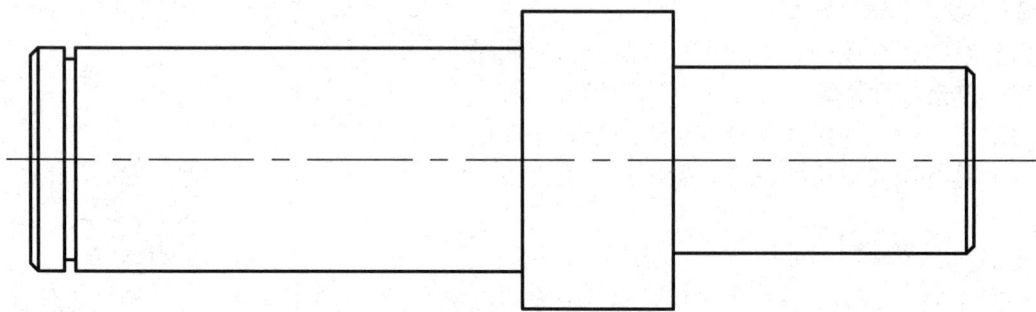

图 3-35　短轴主视图

2．在图 3-36 上完成任务。

（1）绘制右侧圆锥孔局部剖视图。

（2）绘制左侧通孔移出断面图。

（3）检查加深，标注尺寸及技术要求等。

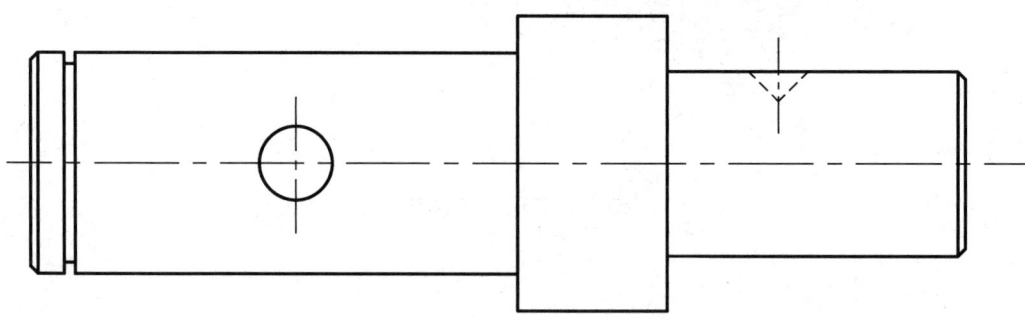

图 3-36　完成任务

知识链接

3.3.1 剖视图的概念与画法

表达空心零件比如套类时,因为其内部结构形状不可见,需用虚线来表达,如图3-37所示。不可见的结构形状越复杂,虚线就越多,既影响图形表达的清晰性,不便于画图及看图,又不利于尺寸标注。为此,对物体不可见的内部结构形状经常采用剖视图来表达。

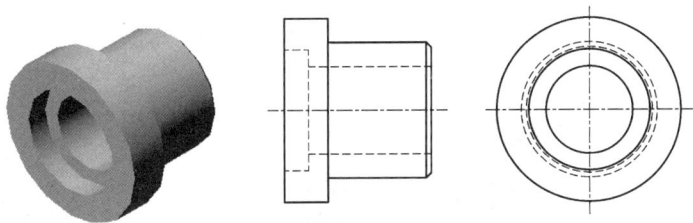

图3-37 内部结构形状用虚线表达

1. 剖视图的概念

假想用剖切面剖开物体,将处在观察者和剖切面之间的部分移去,而将其余部分向投影面投射所得的图形,称为剖视图,简称剖视,如图3-38所示。

剖视图主要用于表达机件不可见的内部结构形状。

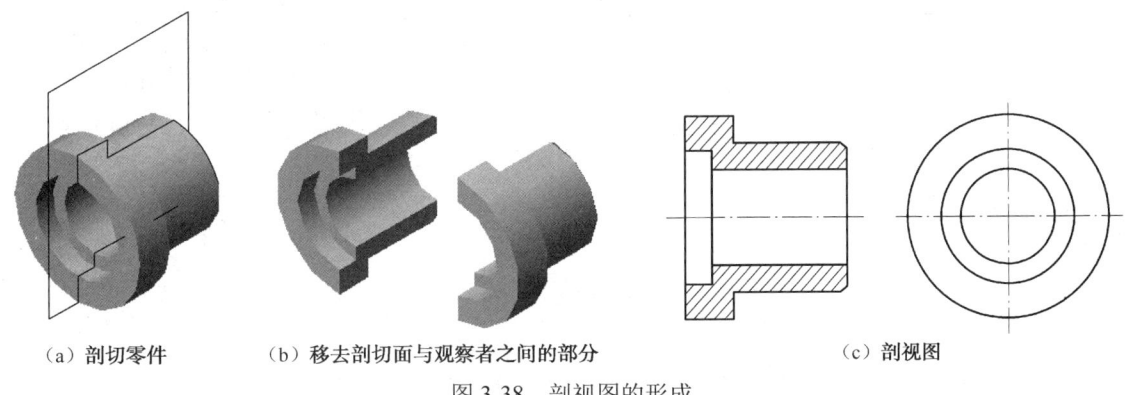

（a）剖切零件　　　（b）移去剖切面与观察者之间的部分　　　（c）剖视图

图3-38 剖视图的形成

2. 剖视图的画法

（1）剖切面一般应平行于投影面并通过内部孔、槽的对称中心平面或轴线。

（2）剖切面后面的可见部分应全部画出,不得遗漏,如图3-39所示。

（3）在剖视图中已经表达清楚的结构,其虚线一般省略不画,如图3-40所示。但对尚未表达清楚的结构,如在全剖视图中画出很少的几条虚线,就能将其表达清楚,则应保留虚线,如图3-41所示。

（4）剖切面与机件内、外表面的交线所围成的图形称为剖面。在剖面上应画上剖面符号。因此,画剖视图时,在机件与剖切面相接触的剖面区域应画上剖面符号,以区别机件的实体与空心部分。金属材料的剖面符号用与图形主要轮廓线或剖面区域的对称线成45°且互相平行的细实线绘制。

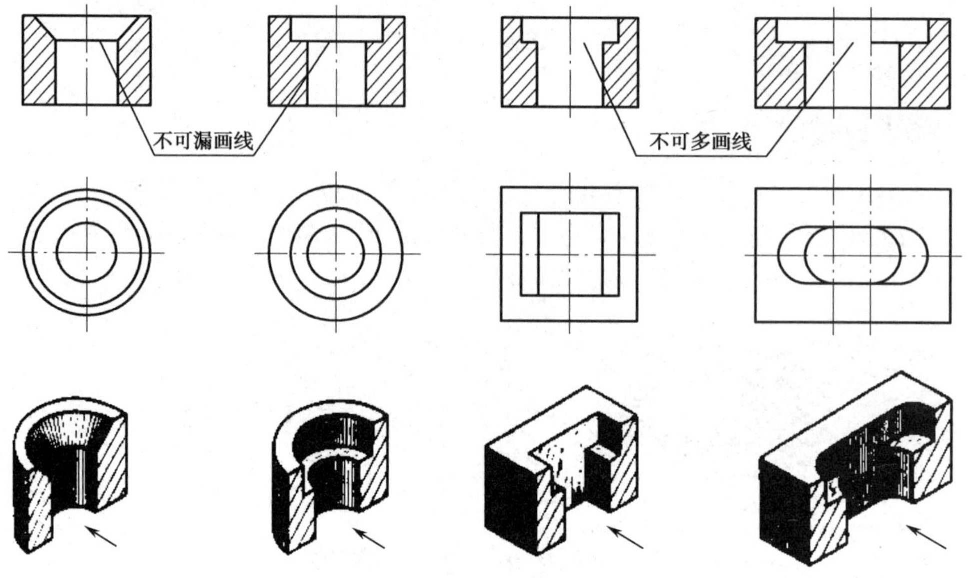

图 3-39　画出剖切面后的可见轮廓线

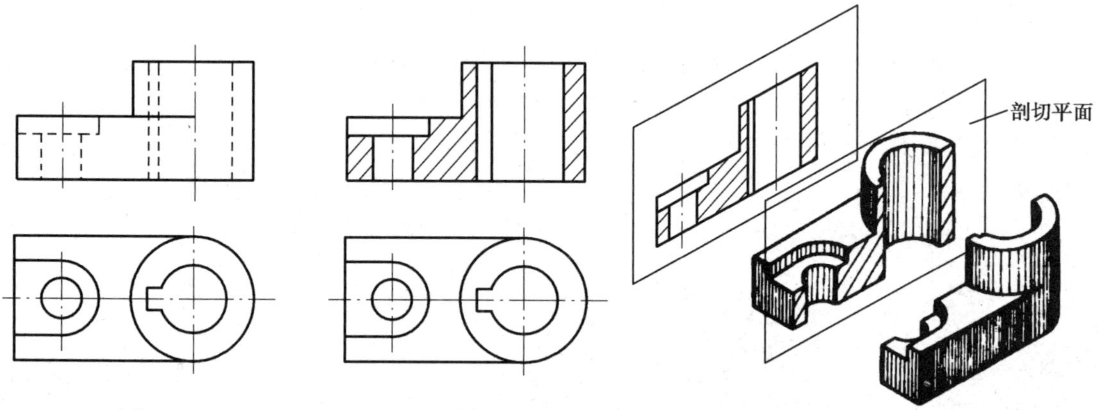

图 3-40　剖视图中虚线应省略的情况

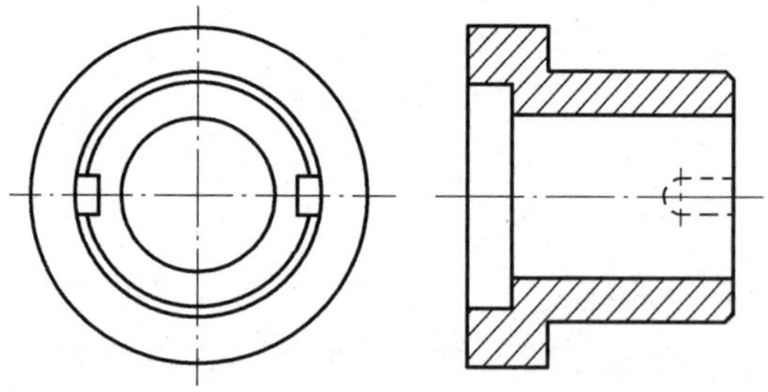

图 3-41　全剖视图中应保留虚线的情况

在同一金属零件的零件图中，剖视图、断面图的剖面线应间隔相等、方向相同，如图 3-42 所示。

若图形中主要轮廓线与水平方向成 45°，则应将该图形的剖面线画成与水平方向成 30°或 60°的平行线，其倾斜方向仍与其他图形的剖面线一致，如图 3-43 所示。

（5）零件上的肋、轮辐、紧固件、轴，其纵向剖视图通常按不剖绘制。

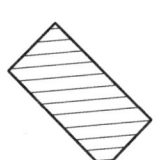 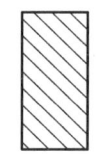 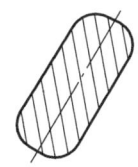 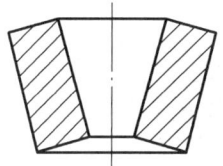 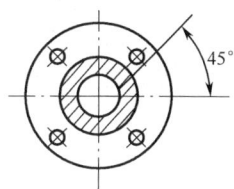

图 3-42　剖面线的方向　　　　　　　　　　图 3-43　剖面线画成与水平方向成 30°

3. 剖视图的配置与标注

为了便于看图，一般应将剖切的位置、投射的方向、剖视图的名称标注在相应的视图上。

（1）剖切符号：表示剖切面的位置，在剖切面的起、止和转折处画上短的粗实线（粗实线段长 5～10mm），应尽可能不与视图的轮廓线相交。

（2）箭头：表示剖切后的投射方向，画在起、止剖切符号两端外侧。

（3）剖视图的名称：在剖视图的上方中间位置用大写拉丁字母标注出"×—×"，并在起、止处写上同样字母。

当剖视图按投影关系配置，中间又没有其他图形隔开时，可省略箭头。

当单一剖切平面通过机件的对称平面或基本对称的平面，且剖视图按投影关系配置，中间又没有其他图形隔开时，不必标注。

3.3.2　剖视图的种类及应用

剖视图按剖切范围的大小可分为全剖视图、半剖视图和局部剖视图三种，如图 3-44（b）、(c)、(d) 所示为衬套的三种剖视图。

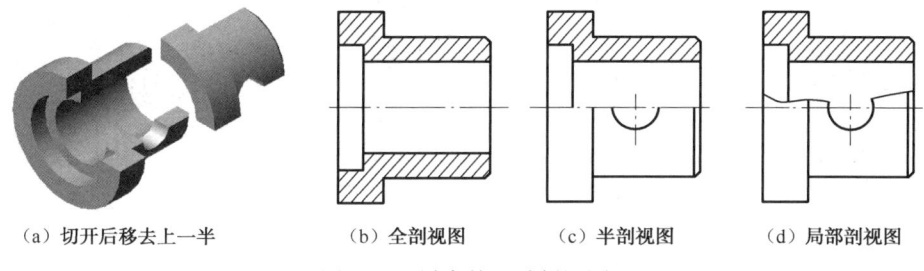

（a）切开后移去上一半　　（b）全剖视图　　（c）半剖视图　　（d）局部剖视图

图 3-44　衬套的三种剖视图

1. 全剖视图

① 定义：用剖切面完全剖开物体所得的剖视图称为全剖视图。

② 适用范围：对于外形简单的对称机件，为了图形的清晰和便于标注尺寸，常采用全剖视图。如图 3-45 所示，若将衬套上的小孔置于上方，则适用于全剖视图表达。

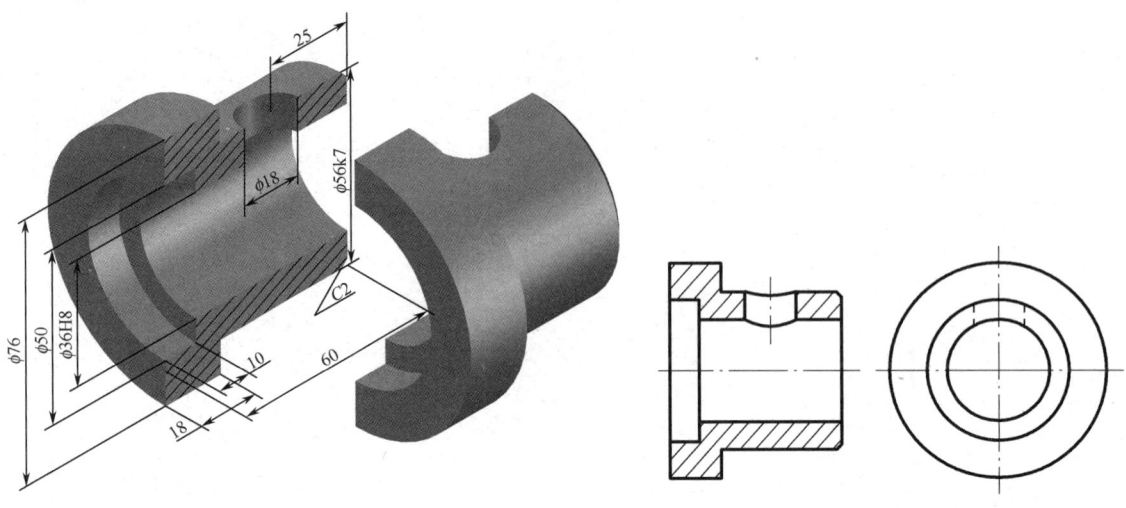

图 3-45 衬套

2. 半剖视图

① 定义：当物体具有对称平面时，在与对称平面垂直的投影面上的投影，可以以对称中心线为界线，一半画成剖视图，另一半画成视图，这种组合的图形称为半剖视图。

② 适用范围：半剖视图主要适用于内外形状都需要表达的对称机件，如图 3-46（a）所示。若物体的形状接近对称，且其不对称部分已在其他视图上表达清楚时，也可以画成半剖视图，如图 3-46（b）所示。

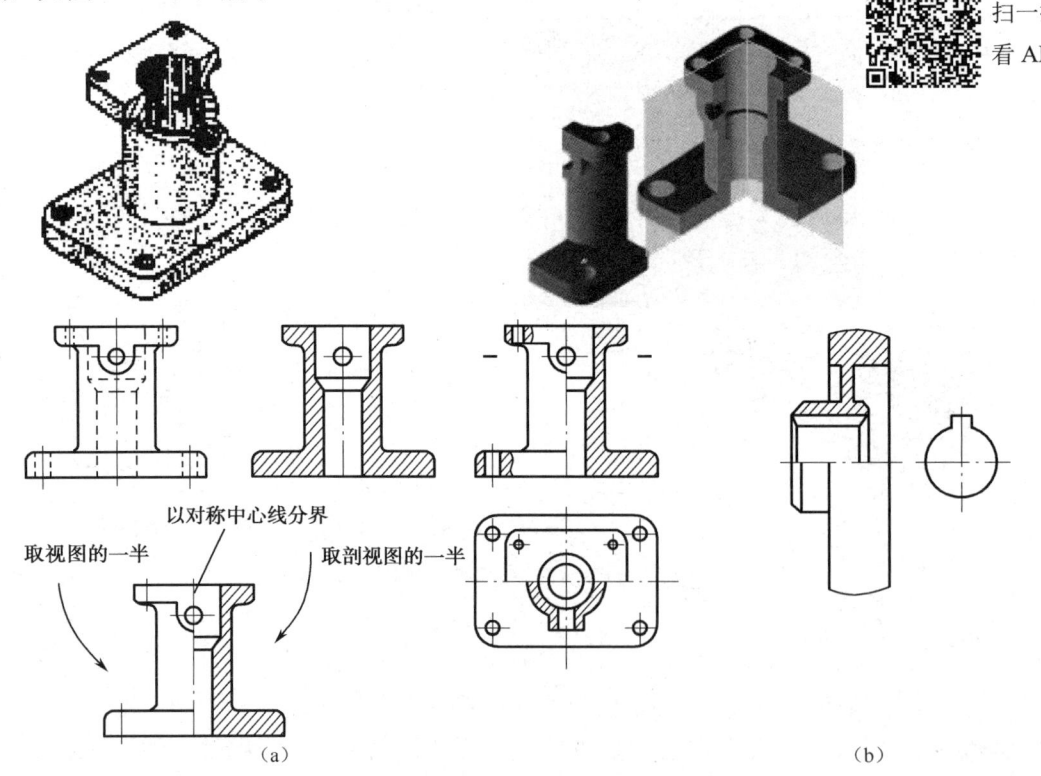

图 3-46 半剖视图

③ 画半剖视图时应注意如下几点。
> 半剖视图与半个视图之间的分界线应是点画线，不能画成粗实线。
> 物体的内部结构在半剖视图中已经表示清楚的，在半个视图中就不应再画出虚线。
> 半剖视图的标注方法与全剖视图相同。

3. 局部剖视图

① 定义：用剖切面局部剖切开物体所得到的剖视图称为局部剖视图，如图 3-47 所示。
② 适用范围：分不对称机件和对称机件两种情况。

不对称机件：
> 其内、外形状需要在同一视图上表达时，常用局部剖视图。
> 表达机件上的孔、槽、缺口等局部的内部形状时，常用局部剖视图。

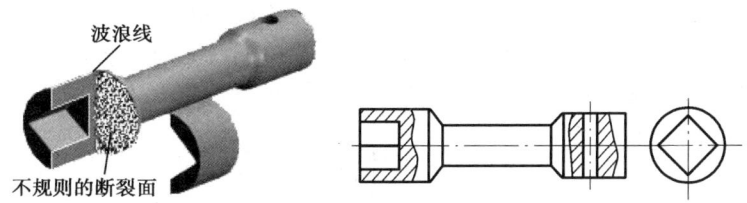

图 3-47 局部剖视图

对称机件：当其视图中对称面正好与轮廓线重合而不宜采用半剖视图时，可以采用局部剖视图，如图 3-48 所示。

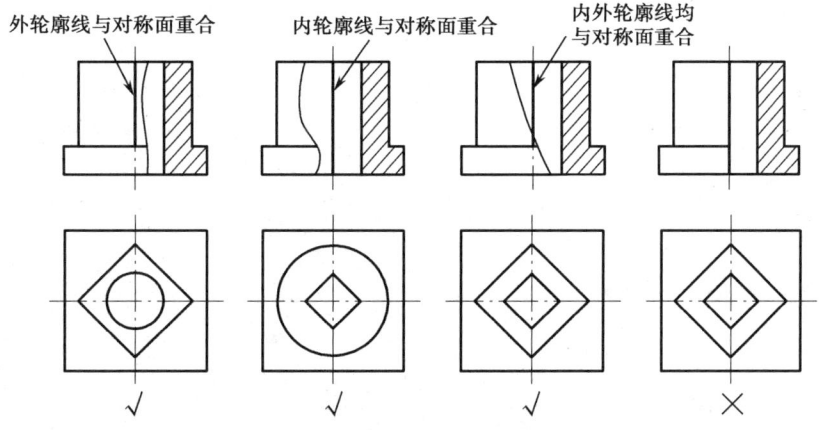

图 3-48 局部剖视图

③ 画局部剖视图时应注意如下几点。
> 波浪线应画在机件的实体部分，不能与视图中的轮廓线重合，也不能超出视图中被剖切部分的轮廓线，如遇孔、槽时，波浪线必须断开，不能穿空而过，如图 3-49 所示。
> 当单一剖切平面的剖切位置明确时，局部剖视图不必标注。
> 局部剖视图是一种比较灵活的表达方法，如运用得当，可使视图简明、清晰。但在同一个视图中局部剖切的数量不宜过多，过多反而影响图形清晰度。

(a) 正确　　　　　　　　　　(b) 错误

图 3-49　局部视图中波浪线的画法

【例 3-3】如图 3-50 所示，识读锥形塞的表达方案。

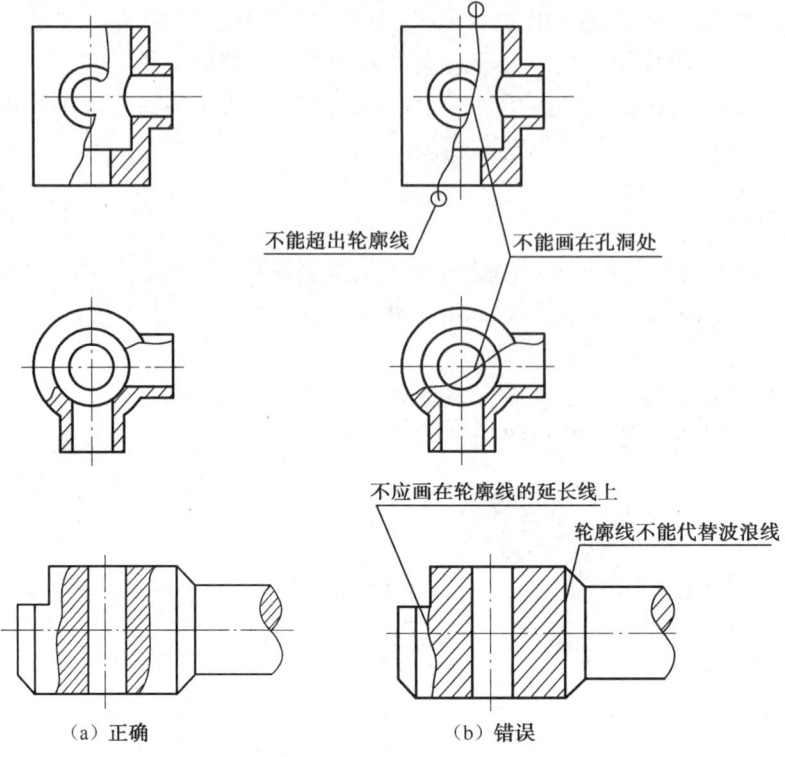

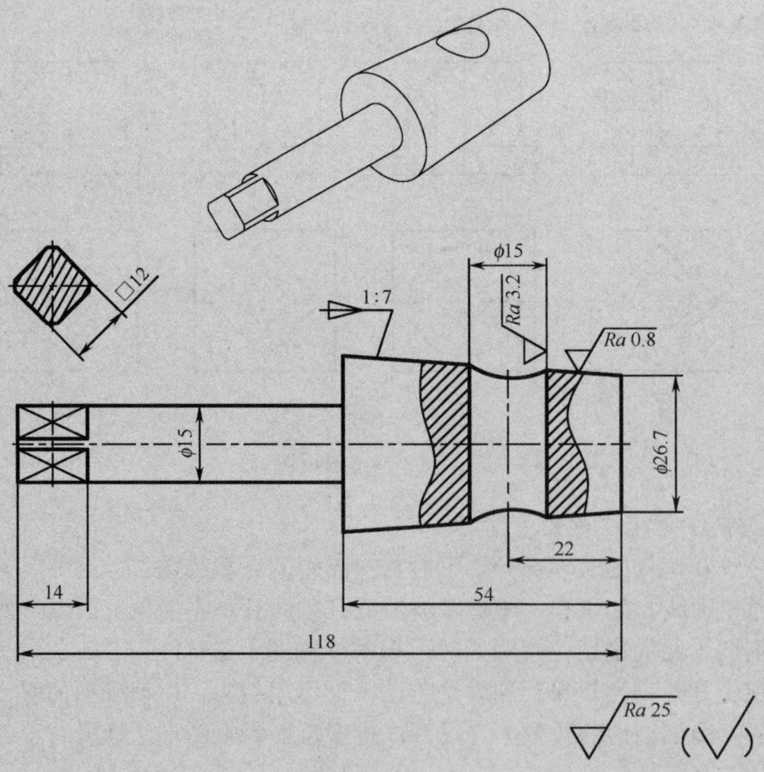

图 3-50　锥形塞

【例3-4】用第三角画法画出图3-51（a）所示组合体的三视图，其中主视图画半剖视图，右视图画全剖视图。

作图方法同例3-2，分析、绘制如图3-51（b）所示组合体的三视图。

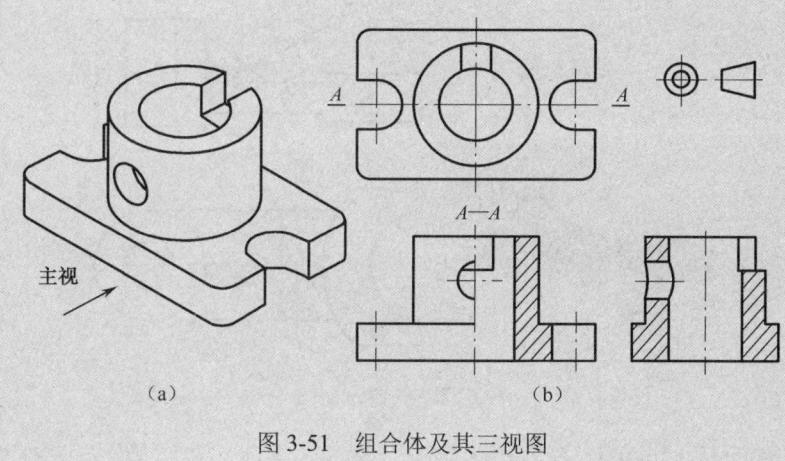

图3-51　组合体及其三视图

3.3.3　断面图

1. 断面图的形成

假想用剖切面将机件的某处切断，仅画出剖切面与机件接触部分的图形，称为断面图，简称断面，如图3-52（c）所示。

断面图与剖视图的区别：断面图仅画出机件被剖切后断面的形状，而剖视图除画出剖切处断面的形状外，剖切平面后面的其他可见轮廓也要画出，如图3-52（b）所示。

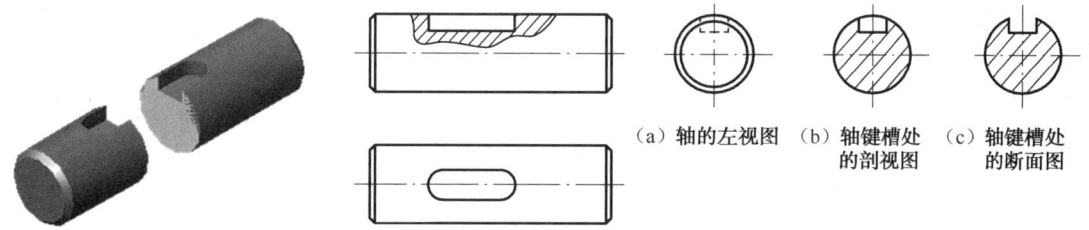

图3-52　轴的左视图、轴键槽处的剖视图与断面图

2. 断面图的种类

根据断面图在绘制时所配置的位置不同，断面图可分为移出断面图和重合断面图。

移出断面图：画在视图轮廓之外的断面图，轮廓线用粗实线绘制，如图3-52（c）所示。

重合断面图：画在视图轮廓线之间的断面图，轮廓线用细实线绘制，如图3-53所示。

3. 断面图的画法

① 当剖切平面通过由回转而形成的孔或凹坑的轴线时，这些结构按剖视图要求绘制，即应绘出这些结构在剖切面后面的投影线，如图3-54（a）、（b）所示。

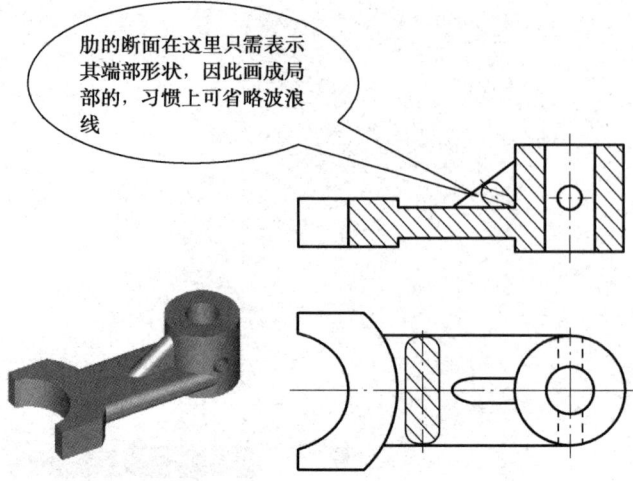

图 3-53 重合断面图

② 当剖切平面通过非圆孔,导致出现完全分离的断面时,这些结构应按剖视图要求绘制,如图 3-54(c)所示。

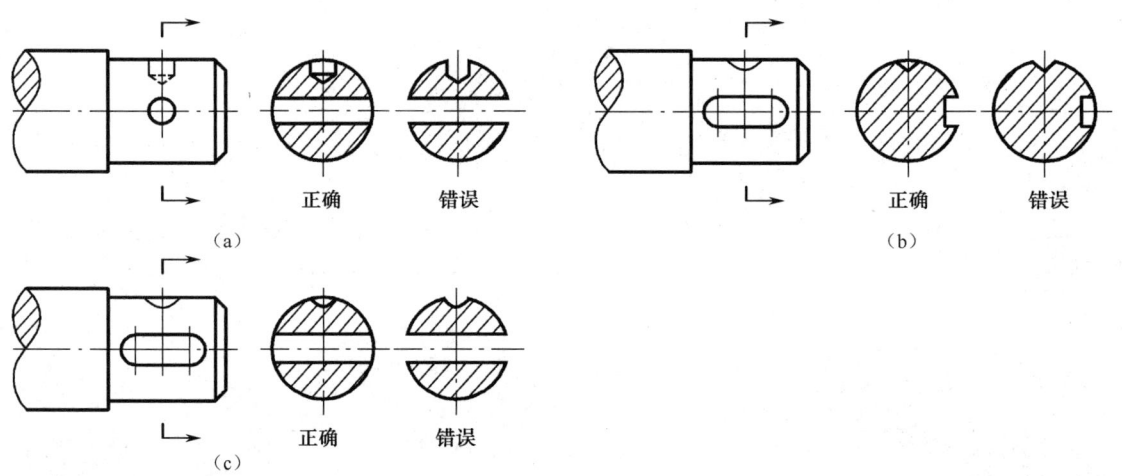

图 3-54 断面图按剖视绘制的情况

③ 为了表达断面的实形,剖切平面应与机件的主要轮廓线垂直,必要时可采用两个(或多个)相交的剖切平面剖开机件,这种移出断面图中间应断开,如图 3-55 所示。

4. 断面图的配置与标注

(1) 移出断面图的配置与标注

移出断面图一般配置在剖切符号的延长线上,也可按投影关系配置,必要时也允许将移出断面图配置在其他适当位置,当断面图形对称时,也可画在视图的中断处,如图 3-56 所示。移出断面图的配置和标注如表 3-1 所示。

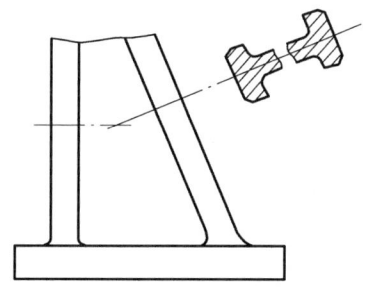

图 3-55 两个相交的剖切平面剖切的移出断面图

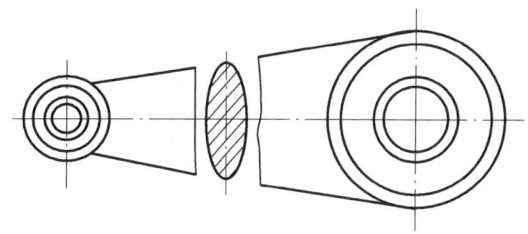

图 3-56 移出断面配置在视图中断处

（2）重合断面图的配置与标注

对称的重合断面图不必标注（见图 3-53），不对称的重合断面图需画出剖切符号和箭头，字母可省略（见图 3-57）。

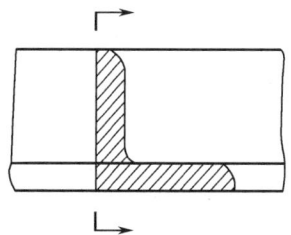

图 3-57 不对称重合断面图的标注

表 3-1 移出断面图的配置和标注

配置位置		移出断面图	标注
（1）剖切符号的延长线上	图形对称		省略标注
	图形不对称		省略字母
（2）按投影关系配置			省略箭头

续表

配置位置		移出断面图	标注
（3）其他位置	图形对称	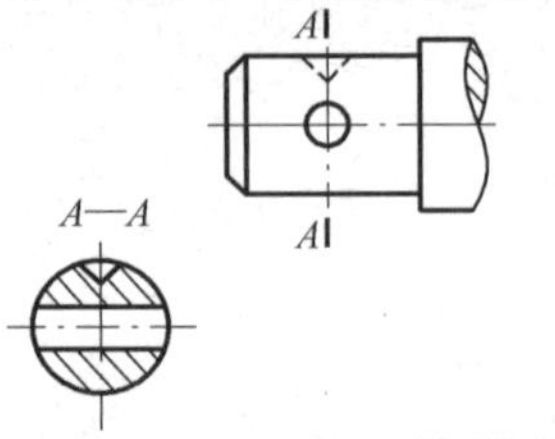	省略箭头
	图形不对称	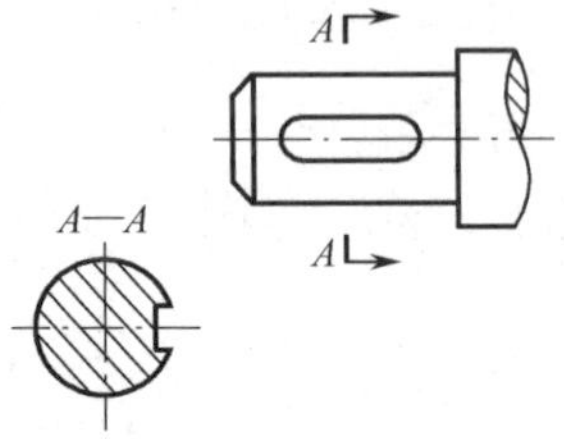	完整标注

【例 3-5】 画出如图 3-58（a）所示视图的移出断面图。其中键槽深 3mm，左端为双键，右端为单键，中间圆柱孔为通孔，立体图如图 3-58（b）所示。

断面图答案如图 3-58（c）所示。

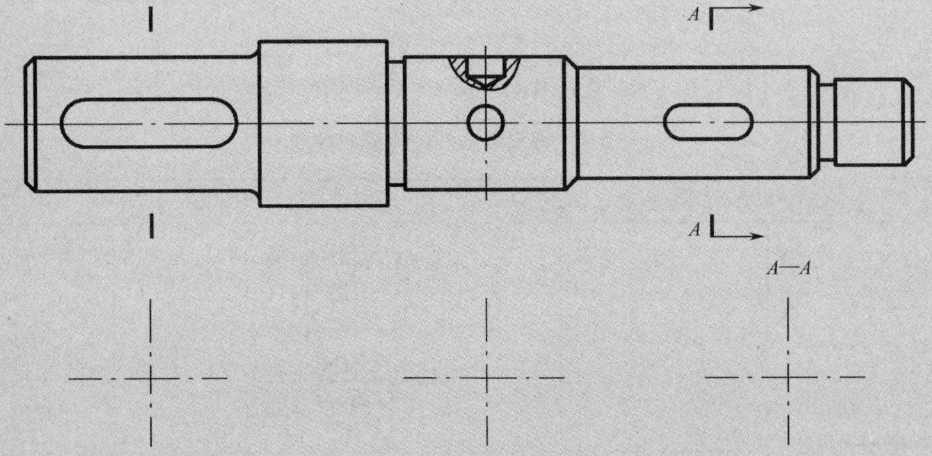

（a）断面图

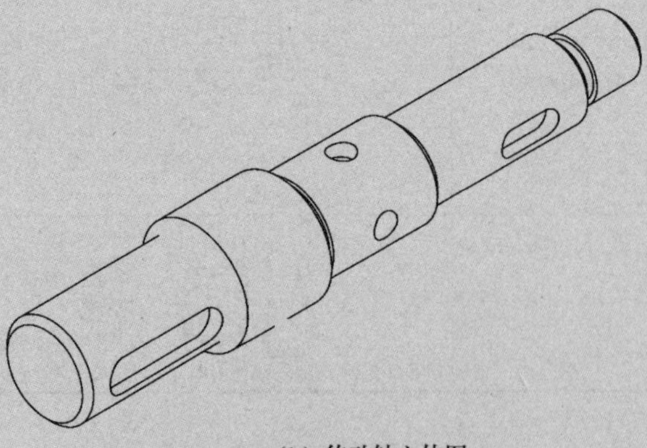

（b）传动轴立体图

图 3-58 传动轴断面图

项目3 识读和绘制机件图样

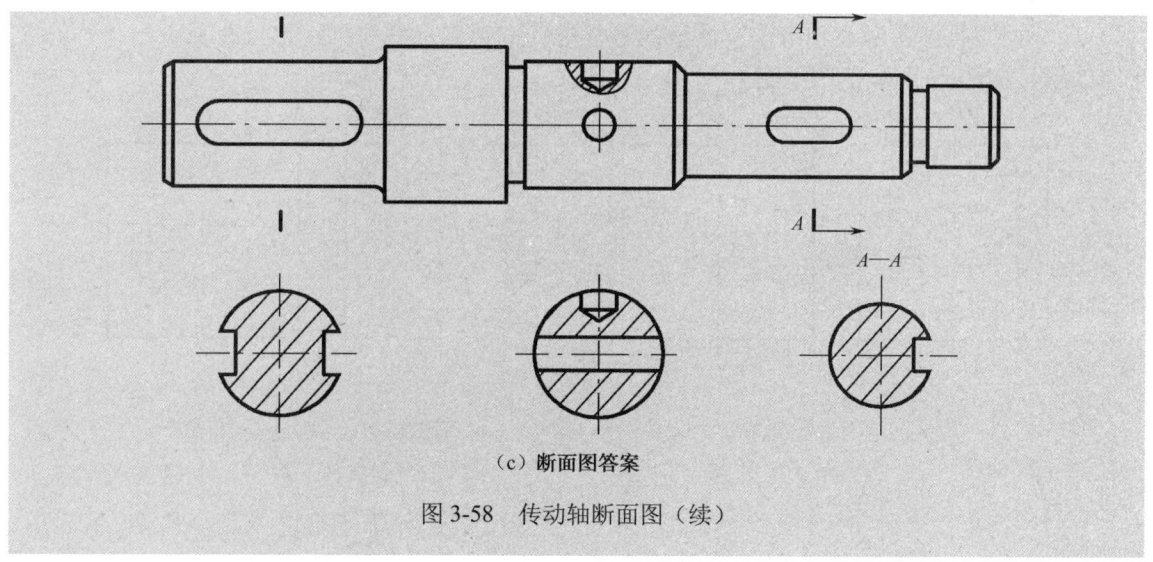

（c）断面图答案

图3-58 传动轴断面图（续）

 **技能训练**

1. 如图3-59所示，补画剖视图中缺的图线。

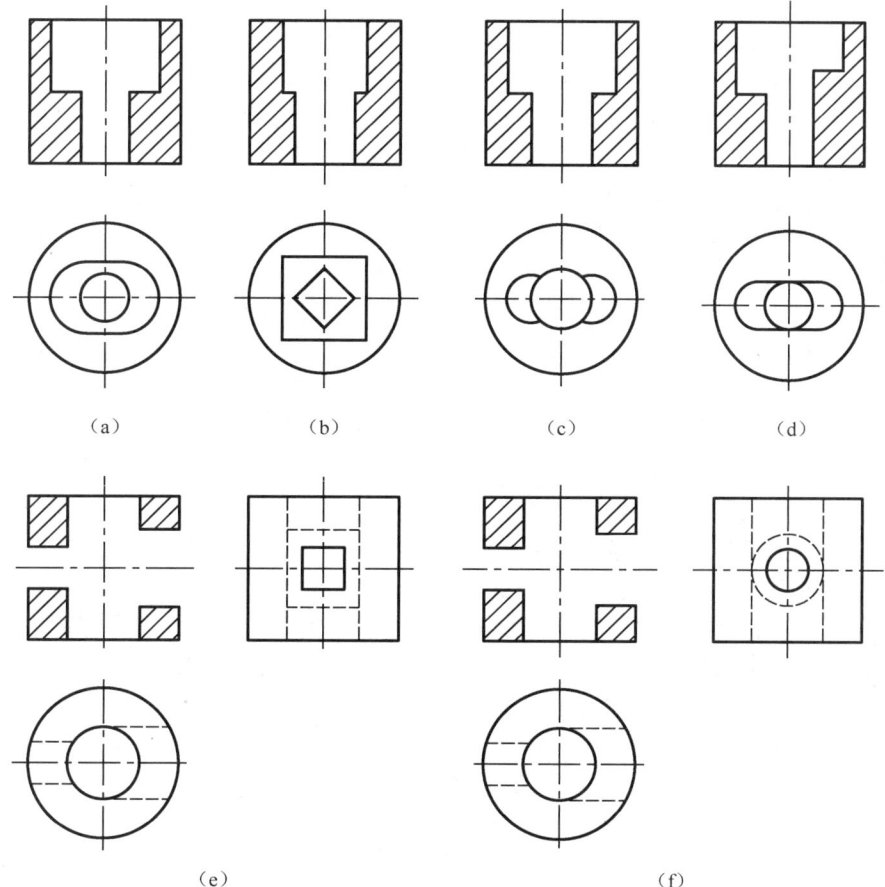

图3-59 补画图线

2. 如图 3-60 所示，分析图中波浪线画法存在的错误，并在指定位置改正画出正确的局部剖视图（剖切位置和范围不变）。

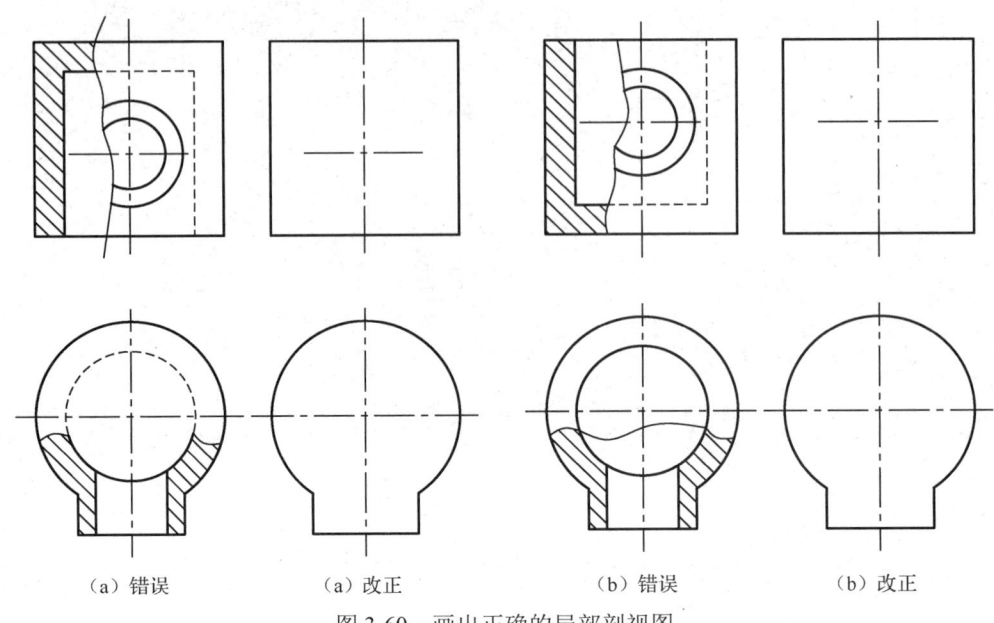

（a）错误　　　　（a）改正　　　　（b）错误　　　　（b）改正

图 3-60　画出正确的局部剖视图

延伸阅读

韩利萍：大国工匠托起航天梦想

探索浩瀚宇宙，发展航天事业，建设航天强国，是中华民族不懈追求的航天梦。航天梦，强国梦，31 年职业生涯，近百次航天任务，韩利萍是中国航天逐梦太空的参与者和见证者。韩利萍，党的二十大代表、山西航天清华装备有限责任公司二车间数控加工中心操作工。她扎根航天生产一线，勇于创新，善于攻关，先后获得"全国劳动模范""全国五一劳动奖章""全国三八红旗手标兵""全国五一巾帼奖""中华技能大奖""全国技术能手""三晋工匠"等多项荣誉。

可谁能想到，当年，她高中毕业入职走上铣工岗位，由于从没受过正规训练，如何看懂工件图纸曾是她面临的难题。那段时间，只要有空她就钻研专业书籍，遇到不懂的问题就追着师傅和工友问。一天，她在家做饭时，想着白天的图纸，案上的土豆被她随手比划切成零件的形状。从此，她就用家里的土豆、萝卜切零件模型，帮助自己更直观地消化、理解图纸。靠勤学苦练，她的技能水平日益提升。1999 年，工厂数控加工刚刚起步，她作为首批数控操作工，又开始了边学、边干、边摸索的数控"菜鸟"起飞之路。白天练操作，晚上学理论，从初次尝试到熟练操作，再到参加各种数控技术培训，数控加工技术的神秘面纱被她一层层揭开。她逐渐成长为精通工艺、编程和操作的复合型高技能人才，成为数控加工领域的行家里手。

面对一个个难题，韩利萍反复分析和摸索。凭着对航天事业的热爱，凭着脚踏实地的责任感和一丝不苟的钻研精神，她一次又一次攻克技术难关，一次又一次实现工艺创新，圆满完成多项科技攻关项目，见证中国航天刷新一个又一个"中国高度"。

"飞天梦是中华民族千年之梦，是伟大复兴之梦。在建设航天强国和制造强国的征途上，时代赋予产业工人和技能人才以重任，我们一定要心怀梦想、脚踏实地、奋勇拼搏，在奋力奔跑和接续奋斗中成就梦想，再铸荣光。"韩利萍说。

项目 4　识读和绘制零件图

任务 4.1　识读主轴零件图

　任务目标

（1）掌握轴套类零件的结构特征；
（2）掌握轴套类零件的尺寸分析与标注的方法；
（3）能在零件图上标注技术要求（表面结构）；
（4）能识读轴套类零件图；
（5）能合理表达轴套类零件图。
（6）树立社会主义核心价值观，努力建设现代化国家。

　任务要求

如图 4-1（a）所示，观察主轴零件结构，看懂其形状，识读其零件图（见图 4-1（b））。

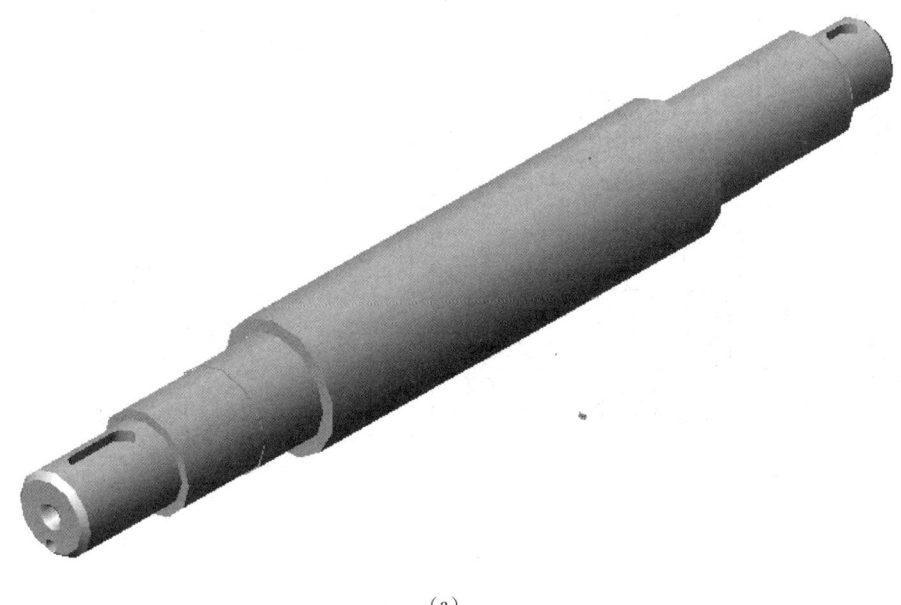

(a)

图 4-1　主轴

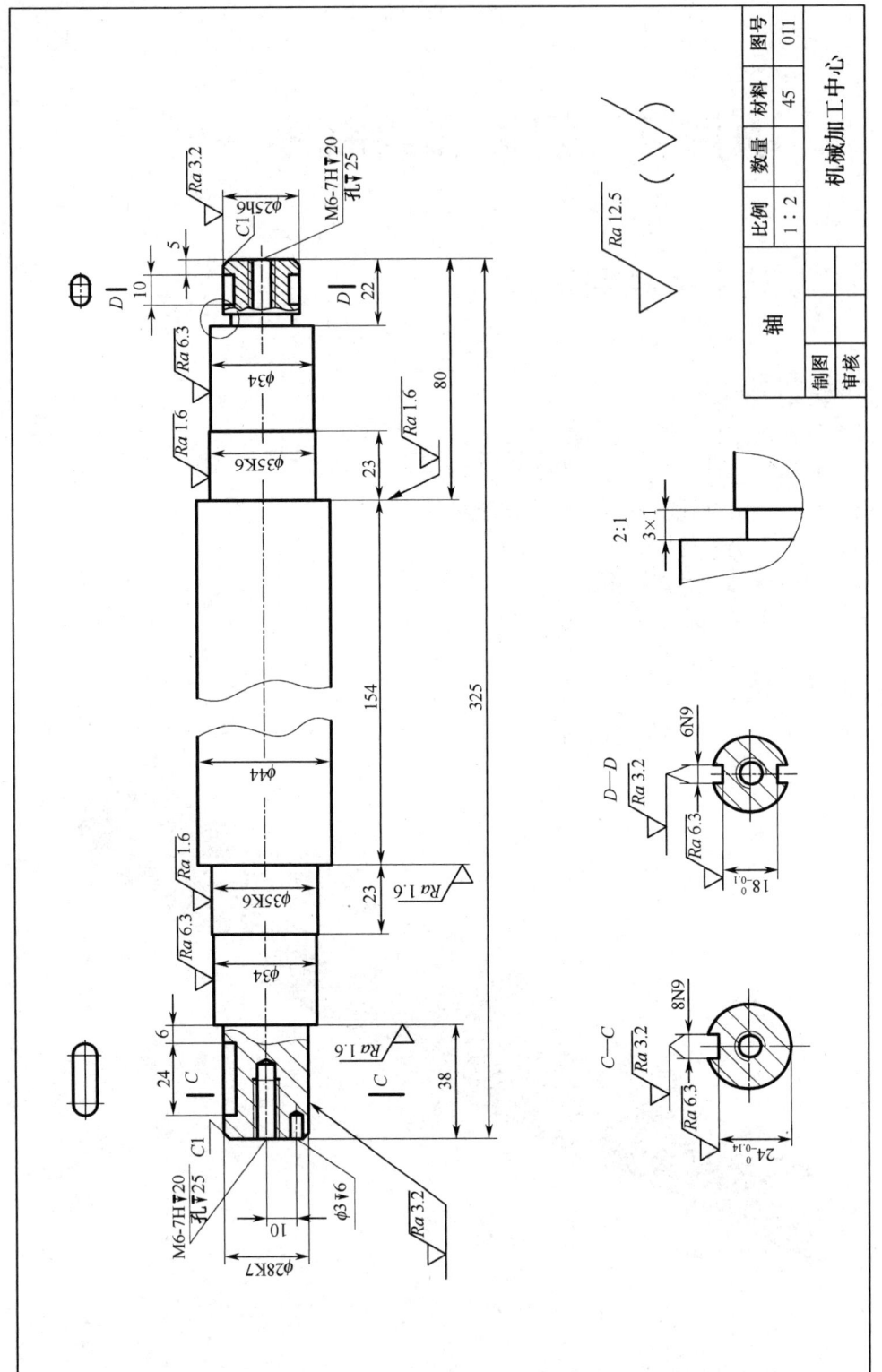

图4-1 主轴（续）

(b)

任务指导

完成任务：识读图 4-1 所示零件图，完成下列题目。

（1）该零件的名称是_____，材料是_____，比例是_____。

（2）零件的表达方法：主视图有_____和_____，主视图上方两个图是_____；下面还有两个_____和一个_____。

（3）零件径向主要尺寸基准是_____，轴向尺寸基准是_____。

（4）零件左侧键槽 8N9，其长度是_____，宽度是_____，深度是_____，定位尺寸是_____。

（5）尺寸 C1 表示_____结构，C 表示_____，1 表示_____，该结构在零件中的作用是_____和_____。

（6）尺寸 3×1 表示_____结构，其中 3 是_____，1 是_____。

（7）尺寸 $\phi 3 \triangledown 6$ 表示_____，其定位尺寸是_____。

（8）$\phi 28K7$ 轴段圆柱表面的表面结构代号是_____，其左端面表面结构代号是_____。

知识链接

4.1.1 零件图的内容

机器或部件是由若干零件按一定的关系装配而成的，零件是组成机器或部件的基本单元。表示零件结构、大小及技术要求的图样称为零件工作图，简称零件图。零件图是设计部门提交给生产部门的重要技术文件，它不仅反映了设计者的设计意图，而且表达了零件的各种技术要求，如尺寸精度、表面结构等，工艺部门要根据零件图制造毛坯、制订工艺规程、设计工艺装备、加工零件等。所以，零件图是制造和检验零件的重要依据。图 4-2 所示是一个支架的零件图。

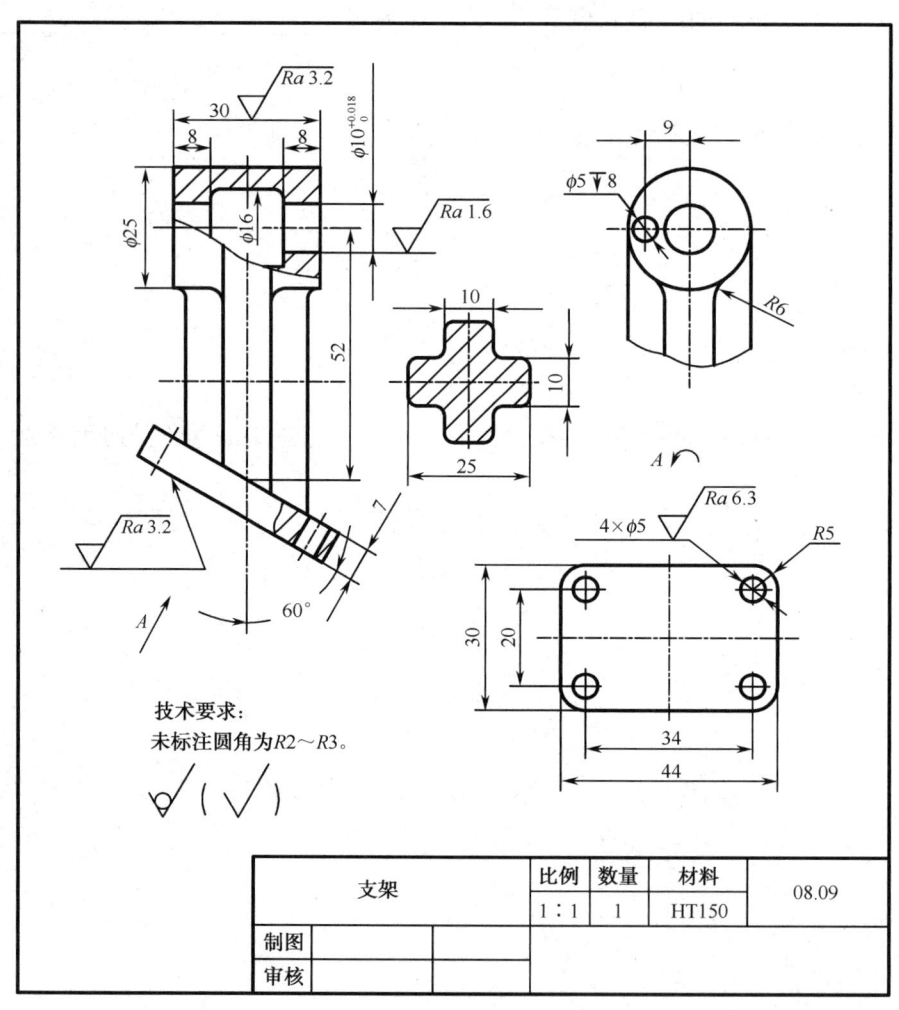

图 4-2　支架零件图

零件图是生产中指导制造和检验零件的主要技术文件，它不仅要把零件的内、外结构形状和大小表达清楚，还需要对零件的材料、加工、检验、测量等提出必要的技术要求。零件图必须包含制造和检验零件的全部技术资料。以图 4-2 所示的零件图为例，可以看出，一张完整的零件图应该包括以下四部分内容。

1. 一组视图

在零件图中，经常用一组视图来表达零件的形状和结构，应根据零件的结构特点，选择适当的视图、剖视、断面及其他规定画法，正确、完整、清晰地表达零件的各部分形状和结构。

2. 完整尺寸

正确、完整、清晰、合理地标注出制造和检验零件时所需要的全部尺寸，以确定零件各部分的形状大小和相对位置。

3. 技术要求

用规定的代号、数字、文字等，表示零件在制造和检验过程中应达到的一些技术指标，例如表面结构、极限与配合、几何公差、材料及热处理等。这些要求有的可以用符号注写在视图上，文字一般注写在标题栏上方图纸空白处。

4. 标题栏

在图样的右下角，应按标准格式画出标题栏，用以填写零件的名称、材料，图样的编号、比例及设计、审核、批准人员的签名等。

4.1.2 常见轴套类零件

轴套类零件多用于传递动力或支撑其他零件，如轴、套筒、衬套、套管、螺杆等。

轴套类零件主要由大小不同的圆柱、圆锥等回转体组成。轴套类零件多在车床、磨床上加工，由于设计、加工或装配上的需要，此类零件常有倒角、螺纹、退刀槽、键槽、销孔和平面等结构，如图 4-3 所示。

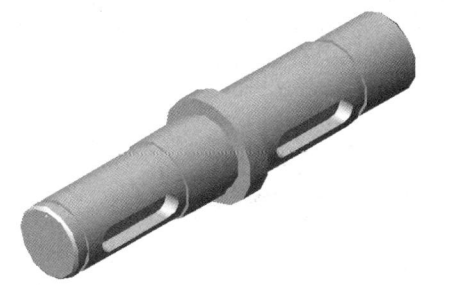

图 4-3 轴套类零件

轴套类零件一般用一个轴线水平放置的主视图和数量适当的断面图、局部放大图来表达。主视图轴线水平放置既符合零件视图选择的特征原则，也与其工作位置和加工位置一致。轴上的键槽、孔、凹坑、平面等结构，可用局部剖视或断面图来表示，如图 4-1（b）所示。实心轴一般不剖切，套类零件则需要用剖视图表达它的内部结构，外部形状简单的可采用全剖视图，形状复杂的可采用半剖视图。

4.1.3 轴套类零件的尺寸分析与标注

零件图中的尺寸，是加工和检验零件的重要依据。因此，在零件图上标注尺寸，除了要符合前面所述的尺寸正确、完整、清晰，还应尽量标注得合理。尺寸的合理性主要是指既符合设计要求，又便于加工、测量和检验。为了合理标注尺寸，必须了解零件的作用、在机器上的装配位置及采用的加工方法等，从而选择恰当的尺寸基准，合理地标注尺寸。

1. 基准

在具体确定某结构某方向上的相对位置时首先需要选定尺寸基准，即测量及标注尺寸的起点。零件有三个方向上的尺寸，每个方向上至少要有一个尺寸基准，基准选定后，各方向的主要尺寸就应从相应的尺寸基准进行标注。

当零件结构比较复杂时，同一方向上尺寸基准可能有几个，其中决定零件主要尺寸的基准称为主要基准，主要基准通常又是设计基准。为加工和测量方便而附加的基准称为辅助基准（又称为工艺基准）。如图 4-4 所示的阶梯轴，尺寸 $\phi22$ 的右端面既是设计基准又是轴向（长度方向）的主要基准，由此注出重要的设计尺寸 27；整个阶梯轴的右端面是轴向工艺基准，尺寸 70、53 均由此注出；尺寸 27 右端的轴肩也是该轴的轴向辅助基准，由此注出退刀槽的宽度尺寸 C2。辅助基准与主要基准之间要有直接的联系尺寸，53 即为阶梯轴的主要基准与辅助基准之间的联系尺寸。

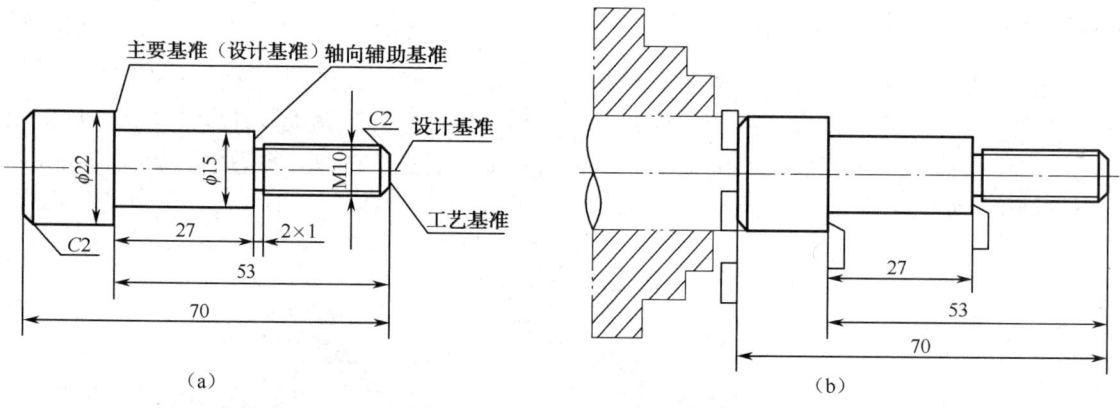

图 4-4　阶梯轴的加工方法与基准的选择

2. 尺寸的分类

视图只能表达零件的形状，而各部分形状的大小及其相对位置，则要通过尺寸来确定。分析零件尺寸时一般先将零件分成几部分，然后考察各个部分的尺寸，最后协调总体的尺寸。

（1）定形尺寸

定形尺寸指确定零件形状大小的尺寸。如图 4-4 中轴上各段回转体的直径（$\phi22$、$\phi15$、M10）与长度尺寸（27、53），图 4-5 中键槽的长（14）、宽（5N9）、深（10）等尺寸。

（2）定位尺寸

定位尺寸指确定零件上各部分的相对位置的尺寸。

零件上的一个结构与另一个结构的相对位置应从左右、前后、上下三个方向考察，如

图 4-5 中的前后、上下两个方向(这两个方向合起来统称径向)。一般只需要考虑各轴之间轴向的定位,而某段轴的定位尺寸又常常和这段轴的轴向长度尺寸是一个尺寸。

对轴上的键槽,考察其三个方向的位置时发现其前后方向与轴对中,上下方向键槽加工在轴的最上部,因此这两个方向也不需要定位尺寸,所以键槽的定位尺寸即为其轴向定位尺寸,如图 4-5 中的尺寸 10。

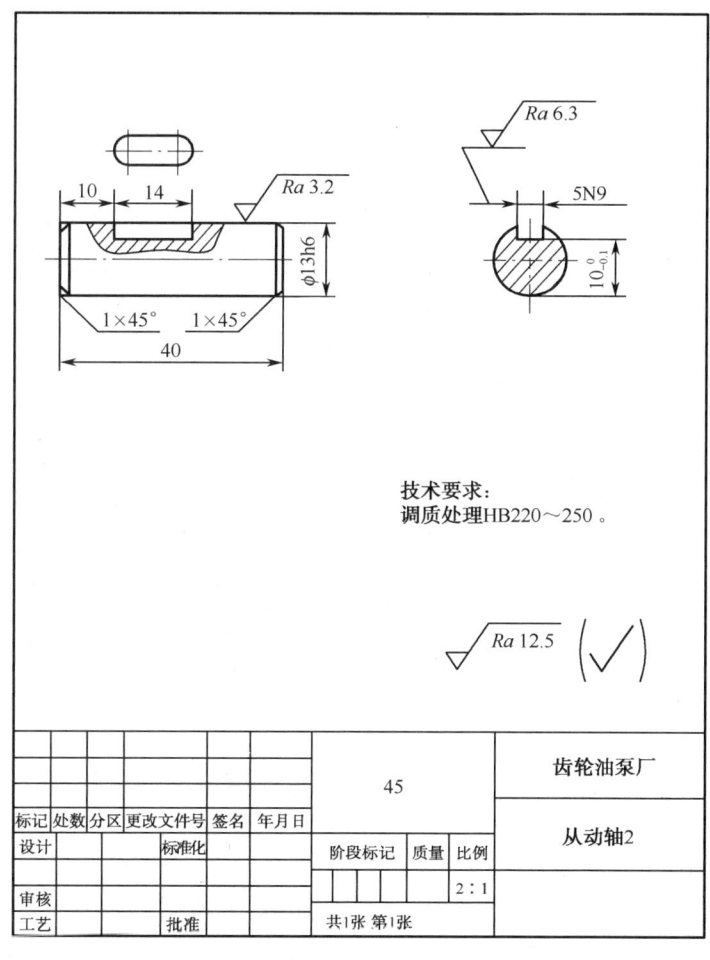

图 4-5 齿轮油泵从动轴 2 的零件图

(3) 总体尺寸

总体尺寸是表示零件外形大小的总长、总宽、总高的尺寸。

轴套类零件一般需要知道其轴线方向的总长尺寸,而总高尺寸和总宽尺寸在数值上与轴上最大直径段的直径尺寸相同,因此,有了轴上每段轴的直径尺寸后就不需要考虑其径向的总体尺寸。

总之,要分析一个轴套类零件的尺寸先要撒开轴上的细节结构,如孔、键槽、退刀槽等,以回转轴线作为径向的尺寸基准,考虑阶梯轴各段的直径尺寸;再以某段轴的端面(有设计要求的重要表面)作为轴向尺寸基准考虑各段轴向长度尺寸,最后一一考察各细节结构的定形尺寸与定位尺寸,最后协调总体尺寸。

3. 标注轴套类零件尺寸的注意点

将确定轴套类零件的全部尺寸分析清楚后,还需要将这些尺寸标注在轴的视图上,标注轴套类零件尺寸要注意以下几点。

(1) 回转体的直径尺寸最好标注在其投影不是圆的视图中,如图 4-4 所示阶梯轴。

(2) 为了避免尺寸界线过长及与其他图线相交过多,使标注出的尺寸排列整齐有序,在标注同方向的尺寸时,应将小尺寸标注在内,大尺寸标注在外,如图 4-4 所示阶梯轴上的 27、53、70 等尺寸。

(3) 避免标注封闭尺寸链。如图 4-6 所示,阶梯轴长度方向的尺寸 L_1、L_2、L_3,一般注出其中两个尺寸为合理。若三个尺寸均注出,如图 4-6 (c) 所示,形成首尾相接并封闭的一组尺寸即封闭尺寸链,意指 L_1 尺寸是 L_2、L_3 之和。L_1 尺寸有一定的加工精度要求,而在实际加工中,尺寸 L_2、L_3 的误差均会累积到尺寸 L_1 中,要保证 L_1 尺寸精度实际上提高了尺寸 L_2、L_3 的加工精度。所以应当根据尺寸的重要性,对其中重要的尺寸直接注出,选其中一个不重要的尺寸空出不注,如图 4-6 (a)、(b) 所示。但也允许将 L_3 加上括号注出,表示此尺寸是参考尺寸,不作为加工、检验的依据,如图 4-6 (d) 所示。

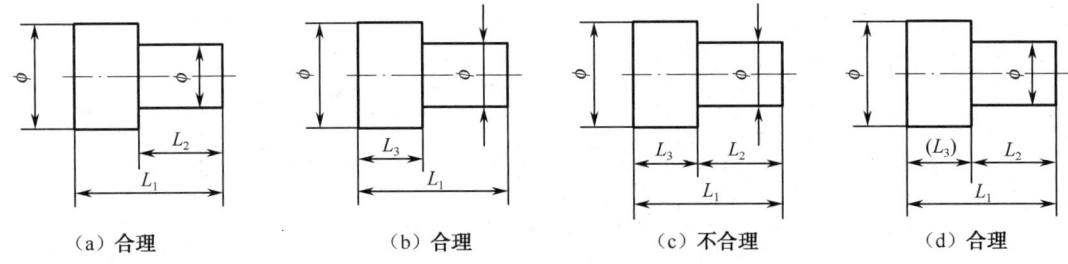

图 4-6 不应注成封闭尺寸链

(4) 标注的尺寸要符合加工顺序的要求。如图 4-7 所示的阶梯轴,加工的第一道工序为下料、车端面,此时需要保证总长 70;第二道工序为车外圆 $\phi15$,长 53,倒角 C2;第三道工序为加工退刀槽 2×1;加工螺纹 M10,保证长 27;第四道工序为截断轴,保证总长 70,倒角 C2。将轴向尺寸 70、53、27 等直接注出就符合了加工顺序,从下料到后面每一道加工工序,均可由图中直接看出所需尺寸(其中 27 为设计要求的重要尺寸,故需直接注出),如图 4-7 所示。

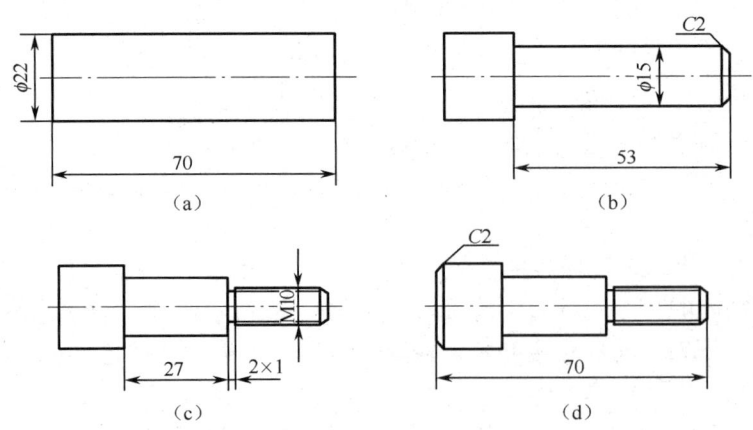

图 4-7 阶梯轴的加工顺序

（5）考虑测量方便的要求。如图 4-8 所示分别是轴和轮的断面图，显然图 4-8（b）中标注的尺寸比图 4-8（a）中标注的尺寸便于测量。在图 4-9（a）所示的套筒中，尺寸 l_1 测量困难，在图 4-9（b）中改注尺寸 l_3，测量就方便了。

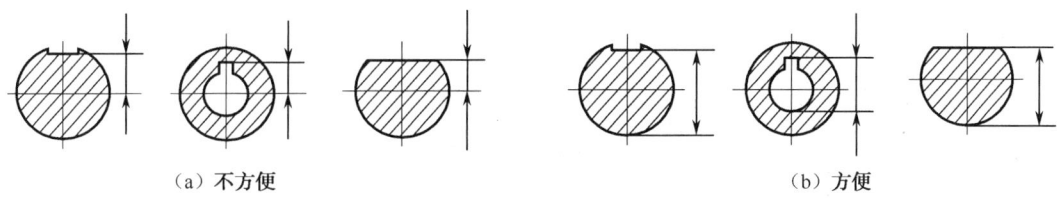

图 4-8　标注尺寸要考虑测量方便 1

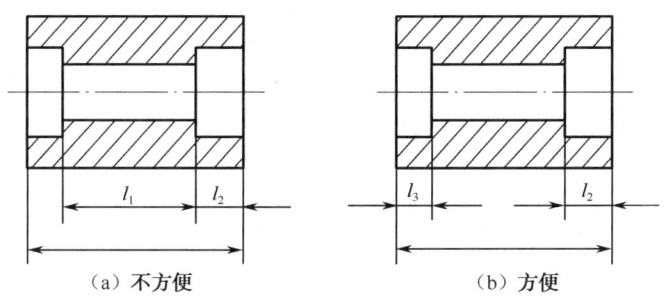

图 4-9　标注尺寸要考虑测量方便 2

4. 常见孔的尺寸标注

常见孔的简化画法及尺寸标注如表 4-1 所示。

4.1.4　机械加工工艺结构

零件结构形状是根据它在机器（或部件）中的作用、位置及加工是否合理、方便而确定的，加工的合理与方便是从制造工艺方面考虑的。零件上一些为满足工艺需要而设计的形状，称为工艺结构。

1. 倒角和倒圆

为了去除零件的毛刺、锐边，保证安全和便于装配，轴或孔的端部应加工成倒角。零件上倒角为 45°时，可标注为 $C×$（×为倒角的轴向尺寸），如图 4-10（a）所示；非 45°倒角标注方法如图 4-10（b）所示。

为避免因应力集中而产生裂纹，轴肩处应以圆角过渡，称为倒圆，如图 4-10（c）所示。

2. 凸台和凹坑

两个零件的接触面都要加工时，为了减少加工面，并保证两个零件的表面接触良好，常将接触面做成凸台或凹坑、凹槽等结构，如图 4-11 所示。其中，图 4-11（a）、（b）表示螺栓连接的支承面做成凸台和凹坑形式，图 4-11（c）、（d）表示为减少加工面而做成凹槽和凹腔结构。

表 4-1 常见孔的简化画法及尺寸标注

类型	旁注法		普通注法
光孔	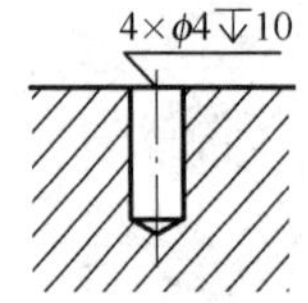 4×φ4▽10	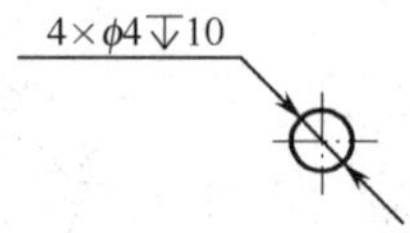 4×φ4▽10	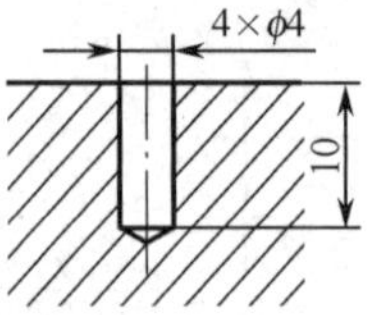 4×φ4, 10
	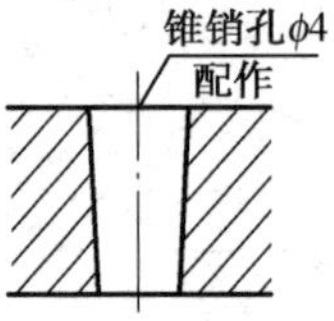 锥销孔φ4 配作	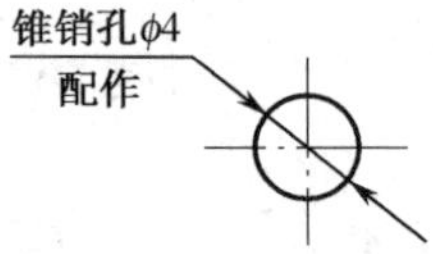 锥销孔φ4 配作	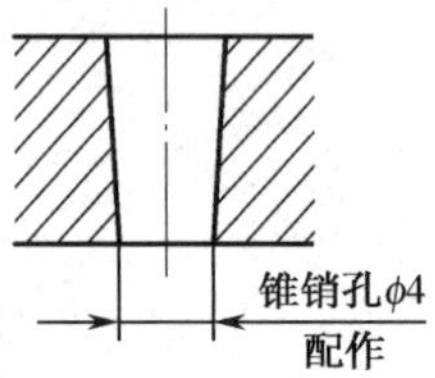 锥销孔φ4 配作
螺孔	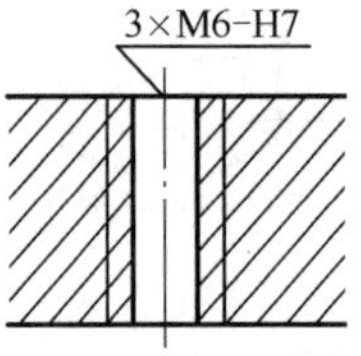 3×M6-H7	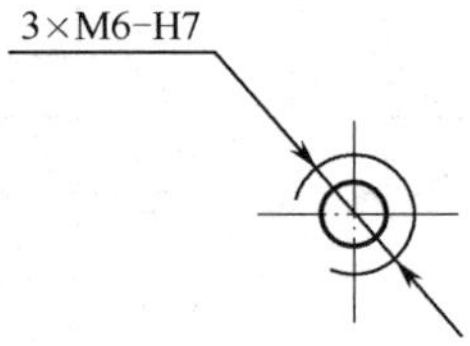 3×M6-H7	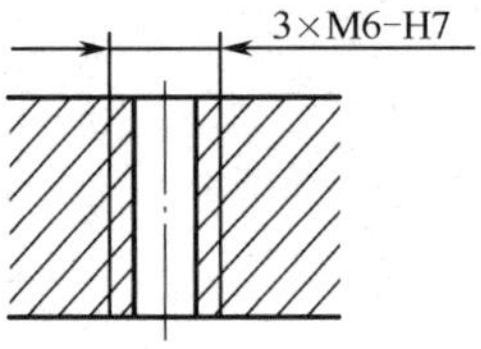 3×M6-H7
	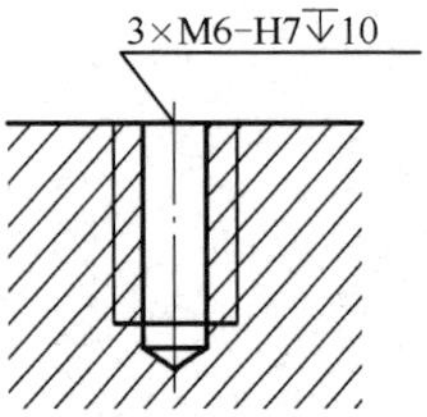 3×M6-H7▽10	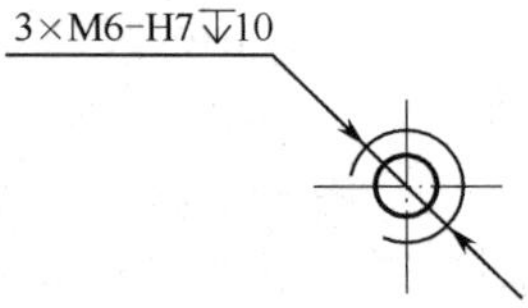 3×M6-H7▽10	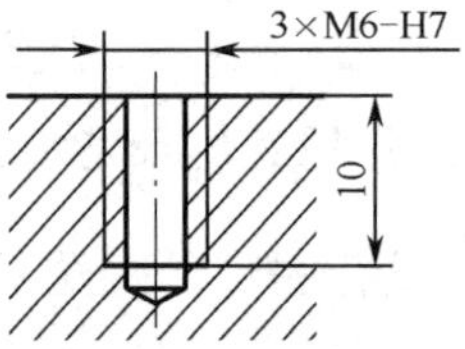 3×M6-H7, 10
沉孔	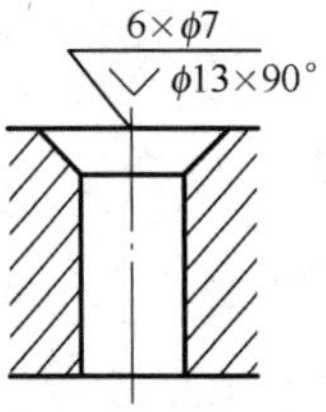 6×φ7 ▽φ13×90°	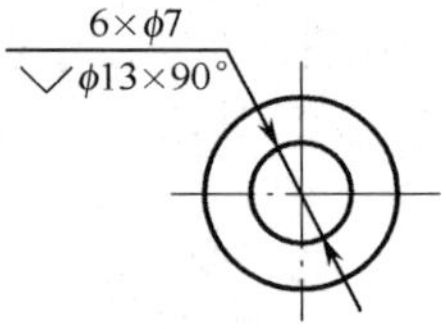 6×φ7 ▽φ13×90°	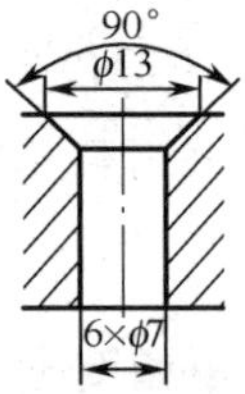 90°, φ13, 6×φ7
	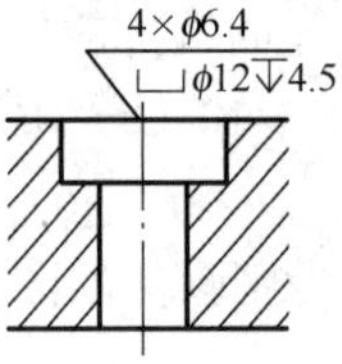 4×φ6.4 ⌴φ12▽4.5	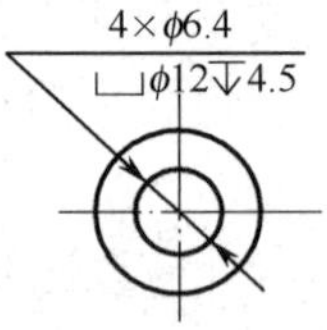 4×φ6.4 ⌴φ12▽4.5	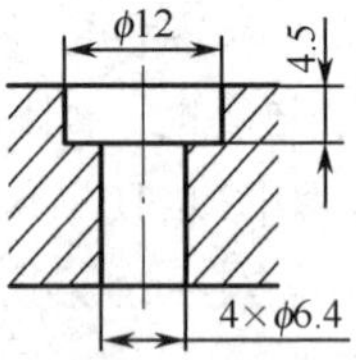 φ12, 4.5, 4×φ6.4
	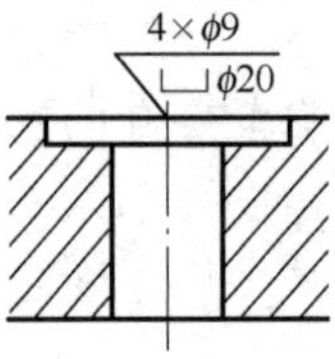 4×φ9 ⌴φ20	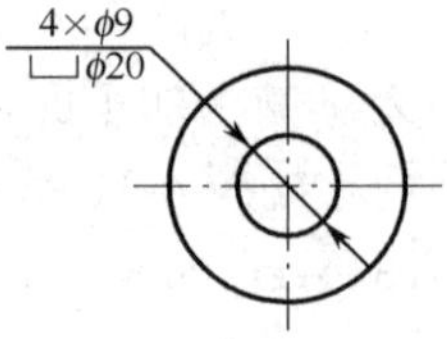 4×φ9 ⌴φ20	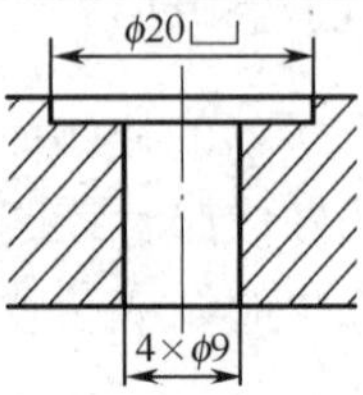 φ20⌴, 4×φ9

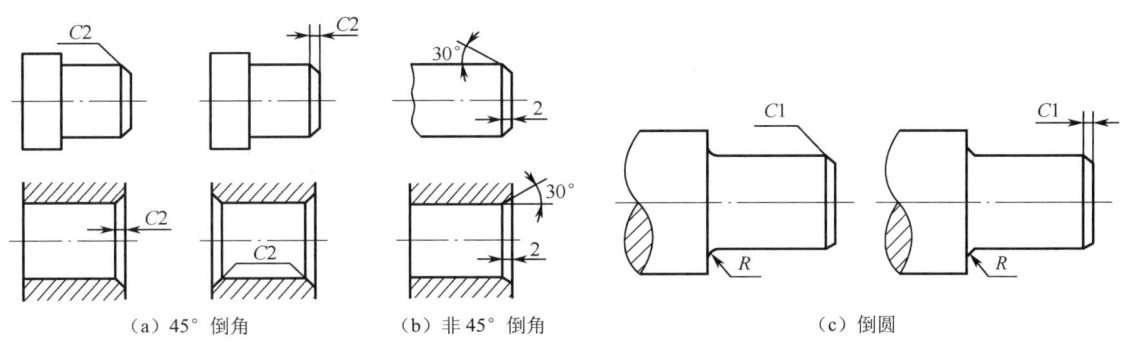

图 4-10 倒角与倒圆的标注

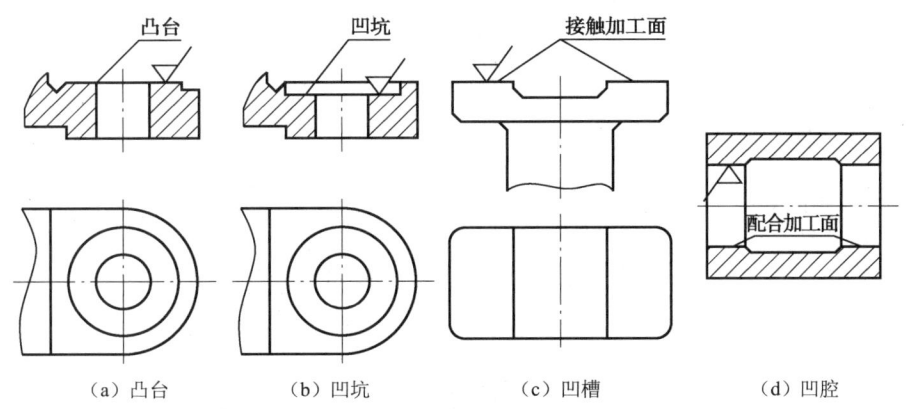

图 4-11 凸台、凹坑、凹槽和凹腔

3. 退刀槽和砂轮越程槽

在切削加工中，为保护加工刀具和方便刀具退出或使砂轮越过加工面，以及装配时两个零件表面能紧密接触，一般在零件待加工表面的末端先加工出退刀槽或砂轮越程槽，如图 4-12 所示，图中的数据可从标准手册中查取。退刀槽的尺寸，一般可按"槽宽×直径"或"槽宽×槽深"形式标注。砂轮越程槽一般用局部放大图画出，尺寸标注如图 4-12 所示。

4. 钻孔结构

钻孔时，应尽可能使钻头轴线与被钻孔表面垂直，以保证孔的精度和避免钻头折断，如图 4-13 和图 4-14 所示为处理斜面上钻孔的正确结构。用钻头钻出的盲孔，底部有一个 120° 的锥顶角。圆柱部分的深度称为钻孔深度。在阶梯形钻孔中，有锥顶角为 120° 的圆锥台。

4.1.5 零件图上的技术要求——表面结构

零件图不仅要把零件的形状和大小表达清楚，还需要对零件的材料、加工、检验、测量等提出必要的技术要求。用规定的代号、数字、文字等，表示零件在制造和检验过程中应达到的技术指标，称为技术要求。技术要求的主要内容包括：表面结构、几何公差、极限与配合、材料及热处理等。这些内容凡有指定代号的，需用代号注写在视图上，无指定代号的则用文字说明，注写在图纸的空白处。

零件的表面，无论采用哪种方法加工，都不可能绝对光滑、平整，都会产生一些凹凸不平的微小峰谷的状况，如图 4-15 所示为零件表面轮廓在显微镜下放大的景象。

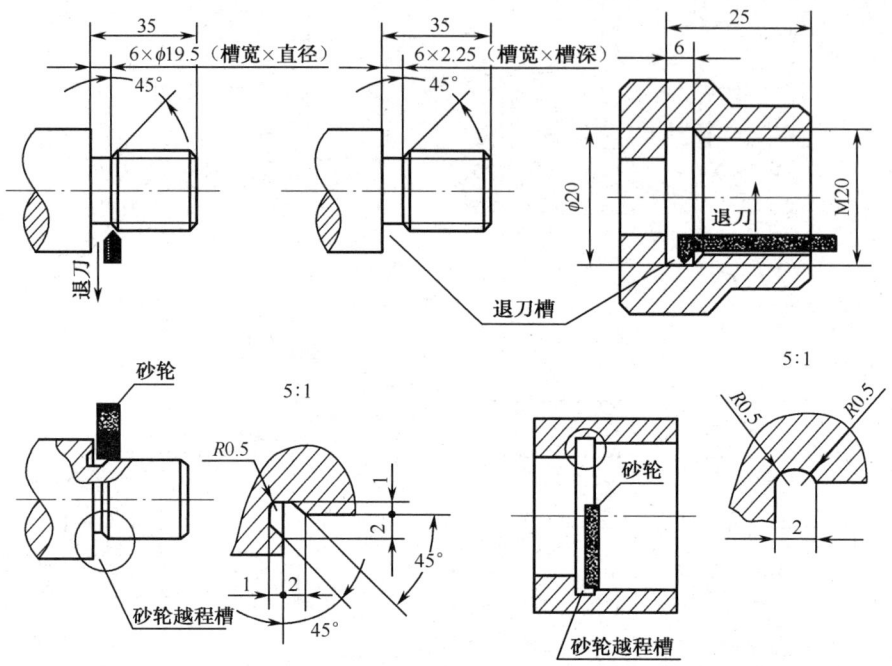

图 4-12　退刀槽与砂轮越程槽

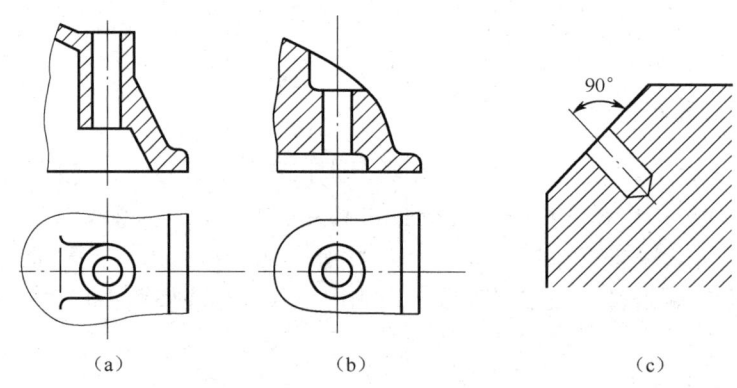

图 4-13　钻孔端面结构 1

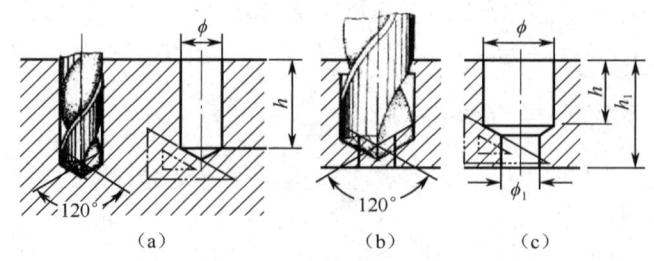

图 4-14　钻孔端面结构 2

零件的表面结构（GB/T 131—2006）就是由粗糙度轮廓、波纹度轮廓和原始轮廓构成的零件表面特征。

评定零件表面结构的参数有轮廓参数、图形参数和支承率曲线参数。其中轮廓参数分为三种：R 轮廓参数（表面粗糙度参数）、W 轮廓参数（波纹度参数）和 P 轮廓参数（原始轮廓参数）。在机械图样中，常用表面粗糙度参数作为评定表面结构的参数。

1. 表面粗糙度的概念

如图 4-16 所示，在加工零件时，由于受刀具在零件表面留下的刀痕、切削时表面金属的塑性变形和机床振动等因素的影响，零件表面存在着间距较小（通常波距<1mm）的轮廓峰谷。这种表面上所具有的较小间距的峰谷所组成的微观几何形状特征，称为表面粗糙度（简称粗糙度）。

表面粗糙度是评定零件表面质量的一项重要技术指标。它对零件耐磨性、抗腐蚀性、密封性、配合性质和疲劳强度等都有较大影响。

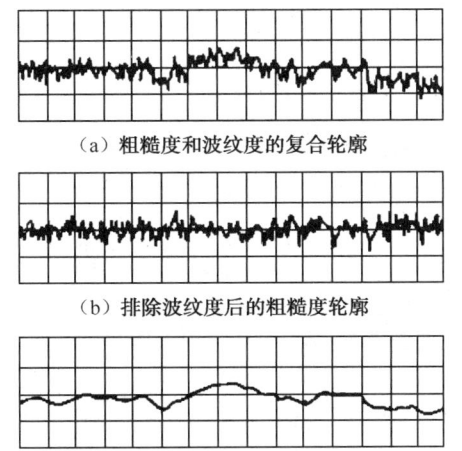

图 4-15　零件表面轮廓在显微镜下放大的景象

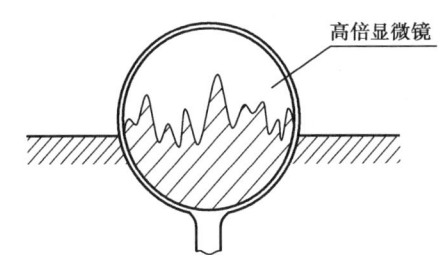

图 4-16　表面粗糙度

2. 表面粗糙度的评定参数

表面粗糙度的评定参数常用的有：轮廓算术平均偏差 Ra、轮廓最大高度 Rz。轮廓算术平均偏差 Ra 是在取样长度 lr 内，纵坐标 $Z(x)$（被测轮廓上的各点至基准线 x 的距离）绝对值的算术平均值；轮廓最大高度 Rz 是在一个取样长度内，最大轮廓峰高与最大轮廓谷深之和。其中 Ra 为优先选用的评定参数，如图 4-17 所示。

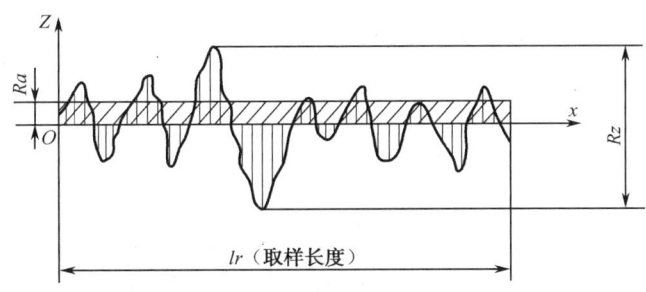

图 4-17　Ra、Rz 参数示意图

表 4-2 为常用加工方式的表面粗糙度 Ra 值。一般来说，凡是零件上有配合要求或有相对运动的表面，Ra 值要较小。Ra 值越小，对表面质量要求越高，但加工成本也越高。因此，在满足使用要求的前提下，可尽量选用较大的 Ra 值，以降低生产成本。

表 4-2　常用加工方式的表面粗糙度 Ra 值

加 工 方 式	表面粗糙度 Ra 值/μm
铸造加工	100、50、25、12.5、6.3
钻削加工	12.5、6.3
铣削加工	12.5、6.3、3.2
车削加工	12.5、6.3、3.2、1.6
磨削加工	0.8、0.4、0.2
超精磨削加工	0.1、0.05、0.025、0.012

3. 表面结构要求的标注

标注表面结构的图形符号、代号及其含义如表 4-3、表 4-4 所示。

表 4-3　标注表面结构的图形符号及含义

符　　号	含　　义
✓	基本图形符号：未指定工艺方法的表面；基本图形符号仅用于简化代号标注，当通过一个注释解释时可单独使用
∀	扩展图形符号：用去除材料方法获得的表面，如通过车、铣、刨、磨等机械加工的表面；仅当其含义是"被加工表面"时可单独使用
∀○	扩展图形符号：用不去除材料方法获得的表面，如铸、锻等；也可用于保持上道工序形成的表面，不管这种状况是通过去除材料或不去除材料方法形成的
✓ ∀ ∀○	完整图形符号：在上述三个符号的长边上均可加一条横线，用于标注有关说明和参数
✓○ ∀○ ∀○	在上述三个带横线符号上均可加一个小圆，表示所有表面具有相同的表面粗糙度要求

表 4-4　标注表面结构的代号及含义

代　　号	含　　义
✓ Ra 6.3	表示任意加工方法，单向上限值，默认传输带，R 轮廓，算术平均偏差为 6.3μm，评定长度为 5 个取样长度（默认），"16%规则"（默认）
∀ Ra 6.3	表示去除材料，单向上限值，默认传输带，R 轮廓，算术平均偏差为 6.3μm，评定长度为 5 个取样长度（默认），"16%规则"（默认）
∀○ Ra 6.3	表示不允许去除材料，单向上限值，默认传输带，R 轮廓，算术平均偏差为 6.3μm，评定长度为 5 个取样长度（默认），"16%规则"（默认）
∀○ U Ra max 6.3 L Ra 1.6	表示不允许去除材料，双向极限值，两个极限使用默认传输带，R 轮廓。上限值：算术平均偏差为 6.3μm，评定长度为 5 个取样长度（默认），"最大规则"。下限值：算术平均偏差为 1.6μm，评定长度为 5 个取样长度（默认），"16%规则"（默认）

（1）表面结构要求在零件图上的标注

零件的每个表面都应该有表面结构要求，并且在图样上用代号标注出来。标注的基本规则如下。

① 在同一张图样上，每个表面一般只标注一次代（符）号，并按规定可标注在轮廓线、尺寸界线或其延长线上。必要时，表面结构代号也可用带箭头或黑点的指引线引出标注，如图4-18所示。

② 零件图上所标注的表面结构要求是对完工零件表面的要求，除非另有说明。

③ 根据GB/T 4458.4—2003的规定，要使表面结构要求的注写和读取方向与尺寸的注写和读取方向一致，如图4-19所示。

④ 符号尖端应从材料外指向并接触加工表面，如图4-18所示。

⑤ 在不致引起误解时，表面结构要求可以标注在给定的尺寸线上，如图4-20所示。

⑥ 对于不连续表面，可用细实线相连只标注一次表面结构要求，如图4-20所示。

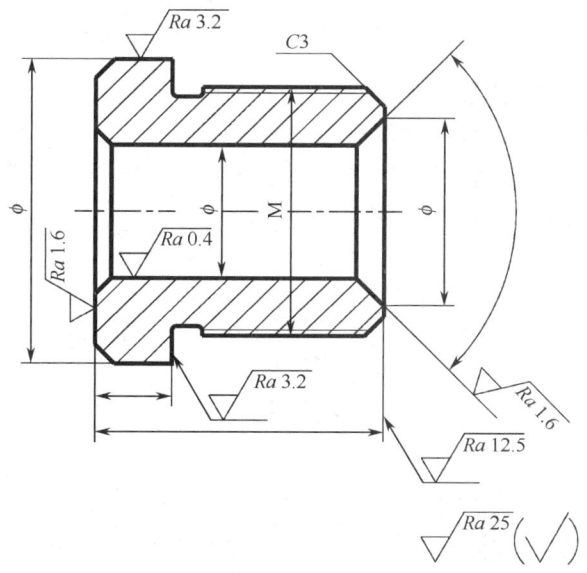

图4-18 表面结构要求的标注

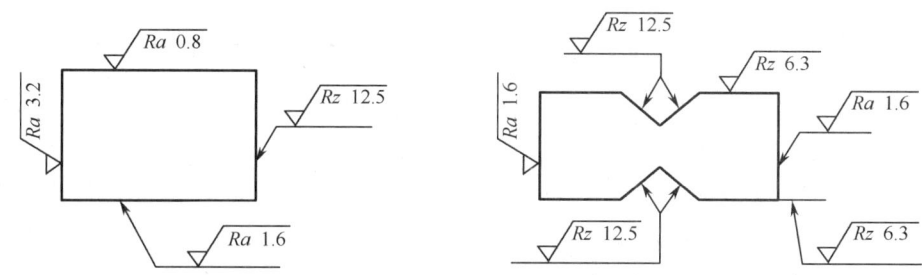

图4-19 表面结构要求的注写和读取方向

（2）常见机械结构的表面粗糙度标注

① 中心孔、键槽、圆角、倒角的表面粗糙度代号注法如图4-21所示。

② 重复要素粗糙度注法如图4-22所示。

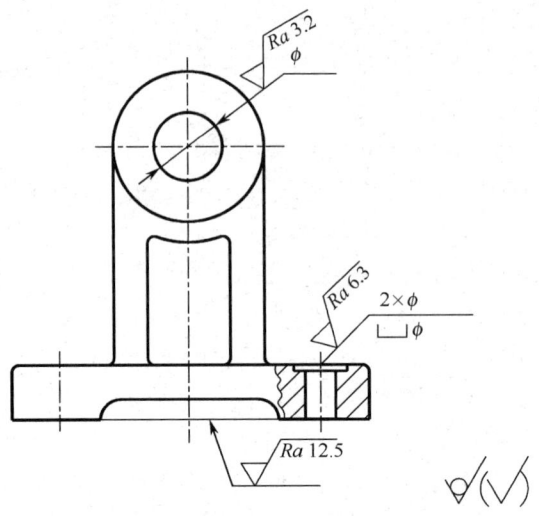

图 4-20　不连续表面的表面结构要求的标注

③ 连续表面粗糙度注法如图 4-23 所示。
④ 同一表面粗糙度要求不同的注法如图 4-24 所示。
⑤ 螺纹工作表面的粗糙度注法：注在尺寸线数字上，如图 4-25 所示。
⑥ 轮齿工作表面的粗糙度注法如图 4-26 所示。

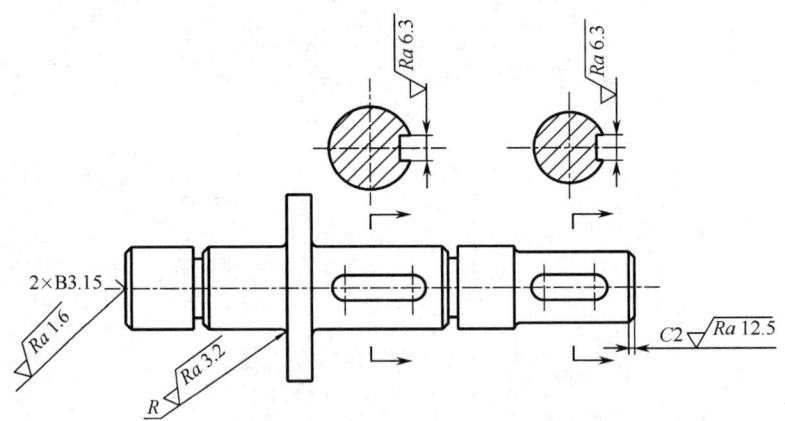

图 4-21　中心孔、键槽、圆角、倒角的表面粗糙度代号注法

（3）简化注法有如下几种。
① 在图纸空间有限时可采用简化注法，如图 4-27 所示。
② 当工件的多数（全部）表面具有相同的表面结构要求时，则其表面结构要求可统一标注在图样的标题栏附近，如图 4-28 所示。

（4）由几种不同的工艺方法获得的同一表面，当需要明确每种工艺方法的表面结构要求时，可按图 4-29 所示标注。

（5）限定范围（局部）表面处理和热处理在图上的标注可按图 4-30 所示标注。

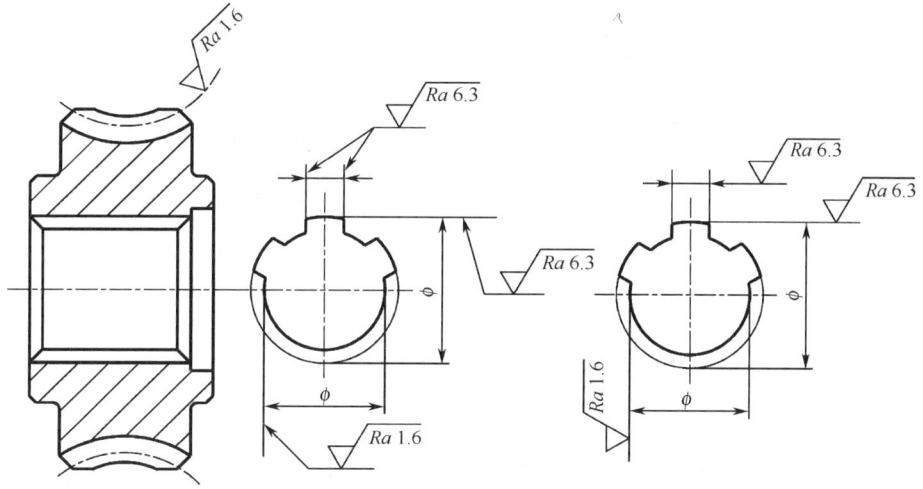

图 4-22 重复要素粗糙度注法

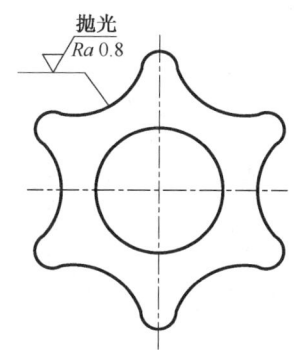

图 4-23 连续表面粗糙度注法

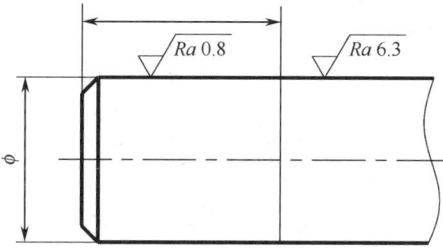

图 4-24 同一表面粗糙度要求不同的注法

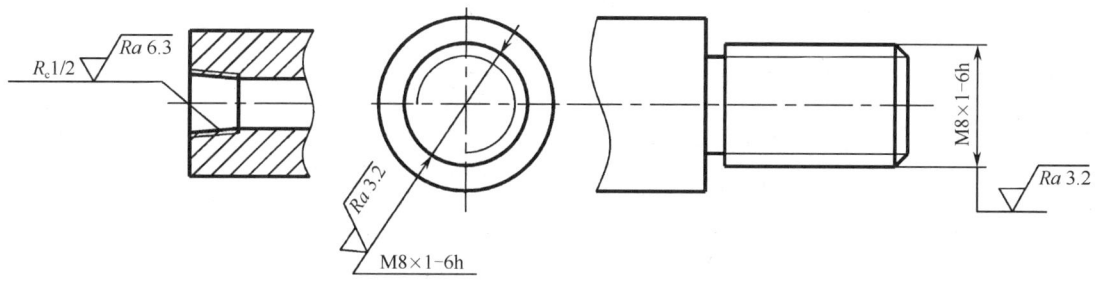

图 4-25 螺纹工作表面的粗糙度注法

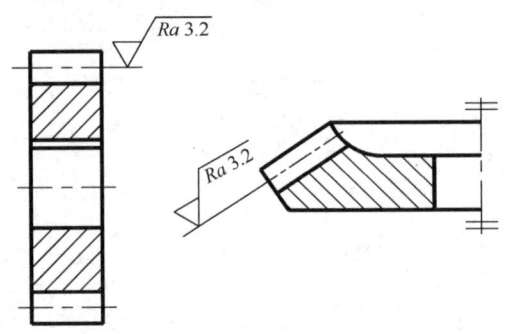

图 4-26　轮齿工作表面的粗糙度注法

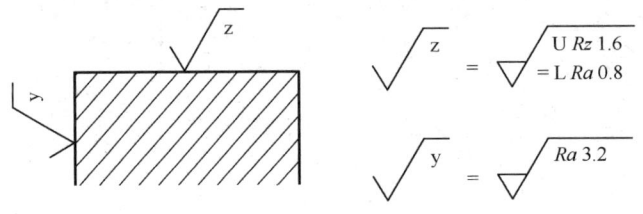

图 4-27　简化注法 1

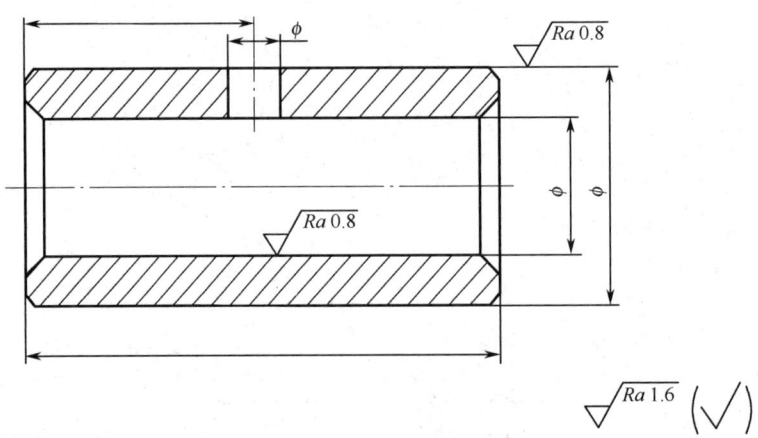

图 4-28　简化注法 2

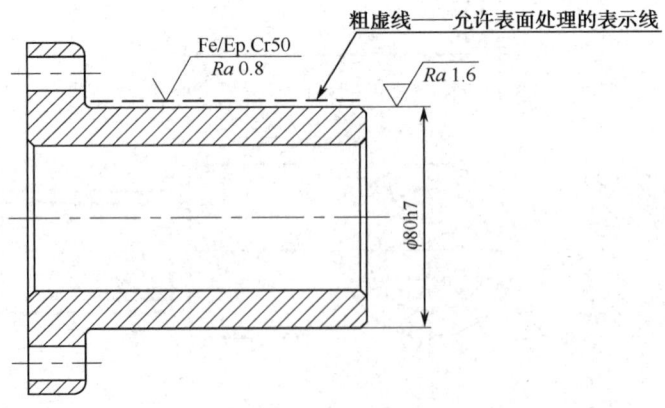

图 4-29　同时给出镀覆前后表面结构要求的标注

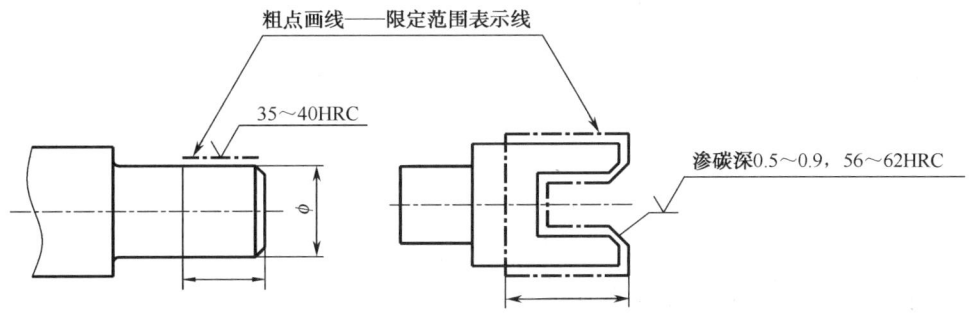

图 4-30 表面处理和热处理的标注

4.1.6 识读零件图

设计零件时，经常需要参考同类机器零件的图样，这就需要会看零件图。制造零件时，也需要看懂零件图，想象出零件的结构和形状，了解各部分尺寸及技术要求等，以便加工出零件。

读零件图的方法和步骤如下。

（1）概括了解——首先从零件图的标题栏了解零件的名称、材料、绘图比例等，然后通过装配图或其他途径了解零件的作用及其与其他零件的装配关系。

（2）分析视图、读懂零件的结构和形状——分析零件采用的表达方法，如选用的视图剖切面位置及投射方向等，按照形体分析等方法，利用各视图的投影对应关系，想象出零件的结构和形状。

（3）分析尺寸——确定各方向的尺寸基准，了解各部分结构的定形和定位尺寸。

（4）了解技术要求——各配合表面的表面结构、有关的几何公差、极限与配合等要求。

（5）综合起来想整体——将读懂的零件的结构、形状、所注尺寸及技术要求等内容综合起来，想象出零件的全貌，这样就读懂了一张零件图。

【例 4-1】识读如图 4-31 所示轴零件图，弄清其结构形状、尺寸大小和技术要求标注等，并了解零件的功用。

零件图分析与识读：

（1）该零件属于轴套类零件，其材料是 45 钢，绘图比例为 1:1，属于原值比例。

（2）该零件共用了 3 个图形表达，其中主视图中有 1 处做了局部剖视，$B—B$、$C—C$ 两图都是移出断面图。

（3）该零件上有一个键槽，长 36、宽 10、深 6（28-22=6），定位尺寸是 5。

（4）图形中有一个画有对角线的矩形框，是平面结构的简化画法，其定形尺寸是 25，定位尺寸是 20。该零件上有 2 处这样的结构。

（5）图中表面结构要求最高的代号是 $\sqrt{Ra\,1.6}$；未注表面结构要求的表面，其 Ra 值是 12.5μm。

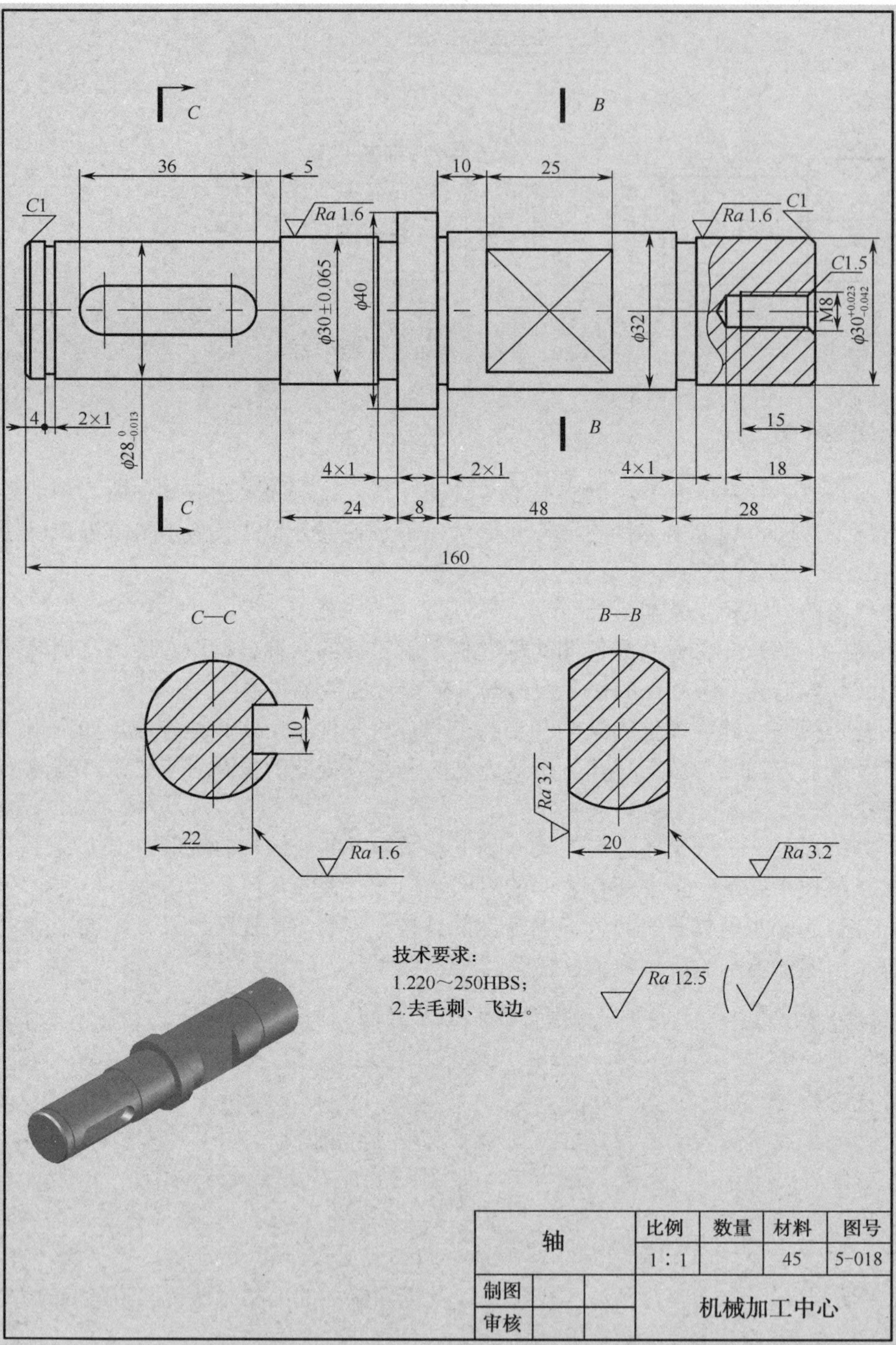

图 4-31 轴零件图

 **技能训练**

1. 如图 4-32 所示,补全 A、B、C、D 表面结构的尺寸。

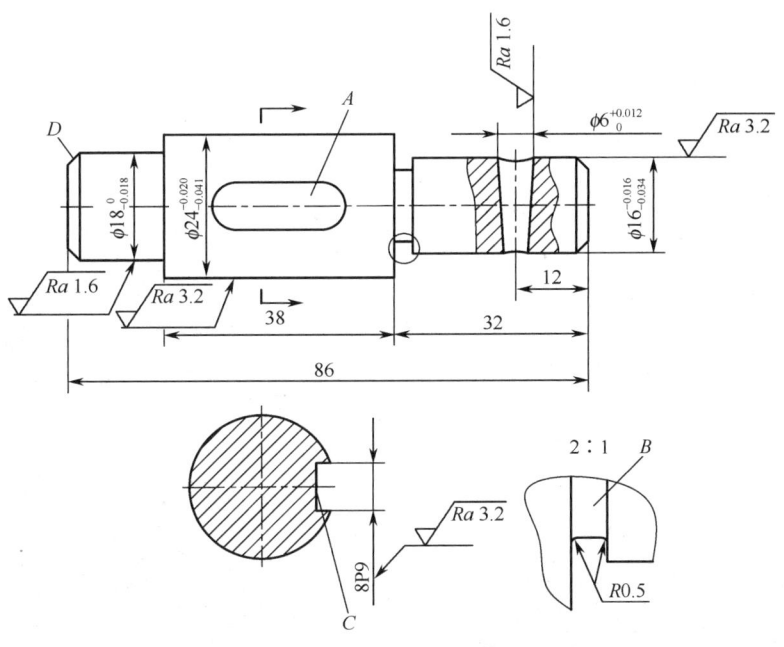

图 4-32　补全尺寸

2. 如图 4-33 所示,在零件图上标注表面粗糙度要求,小轴要求如下。

$\phi 20$、$\phi 30$ 圆柱表面 $\sqrt{Ra\ 1.6}$,右台阶面 $\sqrt{Ra\ 3.2}$。

$90°$ 内锥面 $\sqrt{Ra\ 1.6}$,其余 $\sqrt{Ra\ 3.2}$。

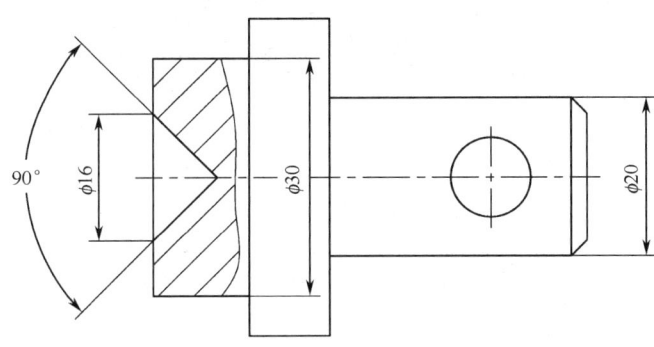

图 4-33　标注表面粗糙度要求

任务 4.2　绘制端盖零件图

 **任务目标**

（1）了解盘盖类零件的结构特征；
（2）掌握剖视图剖切面的表达及其应用场合；
（3）掌握局部放大图的表达方法；
（4）掌握视图的规定画法和简化画法；
（5）能合理表达盘盖类零件图；
（6）具有工匠精神和责任担当意识。

 扫一扫
看 AR 图

 **任务要求**

识读如图 4-34 所示端盖，看懂其形状，选择合理的表达方案，绘制零件图。

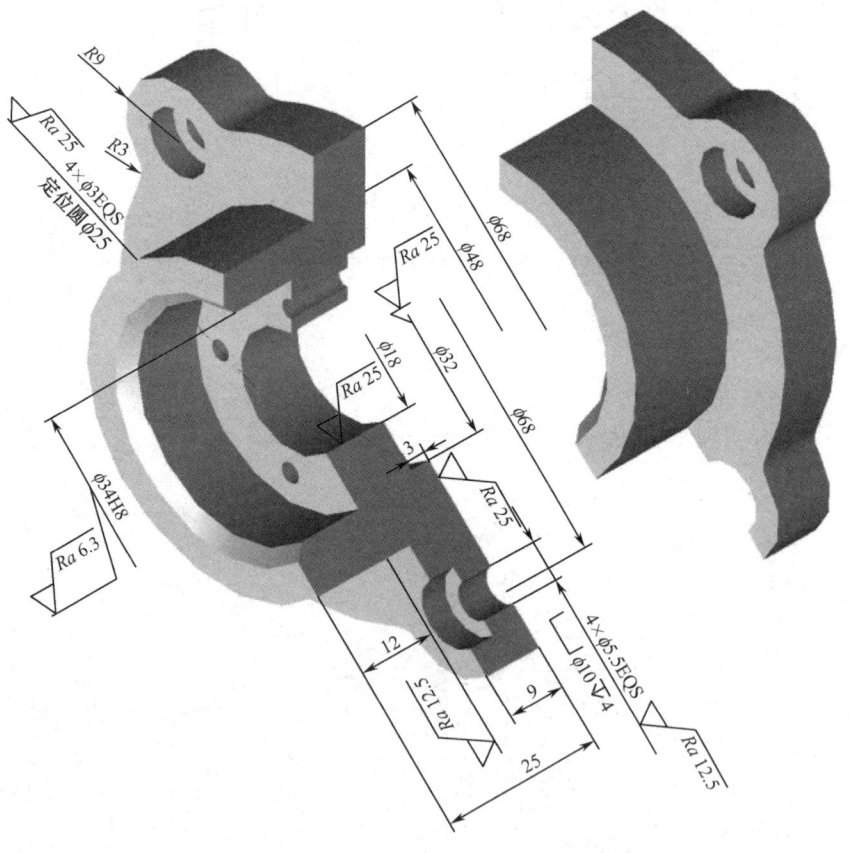

图 4-34　端盖

零件名称：端盖；材料：HT150。
技术要求：（1）未注圆角 R2；
　　　　　（2）锐角倒钝。

项目4　识读和绘制零件图

任务指导

完成任务：根据端盖的左视图，在图 4-35 上绘制全剖的 *B—B* 主视图，并合理标注尺寸和技术要求。

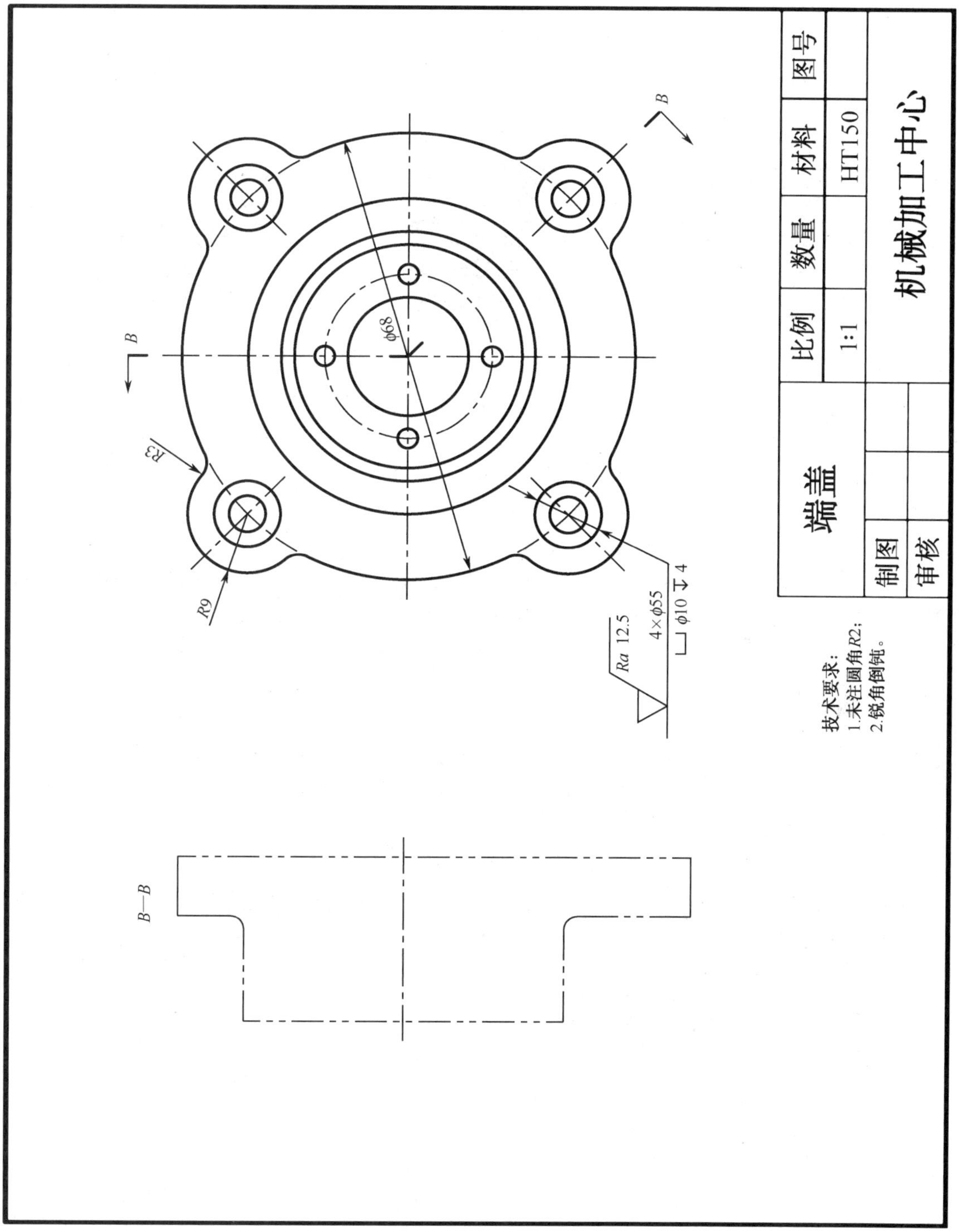

图 4-35　端盖零件图

知识链接

4.2.1 常见盘盖类零件

盘盖类零件是机器上的常见零件，包括盖（轴承盖、端盖等）、轮（齿轮、手轮、带轮等）、盘（法兰盘、托盘等）。盖类零件主要起支撑、轴向定位、密封等作用，轮类零件一般传递动力。如图4-36所示为几种盘盖类零件的立体模型图。

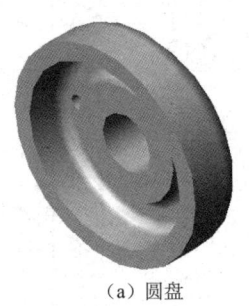

（a）圆盘　　　　　　　　（b）泵盖　　　　　　　　（c）皮带轮

图4-36　几种盘盖类零件的立体模型图

盘盖类零件的结构特点有：主体部分多为同轴回转体，也有主体为方形和其他形状，且径向尺寸较大、轴向尺寸较小的扁平状结构。零件上常有轴孔、沿圆周分布的孔、肋板、槽和齿等结构。

盘盖类零件通常用两个基本视图来表达，主视图一般为通过轴线的全剖视图，轴线水平放置，符合其加工位置，对有些不以车床加工为主的零件，主视图可按其形状特征和工作位置确定；另一个基本视图主要表达盘、盖上的槽、孔等结构在圆周上的分布情况。

4.2.2 剖切面的种类

由于机件内部结构形状不同，常需选用不同数量、位置及形状的剖切面（GB/T 4458.6—2002）剖开机件，以便将机件的结构表达清楚。国家标准规定可以用单一剖切面、几个平行的剖切平面、几个相交的剖切平面等进行剖切。

（1）单一剖切面

当机件的内部结构位于一个剖切面上时，用一个平面（或柱面）剖开机件，通常用平行于某个基本投影面的单一平面剖切，如图4-37所示。

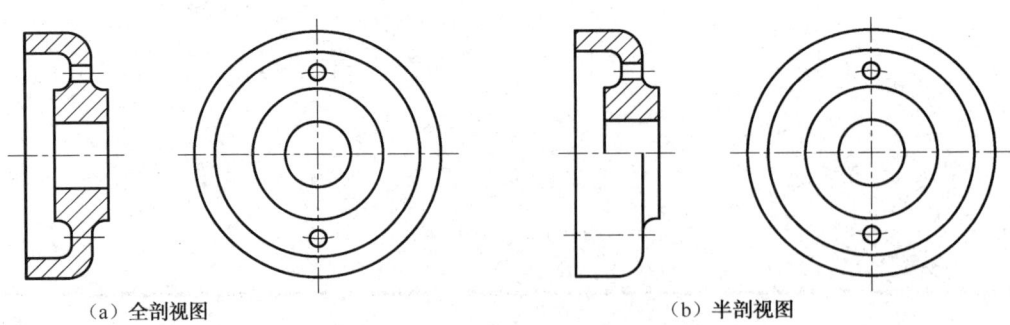

（a）全剖视图　　　　　　　　　　　　　（b）半剖视图

图4-37　平行于基本投影面的单一剖切面

当机件上倾斜部分的内部结构需要表达时，也可采用一个与倾斜部分的主要结构平行且垂直于某个基本投影面的单一剖切面剖切机件并投影，即可得到该部分内部结构的实形，如图 4-38 所示，这种剖切方法又称为斜剖。必要时，允许将图形旋转放正，并加注旋转符号，表示该剖视图名称的大写字母应靠近旋转符号的箭头端。

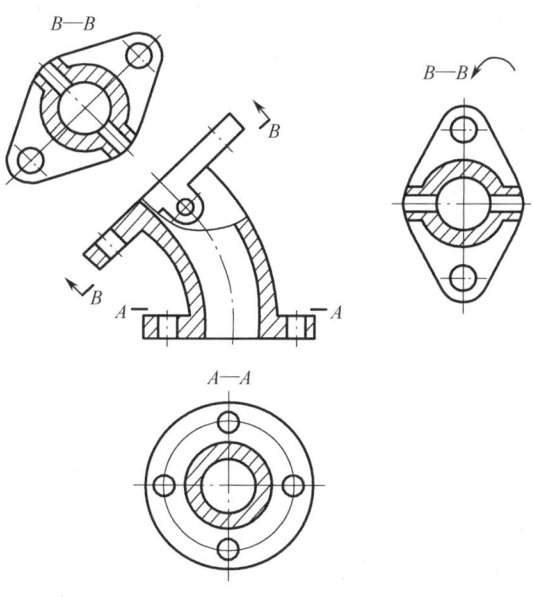

图 4-38 不平行于基本投影面的单一剖切面

（2）几个平行的剖切平面

当物体的内部结构孔、槽的轴线或对称平面位于几个相互平行的平面上时，可以用几个与基本投影面平行的剖切平面剖切物体，再向基本投影面投射，如图 4-39（a）所示。这种剖切方法又可称为阶梯剖。

标注这种剖视图时，一般需在剖视图上方标出相同字母的剖视图名称"×—×"，在相应视图上用剖切符号表示剖切位置，在剖切平面的起、止和转折处标注相同字母。当转折处空间较小时，可省略字母。当剖视图按投影关系配置，中间又无其他图形隔开时，可省略箭头。

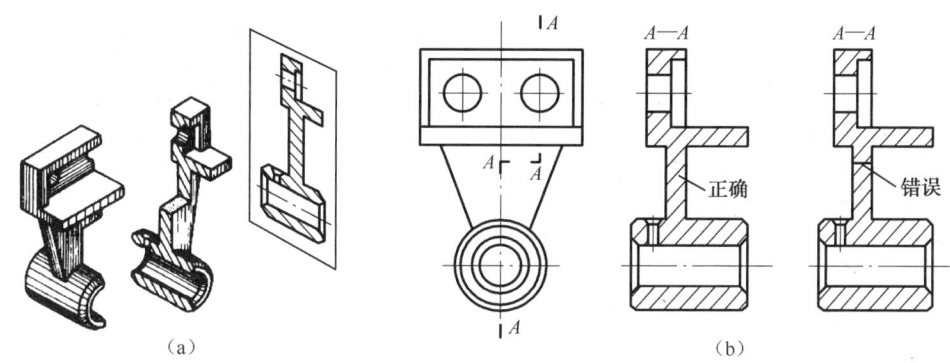

图 4-39 几个平行的剖切平面

绘制阶梯剖视图的注意点如下。

① 因为剖切是假想的，所以在剖视图上不应画出剖切平面转折处的投影，且转折面必须与选定的投影面垂直，如图 4-39（b）所示。

② 剖切平面的转折处要画成直角，且不应与图中的轮廓线重合，如图 4-40 所示。

③ 剖视图中不应出现不完整的要素，如图 4-41 所示。仅当两个要素在图形上具有公共对称中心线或轴线时，可以以对称中心线或轴线为界各画一半。

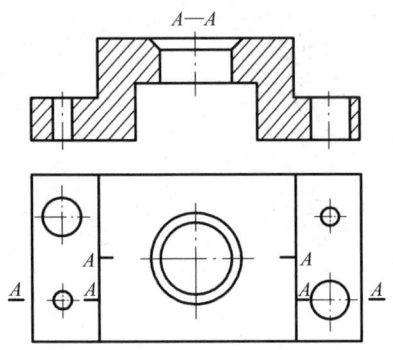

图 4-40　剖切平面的转折处与轮廓线重合的错误画法

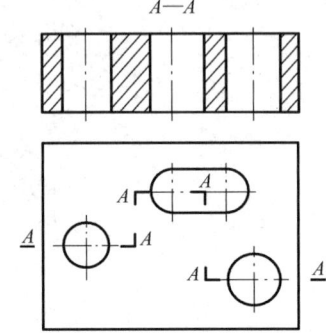

图 4-41　剖视图中出现不完整要素的错误画法

（3）几个相交的剖切面

当物体的内部结构形状用一个剖切平面不能表达完全，且这个物体在整体上又具有回转轴时，可用几个相交的剖切平面（交线垂直于某个基本投影面）剖开物体，并将与投影面不平行的剖切平面剖开的结构及其有关部分旋转到与投影面平行位置再进行投射，如图 4-42（a）所示。这种剖切方法又可称旋转剖。

标注时，在剖视图上方标出相同字母的剖视图名称"×—×"。在相应视图上用剖切符号表示剖切位置，在剖切平面的起、止和转折处标注相同字母，剖切符号两端用箭头表示投射方向（不是剖切平面的旋转方向），箭头应垂直于剖切符号，字母的字头一律朝上。

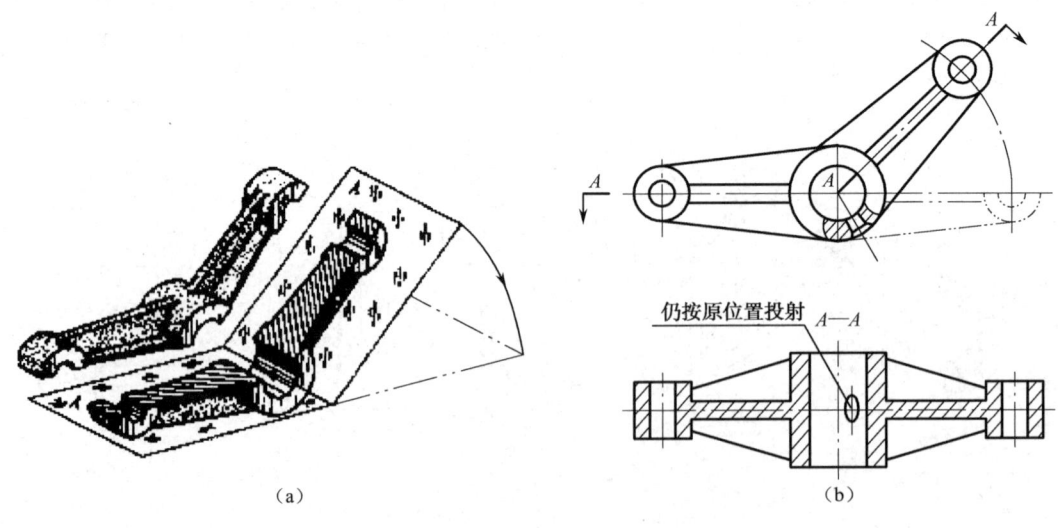

图 4-42　两个相交的剖切平面

绘制旋转剖视图的注意点如下。

① 画这种剖视图时，先假想按剖切位置剖开机件，然后将倾斜的剖切平面剖开的结构及其有关部分旋转到与选定的投影面平行后再进行投射，剖切平面后面的其他结构一般仍按原位置投射，如图 4-42（b）俯视图中的小孔。

② 当剖切后产生不完整要素时，应将此部分结构按不剖绘制，如图 4-43 所示。

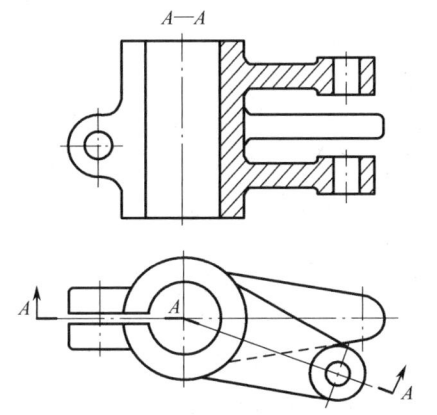

图 4-43　剖切后产生不完整要素按不剖绘制

（4）复合剖

在以上各种方法都不能简单而集中地表示出机件的内形时，可以把它们结合起来应用，这种剖切方法叫作复合剖，如图 4-44 所示。

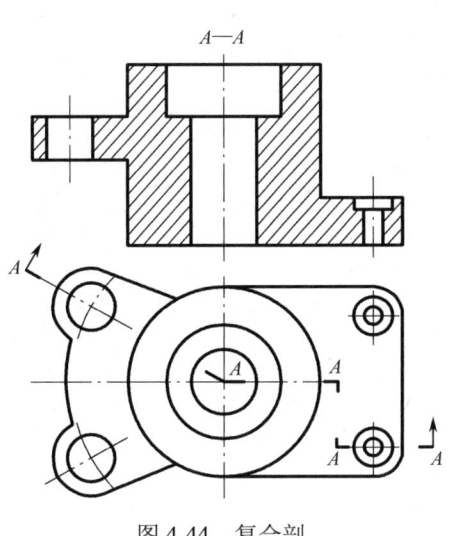

 扫一扫
看 AR 图

图 4-44　复合剖

【例 4-2】 识读如图 4-45 所示法兰盘零件图,弄清其结构形状、尺寸大小和技术要求等,并了解零件的功用。

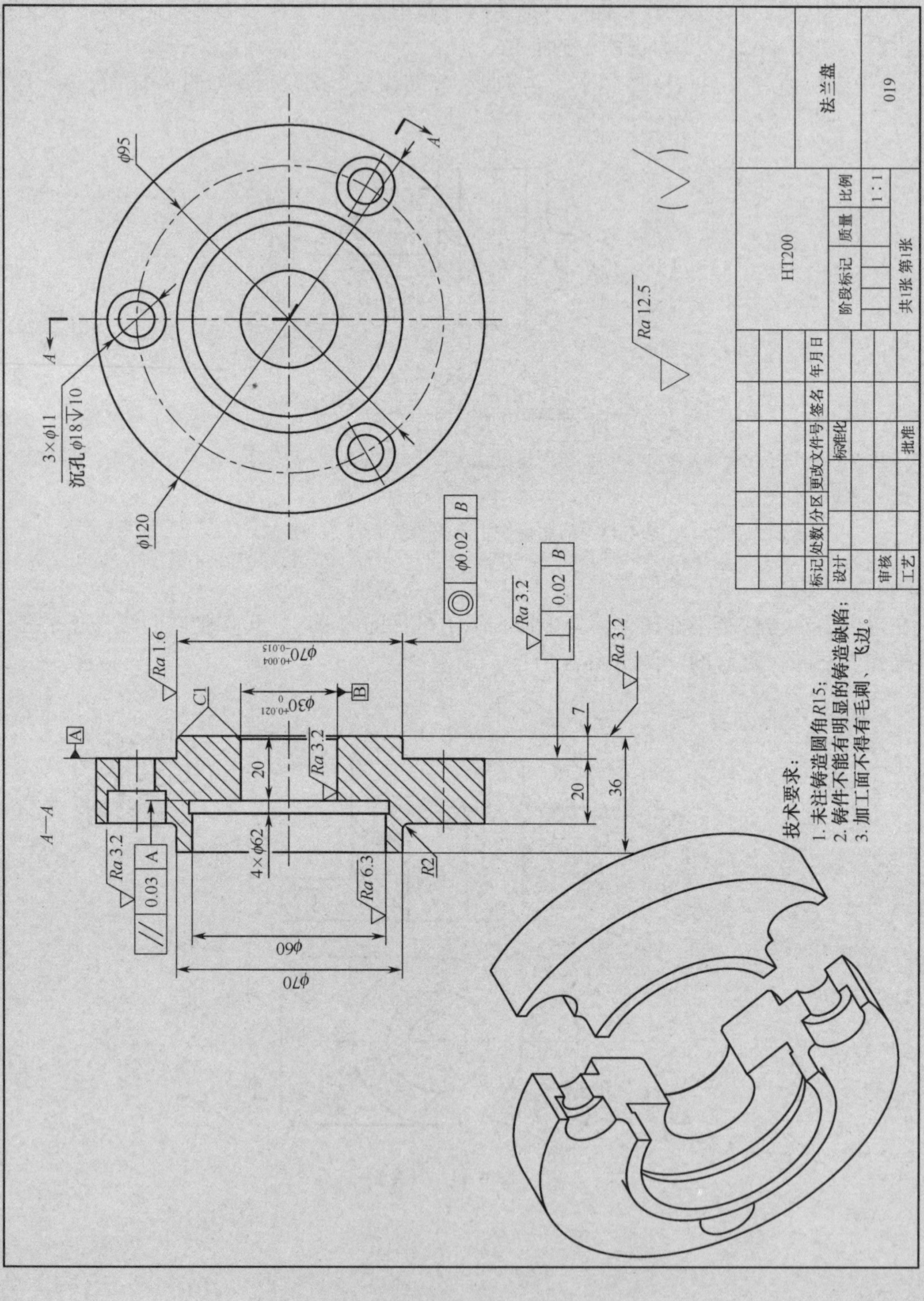

图 4-45 法兰盘零件图

4.2.3 局部放大图

当物体的某些局部结构较小,在原定比例的图形中不易表达清楚或不便标注尺寸时,可将此局部结构用较大比例单独画出。这种将机件的部分结构,用大于原图形所采用的比例画出的图形称为局部放大图,如图4-46所示。

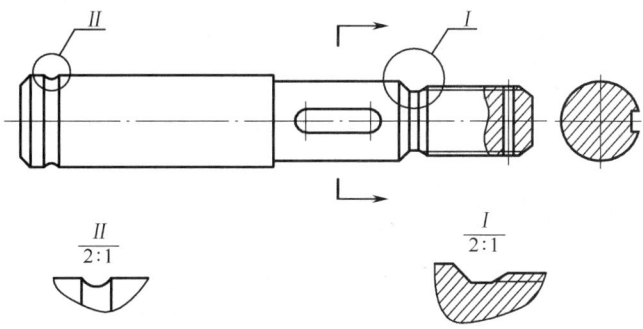

图4-46 局部放大图

局部放大图可画成视图、剖视图和断面图,它与被放大部分的表达方法无关。局部放大图应尽量配置在被放大部位的附近。

当同一机件上有几个被放大的部分时,必须用罗马数字依次标明被放大的部位,并用细实线圈出,在相应的局部放大图的上方标出相同罗马数字和放大比例。当机件上被放大的部分仅有一处时,在局部放大图的上方只需注明所采用的比例。

4.2.4 简化画法

(1)在剖切零件上的肋、轮辐及薄壁等结构时,如按纵向剖切,这些结构上不画剖面符号,而要用粗实线将其与相邻部分分开,如图4-47所示。

(2)回转体上均匀分布的肋、轮辐、孔等结构,若不处于剖切平面上,应将这些结构旋转到剖切平面上画出,如图4-48所示。

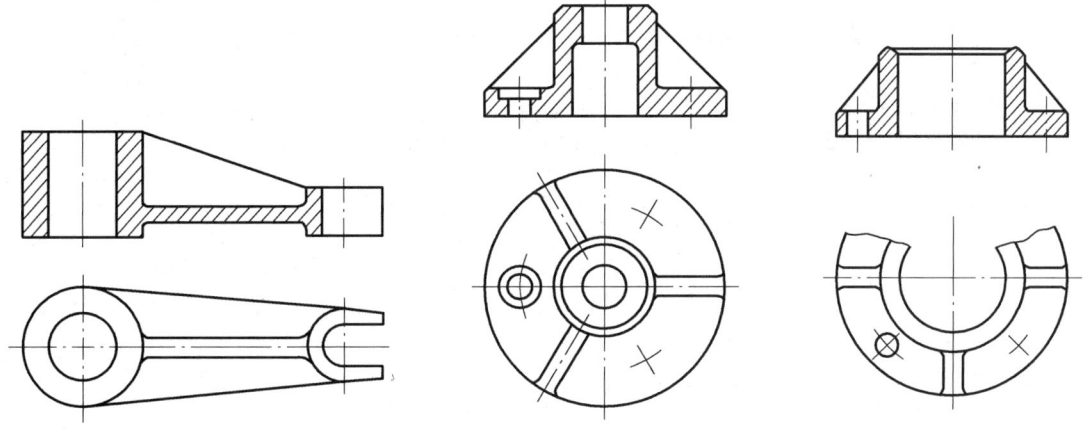

图4-47 纵向剖切时肋的画法　　图4-48 回转体上均布结构的画法

(3)当机件上具有若干相同结构(齿、槽、孔等)并按一定规律分布时,只需画出几个完整的结构,其余用细实线连接或画出中心线位置,并注明该结构的总数,如图4-49所示。

(4) 当用图形不能充分表示平面时，可用平面符号（两条相交细实线）表示，如图 4-50 所示。

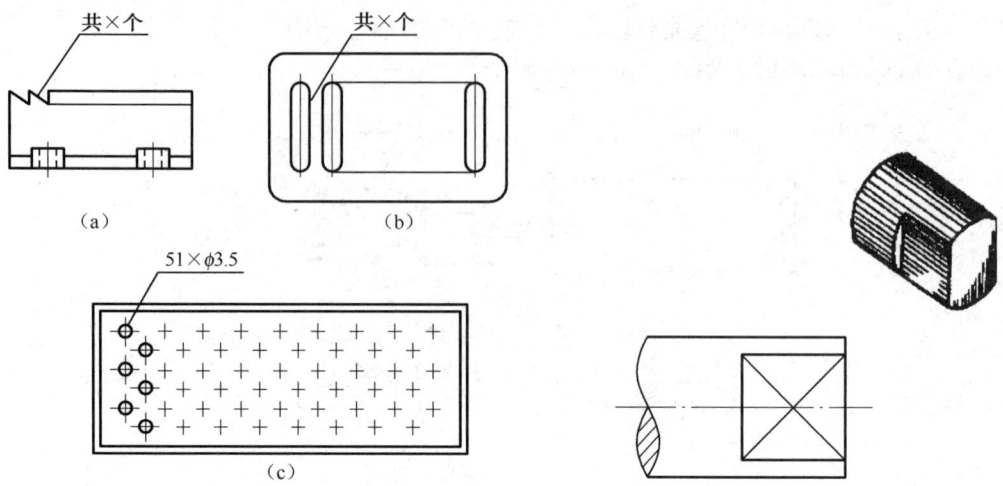

图 4-49 相同结构的简化画法　　　　图 4-50 回转体上平面的简化画法

（5）在不致引起误解的情况下，对称机件的视图可只画一半或四分之一，并在对称中心线的两端画出两条与其垂直的平行细实线，如图 4-51 所示。

（6）较长的机件（轴、杆、型材、连杆等）沿长度方向的形状一致或按一定规律变化时，可断开后缩短绘制，但要标出实长尺寸，如图 4-52 所示。

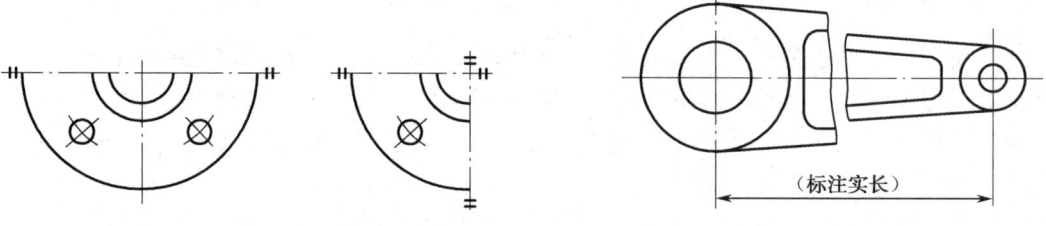

图 4-51 对称机件的简化画法　　　　图 4-52 较长机件的折断画法

（7）零件上对称结构的局部视图，可按图 4-53 所示的方法绘制。
（8）圆柱形法兰上均匀分布的孔，可按图 4-54 所示的方法绘制。

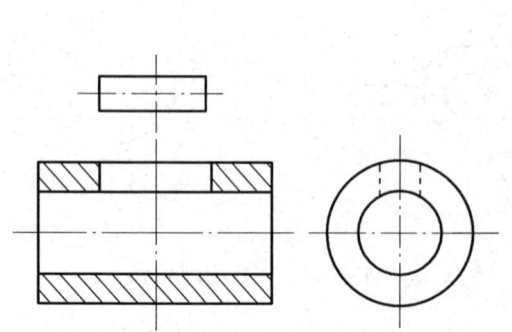
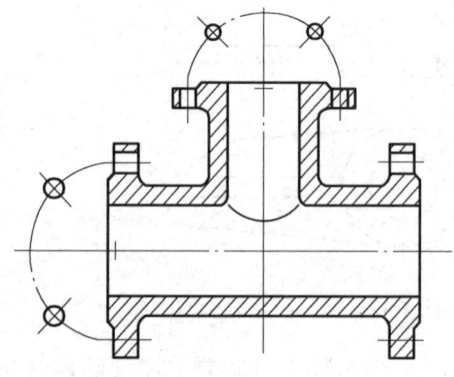

图 4-53 对称结构的局部视图画法　　　　图 4-54 法兰上均布的孔的画法

（9）机件上的较小结构，如在一个图形中已表达清楚，其他图形可简化或省略，如图 4-55 所示。

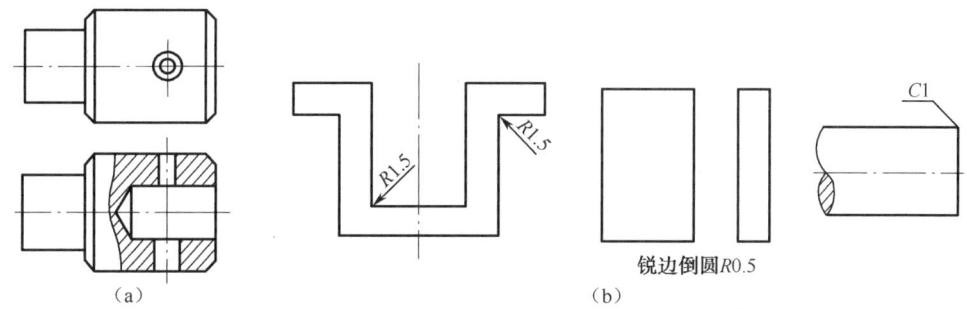

图 4-55　较小结构的简化画法

（10）在不致引起误解的情况下，图形中的相贯线可以简化，如用圆弧或直线代替非圆曲线，如图 4-56 所示；也可采用模糊画法，如图 4-57 所示。

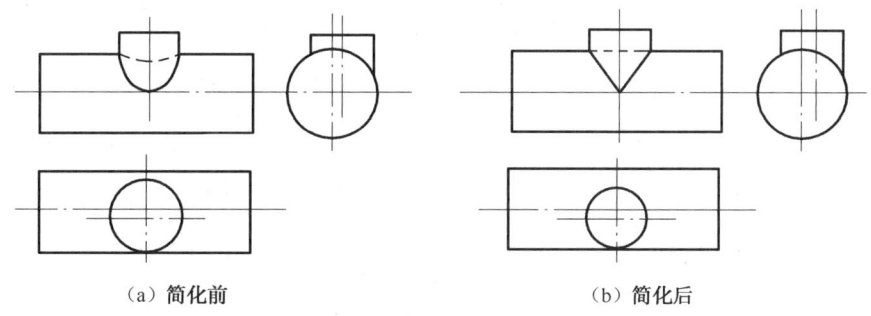

（a）简化前　　　　　　　（b）简化后

图 4-56　相贯线的简化画法

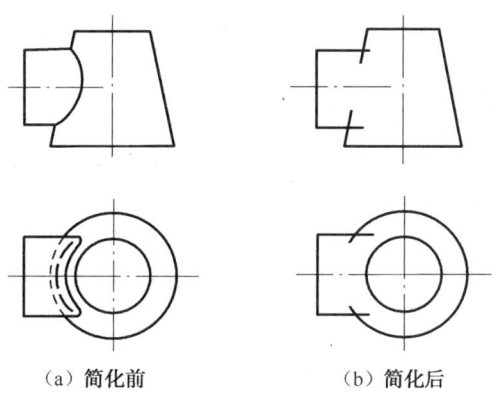

（a）简化前　　　（b）简化后

图 4-57　相贯线的模糊画法

（11）对于网状物、编织物或物体上的滚花部分，可以在轮廓线附近用细实线示意画出，并在图上或技术要求中注明这些结构的具体要求，如图 4-58（a）所示。

（12）在需要表示位于剖切平面之前已剖去部分的结构时，这些结构按假想投影的轮廓线（用双点画线表示）画出，如图 4-58（b）所示。

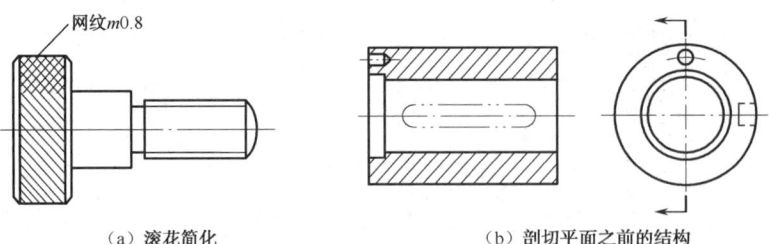

(a) 滚花简化　　　　　　　　　(b) 剖切平面之前的结构

图 4-58　其他简化画法

【例 4-3】如图 4-59 所示，观察端盖零件结构，看懂其形状，识读零件图。

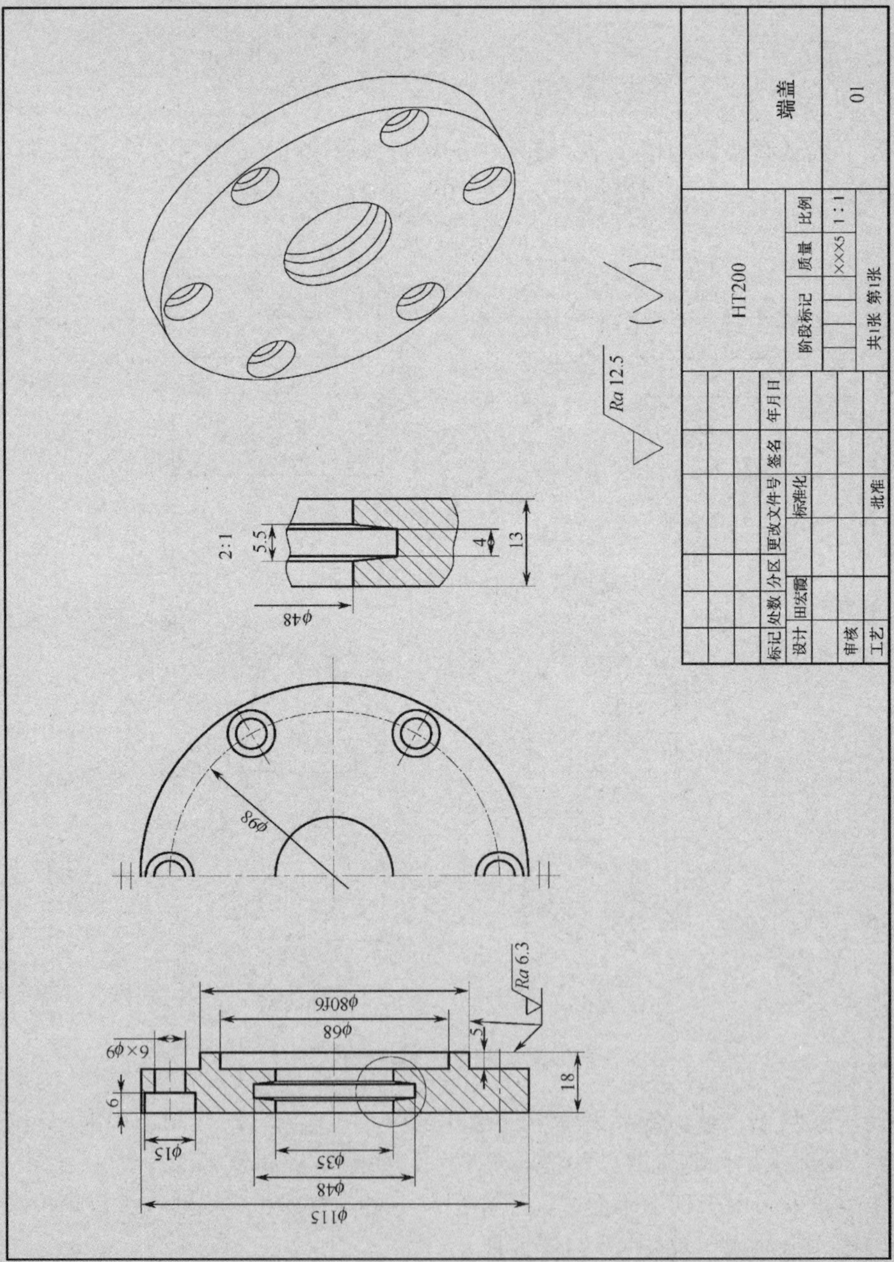

图 4-59　端盖零件图

 **技能训练**

1. 如图 4-60 所示，用几个平行的剖切平面将主视图改画成全剖视图。

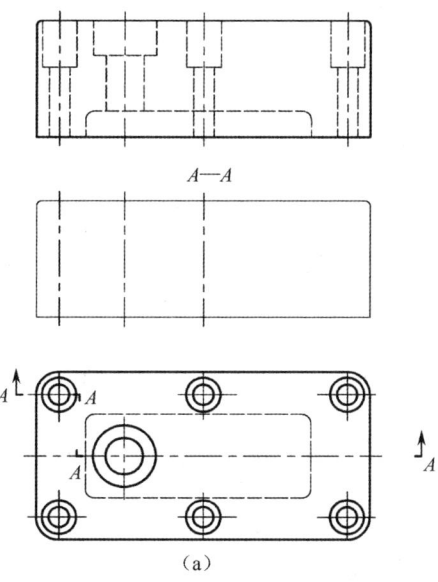

图 4-60　改画全剖视图

2. 如图 4-61 所示，作 B—B 全剖视图。

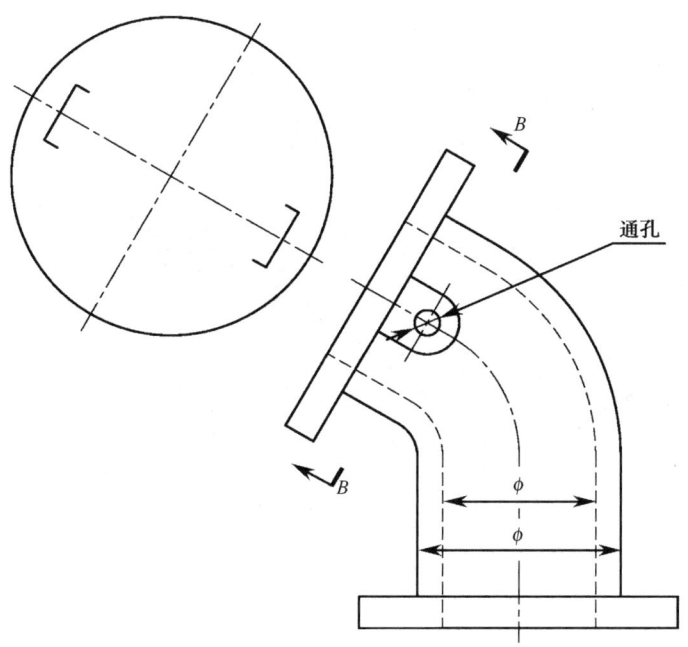

图 4-61　作全剖视图

任务 4.3　绘制轴承座零件图

（1）掌握几何公差的基本概念与标准；
（2）能识读支架零件图；
（3）能绘制支架类零件图；
（4）能合理标注零件图尺寸和技术要求；
（5）具有良好的科学素质和工匠精神。

根据如图 4-62 所示轴承座立体图，绘制其零件图。

扫一扫
看 AR 图

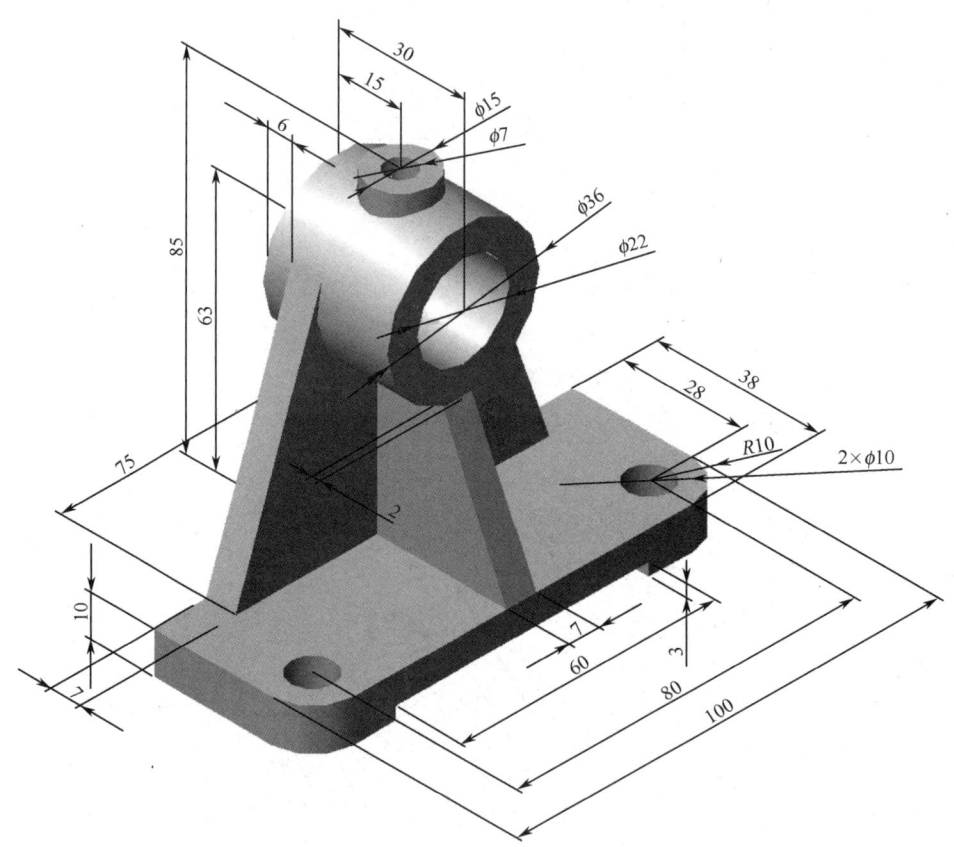

图 4-62　轴承座

任务指导

绘制图 4-62 所示轴承座零件图步骤如下。

1. 形体分析

如图 4-63 所示,根据轴承座形体特点,可将其分解为五个部分。

分析基本体的相对位置:轴承座左右对称,支承板与底板后面平齐,圆筒的后端面凸出,圆筒前端面伸出肋板前表面,凸台在圆筒上方。

分析基本体之间的表面连接关系:支承板的左右侧面与圆筒表面相切,前表面与圆筒相交;肋板的左右侧面及前表面与圆筒相交;底板的顶面与支承板、肋板的底面重合。

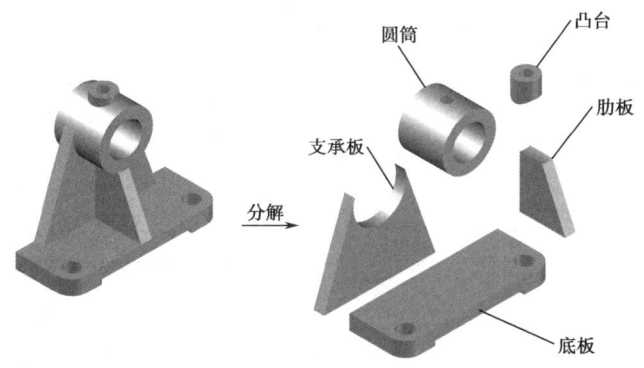

图 4-63 轴承座的形体分析

2. 选择视图和表达方案

首先选择主视图,主要考虑两个因素:轴承座的安放位置和主视图的投射方向。由形体特征和画图方便确定轴承座的安放状态;以能反映轴承座形状特征的方向作为主视图的投射方向,通常使轴承座的底板朝下,主要表面平行于投影面。主视图确定以后,上部圆筒的内部结构需剖出来才能表达清楚,为此,在左视图上选择沿着轴承座的左右方向的对称中心平面完全剖开,这样既表达清楚了圆筒内部的形状和结构,又表达清楚了支承板、肋板与圆筒之间的连接关系,故左视图采用全剖视图。底板上的两个内孔内部结构是完全相同的,因此只需剖出一个内孔就行了,可以在主视图上采用局部剖来表达。由于主视图和左视图已经完全表达清楚了圆筒的内外结构形状,因此在俯视图上可以采用全剖,剖开上部的圆筒,俯视图主要用来表达底板的外部形状和两孔在底板长度与宽度方向的位置。

3. 选比例、定图幅

根据组合体的大小,定比例、选图幅,比例尽可能选用 1∶1。

4. 布置视图

确定各视图的位置,画出各视图的基准线,如组合体的底面、端面、对称中心线等。

5. 绘图步骤

绘图步骤如图 4-64 所示,画图时应注意以下几点。

(1) 运用形体分析法,画出各部分的基本形体,并应同时考虑基本形体之间的连接关系和剖切的区域,同一形体的三个视图应按投影关系同时画出。

(2) 画每一部分基本形体的视图时,应先画反映该部分形状特征的视图。

(3) 检查形体间表面连接处的投影是否正确。

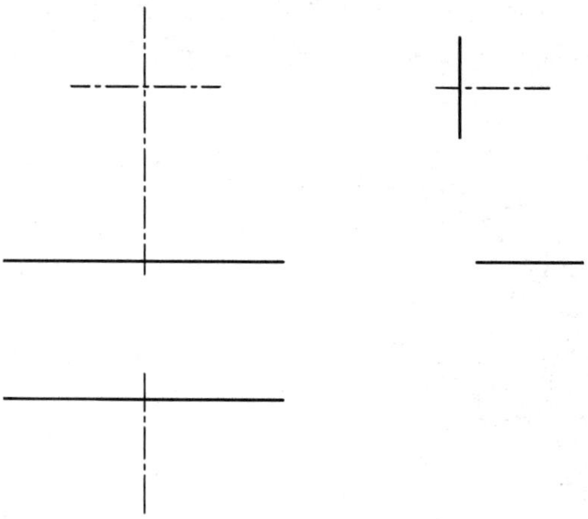

(a) 布置视图,画基准线 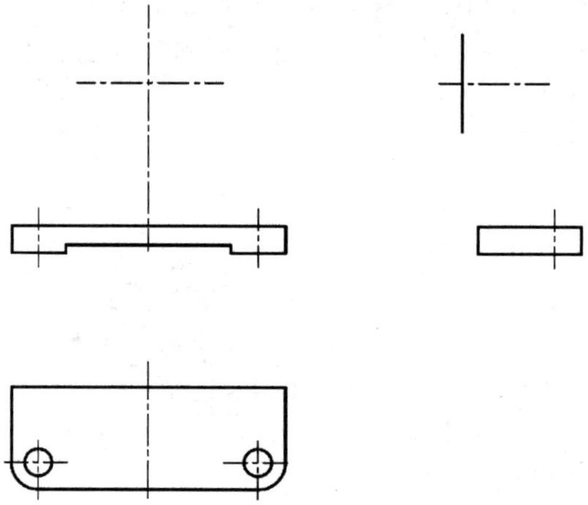　　(b) 画底板三视图

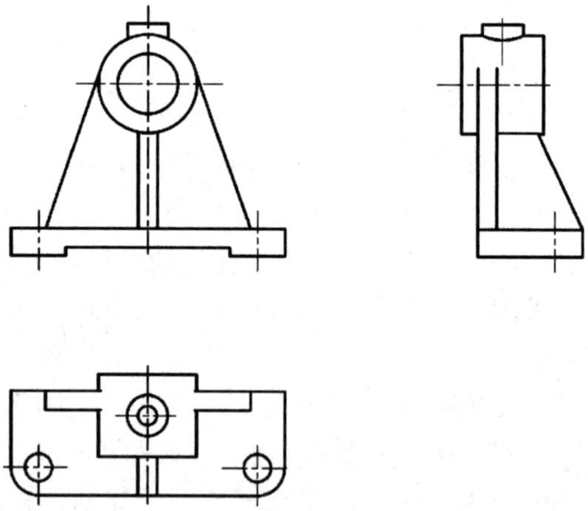

(c) 同时绘制三个视图

图 4-64　轴承座绘图步骤

(4) 完成任务。根据主视图,在图 4-65 上绘制全剖的 $A—A$ 俯视图和左视图,并合理标注尺寸。

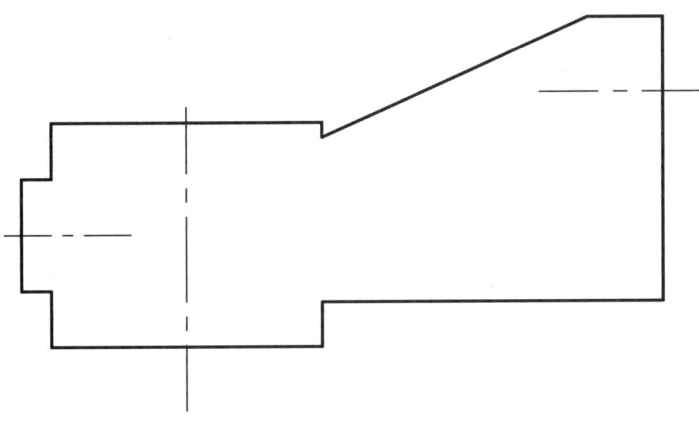
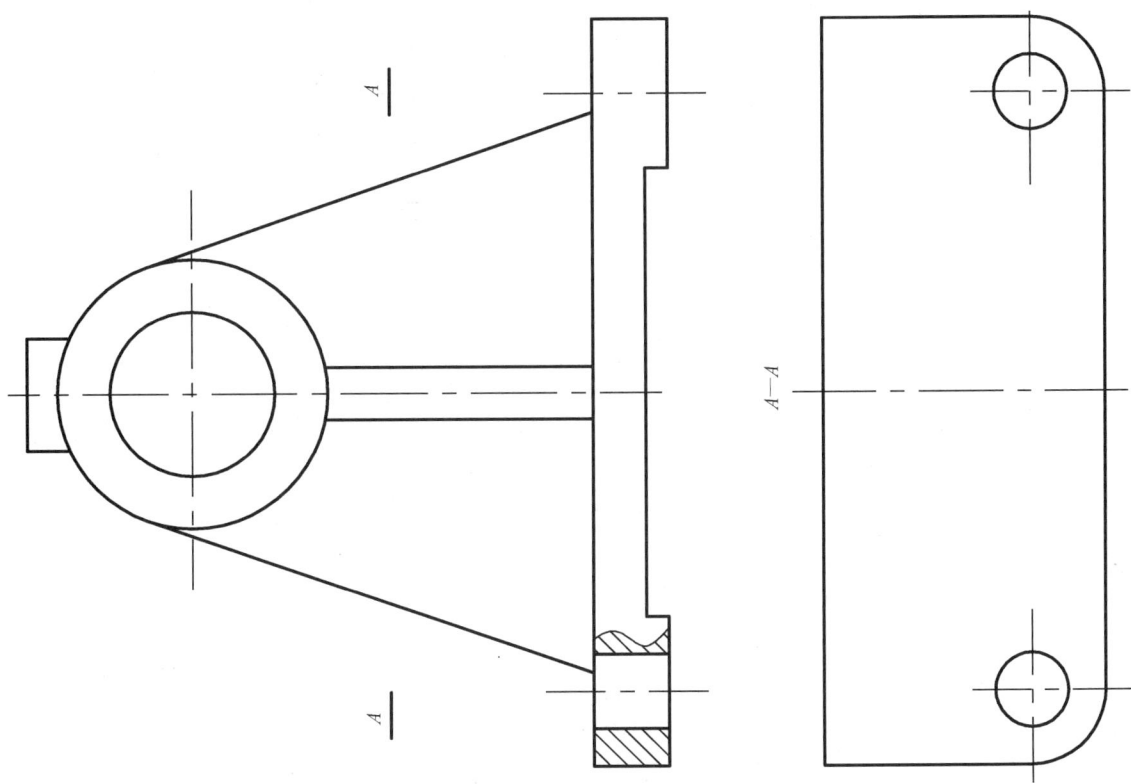

图 4-65　完成任务

知识链接

4.3.1 零件图上的技术要求——几何公差

1. 几何公差的概念与特征、符号

在现代化生产中,产品的质量不仅需要通过表面粗糙度、尺寸公差来保证,还需要用零件的几何形状和构成零件几何要素(点、线、面)的相对位置的准确度来保证。为此,国家标准(GB/T 1182—2018)对评定产品质量还规定了一项重要技术指标——几何公差。

几何公差是指零件的实际形状、实际位置或实际方向相对理想形状、理想位置或理想方向的允许变动量。几何公差的常见几何特征符号如表4-5所示。

表4-5 几何公差的常见几何特征符号(GB/T 1182—2018)

公差类型	几何特征	符号	公差类型	几何特征	符号
形状公差	直线度	—	方向公差	平行度	∥
				垂直度	⊥
				倾斜度	∠
	平面度	▱	位置公差	同轴(同心)度	◎
	圆度	○		对称度	≡
	圆柱度	⌭		位置度	⌖
形状或方向或位置公差	线轮廓度	⌒	跳动公差	圆跳动	↗
	面轮廓度	⌒		全跳动	⌮

2. 几何公差的标注

几何公差要求在公差框格(带指引线)中给出,包括:几何特征符号、公差值、基准代号的字母等。如图4-66所示,h 为图中的尺寸数字高度,符号和框格的线宽为 $h/10$。

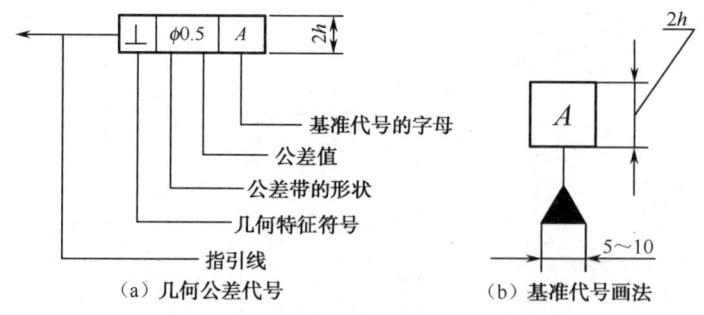

图4-66 几何公差代号、基准代号画法

在图样上标注几何公差时,应有公差框格、被测要素和基准要素(形状公差除外)三组内容。

(1)公差框格

公差框格由两格或多格组成。框格内从左到右次序填写内容如图 4-67 所示。公差值用线性值,如公差带是圆形或圆柱形的,则在公差值前加注"ϕ",如是球形的则加注"$S\phi$"。如有需要,用一个或多个字母表示基准要素或基准体系(见图 4-67(b)、(c))。

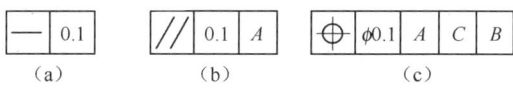

图 4-67 公差框格内容

公差框格应水平或垂直绘制。第一格宽度等于高度,第二格应与标注内容的长度相适应,第三格及以后各格与有关字母及附加符号的宽度相适应。

(2)被测要素的标注

标注时要用带箭头的指引线将公差框格与被测要素相连。标注几何公差时,指引线的箭头要指向被测要素的轮廓线或其延长线。

① 当被测要素为轮廓几何要素(指零件的表面、棱线等)时,几何公差代号指引线的箭头应直接指向该要素的投影线,并与其尺寸明显错开(见图 4-68)。

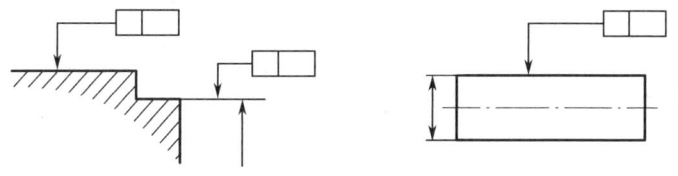

图 4-68 被测要素为轮廓几何要素

② 当被测要素为中心几何要素(指零件表面上的轴线、对称面等)时,几何公差代号指引线的箭头应与标注该要素的尺寸线对齐(见图 4-69)。

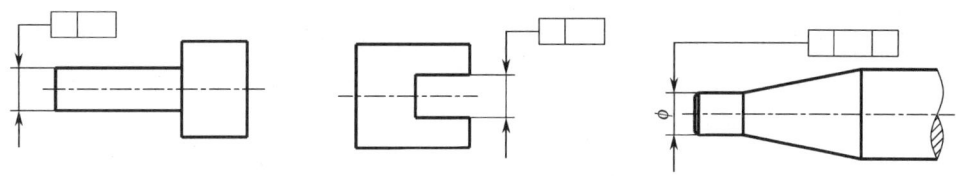

图 4-69 被测要素为中心几何要素

③ 如对同一要素有一个以上的公差特征项目要求时,可将多个框格上下排列在一起(见图 4-70)。

④ 多项被测要素有相同的几何公差要求时,可用同一框格和多条指引线标注(见图 4-71)。

(3)基准要素的标注

① 当基准要素为轮廓几何要素(指零件的表面、棱线等)时,基准代号的粗实线应直接指向该要素的投影线,并与其尺寸明显错开(见图 4-72)。

② 当基准要素为中心几何要素(指零件表面上的轴线、对称面等)时,基准代号的细实线应与标注该要素的尺寸线对齐(见图 4-73)。

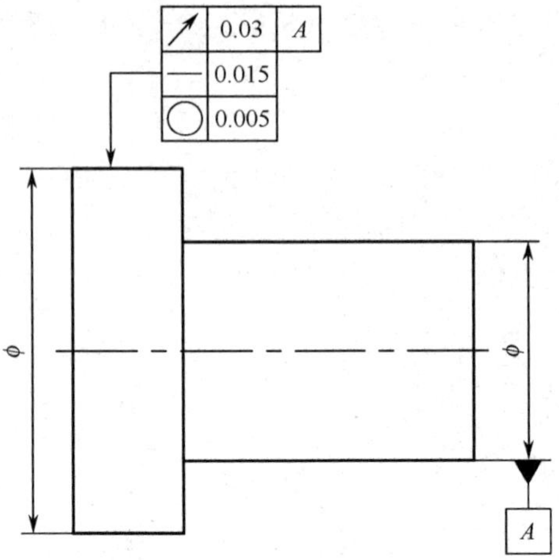

图 4-70 同一要素有多项要求

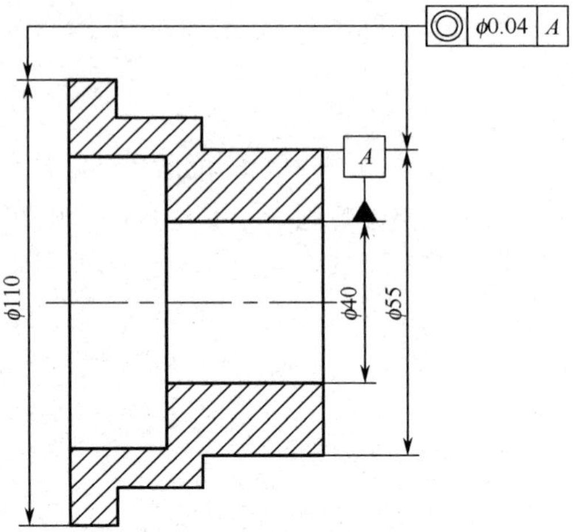

图 4-71 几个表面有同一几何公差要求

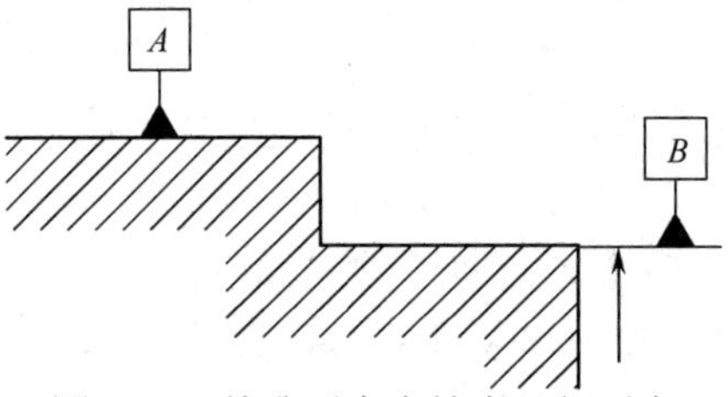

图 4-72 基准要素为轮廓几何要素

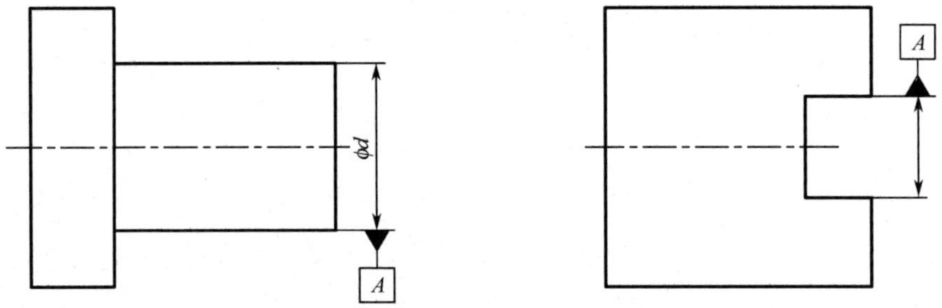

图 4-73 基准要素为中心几何要素

③ 由两个要素组成的公共基准，在公差框格中用由横线隔开的两个大写字母表示（见图 4-74（a））。由两个或三个要素组成的基准体系，如多基准组合，表示基准的大写字母应按基准的优先次序从左至右分别置于各格中（见图 4-74（b））。

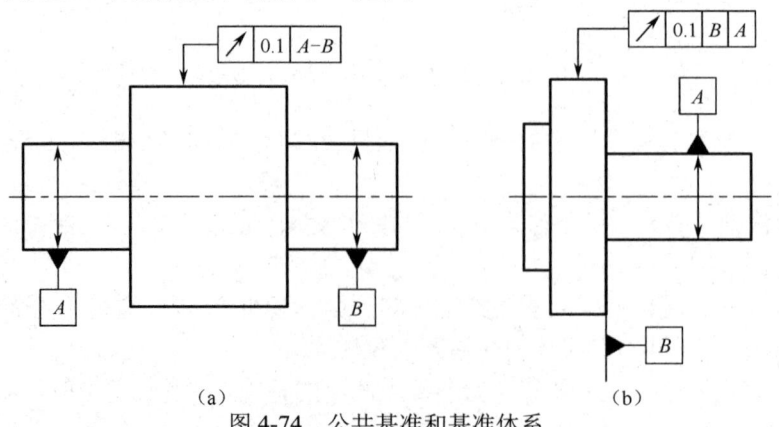

(a)　　　　　　　　　　(b)

图 4-74 公共基准和基准体系

④ 任选基准的标注（见图4-75）。

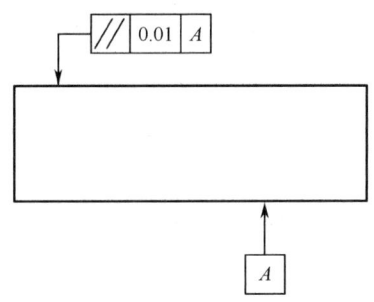

图4-75 任选基准的标注

3. 几何公差标注示例

图4-76（a）所示的标注，表示ϕd圆柱表面的任意素线的直线度公差为0.02。

图4-76（b）所示的标注，表示ϕd圆柱体轴线的直线度公差为$\phi 0.02$。

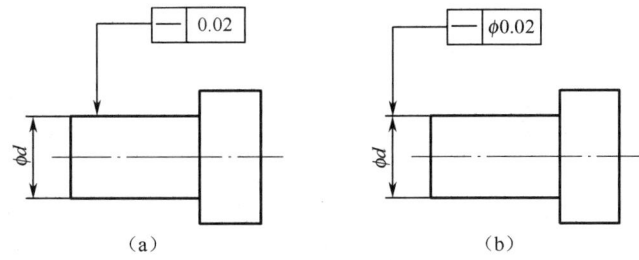

图4-76 形状公差的标注

图4-77（a）所示的标注，表示被测左端面对于ϕd轴线的垂直度公差为0.05。

图4-77（b）所示的标注，表示ϕd孔的轴线对于底面的平行度公差为0.03。

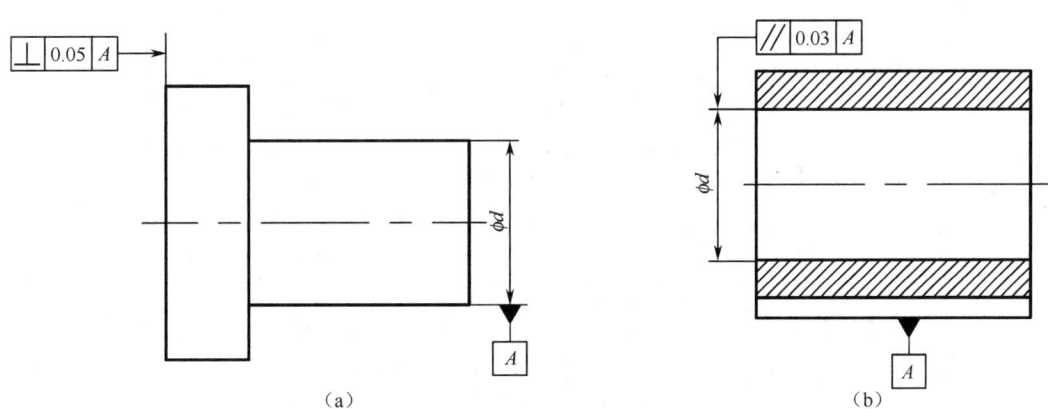

图4-77 方向公差的标注

4.3.2 识读支架零件图

1. 支架类零件的特征与表达

支架类零件的结构形状多样，差别较大，但其主体结构都是由安装支承部分、工作部分和连接部分组成的，局部结构有肋、凸台、凹坑、铸造圆角等。

支架类零件一般以自然位置或工作位置放置，并选取最能反映形状特征的方向作为主视图的投射方向。这类零件一般需要两个或两个以上的基本视图，因有形状歪斜，常辅以斜视图或局部视图；为表示局部内形常采用斜剖视图或局部剖视图；连接部分、肋板的断面形状常采用断面图，如图4-78所示为支架零件图。

扫一扫
看AR图

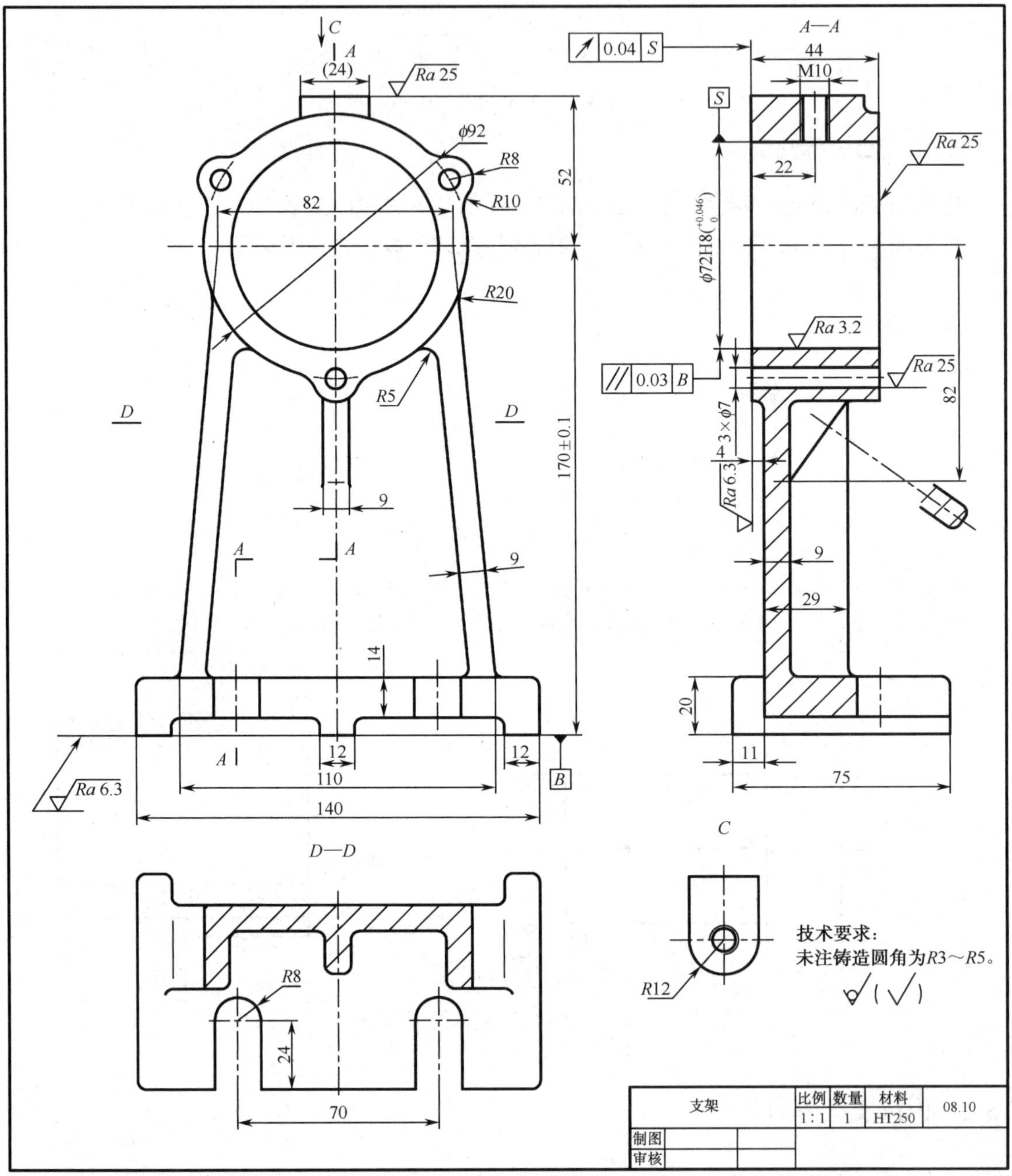

图 4-78 支架零件图

2. 视图分析

该支架采用工作位置作为主视方向，由五个视图来表达，分别是主视图、俯视图、左视图三个基本视图和移出断面图、C 向局部视图两个辅助视图。

主视图表达了支架的主要外部轮廓及其主要构成部分，即上端的圆筒、下部的底板、中间 U 形的连接板及起加强作用的肋板；主视图还表达了在上端圆筒的边缘处均匀分布的 3 个小孔，以及在底板的底面上左右对称的两个凹槽。

俯视图采用 D—D 全剖的方法表达了连接上端圆筒和下部底板的 U 形连接板的截面形状及底板的形状和底板表面上两个凹槽的分布状况。

左视图采用 A—A 全剖的方法表达了上端凸台和圆筒的内部结构形状，同时表达了支架上端圆筒边缘处均匀分布的 3 个小孔的内部结构，还表达了连接板、肋板和圆筒、底板之间的连接关系。

移出断面图则表达了肋板的截面形状和肋板边缘处的圆角；而 C 向局部视图表达了凸台端面的形状和螺孔的分布位置。

这样，五个视图表达时各有重点，既无重复，又没有遗漏，相互补充，把支架的形状、结构完全反映清楚了。

3. 尺寸分析

任何零件都有长、宽、高三个方向的尺寸，每个方向上至少要选择一个尺寸基准。一般选择零件结构的对称面、回转轴线、主要加工面、重要支承面或结合面作为尺寸基准，根据作用的不同基准可分为以下两种。

设计基准——设计时，确定零件表面在机器中的位置所依据的点、线、面。

工艺基准——加工制造时，确定零件在机床或夹具中的位置所依据的点、线、面。

（1）设计基准

设计基准是指根据零件在机器中的位置和作用所选定的基准。如图 4-79 所示，轴承座的底面为安装面，轴承孔的中心高应根据这一平面来确定，因此底面是高度方向的设计基准。设计基准通常是主要基准，轴承座的左右和前后对称面是长度和宽度方向的主要基准。

（2）工艺基准

工艺基准是指为零件加工和测量而选定的基准。零件上有些结构若以设计基准为起点标注尺寸，不便于加工和测量，必须增加一些辅助基准作为标注这些尺寸的起点。如图 4-79 中螺孔 M10 的深度，若以底面为基准标注尺寸十分不便，而以轴承的顶面为基准标注其深度尺寸 8，则便于控制加工和测量。顶面是工艺基准，也是高度方向的辅助基准。

选择基准时，应尽可能使工艺基准与设计基准重合，当不能重合时，所标注尺寸应在保证设计要求的前提下满足工艺要求。

图 4-78 中，支架长、宽、高三个方向的主要尺寸基准分别是主视图中长度方向的对称中心线、圆筒后端面和底板的底面。顶端有个 M10 螺孔，其轴线到圆筒后端面的距离为 22，这也是螺孔宽度方向的定位尺寸；圆筒前后端面上有 3 个均匀分布在直径为 $\phi 92$ 圆周上的直径为 $\phi 7$ 的通孔，圆筒的内径是 $\phi 72H8\left(^{+0.046}_{\ 0}\right)$，连接板左右两侧的厚度是 9，肋板的厚度也是 9，肋板的下部至圆筒轴线的距离为 82；底板上表面前端分布有中心距为 70、宽为 16（8×2=16）的两个 U 形槽。底板的长度为 140，宽度为 75，高度为 20，底板底面对称地开有前后方向的

通直槽，底板底面到圆筒轴线的高度为170±0.1；凸台顶面到圆筒轴线的距离为52。

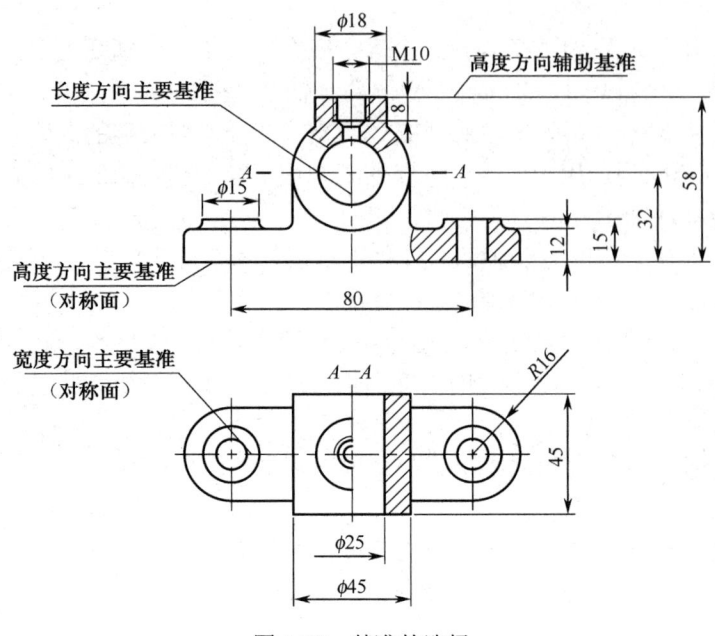

图 4-79　基准的选择

4. 其他技术要求分析

支架安装好后，根据工作需要对支架上端的圆筒提出了几何公差要求，分别是圆筒的后端面对其孔轴线的圆跳动公差为 0.04，孔 $\phi 72H8\left(^{+0.046}_{\ 0}\right)$ 轴线对支架底面的平行度公差为 0.03。

支架上端圆筒需要支承其他构件，所以对孔 $\phi 72H8\left(^{+0.046}_{\ 0}\right)$ 表面结构要求也较高，Ra 最大值不得大于 3.2μm。圆筒边缘处均匀分布的 3 个直径为 $\phi 7$ 的通孔的表面结构要求为 Ra 最大值不得大于 25μm。底板底面的表面结构要求为 Ra 最大值不得大于 6.3μm。

由于支架是铸件，图样中未注半径的铸造圆角均为 $R3 \sim R5$，未注表面粗糙度代号的表面均是毛坯面。

 **技能训练**

1. 如图 4-80 所示,指出图中形位公差代号标注上的错误,并改正。

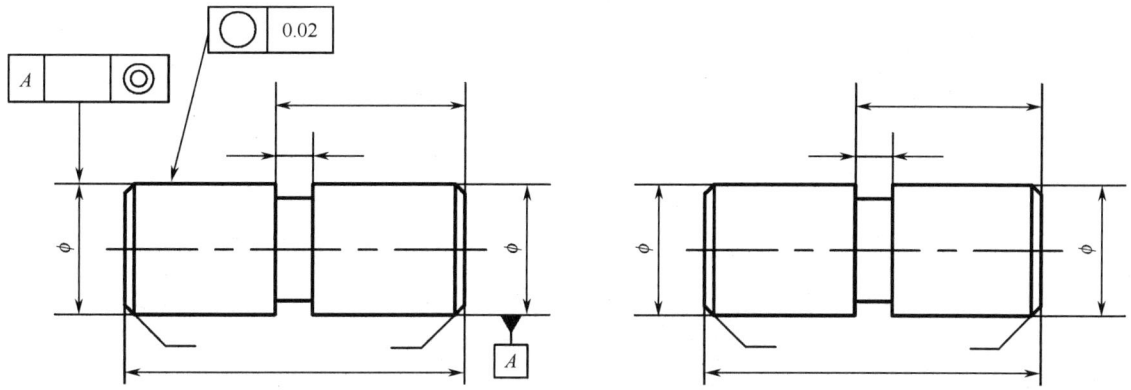

图 4-80 指出错误并改正

2. 如图 4-81 所示,将下列几何公差要求正确标注在相应图形上。

① 两个 $\phi 48$ 轴线的同轴度公差为 0.02mm。

② 18p9 键槽对 $\phi 64$ 轴线的对称度公差为 0.01mm。

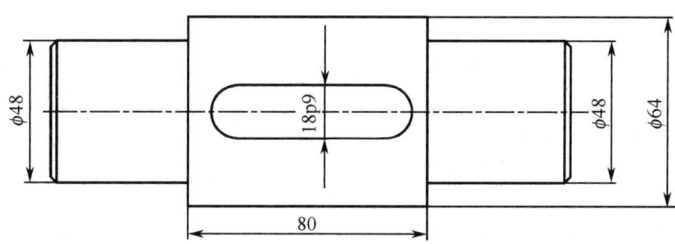

图 4-81 正确标注几何公差

任务 4.4　识读底座零件图

（1）了解零件上常见的铸造工艺结构；
（2）了解零件测绘的方法和步骤；
（3）掌握极限与配合的基本概念与标注方法；
（4）能识读箱体类零件图；
（5）具有民族精神和时代精神。

如图 4-82 所示，读懂底座零件图，并补画其左视图的外形图。

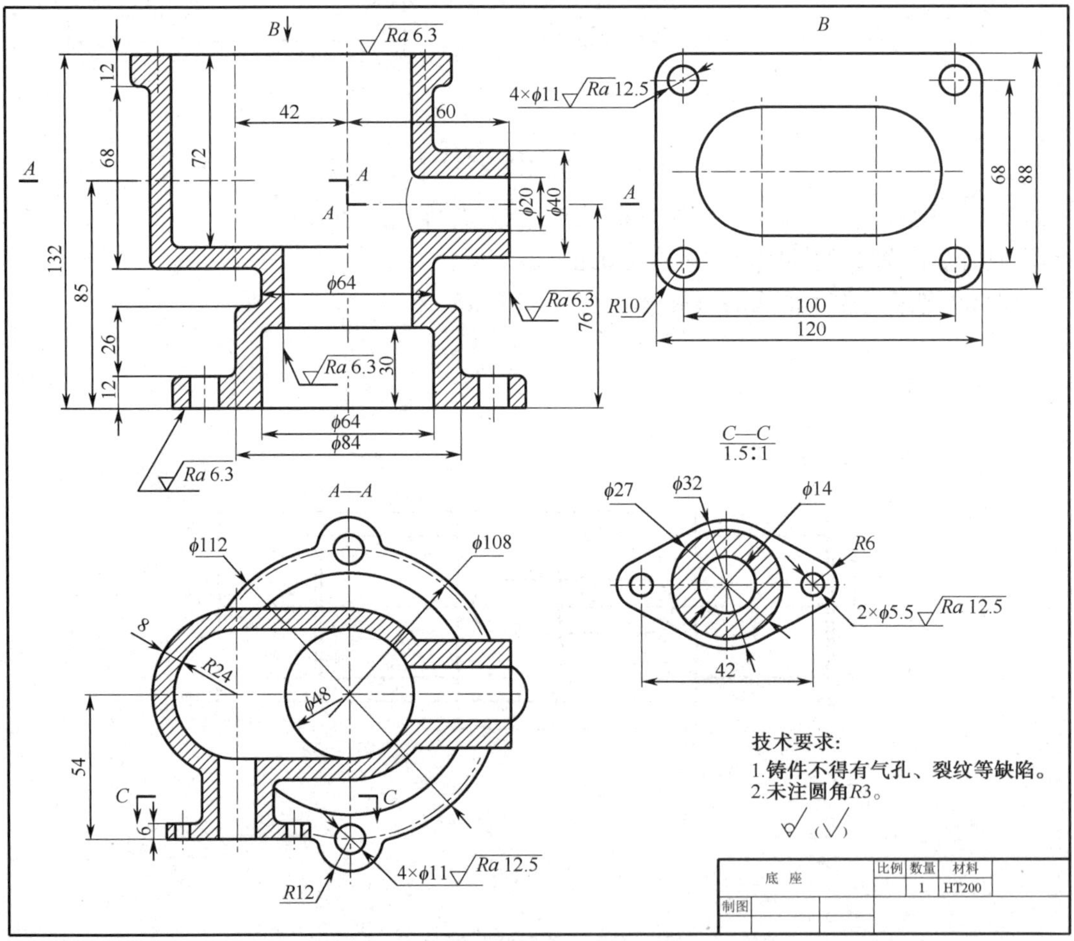

扫一扫
看 AR 图

图 4-82　底座零件图

项目 4　识读和绘制零件图

任务指导

完成任务：补画图 4-82 所示底座零件左视图的外形图，如图 4-83 所示。

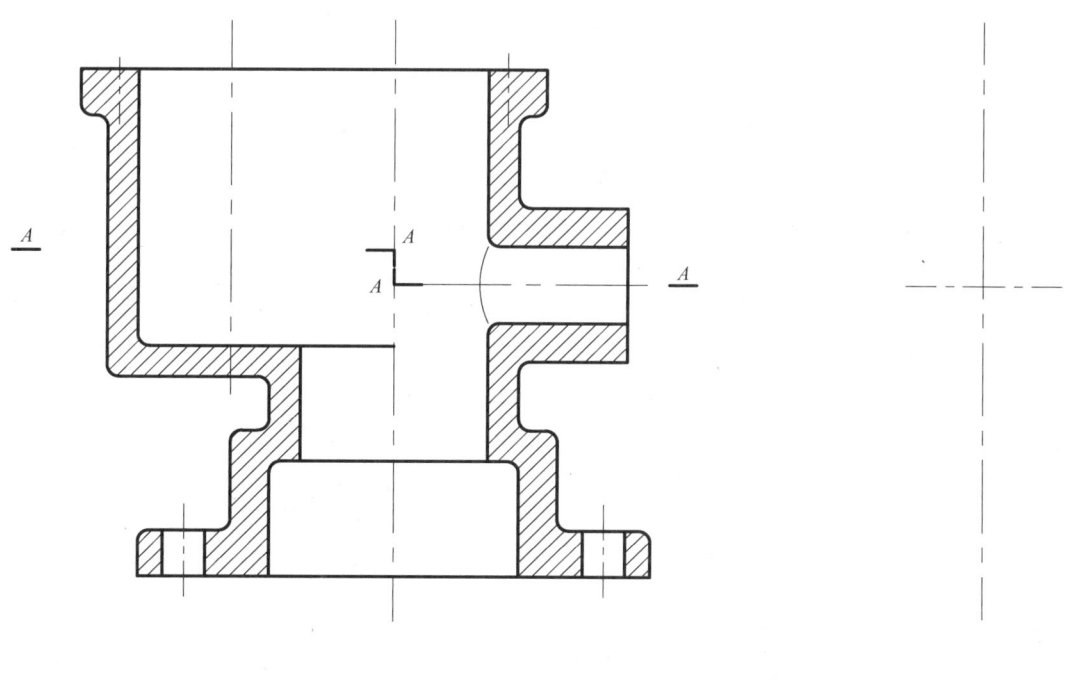

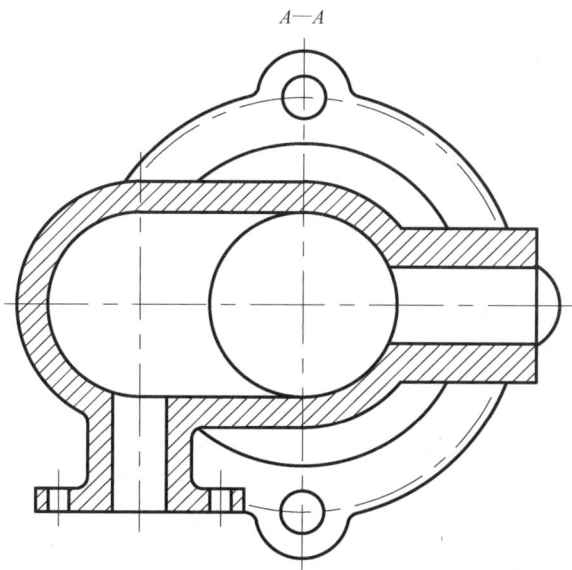

图 4-83　补画底座零件左视图的外形图（比例 1∶2）

知识链接

4.4.1 铸造工艺结构

1. 起模斜度

如图 4-84 所示,在铸造零件毛坯时,为便于将木模从砂型中取出,零件的内、外壁沿起模方向应有一定的斜度(通常约为 1∶20),起模斜度在制作木模时应予以考虑。起模斜度在图上可以不标注,也不画出。必要时,可以在技术要求中用文字说明。

2. 铸造圆角

如图 4-85 所示,为防止浇铸时转角处落砂、避免铸件冷却收缩时在尖角处产生裂缝和缩孔,铸件各表面相交处应做成圆角,称为铸造圆角。铸造圆角的大小一般取 $R2\sim R5$mm,可在技术要求中统一注明。

由于铸造圆角的存在,零件上的表面交线就变得不十分明显。为了区分不同形体的表面,在零件图上仍画出两个表面的交线,称为过渡线。过渡线用细实线表示,画法与相贯线画法基本相同,只是两端不与轮廓线接触,如图 4-86 所示。

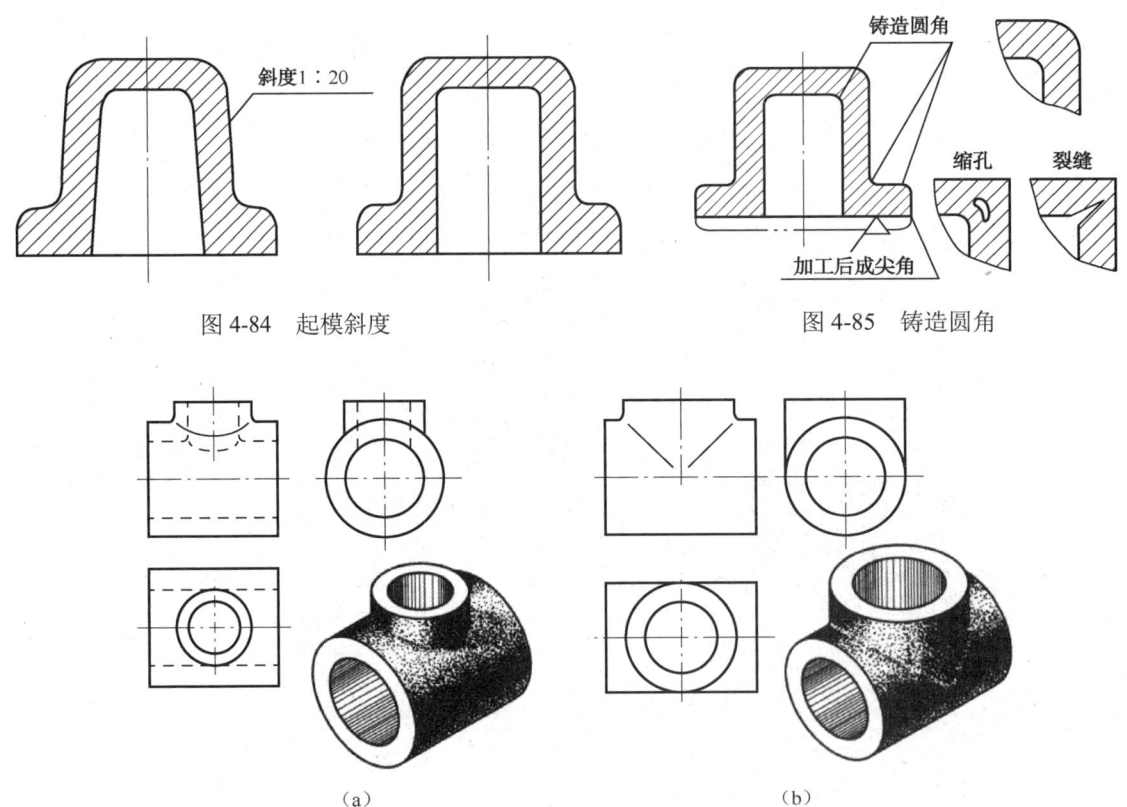

图 4-84 起模斜度　　　　图 4-85 铸造圆角

图 4-86 过渡线画法

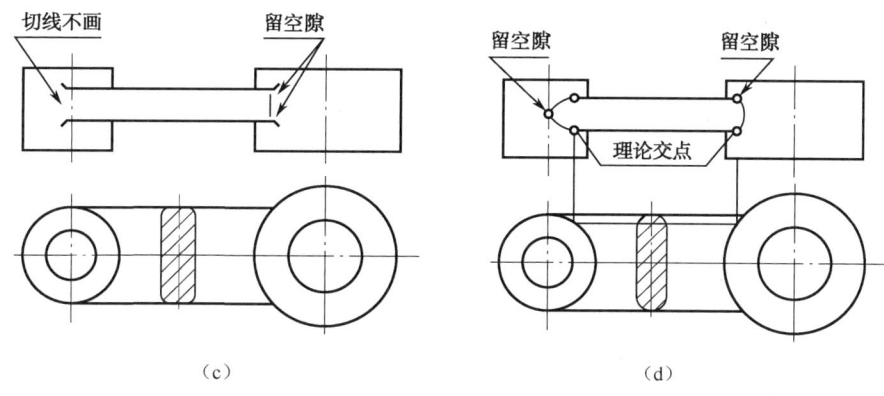

图 4-86 过渡线画法（续）

3. 铸件壁厚

为了避免浇铸后由于铸件壁厚不均匀而导致各处金属冷却速度不同而产生缩孔、裂缝等缺陷，应尽可能使铸件壁厚均匀或逐渐过渡，如图 4-87 所示。

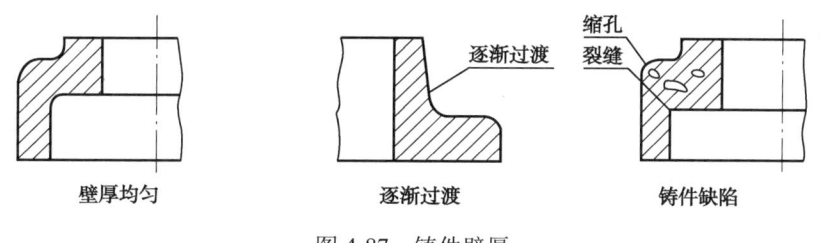

图 4-87 铸件壁厚

4.4.2 零件图上的技术要求——极限与配合

1. 极限与配合的概念

现代化的大规模生产，要求零件具有互换性，即在同一规格的一批零件中任取一件，不经加工与修配，就能顺利地将其装配到机器上，并能够保证机器的使用要求。互换性在机器制造中的应用大大地简化了零件、部件的制造和装配过程，使产品的生产周期显著缩短，不但提高了劳动生产力，降低了生产成本，便于维修，而且保证了产品质量的稳定性。

零件在制造过程中，由于加工和测量等因素引起的误差，使得零件的尺寸不可能绝对准确，为了使零件具有互换性，就必须限制零件尺寸的误差范围，并且在制造上又是经济合理的。对于互相配合的零件，国家标准制定了允许误差的的标准化——极限，配合关系的标准化——配合，即"极限与配合"（GB/T 1800.1—2009）制度，来满足生产和使用要求。

2. 尺寸公差及公差带

（1）公称尺寸：根据零件的性能和工艺要求，通过必要的计算、实验确定的尺寸，如图 4-88 中的 $\phi 50$。

（2）极限尺寸：允许零件实际尺寸变化的两个极限值。实际尺寸应位于其中，也可达到极限尺寸。允许的最大尺寸称为上极限尺寸，允许的最小尺寸称为下极限尺寸。图 4-88 中孔的上极限尺寸为$\phi 50.007$（50+0.007），下极限尺寸为$\phi 49.982$（50-0.018）。

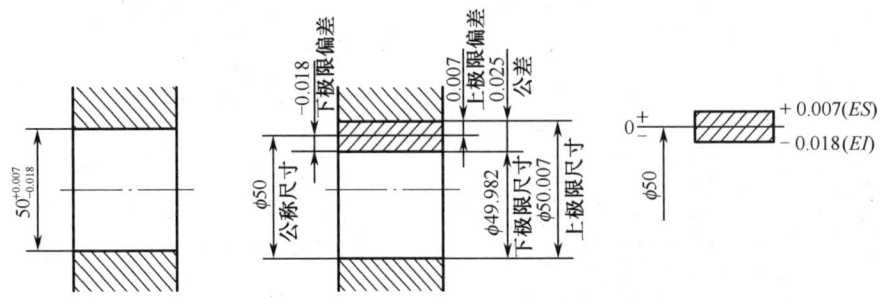

图 4-88 公差基本术语和定义

（3）偏差：某一尺寸（实际尺寸、极限尺寸等）减去公称尺寸所得的代数差。上极限偏差和下极限偏差统称为极限偏差。极限偏差可能是正值、负值或零。

上极限偏差=上极限尺寸-公称尺寸

下极限偏差=下极限尺寸-公称尺寸

孔和轴的上极限偏差分别以 *ES* 和 *es* 表示；孔和轴的下极限偏差分别以 *EI* 和 *ei* 表示。图 4-88 中孔直径的上极限偏差为+0.007，下极限偏差为-0.018。

（4）尺寸公差（简称公差）：允许尺寸的变动量，可用下式表示。

尺寸公差=上极限尺寸-下极限尺寸=上极限偏差-下极限偏差

尺寸公差是一个没有符号的绝对值，图 4-88 中孔直径的尺寸公差=50.007-49.982= 0.025。

（5）零线：在极限与配合图解中，表示公称尺寸的一条直线，以其为基准确定偏差和公差。

（6）公差带：在公差带图解中，由代表上极限偏差和下极限偏差或上极限尺寸和下极限尺寸的两条直线所限定的一个区域。在实际工作中，常抽象简化为公差带示意图，如图 4-89 所示。

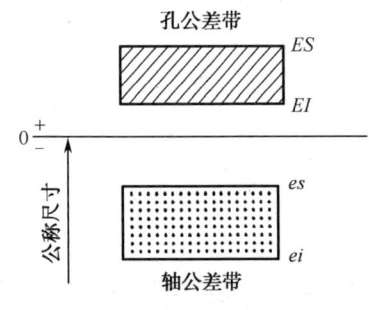

图 4-89 公差带示意图

3. 标准公差和基本偏差

公差带是由标准公差和基本偏差组成的。标准公差确定公差带的大小，基本偏差确定公差带的位置。

（1）标准公差

标准公差是国家标准所列的，用以确定公差带大小的任一公差。在国家标准中，标准公差由公称尺寸和标准公差等级确定。公差等级确定尺寸的精确程度，分为 20 级，即 IT01、IT0、IT1～IT18。随着公差等级的增大，尺寸的精确程度依次降低，公差值依次增大，即 IT01 级精度最高，IT18 级精度最低。

对一定的公称尺寸而言，公差等级越高，公差值越小，尺寸精度越高。属于同一公差等级的公差值，公称尺寸越大，对应的公差值越大，但被认为具有同等的精确程度。

（2）基本偏差

基本偏差是确定公差带相对零线位置的那个极限偏差，它可以是上极限偏差或下极限偏差，一般为靠近零线的那个偏差。当公差带在零线上方时，基本偏差为下极限偏差；反之，则为上极限偏差。国家标准规定了孔、轴基本偏差代号各 28 个。大写字母为孔的基本偏差代号，A~H 为下极限偏差，J~ZC 为上极限偏差，JS 对称于零线，其基本偏差为+IT/2 或-IT/2；小写字母为轴的基本偏差代号，a~h 为上极限偏差，j~zc 为下极限偏差，js 对称于零线，其基本偏差为+IT/2 或-IT/2，如图 4-90 所示。基本偏差数值可从国家标准和有关手册中查得。

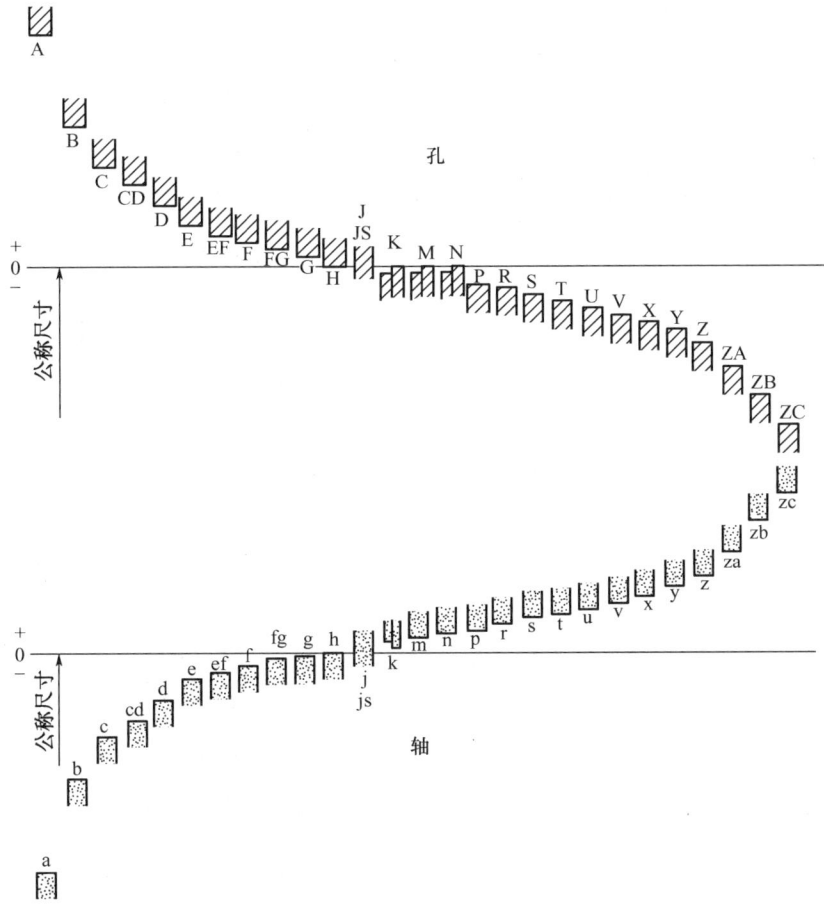

图 4-90　孔和轴的基本偏差系列

基本偏差系列图只表示公差带的位置，不表示公差的大小，因此，公差带一端是开口的，开口的另一端由标准公差限定，根据尺寸公差的定义有以下的计算式。

孔的另一偏差：$ES=EI+IT$ 或 $EI=ES-IT$

轴的另一偏差：$es=ei+IT$ 或 $ei=es-IT$

4．配合

配合是指公称尺寸相同并且相互结合的孔和轴公差带之间的关系。根据使用要求不同，孔和轴装配可能出现三种不同的松紧程度：间隙配合、过盈配合和过渡配合。

（1）间隙配合是指具有间隙（包括最小间隙为零）的配合。此时，孔的公差带在轴的公差带之上。如图 4-91 所示，孔比轴大，当互相配合的两个零件需相对运动或要求拆卸很方便时，则需采用间隙配合。

（2）过盈配合是指具有过盈（包括最小过盈为零）的配合。此时，孔的公差带在轴的公差带之下。如图 4-92 所示，孔比轴小，当互相配合的两个零件需牢固连接、保证相对静止或传递动力时，则需采用过盈配合。

（3）过渡配合是指可能具有间隙或过盈的配合。此时，孔的公差带和轴的公差带相互交叠。如图 4-93 所示，孔可能比轴大，也可能比轴小，过渡配合常用于不允许有相对运动、轴孔对中要求高，但又需拆卸的两个零件间的配合。

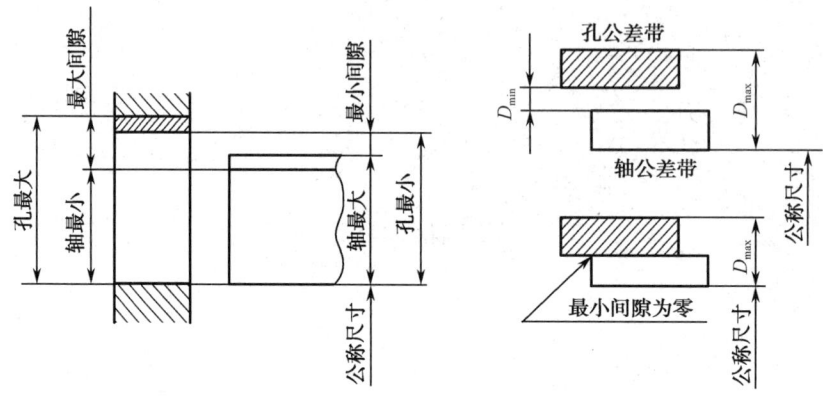

图 4-91　间隙配合公差带

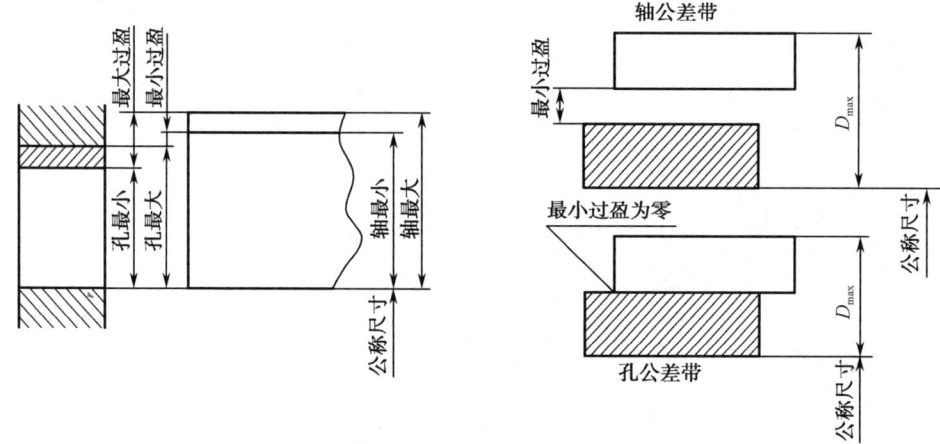

图 4-92　过盈配合公差带

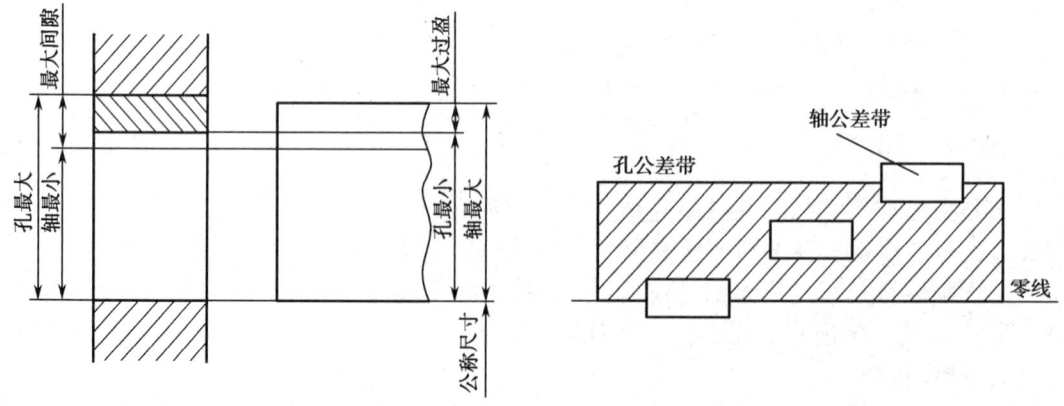

图 4-93　过渡配合公差带

5. 配合制

在制造配合的零件时，如果孔和轴两者都可以任意变动，则可能出现的情况极多，不便于零件的设计和制造。使其中一种零件基本偏差固定，通过改变另一种零件的基本偏差来获得各种不同性质配合的制度称为配合制。

国家标准规定了两种配合基准制：基孔制和基轴制。

基孔制配合是基本偏差一定的孔公差带与基本偏差不同的轴公差带形成各种配合的一种制度。基孔制配合中的孔称为基准孔，用基本偏差代号"H"表示，其下极限偏差为零。如轴承内孔与轴的配合就属于基孔制配合。

由于轴比孔易于加工，一般情况下应优先选用基孔制。

基轴制配合是基本偏差一定的轴公差带与基本偏差不同的孔公差带形成各种配合的一种制度。基轴制配合中的轴称为基准轴，用基本偏差代号"h"表示，其上极限偏差为零。如轴承外圈与箱体孔的配合就属于基轴制配合。

6. 极限与配合的查表及标注

（1）公差带

如 H8 表示基本偏差代号为 H、公差等级为 8 级的孔公差带；f7 表示基本偏差代号为 f、公差等级为 7 级的轴公差带。

当公称尺寸和公差带代号确定后，可根据附录 A 查得极限偏差值。

【例 4-4】已知孔的公称尺寸为 $\phi 50$，公差等级为 8 级，基本偏差代号为 H，写出公差带代号，并查出极限偏差值。

解：由公差带代号定义，可知公差带代号为 $\phi 50H8$。

由附录 A 中孔极限偏差数值表和标准公差数值表查得：上极限偏差值为+0.039，下极限偏差值为 0，孔的尺寸可写为 $\phi 50^{+0.039}_{0}$ 或 $\phi 50H8\left(^{+0.039}_{0}\right)$。

用公差带示意图表示，如图 4-94 所示。

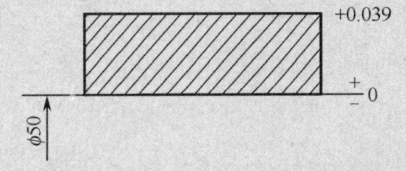

图 4-94　$\phi 50H8$ 孔的公差带示意图

（2）配合代号

配合代号用孔、轴公差带代号组成的分数式表示，分子表示孔的公差带代号，分母表示轴的公差带代号。如 $\dfrac{H8}{f7}$、$\dfrac{H9}{h9}$、$\dfrac{P7}{h6}$ 等，也可写成 H8/f7、H9/h9、P7/h6 的形式。

可见，在配合代号中有"H"的为基孔制配合，有"h"的为基轴制配合。

【例 4-5】公称尺寸为 $\phi 50$ 的基孔制配合，孔的公差等级为 8 级，轴的基本偏差代号为 f，公差等级为 7 级，试写出它们的公称尺寸和配合代号。

解：配合代号可写为 $\phi 50\dfrac{H8}{f7}$ 或 $\phi 50H8/f7$。

进一步，由基本偏差系列图查出孔、轴极限偏差值，可得此配合为间隙配合。

【例 4-6】已知配合代号为 40K7/h6，试说明配合代号的含义。

解：根据公差带代号及配合代号的组成，可知 40K7/h6 表示公称尺寸为 40、公差等级为 6 级的基准轴与基本偏差代号为 K、公差等级为 7 级的孔形成的基轴制过渡配合。

【例 4-7】 已知配合代号为 ϕ20H6/h5，试说明它是基孔制配合还是基轴制配合。

解： 分子"H"可说是基孔制配合，分母"h"又可说是基轴制配合。但因 ϕ20N6/h5 是基轴制配合，对同一根光轴，一般不应有两种配合制度，所以应理解成 ϕ20H6/h5 是基轴制配合。

由此看出，对 H6/h5 这样一类配合代号，应先进行结构分析后再来确定是基孔制配合还是基轴制配合。

（3）极限与配合在图样中的标注

在零件图中标注线性尺寸的公差有三种形式，如图 4-95 所示。图 4-95（a）中只注写公差带代号；图 4-95（b）中只注写上、下极限偏差值，上、下极限偏差值的字高为尺寸数字高度的 2/3，且下极限偏差的数字与尺寸数字在同一水平线上，在零件图中此种注法居多；图 4-95（c）中既注写公差带代号又注写上、下极限偏差值，但偏差值加注括号。

在装配图中标注线性尺寸配合代号时，以分子为孔的公差带代号，分母为轴的公差带代号形式的标注如图 4-96 所示。

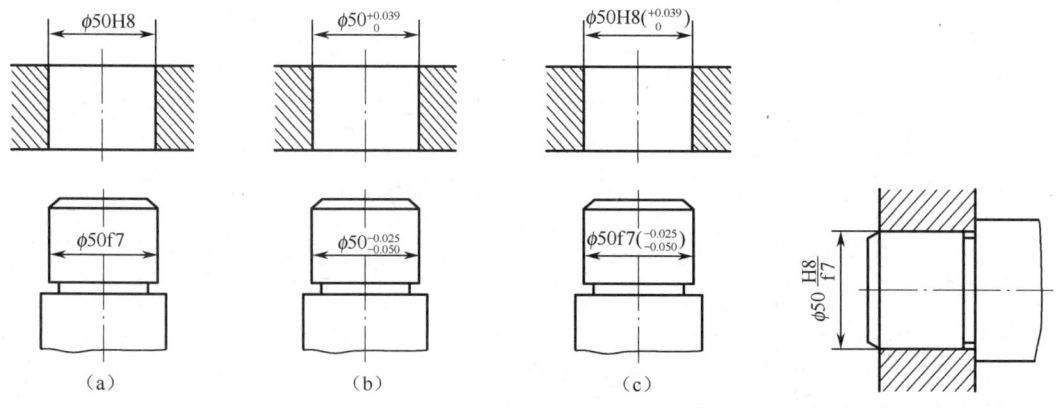

图 4-95　零件图中尺寸公差的标注　　　　　图 4-96　装配图中配合代号的标注

4.4.3　箱体类零件的表达与识读

零件的视图表达应能清晰反映零件的完整结构。箱体类零件的外形、内腔结构都比较复杂，一般需要用几个基本视图来表达整体结构，用局部视图、斜视图、局部放大图及简化画法等各种表达方法表达局部结构，并在视图上选择合适的剖切，组成整套表达方案。表达时可考虑几个方案，比较后确定一个表达清晰、便于看图、容易绘图又相对简单的方案。

1. 主视图的选择

（1）安放

箱体类零件采用工作位置或自然位置安放，大多数箱体类零件的工作位置也是自然位置。因为箱体类零件的加工工序较多，所以一般不考虑按加工位置安放。

（2）投射方向

选择能反映整体形状和工作位置的方向作为投射方向。

（3）剖切方案

选择剖切位置和剖视种类时要内外兼顾，尽可能多地反映零件结构。

2. 其他视图的选择

主视图尚未表达清楚的结构，可通过若干其他视图表达完整。其他视图可以是基本视图，也可以是表达局部结构的其他视图，只要国家标准允许的都可以。

3. 箱体的视图表达方案

箱体类零件一般是机器或部件的主体部分，起着支承、包容、安装、固定部件中其他零件的作用。由于箱体类零件结构形状复杂，加工工序较多，加工位置多变，装夹位置又不固定，所以一般以工作位置及最能反映其各组成部分形状特征及相对位置的方向作为主视图的投射方向。根据零件的具体情况，往往需要用多个基本视图、剖视图及其他方法来表达。

如图 4-97 所示的箱体，可分为腔体和底板两个部分，腔体的四个侧面上均有若干圆孔和凸台，主视图选择箱体的工作位置。该箱体共有两种表达方案。

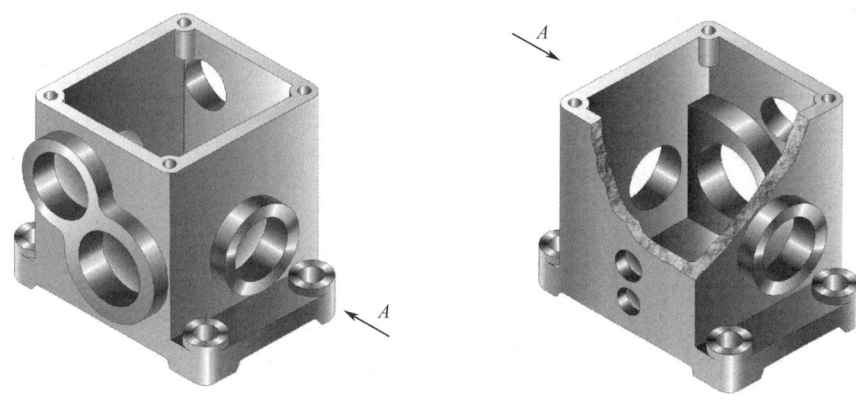

图 4-97 箱体

方案 1（见图 4-98（a））：采用七个视图。主视图表达箱体前侧面的外形，并用两处局部剖视图表示两个轴承孔，用虚线表示内腔壁厚和右壁的螺孔；俯视图主要表示外形，用局部剖视图表示轴承孔；左视图采用 B—B 全剖视图，表示内部结构形状；D 向视图表示左壁外侧的凸台；C—C 局部剖视图表示左壁内侧凸台；E 向局部视图表示右壁上两个螺孔；F 向局部视图表示底面凸台。

方案 2（见图 4-98（b））与方案 1 的不同之处：主视图上用局部剖视图表示右壁的螺孔，省去了 E 向局部视图；左视图采用局部剖视图，既表示了左侧凸台，也表示了腔体内部结构形状，省去了 D 向局部视图；俯视图上的局部视图明确表示了左、右壁上的两个轴承孔同轴。

比较箱体的两个表达方案，方案 2 比方案 1 少用两个视图，完整表达了箱体的内、外结构形状。因此，方案 2 较好。

总之，选择视图时，各视图要有明确的表达重点，所选的视图既要表达清楚、完整，又要便于看图。

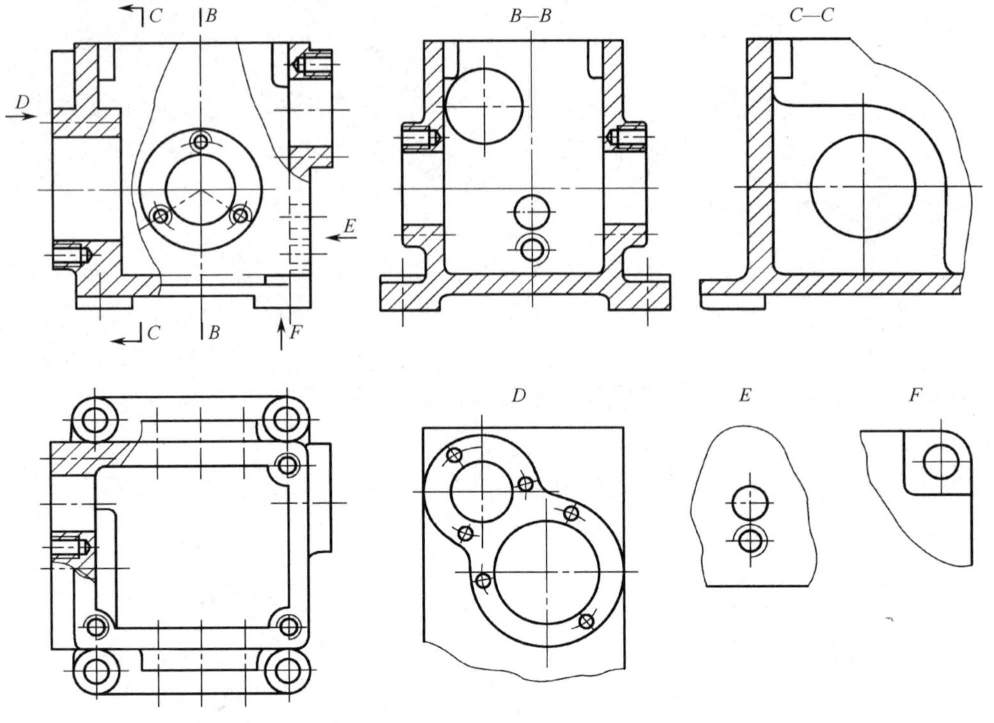

(a) 方案1

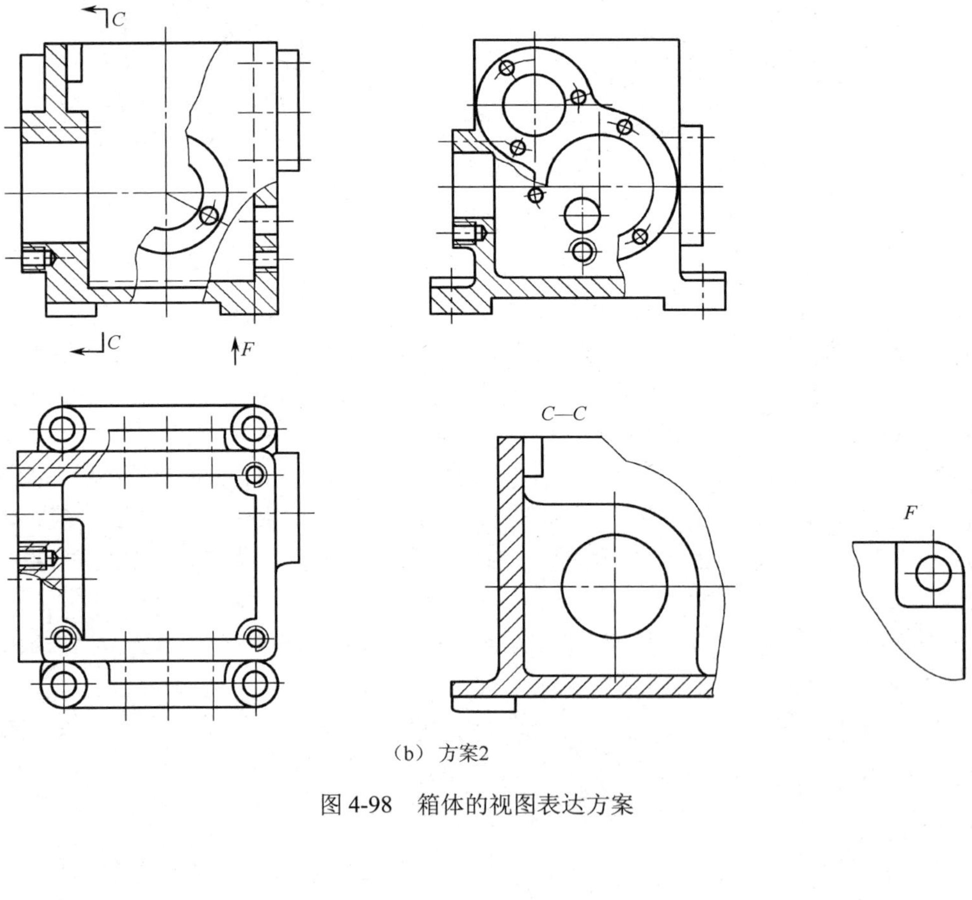

(b) 方案2

图 4-98 箱体的视图表达方案

4. 箱体类零件的识读

（1）看标题栏

从标题栏了解零件的名称、材料、质量、图样的比例等。

（2）进行表达方案的分析

可按下列顺序对方案进行分析。

① 找出主视图。

② 用多少基本视图、剖视图、断面图等，找出它们的名称、相互位置和投影关系。

③ 凡有剖视图、断面图处要找到剖切平面位置。

④ 有局部视图和斜视图的地方必须找到表示投影部位的字母和表示投射方向的箭头。

⑤ 有无局部放大图及简化画法。

（3）进行形体分析和结构分析

进行形体分析是为了更好地搞清投影关系和综合想象出整个零件的形状。在这里，形体一般体现为零件的某一结构，可按下列顺序进行分析。

① 先看大致轮廓，再分成几个较大的独立部分进行分析，逐个看懂。

② 对外部结构进行分析，逐个看懂。

③ 对内部结构进行分析，逐个看懂。

（4）进行尺寸分析

① 根据形体分析和结构分析，了解定形尺寸和定位尺寸。

② 根据零件的结构特点，了解基准和尺寸的标注形式。

③ 了解功能尺寸。

④ 了解非功能尺寸。

⑤ 确定零件的总体尺寸。

（5）进行结构、工艺和技术要求的分析

分析这一部分内容，可以进一步深入了解零件，发现问题，可按下列顺序进行分析。

① 根据图形了解零件的结构特点。

② 根据零件的结构特点可以确定零件的制造方法。

③ 根据图形内、外的符号和文字注解，可以更清楚地了解技术要求。

【例4-8】识读铣刀头底座（见图4-99）零件图。

（1）读标题栏，概括了解零件

从标题栏了解零件的名称为座体，材料为灰铸铁HT200，其结构类似支架，可分为支承、连接、安装三大部分，且有肋板加固。该零件起支承与包容作用。

（2）分析视图

该箱体类零件的结构简单，且前、后对称，故只用三个视图就将其形状表达清楚了，由此可想象出座体的形状。

（3）分析尺寸

① 基准分析。

箱体类零件常以主要孔的轴线、对称面、较大的加工平面或结合面作为长、宽、高三个方向的主要基准。

➤ 座体的底面为安装面，以此作为高度方向的主要基准，圆筒ϕ80K7轴线为辅助基准。

➢ 长度方向以圆筒左端面（接触面、加工面）为主要基准，圆筒右端面为辅助基准。
➢ 宽度方向以座体前、后对称面为尺寸基准。

② 尺寸分析。

重要尺寸要直接标注，如中心距、配合尺寸、与安装有关的尺寸、与其他零件有装配关系的尺寸等。

➢ 配合尺寸：两个轴承孔 $\phi 80K7$，它影响着轴承的配合性能。
➢ 与安装有关的尺寸：两个轴承孔到安装面的距离（中心高）115。
➢ 与其他零件有装配关系的尺寸，如底板上安装孔的中心距 120、140。
➢ 其他定形、定位尺寸，如空心圆柱的尺寸、底板的尺寸、立板和肋板的尺寸。

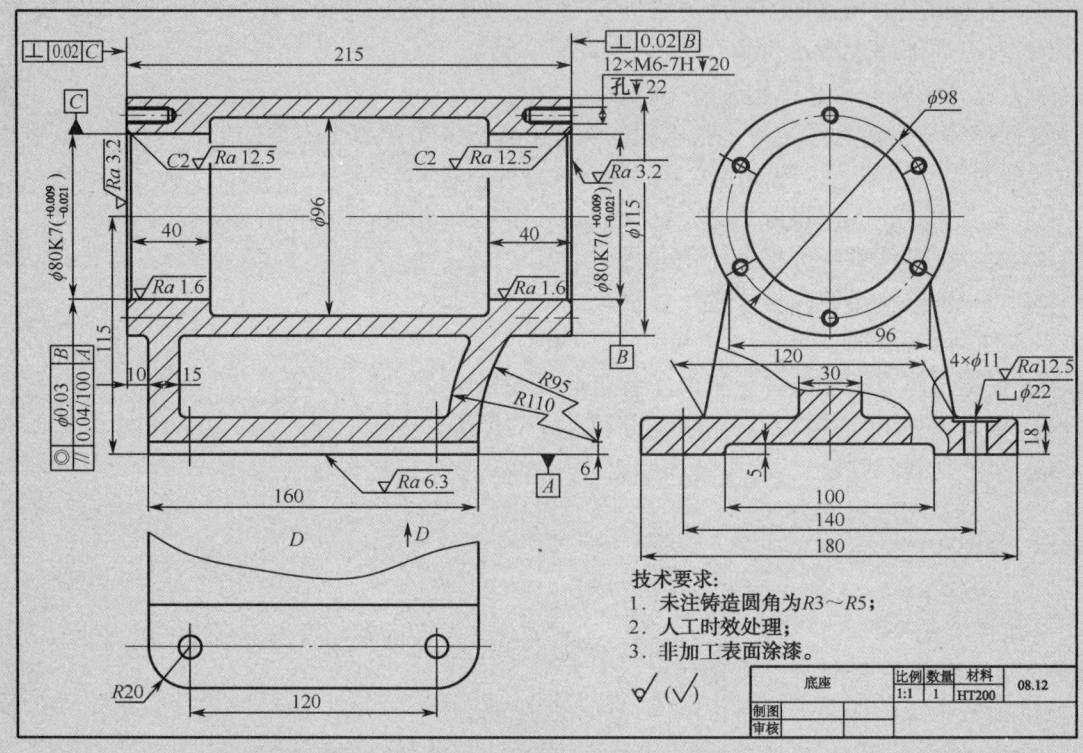

图 4-99 铣刀头底座

（4）分析技术要求

圆筒内的轴承孔是座体的重要部分，对加工精度要求较高。故表面结构要求 Ra 最大允许值为 1.6μm，极限偏差为（$^{+0.009}_{-0.021}$），并且提出了轴线与底面的平行度要求，即每 100mm 长度方向轴线对底面的平行度误差不允许超过 0.04mm。技术要求中注明了人工时效处理、未注铸造圆角为 $R3\sim R5$、非加工表面涂漆。

（5）归纳总结

通过以上几方面分析，可对零件的结构形状、大小及其在机器中的作用有全面的认识。在此基础上，可对该零件的结构设计、图形表达、尺寸标注、技术要求、加工方法等提出合理化建议。

4.4.4 零件测绘的方法和步骤

对零件实物凭目测徒手画出图形,然后进行测量、分析,并记入尺寸、制定技术要求、填写标题栏,完成零件草图,最后整理成零件工作图,这个过程称为零件测绘。零件测绘在机器的仿制、修配和技术改造中起着重要的作用。

(1) 零件测绘方法和步骤

① 分析零件,确定表达方案。了解该零件的名称和用途,鉴定零件的材料,对零件进行结构分析和工艺分析,最后确定零件的表达方案。

② 画零件草图。零件草图并不是"潦草的图",它与零件图一样,包括一组视图、完整的尺寸、技术要求和标题栏。

③ 画零件图。画零件图前,要对零件草图进行审核,对视图表达、尺寸标注、技术要求等进行查对、修改、补充完整,然后画出零件图。

(2) 常用测量工具及使用方法

测量时,应根据对尺寸精度要求的不同选用不同的量具。常用的量具有钢直尺,内、外卡钳等,精密的量具有游标卡尺、千分尺等,如图 4-100 所示。

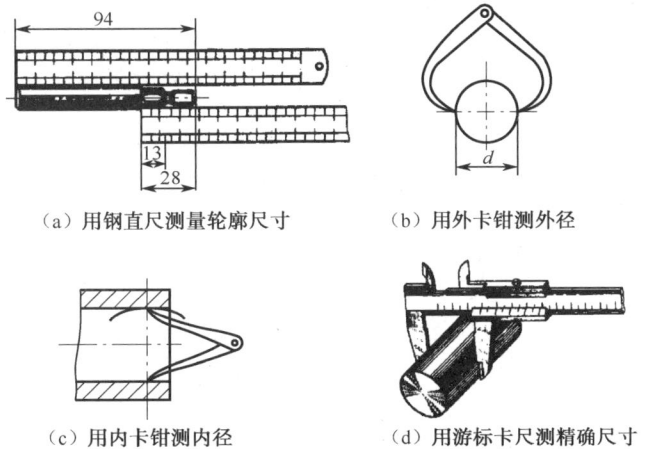

(a) 用钢直尺测量轮廓尺寸　　(b) 用外卡钳测外径

(c) 用内卡钳测内径　　(d) 用游标卡尺测精确尺寸

图 4-100　常用量具的使用

还有一些专用量具,如螺纹规、圆角规等,零件上常见几何尺寸的测量方法如图 4-101、图 4-102 所示。

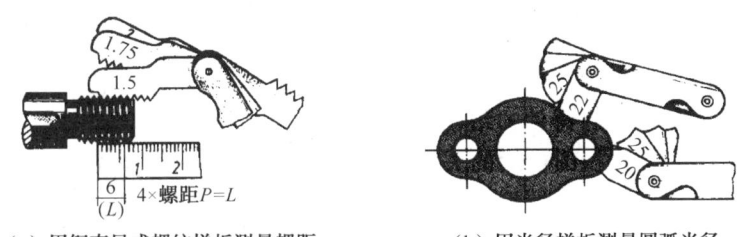

(a) 用钢直尺或螺纹样板测量螺距　　(b) 用半径样板测量圆弧半径

图 4-101　螺距、圆弧半径的测量方法

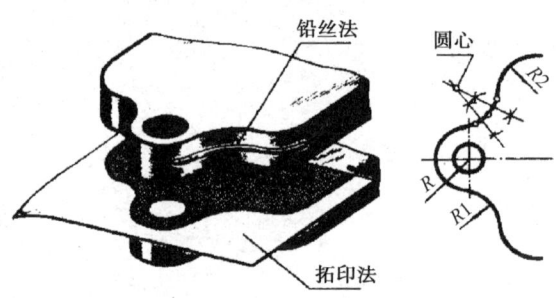

图 4-102 用铅丝法和拓印法测量曲面

技能训练

如图 4-103 所示，读拔叉零件图完成下面填空题，并补画俯视图（只画可见结构的投影，不画内部结构）。

（1）该零件的名称为_____，所用的材料是灰铸铁。

（2）该零件用了_____个基本视图表达，其中主视图（即 B—B 剖视图）采用了_____剖切的全剖视图，它的剖切位置被表示在_____视图中，说明此剖视图主要是为了表达该零件上_____的内部结构，主视图上的局部剖视图的剖切位置在尺寸 30、38H11、46 的对称面上。左视图为单一剖切的局部剖视图，其剖切位置在零件的左右基本对称面上，保留一部分视图是为了表达_____的外形结构。另外还有_____个重合断面图，分别表达了相应结构的厚度。

（3）由前面对表达方法的分析可知，该零件从整体结构上可分为_____部分，在下面较大的部分是特征形状为_____（选：方形、圆形、梯形）的_____（选：正放、竖放、侧放）的柱体；上面为一个内外直径分别为_____、_____的_____（选：正放、竖放、侧放）的圆柱筒；在圆柱筒的前部左侧是一个_____（选：方形、圆形）的小凸台；中间为厚度为_____的支撑板和厚度为_____的肋板。下面较大柱体内部有一个侧开的矩形槽，槽宽为 30，较大柱体的前后壁上对称地加工了_____（选：方形、半圆形、圆形）的阶梯槽孔。

（4）尺寸 2 是_____（选：定位或定形）尺寸，用来确定上面圆柱筒后表面至支撑板后表面之间的距离；36、86.8b11 是_____（选：定位或定形）尺寸，分别用来确定下面柱体与圆柱筒上小圆柱凸台的_____、_____（选：左右、前后、上下）方向的相对位置。总之，零件三个方向的主要尺寸基准分别是：长度方向为_____，宽度方向为_____，高度方向为_____。

（5）尺寸 38H11 中基本尺寸是_____，H11 表示_____，H 是_____的代号，11 表示_____，下偏差是_____。

（6）零件上有_____处有几何公差要求，公差项目的名称是_____，被测要素是_____，基准要素是_____，公差数值是_____。

（7）零件上表面结构要求最高部位其 Ra 值是_____。

（8）补画俯视图（只画可见结构的投影，不画内部结构）。

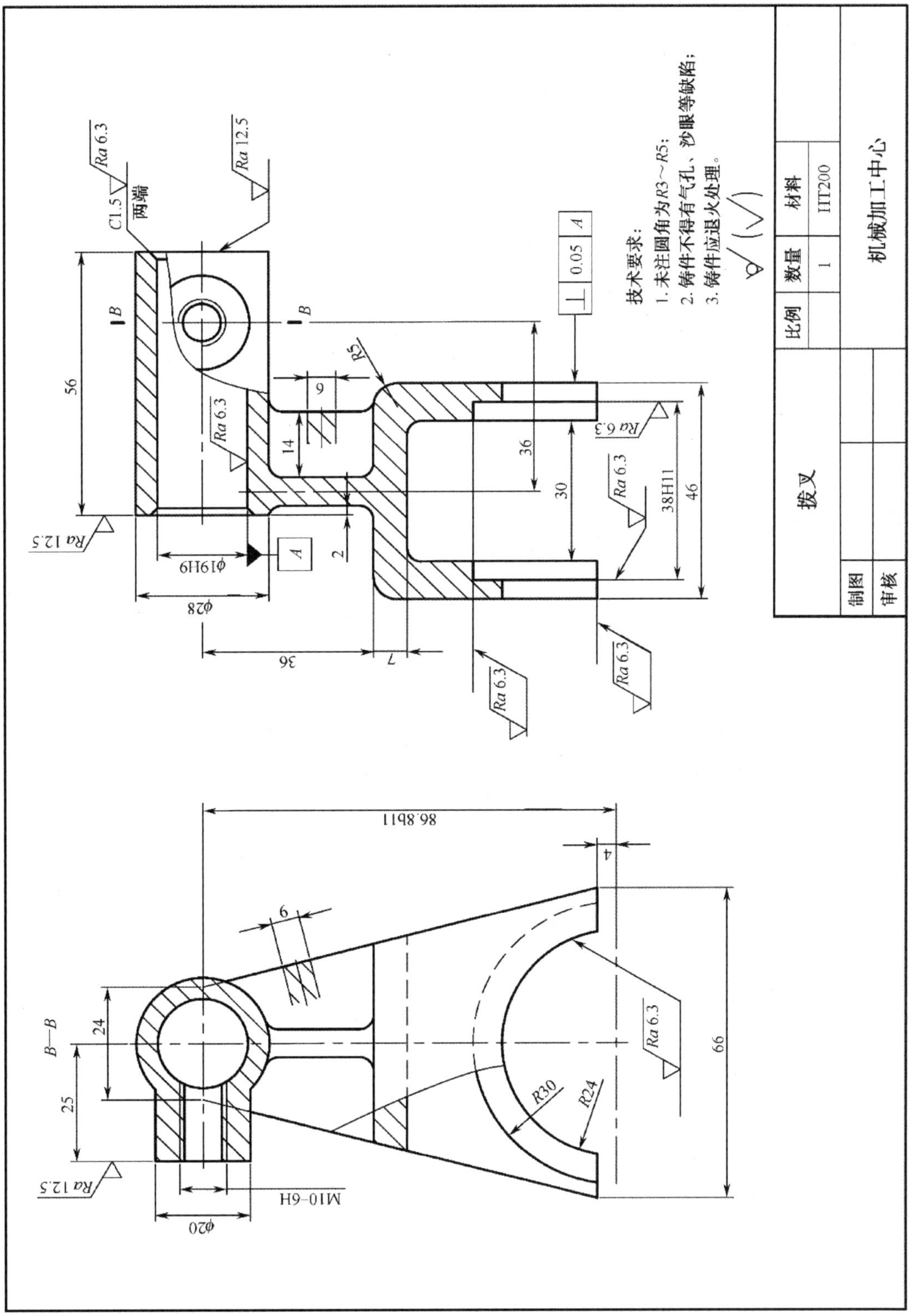
B—B
24
25
φ20
M10-6H
Ra 12.5
86.8b11
4
6
66
R30
R24
Ra 6.3
C1.5
两端
Ra 6.3
Ra 12.5
B
B
56
R5
6
14
Ra 6.3
2
A
φ19H9
φ28
36
7
36
30
38H11
46
0.05 A
Ra 6.3
技术要求：
1. 未注圆角为R3～R5；
2. 铸件不得有气孔、沙眼等缺陷；
3. 铸件应退火处理。
拨叉
比例
数量
材料
1
HT200
制图
审核
机械加工中心

图4-103　拨叉

延伸阅读

钱学森的家国情怀

钱学森,我国航天事业奠基人,"两弹一星"元勋。他一生追求真理、学贯中西、博古通今。他的卓越英名、伟大精神和光辉事业已深深融入每个中国人的心灵之中。他的科学成就、学术思想、精神风范和人格魅力,是中华民族的宝贵财富。

1929年,钱学森考入上海交通大学机械工程系。在大学里,钱学森认真修完了专业知识,同时广泛涉猎航空航天方面的知识。1934年,23岁的钱学森以优异成绩毕业,经导师推荐,前往杭州笕桥飞机场实习,在这里他第一次见到了真正的飞机。以兴趣为指引,实践做驱动,很快他将自己未来的求学方向调整为航空航天。当年暑假,钱学森便考取了公费留美资格。1935年9月,钱学森漂洋过海,进入麻省理工学院学习,随后又在加州理工学院师从空气动力学大师冯·卡门进行深造。1939年,年仅28岁的钱学森获得航空、数学博士学位并留校任教,当年杭州深巷的"神童"一举成为世界顶尖的科学家。

中华人民共和国成立后,钱学森万分激动,立志回国,冲破重重阻挠,1955年,在党和国家领导人的关怀下,历尽艰辛的钱学森一家归国。回国后,钱学森和一大批科学家,扎根大漠,潜心科研,为"两弹一星"的研发、为航空航天事业建立了不朽功勋。

在那个充满梦想的年代,钱学森怀揣着自己的一腔热血和报效祖国的坚定信念为中国航天打开了一片广阔的天空。钱学森的每一次选择,都是将炽热的爱国情怀融入学习和事业后做出的决定。伟大的爱国精神、卓越的科学成就、非凡的斗争勇气、高尚的人格操守、清廉的生活追求,成就了他在每个中国人心中当之无愧的"人民科学家"形象,因而受到我们的崇敬与爱戴。看到一代科学家将个人的兴趣爱好与祖国的迫切需要紧密结合,我们也备受鼓舞。我们要不忘初心,砥砺前行。

项目 5 绘制标准件与常用件

任务 5.1 绘制螺纹连接视图

任务目标

（1）掌握螺纹结构的规定画法；
（2）能正确识读螺纹紧固件标记的含义；
（3）能根据螺纹紧固件的表格确定相关尺寸；
（4）了解螺纹紧固件的比例画法和简化画法；
（5）能正确画出螺栓的连接视图；
（6）能识读螺柱、螺钉等的视图；
（7）具有爱祖国、爱人民的情怀。

任务要求

如图 5-1 所示，已知螺栓 GB/T 5781 M16×L，螺母 GB/T 41 M16，垫圈 GB/T 97.1 16，被连接件厚度 $\delta_1=\delta_2=16$，螺栓长度 L 计算后取标准值，用比例画法按 1∶1 画出螺栓连接三视图（主视图全剖）。

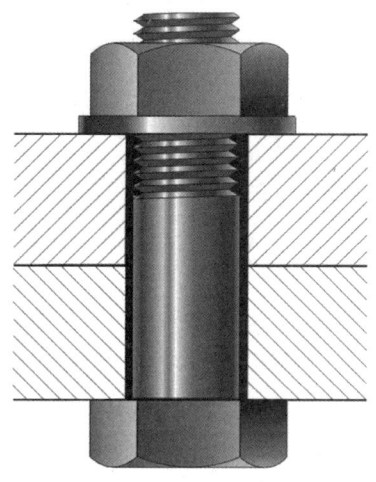

图 5-1 螺栓连接

完成任务：绘制图 5-1 所示螺栓连接三视图，如图 5-2 所示。

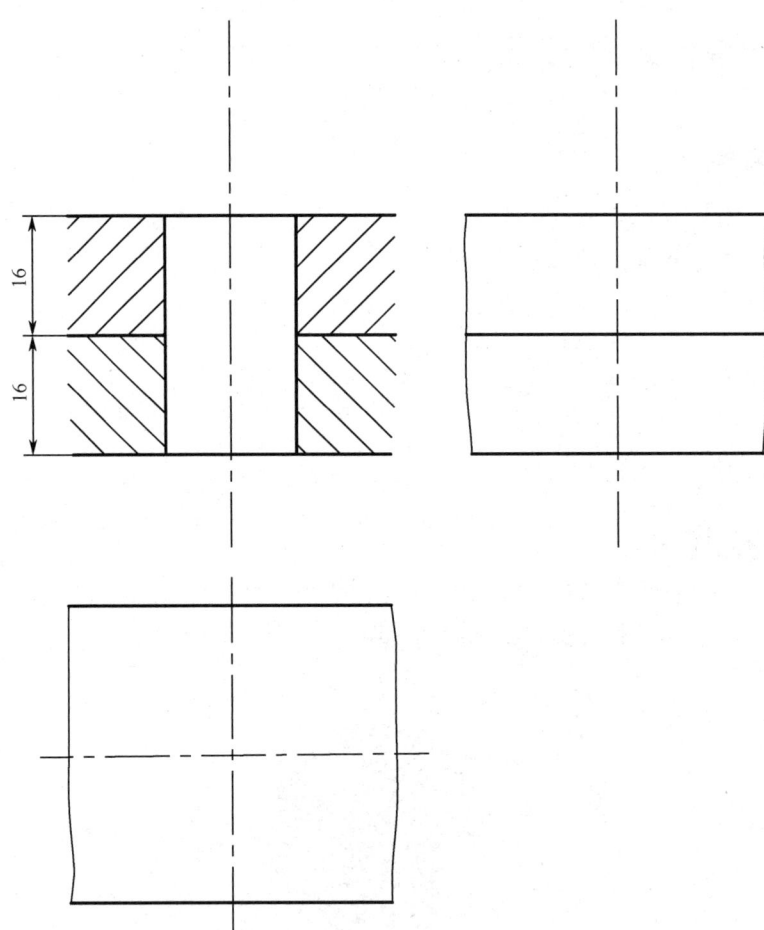

图 5-2 螺栓连接三视图

知识链接

5.1.1 标准件与常用件

在机器或部件的装配、安装中，广泛使用螺纹紧固件或其他连接件进行紧固和连接。在机械的传动、支承、减振等方面，也广泛使用齿轮、轴承、弹簧等机件。这些被大量使用的机件，有的在结构和尺寸方面已经全部标准化，称为标准件；有的结构和尺寸实行部分标准化，称为常用件。比如螺栓、螺母、垫圈、键、销、滚动轴承等属于标准件，而齿轮、弹簧等属于常用件。

由于标准件和常用件的用量大，需要成批或大量生产。为了多快好省地获得产品和在装配、维修机器时按规格选用或更换，国家有关部门批准并颁布了各种标准件的标准和常用件的部分参数的标准。对这些零件的形状和结构，绘图时不需要按真实投影画出，而应该采用国家标准规定的画法、代号和标记。至于它们的详细结构和尺寸，可以查阅相应的国家标准或机械零件手册。

5.1.2 螺纹结构

1. 螺纹的形成

在圆柱（或圆锥）表面上，沿着螺旋线所形成的具有规定牙型的连续凸起和沟槽，称为螺纹。不少零件的表面上都制有螺纹，螺纹有外螺纹、内螺纹之分，制在零件外表面上的螺纹称为外螺纹，制在内表面上的螺纹称为内螺纹，如图 5-3 所示。

螺纹是零件上的常见结构，通常是标准结构。

图 5-3　外螺纹和内螺纹

2. 螺纹的要素

（1）牙型：用通过螺纹轴线的平面剖切螺纹，所得到的螺纹断面形状称为螺纹牙型。按牙型螺纹可分为三角形螺纹（用 M 标记，也称普通螺纹）、梯形螺纹（用 Tr 标记）、锯齿形螺纹（用 B 标记）和矩形螺纹等。其中，矩形螺纹尚未标准化，其余牙型的螺纹均为标准螺纹，以后均以普通螺纹为例进行说明。

（2）直径：螺纹的直径有三个：大径（d 或 D）、小径（d_1 或 D_1）、中径（d_2 或 D_2），如图 5-4 所示。普通螺纹的大径是指与外螺纹牙顶或内螺纹牙底相切的假想圆柱体直径，小径是指与外螺纹牙底或内螺纹牙顶相切的假想圆柱体直径，中径是指母线通过牙型上凸起和沟槽两者宽度相等的假想圆柱体直径。

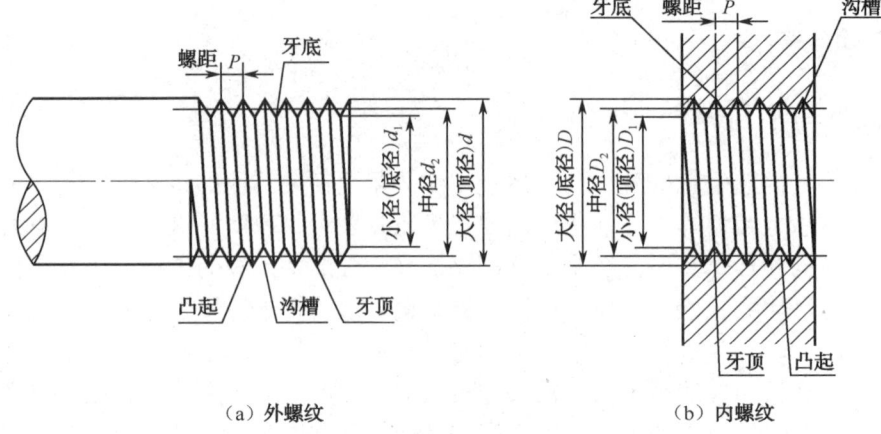

(a) 外螺纹　　　　　　　　　(b) 内螺纹

图 5-4　螺纹的直径

除管螺纹，其他螺纹均以外螺纹的大径为公称直径（理论值）。

螺纹的顶径是牙顶圆的直径，即外螺纹的大径、内螺纹的小径；螺纹的底径是牙底圆的直径，即外螺纹的小径、内螺纹的大径。

（3）线数 n：螺纹有单线和多线之分。沿一条螺旋线形成的螺纹为单线螺纹，沿两条或两条以上螺旋线形成的螺纹为双线或多线螺纹，如图 5-5 所示。

（4）螺距 P 和导程 S：螺纹上相邻两牙在中径线上对应两点间的轴向距离称为螺距（P）；沿同一条螺旋线形成的螺纹，相邻两牙在中径线上对应两点间的轴向距离称为导程（S），如图 5-5 所示。对于单线螺纹，$S=P$；对于线数为 n 的多线螺纹，$S=n×P$。

（5）旋向：螺纹有右旋和左旋两种。按右螺旋线加工、顺时针方向旋入的螺纹称为右旋螺纹，反之称为左旋螺纹，如图 5-6 所示。右旋用右手判别，符合右手定则，右手握拳，将右手的拇指指向螺旋件的运动方向，其余四指方向指向螺旋件的旋转方向。上紧右旋螺纹适合右手用力的生理特点，因此作为一个标准规范被执行，工程上常用右旋螺纹。常见的螺母、螺栓，如果不加以说明，都是右旋的。

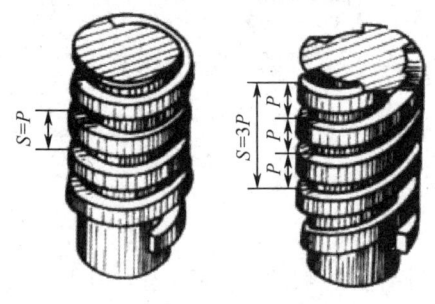

图 5-5　螺纹的线数、导程和螺距

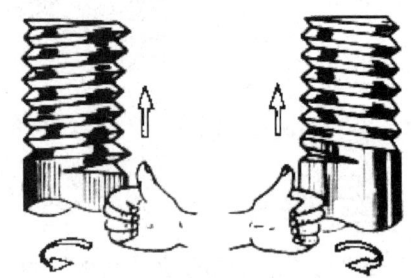

图 5-6　螺纹的旋向

3. 螺纹的表示法

（1）外螺纹的表示法

如图 5-7（a）所示，螺纹的牙顶（大径）和螺纹终止线用粗实线表示，牙底（小径）用细实线表示。通常小径按大径的 0.85 画出，即 $d_1≈0.85d$。在平行于螺纹轴线的视图中，表示牙底的细实线应画入倒角或倒圆部分。在垂直于螺纹轴线的视图中，表示牙底的细实线只画约 3/4 圈，此时螺纹的倒角按规定省略不画。在螺纹的剖视图（或断面图）中，剖面线应画到粗实线处，如图 5-7（b）、（c）所示。

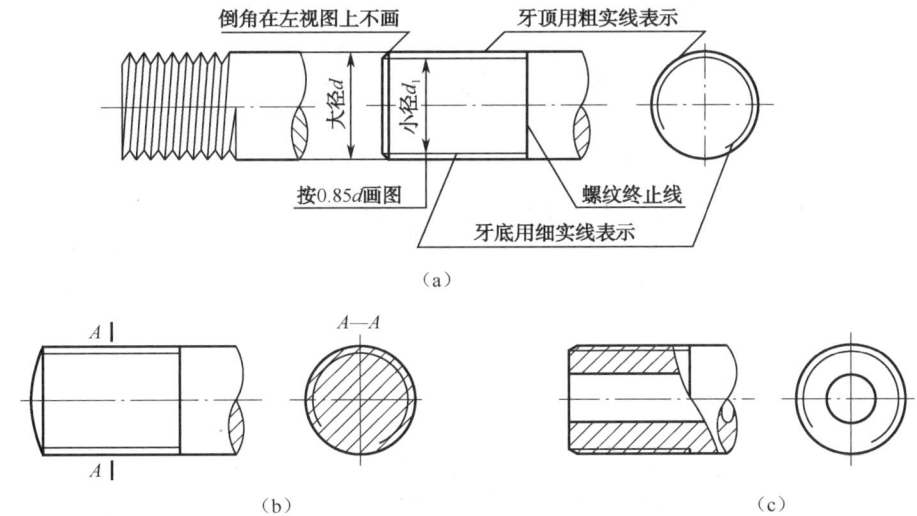

图 5-7　外螺纹表示法

（2）内螺纹的表示法

在基本视图中，内螺纹若不可见，所有图线均用虚线绘制。在剖视图中，对于穿通的内螺纹，如图 5-8 所示，螺纹的牙顶（小径）及螺纹终止线用粗实线表示，牙底（大径）用细实线表示，剖面线画到粗实线处。在投影为圆的视图中，表示牙底的细实线只画约 3/4 圈，倒角省略不画。对于不穿通的螺孔，应分别画出钻孔深度 H 和螺纹深度 L，如图 5-9 所示，钻孔深度比螺纹深度深（0.2～0.5）D（D 为螺孔大径）。由于钻头端部是 118° 的锥面，所以钻孔底部也是一个 118° 的锥面，画图时简化为 120°。

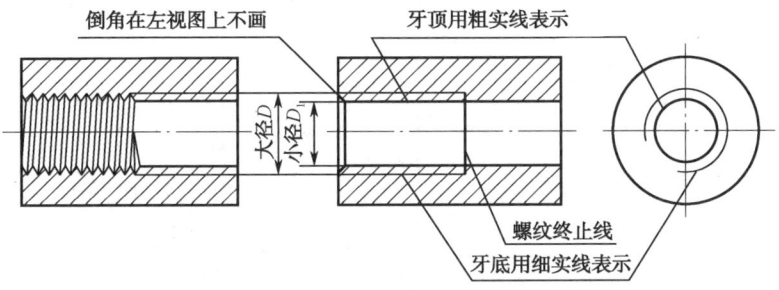

图 5-8　穿通的内螺纹表示法

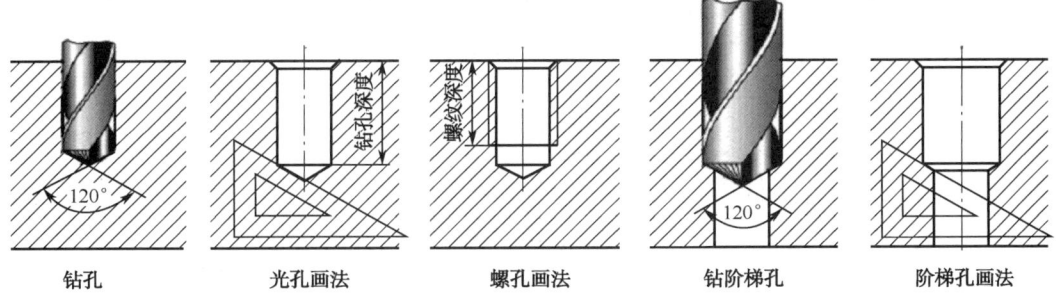

图 5-9　钻孔底部与螺纹阶梯孔的画法

（3）螺纹的标注

螺纹按用途可分为连接螺纹和传动螺纹两类。常用的连接螺纹有粗牙普通螺纹、细牙普通螺纹和管螺纹。传动螺纹有梯形螺纹、锯齿形螺纹和矩形螺纹。

由于螺纹采用了统一规定的画法，为识别螺纹的种类和要素，螺纹必须按规定的格式进行标注，表 5-1 为常用标准螺纹的牙型、代号和标注示例。

表 5-1 常用标准螺纹的牙型、代号和标注示例

螺纹类别		特征代号	标注示例	说　明
连接螺纹	普通螺纹	M	粗牙 M10-6g / M10-6H	粗牙普通螺纹，公称直径 10，螺距 1.5（查附录 A 中表获得），右旋；外螺纹中径和顶径公差带代号都是 6g；内螺纹中径和顶径公差带代号都是 6H；中等旋合长度
			细牙 M8×1LH-6g / M8×1LH-7H	细牙普通螺纹，公称直径 8，螺距 1，左旋；外螺纹中径和顶径公差带代号都是 6g；内螺纹中径和顶径公差带代号都是 7H；中等旋合长度
	55°管螺纹	G	非密封管螺纹 G1A / G3/4	55°非密封管螺纹，外管螺纹的尺寸代号为 1，公差等级为 A 级；内管螺纹的尺寸代号为 3/4。内螺纹公差等级只有一种，省略不标注
		Rc Rp R1 R2	密封管螺纹 R21/2 / Rp3/4-LH	55°密封管螺纹，特征代号 R2 表示圆锥外螺纹，尺寸代号为 1/2，右旋，与圆锥内螺纹配合；圆锥内螺纹的尺寸代号为 3/4，左旋；公差等级只有一种，省略不标注。Rp 是圆柱内螺纹的特征代号，与其配合的圆锥外螺纹的特征代号为 R1
传动螺纹	梯形螺纹	Tr	Tr40×7-7e	梯形外螺纹，公称直径 40，单线，螺距 7，右旋，中径公差带代号是 7e；中等旋合长度
	锯齿形螺纹	B	B32×6-7e	锯齿形外螺纹，公称直径 32，单线，螺距 6，右旋；中径公差带代号是 7e；中等旋合长度

① 普通螺纹、梯形螺纹和锯齿形螺纹的标注。

普通螺纹、梯形螺纹和锯齿形螺纹将规定标记注写在尺寸线或尺寸线的延长线上,尺寸界线从大径线上引出,箭头指在螺纹大径上。

具体的标记格式如下。

| 特征代号 | 公称直径 | × | 导程（螺距） | 旋向 | - | 中径、顶径公差带代号 | - | 旋合长度代号 |

单线螺纹的螺距和导程相同,只注螺距。

普通螺纹中,粗牙不注螺距；右旋不注旋向,左旋注 LH；公差带代号中,中径公差带代号注在前,顶径公差带代号注在后,两者相同时,只注一个；旋合长度分为短、中、长三组,代号分别为 S、N、L,N 可不注。

梯形螺纹和锯齿形螺纹,左旋注 LH,右旋不注；只注中径公差带代号；旋合长度分为中、长两组,代号分别为 N、L,N 可不注。

② 管螺纹的标注。

管螺纹分为 55°密封管螺纹和 55°非密封管螺纹,标记格式如下。

| 特征代号 | 尺寸代号 | 公差等级代号 | - | 旋向 |

用螺纹密封的管螺纹,本身具有密封性。非螺纹密封的管螺纹,外螺纹公差等级代号为 A、B,内螺纹公差等级代号不标注。管螺纹的尺寸代号不是螺纹的大径,而是管子的通径。

③ 特殊螺纹和非标准螺纹的标注。

对于特殊螺纹,应在螺纹特征代号前面加注"特"字。对于非标准螺纹,应画出螺纹的牙型,并注出所需要的尺寸和要求。

（4）螺纹连接画法

螺纹连接画法如图 5-10 所示。画图要点如下。

① 外螺纹大径线和内螺纹大径线对齐,外螺纹小径线和内螺纹小径线对齐。

② 旋合部分按外螺纹画出,其余部分按各自的规定画出。

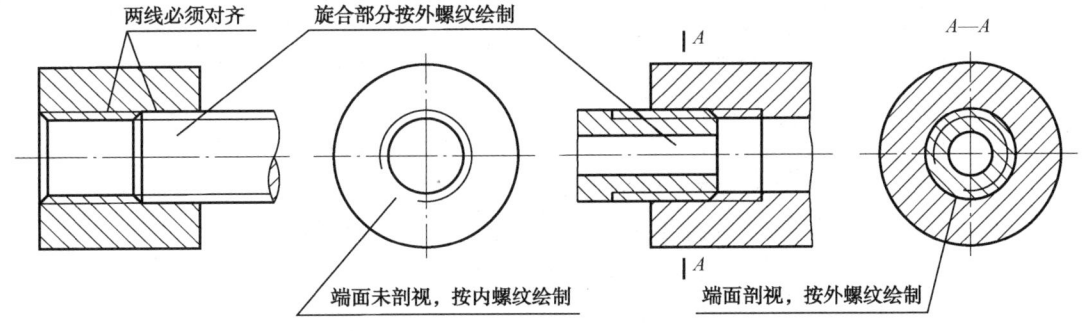

图 5-10　螺纹连接画法

5.1.3　螺纹紧固件

1. 常用螺纹紧固件

常用的螺纹紧固件有螺栓、螺钉、螺柱、螺母和垫圈等。由于这类零件都是标准件,通常只需用简化画法画出它们的装配图,同时给出它们的规定标记,如表 5-2 所示。

螺纹紧固件通常都是标准件，在有关标准中可以查得结构型式和全部尺寸。为作图方便，画图时一般不按实际尺寸作图，而是根据螺纹公称直径 d、D，按比例关系计算出各部分的尺寸，近似画出螺纹连接件，如表 5-3 所示。

表 5-2 螺纹紧固件的种类及标记示例

名称及标准编号	图 例	标 记 示 例
六角头螺栓 GB/T 5782—2016		螺纹规格 d=M12、公称长度 L=80、性能等级为常用的 8.8 级、表面氧化、产品等级为 A 级的六角头螺栓 完整标记： 螺栓 GB/T 5782—2016-M12×80-8.8-A-O 简化标记： 螺栓 GB/T 5782 M12×80（常用的性能等级在简化标记中省略，以下同）
双头螺柱 GB/T 898—1988		螺纹规格 d=M12、公称长度 L=60、性能等级为常用的 4.8 级、不经表面处理、b_m=1.25d、两端均为粗牙普通螺纹的 B 型双头螺柱 完整标记： 螺柱 GB/T 898—1988-M12×60-B-4.8 简化标记： 螺柱 GB/T 898 M12×60 当螺柱为 A 型时，应将螺柱规格写成 AM12×60
开槽圆柱头螺钉 GB/T 65—2016		螺纹规格 d=M10、公称长度 L=60、性能等级为常用的 4.8 级、不经表面处理、产品等级为 A 级的开槽圆柱头螺钉 完整标记： 螺钉 GB/T 65—2016-M10×60-4.8-A 简化标记： 螺钉 GB/T 65 M10×60
开槽长圆柱端紧定螺钉 GB/T 75—2018		螺纹规格 d=M5、公称长度 L=12、性能等级为常用的 14H 级、表面氧化的开槽长圆柱端紧定螺钉 完整标记： 螺钉 GB/T 75—2018-M5×12-14H-O 简化标记： 螺钉 GB/T 75 M5×12

续表

名称及标准编号	图 例	标 记 示 例
1型六角螺母 GB/T 6170—2015	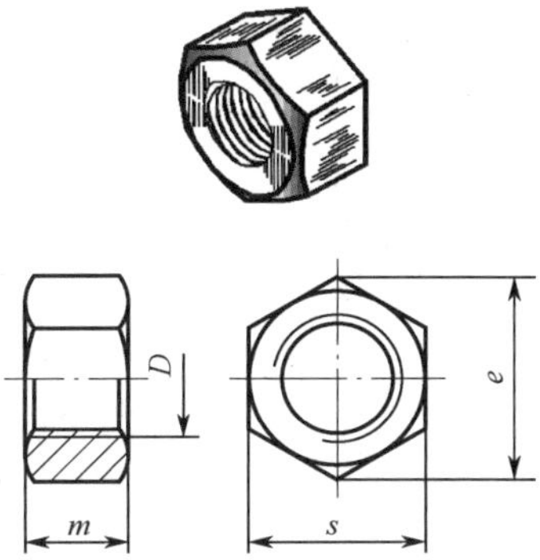	螺纹规格 D=M16、性能等级为常用的 8 级、不经表面处理、产品等级为 A 级的 1 型六角螺母 完整标记：螺母 GB/T 6170—2015-M16-8-A 简化标记：螺母 GB/T 6170 M16
平垫圈 GB/T 97.1—2002	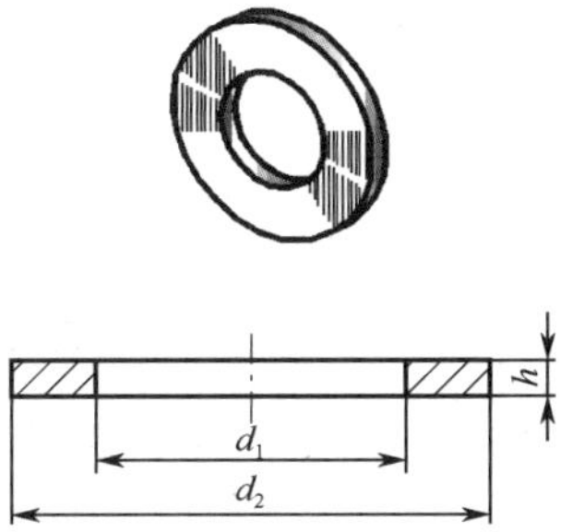	标准系列、规格为 10、性能等级为常用的 200HV 级、表面氧化、产品等级为 A 级的平垫圈 完整标记：垫圈 GB/T 97.1—2002-10-200HV-A-O 简化标记：垫圈 GB/T 97.1 10
标准型 弹簧垫圈 GB/T 93—1987	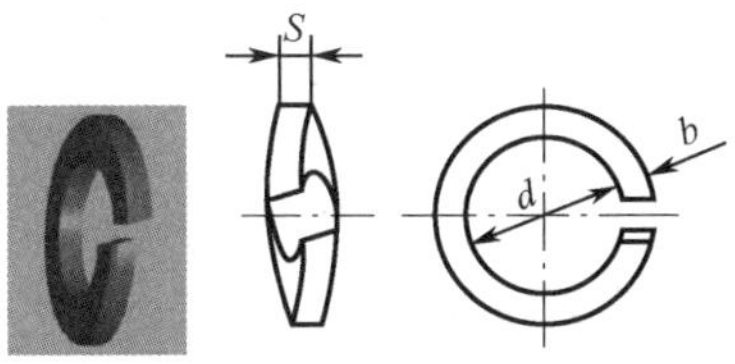	规格为 16、材料为 65Mn、表面氧化的标准型弹簧垫圈 完整标记：垫圈 GB/T 93—1987-16-65Mn-O 简化标记：垫圈 GB/T 93 16

表 5-3 螺纹紧固件的比例画法

名称	比例画法	名称	比例画法
螺母	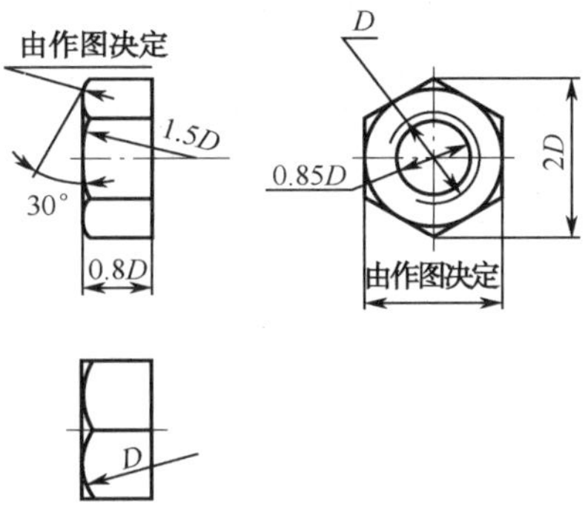	开槽圆柱头螺钉	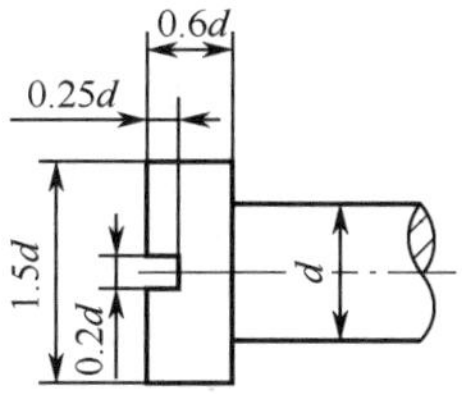

续表

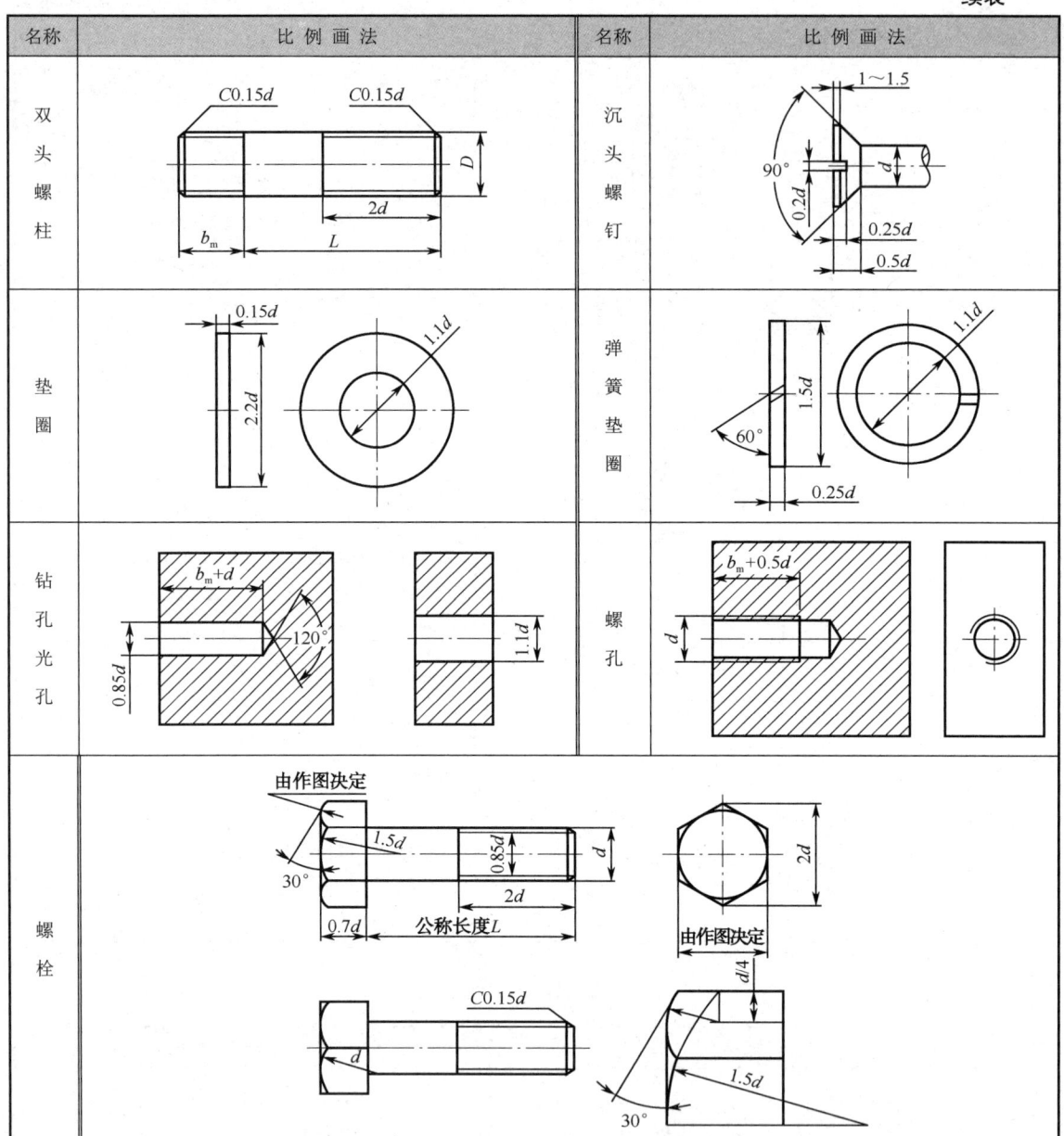

2. 螺栓连接画法

螺栓适用于连接两个不太厚并能钻成通孔的零件。连接时将螺栓穿过两个被连接零件的光孔（光孔直径比螺栓大径略大，一般可按 $1.1d$ 画出），套上垫圈，然后用螺母紧固。螺栓连接的装配图画法如图 5-11 所示。

螺纹紧固件公称长度 L 的确定：

$$L \approx \delta_1 + \delta_2 + 垫圈厚 + 螺母厚 + 0.3d（螺栓末端伸出的长度）$$

设 $d=20$mm，$\delta_1=32$mm，$\delta_2=30$mm，则

$$L \approx 32+30+0.15d+0.8d+0.3d=62+1.25d=87\text{mm}$$

查表得出与其相近的数值：$L=90$mm。

画图时应注意，螺栓上的螺纹终止线应低于通孔的顶面，以显示拧紧螺母时有足够的螺纹长度。

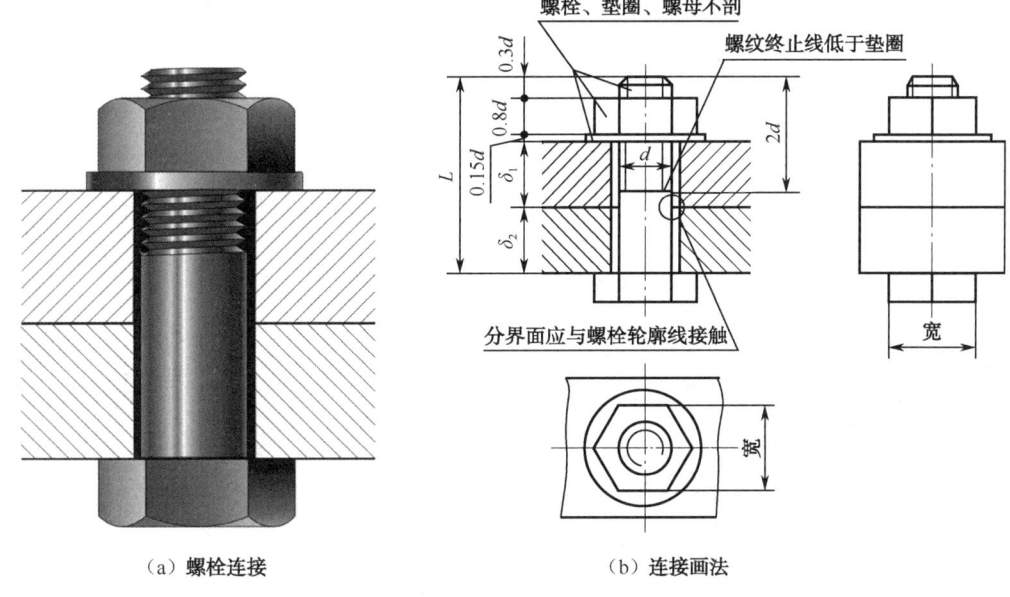

（a）螺栓连接　　　　　　　　（b）连接画法

图 5-11　螺栓连接的装配图画法

3. 螺柱连接

螺柱用于被连接件之一较厚或不允许钻成通孔的情况。用于旋入被连接零件螺孔内的一端称为旋入端，与螺母连接的一端则称为紧固端。螺柱连接的装配图画法如图 5-12 所示。

双头螺柱的公称长度 L 是指双头螺柱上无螺纹部分长度与螺柱紧固端长度之和，而不是双头螺柱的总长。$L \approx \delta +$ 垫圈厚 + 螺母厚 + $0.3d$，垫圈厚取 $0.15d$，螺母厚取 $0.8d$，$0.3d$ 为螺栓末端伸出长度，计算后，查表得出与其相近的 L 值。

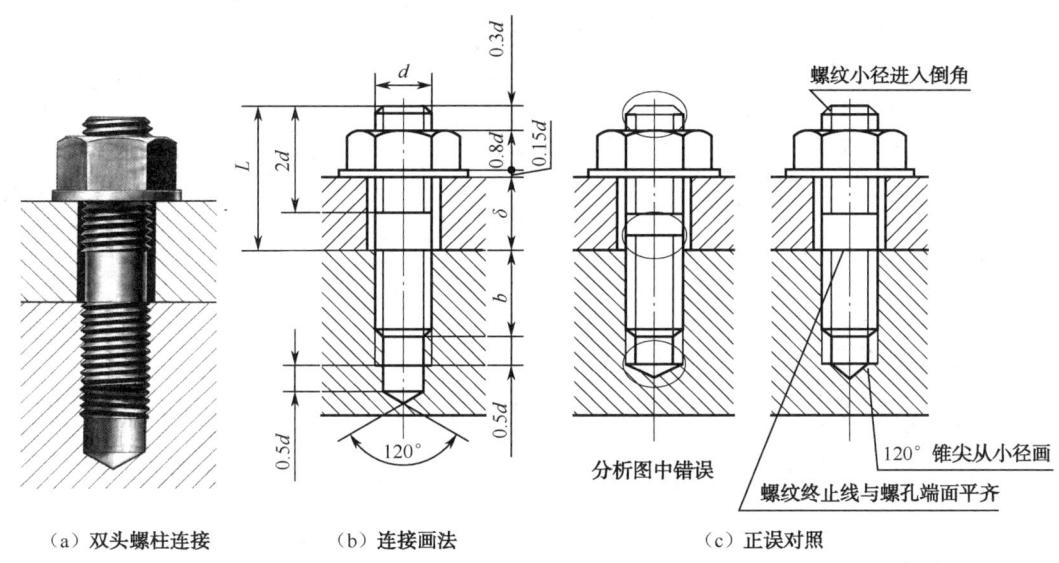

（a）双头螺柱连接　　　（b）连接画法　　　　（c）正误对照

图 5-12　螺柱连接的装配图画法

画螺柱连接的装配图时应注意以下几点。

① 内、外螺纹总是成对使用的，只有当内、外螺纹的结构要素完全一致时，才能正常地旋合。内、外螺纹旋合后，旋合部分按外螺纹画，其余部分仍按各自的画法表示。必须注意，表示大、小径的粗实线和细实线应分别对齐。

② 螺柱旋入端的螺纹终止线应与接合面平齐，以示拧紧。

③ 垫圈采用比例画法，见表 5-3。

④ 旋入端长度 b_m 与被旋入零件的材料有关，钢或青铜：$b_m=d$；铸铁：$b_m=1.25d$ 或 $1.5d$；铝合金：$b_m=2d$。为保证连接牢固，应使旋入端完全旋入螺孔中，即在装配图上旋入端的螺纹终止线与螺孔端面平齐。

⑤ 被连接零件上的螺孔深度应稍大于 b_m，一般取螺纹长度+$0.5d$。

【例 5-1】如图 5-13 所示，已知双头螺柱 GB/T 899 M16×L，螺母 GB/T 41 M16，垫圈 GB/T 93 16，被连接件上板厚度 δ=16mm，下部材料为铸铁，螺柱长度 L 计算后取标准值，用比例画法按 1∶1 画出螺柱连接的主、俯视图（主视图全剖）。

（1）查附录 A 确定螺母和垫圈的厚度分别为 15.9mm（最大）和 4.1mm。

（2）计算双头螺柱长度 L。

$L=\delta$+螺母厚度+垫圈厚度+$0.3d$

　　=16+15.9+4.1+0.3×16

　　=40.8mm

通过附录 A 确定：L=45mm。

（3）按比例画法绘制双头螺柱连接三视图。

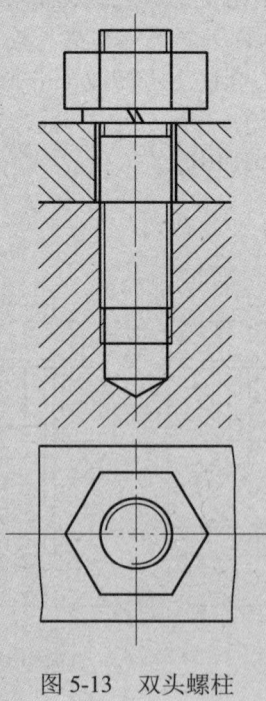

图 5-13　双头螺柱

4. 螺钉连接

螺钉适用于受力不大的零件之间的连接。被连接的零件中一个为通孔，另一个为盲孔。

（1）开槽沉头螺钉连接画法

沉头螺钉的公称长度是螺钉的全长。$L \approx \delta + b_m$（旋入端长度），计算后，查表得出与其相近的 L 值。其装配图画法如图 5-14 所示。

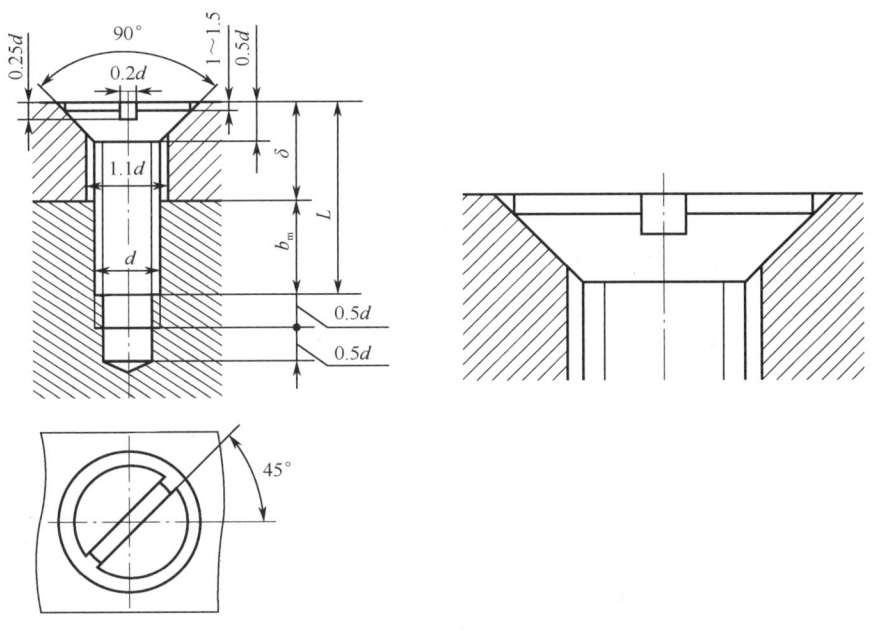

图 5-14 开槽沉头螺钉连接装配图画法

（2）开槽圆柱头螺钉

开槽圆柱头螺钉的公称长度 $L \approx \delta + b_m$（旋入端长度），计算后，查表得出与其相近的 L 值。其装配图画法如图 5-15 所示。

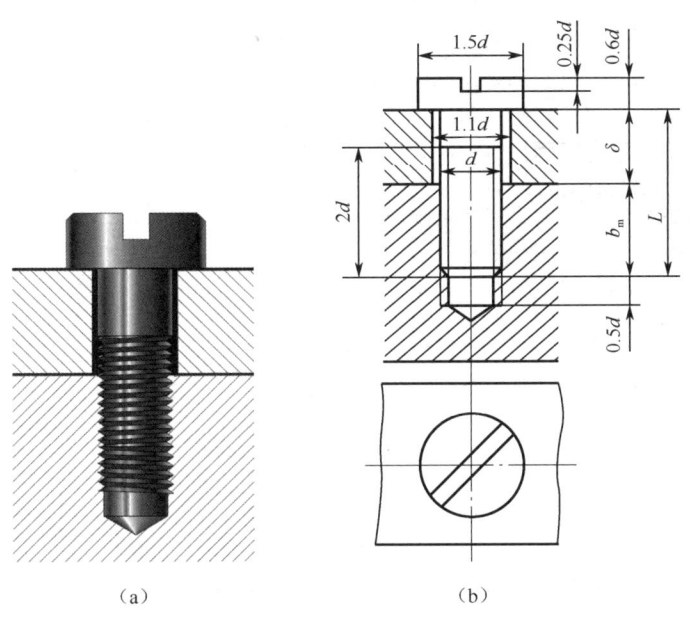

（a）   （b）

图 5-15 开槽圆柱头螺钉连接装配图画法

画图时应注意以下几点。

① 沉头螺钉以锥面作为螺钉的定位面。

② 螺钉的螺纹终止线应高出螺孔的端面，或在螺杆全长上都有螺纹。

③ 在投影为圆的视图上，"一"字槽或"十"字槽投影应画成与中心线倾斜45°，槽宽小于2时，可涂黑表示。

（3）紧定螺钉

紧定螺钉是利用其端部起定位、固定作用的。

如图5-16所示为紧定螺钉连接的装配图画法。紧定螺钉通常起固定两个零件相对位置的作用，不致产生位移或脱落现象。使用时，将螺钉拧入一个零件的螺孔中，并将其尾端压在另一个零件的凹坑中或插入另一个零件的小孔中。

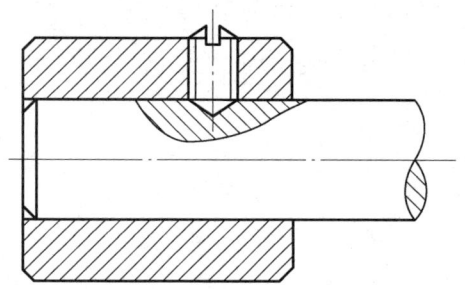
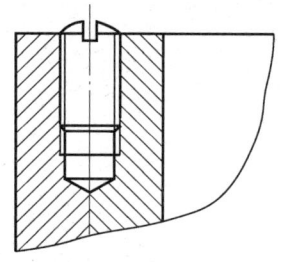

图5-16 紧定螺钉连接装配图画法

5. 螺纹紧固件的简化画法

在装配图中，螺栓、螺钉头部及螺母等也可采用简化画法，如表5-4所示。

表5-4 螺纹紧固件的简化画法

名称	简化画法	名称	简化画法
六角头螺栓		圆柱头内六角螺钉	
无头内六角螺钉		六角螺母	
翼形螺母		六角开槽螺母	

续表

名 称	简 化 画 法	名 称	简 化 画 法
无头开槽螺钉	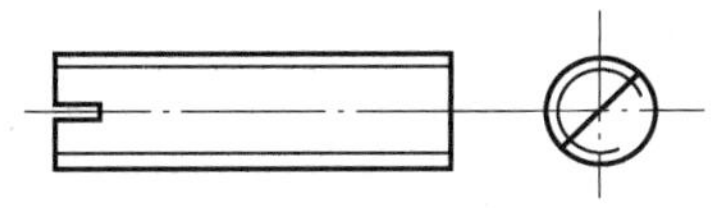	沉头开槽自攻螺钉	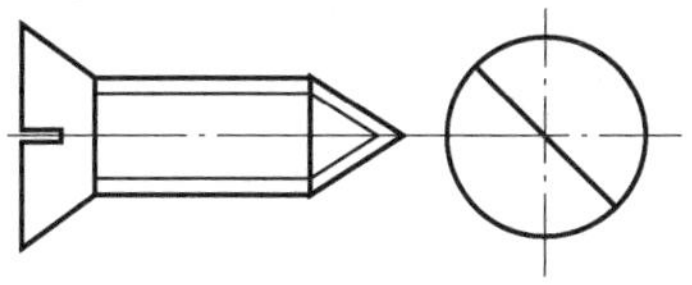
沉头开槽螺钉	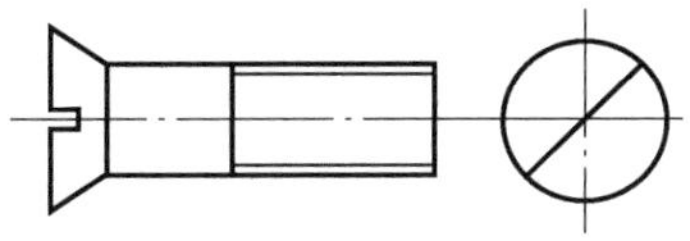	沉头十字槽螺钉	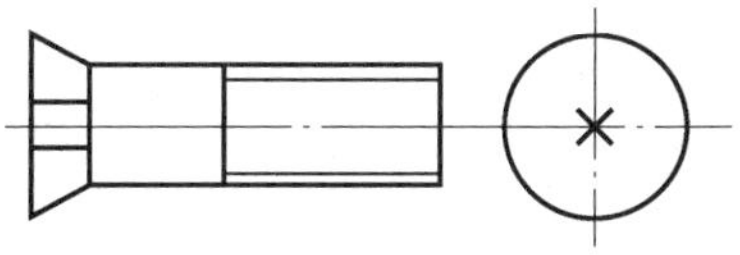
半沉头开槽螺钉	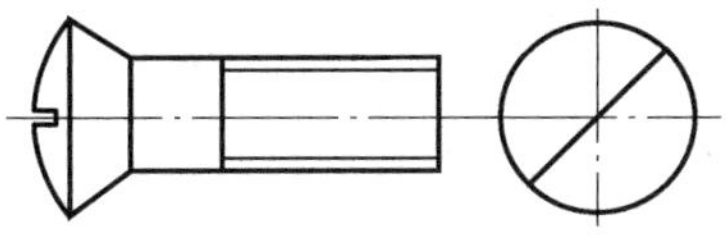	半沉头十字槽螺钉	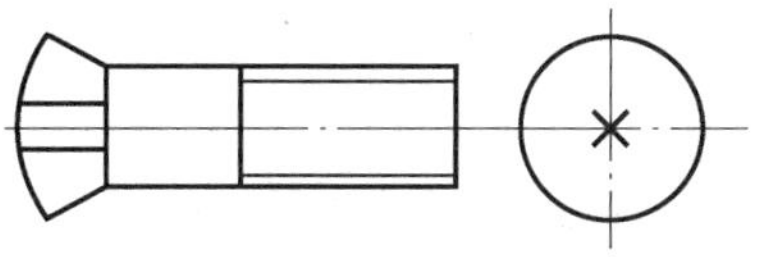
圆柱头开槽螺钉	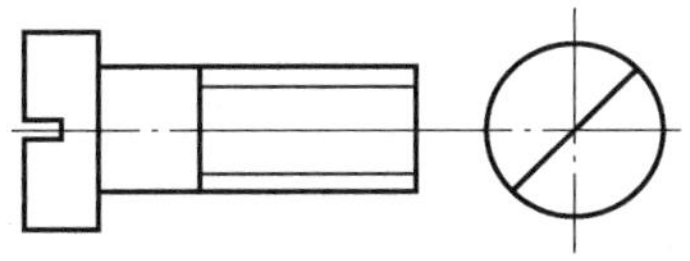	盘头开槽螺钉	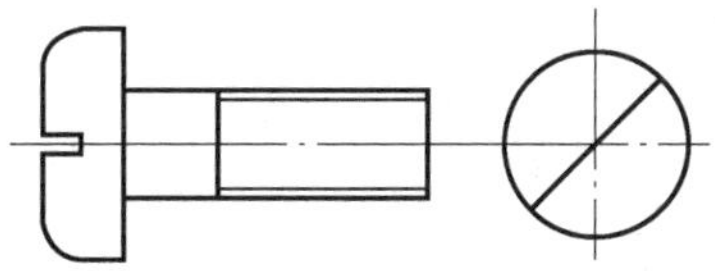

技能训练

1. 写出下面螺纹的规定代号。

① 粗牙普通螺纹，公称直径 20，螺距 2.5，右旋，中、顶径公差带代号 6g，旋入长度代号为 L。

② 细牙普通螺纹，$D=20$，$P=1.5$，左旋，中、顶径公差带代号 6H，旋入长度代号为 N。

③ 梯形螺纹，公称直径 32，导程 12，线数 2，左旋。

④ 圆柱管螺纹，尺寸代号 3/4。

2. 如图 5-17 所示为螺钉连接，螺钉 GB/T 65—2016-M16×70。画出螺钉连接的装配图（采用比例画法）。

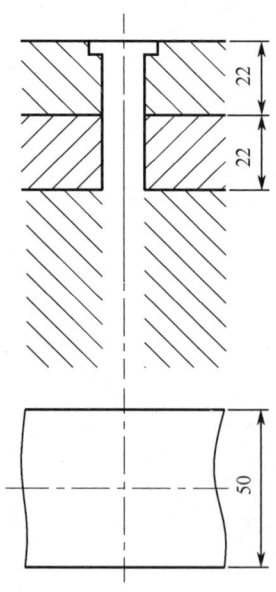

图 5-17　螺钉连接

任务 5.2 绘制圆柱齿轮零件图

（1）掌握圆柱齿轮的几何要素及尺寸关系；
（2）能绘制齿轮零件图及啮合画法；
（3）会查键、销、滚动轴承、弹簧等的附表；
（4）能识读键、销、滚动轴承、弹簧等零件图；
（5）具有良好的劳动素养。

扫一扫
看 AR 图

如图 5-18 所示，已知直齿圆柱齿轮的模数 $m=3$，齿数 $z=30$，计算齿轮主要尺寸，按 1∶1 画全两视图，并标注尺寸。

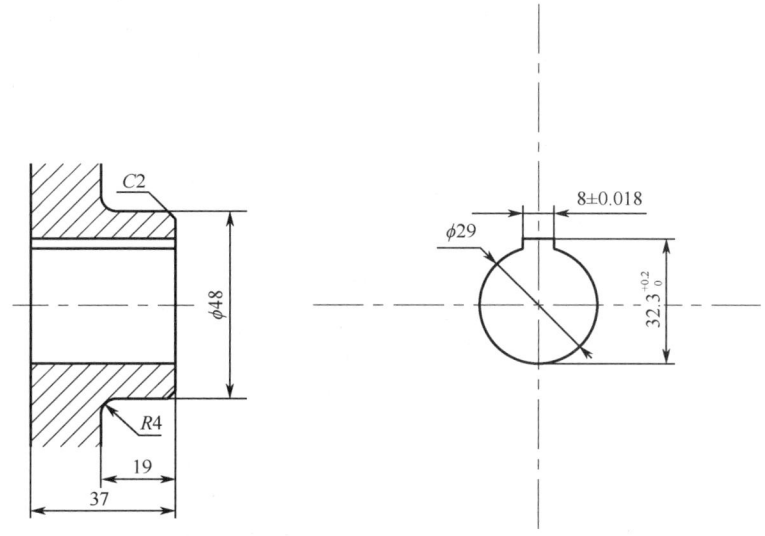

图 5-18　齿轮画法

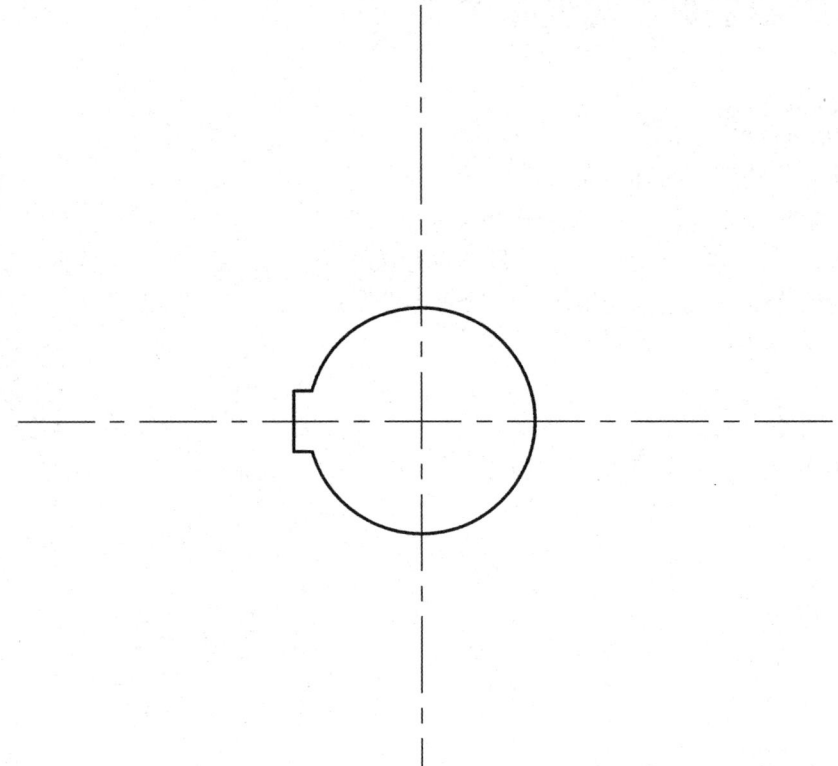

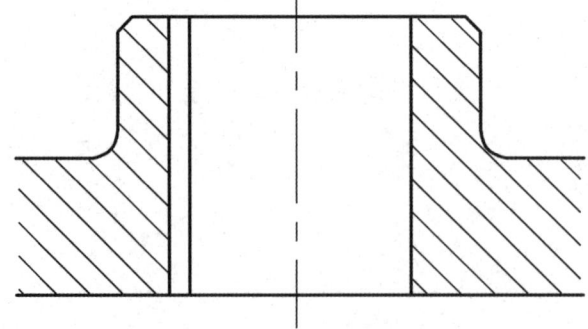

图 5-19 齿轮零件图

任务指导

完成任务：绘制图 5-18 所示齿轮零件图，如图 5-19 所示。

知识链接

5.2.1 直齿圆柱齿轮

1. 齿轮传动形式

齿轮是一种常用的传动零件,具有传递动力、改变运动速度、改变运动方向的功能。在齿轮传动中,除主动轮、从动轮外,参与工作的还有键、销、轴等其他零件。常见的齿轮传动形式有圆柱齿轮(用于两个平行轴之间的传动)、圆锥齿轮(用于两个相交轴之间的传动)、蜗轮蜗杆(用于两个垂直交叉轴之间的传动)。圆柱齿轮又可分为直齿、斜齿、人字齿三种,如图 5-20 所示。

图 5-20 齿轮传动形式

2. 圆柱齿轮的几何要素

齿轮按几何结构分类属于盘盖类零件,由轮缘、轮辐、轮毂三部分组成,轮缘上的轮齿和轮毂上的键槽为标准结构。直齿圆柱齿轮的几何要素及尺寸关系如图 5-21 所示,标准直齿轮各基本尺寸的计算公式如表 5-5 所示。

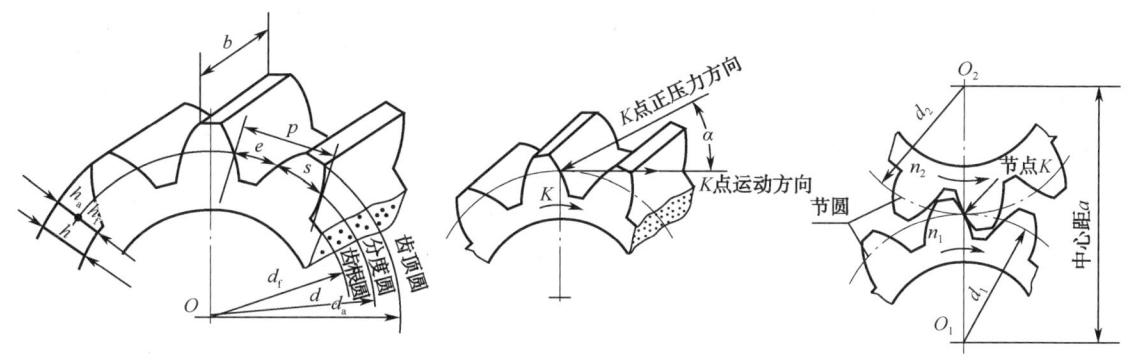

图 5-21 直齿圆柱齿轮的几何要素及尺寸关系

(1) 齿顶圆:通过轮齿顶部的圆,其直径用 d_a 表示。

(2) 齿根圆:通过轮齿根部的圆,其直径用 d_f 表示。

(3) 分度圆:对于标准直齿圆柱齿轮,分度圆是一个约定的假想圆,在该圆上,齿厚 s 等于齿槽宽 e(s 和 e 均指弧长)。分度圆直径用 d 表示,分度圆是设计、制造齿轮时计算各部分尺寸的基准圆。

（4）齿距：分度圆上相邻两个齿廓对应点之间的弧长，用 p 表示，$p=e+s$。

（5）齿高：轮齿在齿顶圆与齿根圆之间的径向距离，用 h 表示。

齿顶高：齿顶圆与分度圆之间的径向距离，用 h_a 表示。

齿根高：齿根圆与分度圆之间的径向距离，用 h_f 表示。

齿高：$h=h_a+h_f$。

（6）中心距：两个啮合齿轮轴线之间的距离，用 a 表示。

（7）节圆：两个齿轮啮合时，在中心连线上，两个齿廓的接触点 K 称为节点，分别以 O_1、O_2 为圆心过点 K 所作的两个圆称为节圆（直径为 d_1、d_2）。一对标准齿轮按理论位置安装时，节圆和分度圆重合。

表 5-5　标准直齿轮各基本尺寸的计算公式

名　称	代　号	计算公式	名　称	代　号	计算公式
齿顶高	h_a	$h_a=m$	分度圆直径	d	$d=mz$
齿根高	h_f	$h_f=1.25m$	齿顶圆直径	d_a	$d_a=m(z+2)$
齿高	h	$h=2.25m$	齿根圆直径	d_f	$d_f=m(z-2.5)$
中心距	a	$a=\frac{1}{2}(z_1+z_2)m$	齿距	p	$p=\pi m$

3. 圆柱齿轮的基本参数

直齿圆柱齿轮的基本参数有三个：齿数、模数、压力角。

（1）齿数 z

齿数 z 为轮缘上轮齿的个数。

（2）模数 m

模数 m 为齿距 p 除以 π 所得的商，单位为 mm。引入模数的目的是实现轮齿标准化，且使齿轮加工刀具系列化。模数大小描述了单个轮齿的大小，反映齿轮传递动力的大小，是设计、制造齿轮的重要参数，如表 5-6 所示。

（3）压力角 α

压力角 α 为轮齿啮合点的运动方向与受力方向的夹角，国家标准规定在标准啮合状态下压力角为 20°，但有特殊要求时 α 值会有变化。

表 5-6　标准模数（GB/T 1357—2008）　　　　　　　　　　（mm）

第一系列	0.1, 0.12, 0.15, 0.2, 0.25, 0.3, 0.4, 0.5, 0.6, 0.8, 1, 1.25, 1.5, 2, 2.5, 3, 4, 5, 6, 8, 10, 12, 16, 20, 25, 32, 40, 50
第二系列	0.35, 0.7, 0.9, 1.75, 2.25, 2.75, （3.25）, 3.5, （3.75）, 4.5, 5.5, （6.5）, 7, 9, （11）, 14, 18, 22, 28, 36, 45

注：在选用模数时，应优先采用第一系列，括号内的模数尽可能不用。

4. 齿轮画法

（1）单个齿轮的画法

齿轮上的轮齿是多次重复的结构，GB/T 4459.2—2003 对齿轮的画法作了相关规定，如

图 5-22 所示。

① 齿顶圆和齿顶线用粗实线表示，分度圆和分度线用点画线表示，齿根圆和齿根线用细实线表示或省略不画。

② 在剖视图中，齿根线用粗实线表示，轮齿部分不画剖面线。

③ 斜齿圆柱齿轮和人字齿圆柱齿轮用细实线表示轮齿的方向。

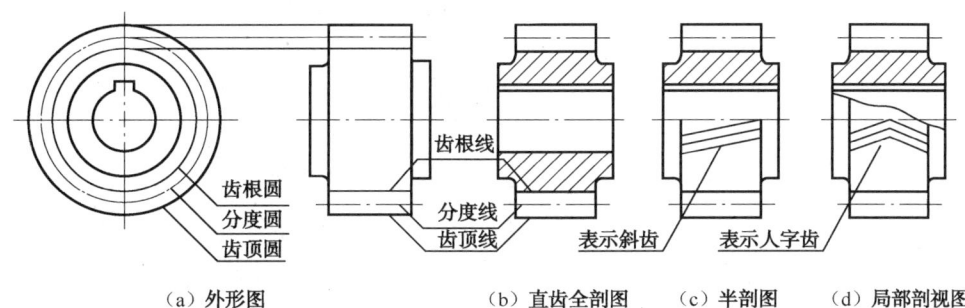

（a）外形图　（b）直齿全剖图　（c）半剖图　（d）局部剖视图

图 5-22　单个齿轮的画法

齿轮零件图中，除用视图表达形状外，还需根据生产要求，完整、合理地注出尺寸。轮齿部分只注出齿顶圆直径、分度圆直径及齿宽，齿根圆直径不注。在零件图的右上角，注出模数、齿数、压力角和精度等级等。直齿圆柱齿轮零件图如图 5-23 所示。

模数	m	2
齿数	z	29
压力角	α	20°
精度等级		7F1
齿圈径向跳动公差	F_1	0.050
公法线长度公差	F_W	0.028
基节极限偏差	f_{pb}	±0.013
齿形公差	f_f	0.011
公法线长度极限偏差		$21.48^{-0.015}_{-0.155}$
跨齿距		3

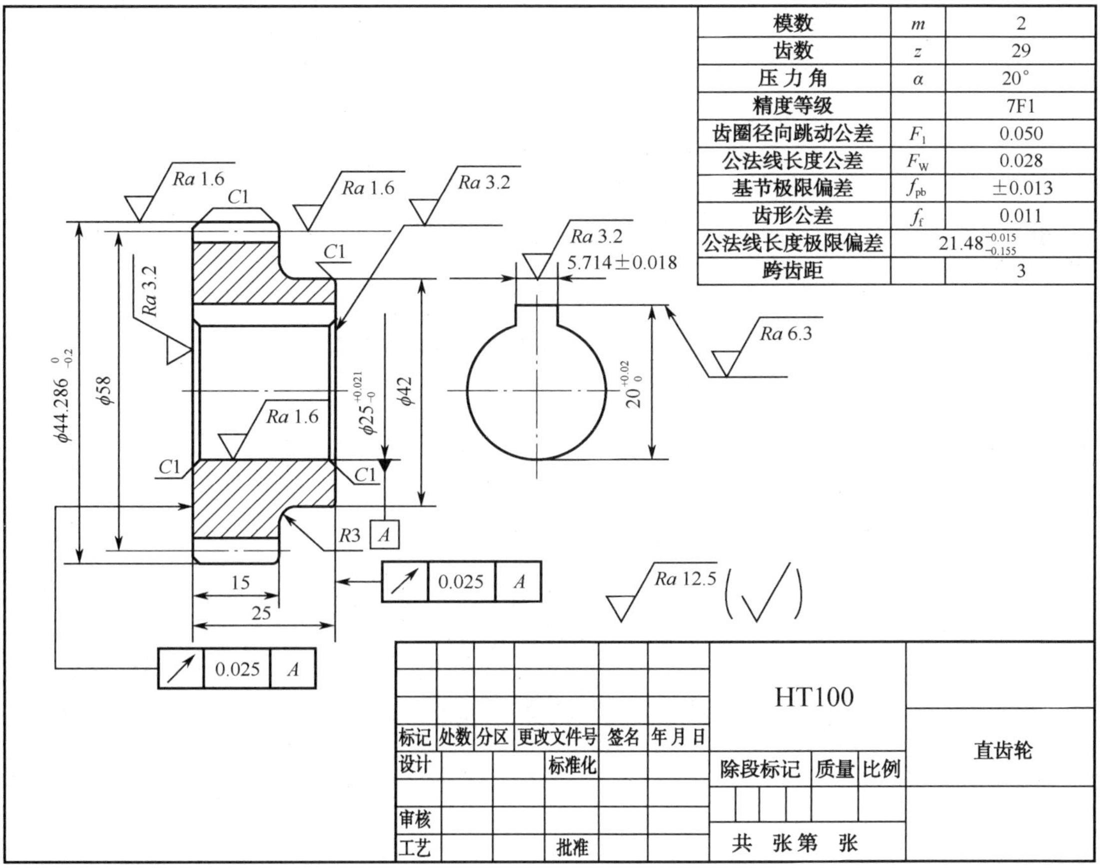

图 5-23　直齿圆柱齿轮零件图

(2)圆柱齿轮啮合的画法

① 两个标准圆柱齿轮啮合的条件是两个齿轮的模数相等、压力角相等,此时两个分度圆相切,具体画法如图 5-24 所示。在圆的视图中,两个齿轮的分度圆相切,啮合区的齿顶圆均画粗实线,也可以省略不画。

② 在非圆投影中,两个齿轮分度线重合,用点画线表示,齿根线用粗实线表示,齿顶线的画法是将一个轮的轮齿作为可见部分画成粗实线,另一个轮的轮齿被遮住部分画成虚线,该虚线也可以省略不画。

③ 在非圆投影的外形视图中,啮合区的齿顶线和齿根线不必画出,分度线画成粗实线。

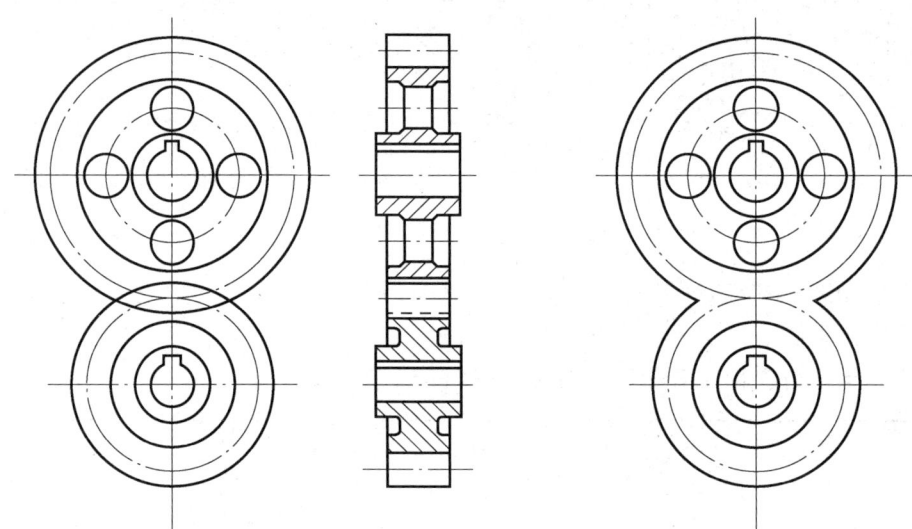

图 5-24 两个标准圆柱齿轮啮合画法

如图 5-25 所示为齿轮啮合区的放大画法。其中一个齿轮的齿顶与另一个齿轮的齿根之间应有 $0.25m$ 的间隙。

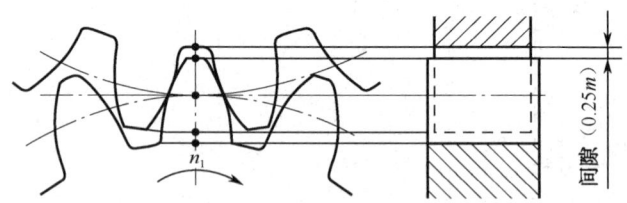

图 5-25 齿轮啮合区的放大画法

【例 5-2】如图 5-26 所示,已知一对平板直齿圆柱齿轮啮合,模数 $m=2$,大齿轮齿数 $z_1=36$,试计算两个齿轮的主要尺寸,用 1∶2 的比例完成其啮合图。

(1)根据齿轮的公式计算其尺寸。

$d_1=40mm$;$z_2=20$;$d_{a1}=44mm$;$d_{f1}=35mm$;$d_2=72mm$;$d_{a2}=76mm$;$d_{f2}=67mm$。

(2)绘制齿轮啮合视图,如图 5-27 所示。

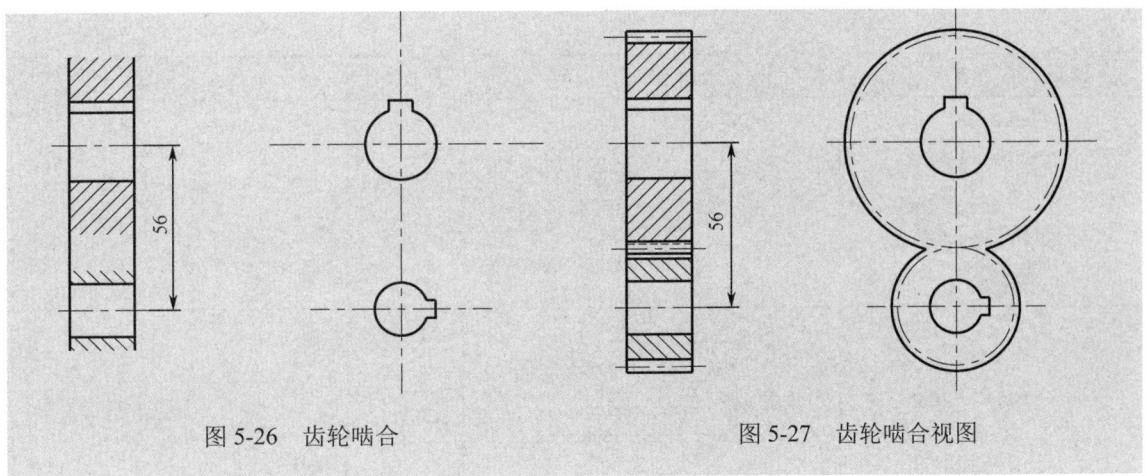

图 5-26 齿轮啮合　　　　图 5-27 齿轮啮合视图

5.2.2 其他常用件

1. 键及其连接

（1）键的功用

用键可将轴与轴上的传动件（如齿轮、皮带轮等）连接在一起，以传递扭矩。

（2）键的种类及标记

键是标准件，常用的键有普通平键、半圆键和楔键等，普通平键有三种，即 A 型（圆头）、B 型（平头）、C 型（单圆头），其图例和标记如表 5-7 所示。

表 5-7 常用键的图例及标记

名 称		图 例	标记示例
普通平键	键 18×100 GB/T 1096—2003	A型	标记： GB/T 1096—2003 键 18×100 说明： 圆头普通平键 键宽 $b=18$，键长 $L=100$
	键 B5×20 GB/T 1096—2003	B型	标记： GB/T 1096—2003 键 B5×20 说明： 平头普通平键，$b=5$，$L=20$
	键 C5×20 GB/T 1096—2003	C型	标记： GB/T 1096—2003 键 C5×20 说明： 半圆头普通平键，$b=5$，$L=20$

续表

名 称	图 例	标 记 示 例
半圆键 GB/T 1099.1—2003		标记： GB/T 1099.1—2003 键 8×25 说明： 半圆键，键宽 b=8，直径 d=25
钩头楔键 GB/T 1565—2003		标记： GB/T 1565—2003 键 18×100 说明： 钩头楔键，键宽 b=18，h=8，键长 L=100

（3）键连接的画法

键是标准件，一般不用画零件图，但要画出零件上与键相配合的键槽，如图 5-28 所示。

键连接的主视图中键被剖切面纵向剖切，键按不剖处理。为了表示键在轴上的装配情况，采用了局部剖视。左视图中键被剖切面横向剖切，要画剖面线。由于平键的两个侧面是其工作表面，键的两个侧面分别与轴的键槽和轴孔的键槽两个侧面配合，键的底面与轴的键槽底面接触，画一条线；两个键的顶面不与孔的键槽底面接触，画两条线。如图 5-29、图 5-30、图 5-31 所示分别是普通平键、半圆键、钩头楔键的连接画法。

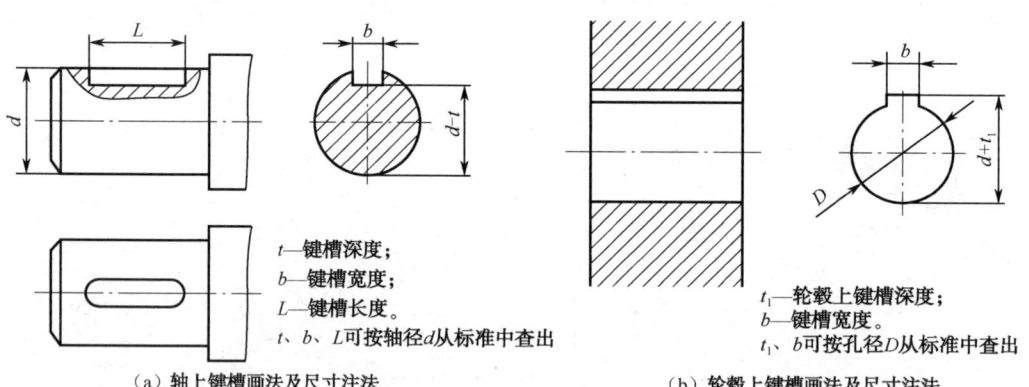

（a）轴上键槽画法及尺寸注法　　　　　　（b）轮毂上键槽画法及尺寸注法

图 5-28　键槽画法及尺寸标注

2. 销及其连接

（1）销的功用、种类及标记

销主要用于零件之间的定位，也可用于零件之间的连接，但只能传递不大的扭矩。常用的销有圆柱销、圆锥销和开口销等，常用销的型号及标记如表 5-8 所示。

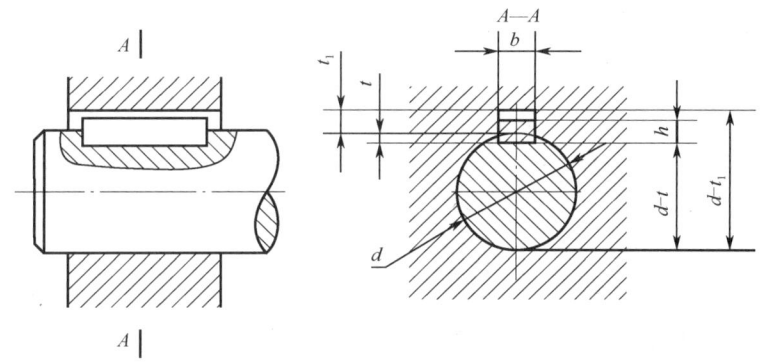

图 5-29 普通平键连接画法

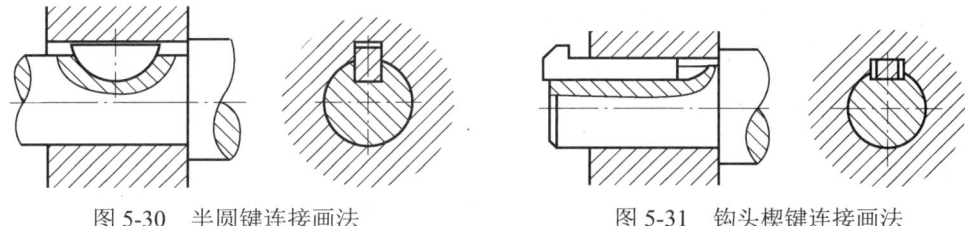

图 5-30 半圆键连接画法　　　　图 5-31 钩头楔键连接画法

表 5-8 常用销的型号及标记

名称及标准	图 样	型号及主要尺寸	标 记
圆柱销 GB/T 119.2—2000			A 型圆柱销： 销 GB/T 119.2　$d×L$
圆锥销 GB/T 117—2000			A 型圆锥销： 销 GB/T 117　$d×L$
开口销 GB/T 91—2000			销 GB/T 91—2000　$d×L$

（2）销的连接画法

销是标准件，其连接画法如图 5-32 所示。

3. 滚动轴承

（1）滚动轴承的结构

轴承是一种支承旋转轴的组件。根据摩擦性质不同，其可分为滑动轴承和滚动轴承两大类。滚动轴承是标准件，由于它具有摩擦力小、结构紧凑、功率消耗小等优点，已被广泛用在机器、仪表等多种产品中。

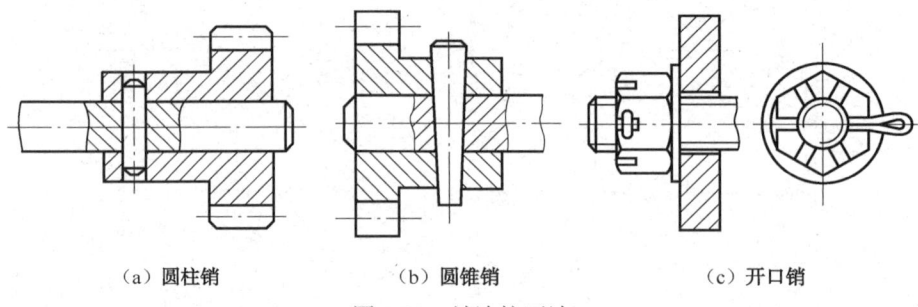

图 5-32　销连接画法

滚动轴承一般是由外圈（上圈）、内圈（下圈）、滚动体和保持架组成的，如图 5-33 所示。

① 外圈：通常以外圆面固定在机体的内孔上。外圈的内表面制有弧形的环槽滚道。

② 内圈：内圈的内孔与轴配合并与轴一道旋转。内圈的外表面制有弧形的环槽滚道，内圈的内孔尺寸是该滚动轴承的主要规格尺寸。

③ 滚动体：多为圆球、圆柱、圆锥等。

④ 保持架：用来隔开滚动体。

（2）滚动轴承的分类（GB/T 4459.7—2017）

滚动轴承的种类很多，按照轴承所承载的外载荷不同，滚动轴承可以分为向心轴承、推力轴承和向心推力轴承三大类。向心轴承主要承受径向力，推力轴承主要承受轴向力，向心推力轴承同时承受径向力和轴向力。

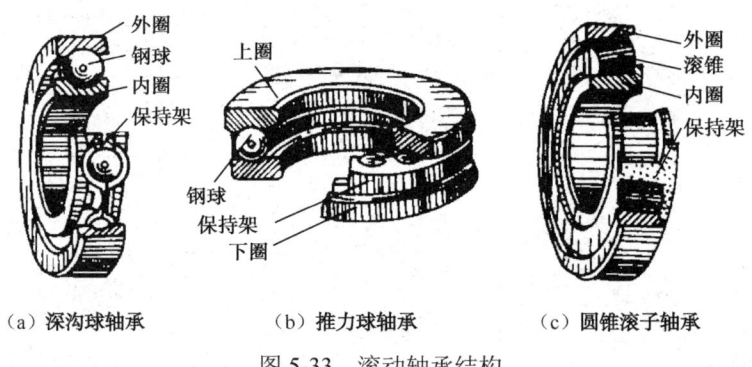

图 5-33　滚动轴承结构

（3）滚动轴承的代号

GB/T 272—2017 规定，滚动轴承的代号由前置代号、基本代号和后置代号构成，前置、后置代号是在轴承结构形状、尺寸和技术要求等有改变时，在其基本代号前、后添加的补充代号。补充代号的规定可由国家标准中查得。

滚动轴承的基本代号由类型代号、尺寸系列代号和内径代号组成。基本代号最左边的一位数字（或字母）为类型代号（见表 5-9）。尺寸系列代号由宽度（或高度）和直径系列代号组成，具体可从 GB/T 272—2017 中查取。内径代号的表示有两种情况：当内径不小于 20mm 时，内径代号数字为轴承公称内径 d 除以 5 的商，当商为一位数时，需在左边加"0"；当内径小于 20mm 时，内径代号"00"表示 $d=10$mm，"01"表示 $d=12$mm，"02"表示 $d=15$mm，"03"表示 $d=17$mm。

表 5-9 滚动轴承类型代号（摘自 GB/T 272—2017）

代　号	轴承类型	代　号	轴承类型
0	双列角接触球轴承	7	角接触球轴承
1	调心球轴承	8	推力圆柱滚子轴承
2	调心滚子轴承和推力调心滚子轴承	N	圆柱滚子轴承（双列或多列用字母 NN 表示）
3	圆锥滚子轴承	U	外球面球轴承
4	双列深沟球轴承	QJ	四点接触球轴承
5	推力球轴承	C	长弧面滚子轴承（圆环轴承）
6	深沟球轴承		

（4）滚动轴承的标记

根据各类轴承的国家标准规定，滚动轴承的标记由三部分组成，即轴承名称、轴承代号、标准编号。

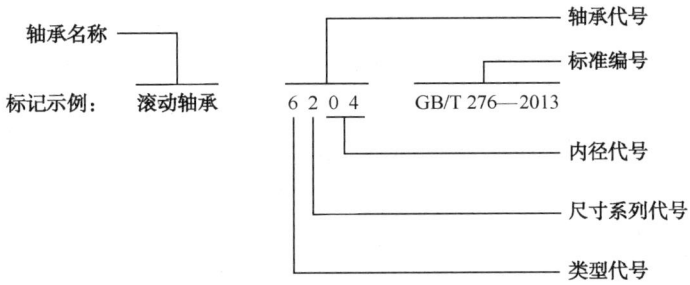

注意：

① 类型代号"6"表示深沟球轴承。

② 尺寸系列代号为"02"。其中"0"为宽度系列代号，按规定省略未写，"2"为直径系列代号，故两者组合时注写成"2"。

③ 内径代号"04"表示该轴承内径为 4×5=20mm，即内径代号是公称内径 20 除以 5 的商 4，再在前面加"0"成为"04"。

④ 轴承代号中的类型代号或尺寸系列代号有时可省略不写，具体的规定可查阅 GB/T 272—2017。

（5）滚动轴承的画法

国家标准规定了常用滚动轴承的几种画法，如表 5-10 所示。

绘制滚动轴承时应遵守以下规则。

① 各种符号、矩形线框和轮廓线均用粗实线表示。

② 矩形线框或外形轮廓的大小应与滚动轴承的外形尺寸一致。

③ 用简化画法绘制滚动轴承时，应采用通用画法或特征画法，但在同一图样中一般只采用一种画法。

4. 弹簧

弹簧是用途很广的常用零件，它主要用于减振、夹紧、储存能量和测力等方面。弹簧的特点是去掉外力后能立即恢复原状，常用的有螺旋弹簧和涡卷弹簧等，如图 5-34 所示。根据受力情况不同，螺旋弹簧又分为压缩弹簧、拉伸弹簧和扭转弹簧三种。这里仅介绍普通圆柱螺旋压缩弹簧在零件图及装配图中的画法。

表 5-10 常用滚动轴承的几种画法

名称	结构形式	通用画法	特征画法	规定画法	装配示意图	承载特征
		均指滚动轴承在所属装配图的剖视图中的画法				
深沟球轴承			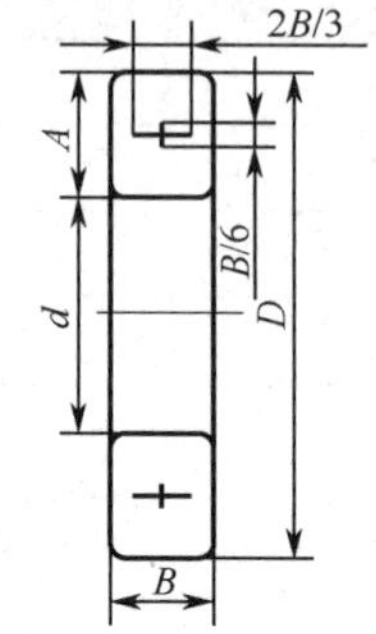	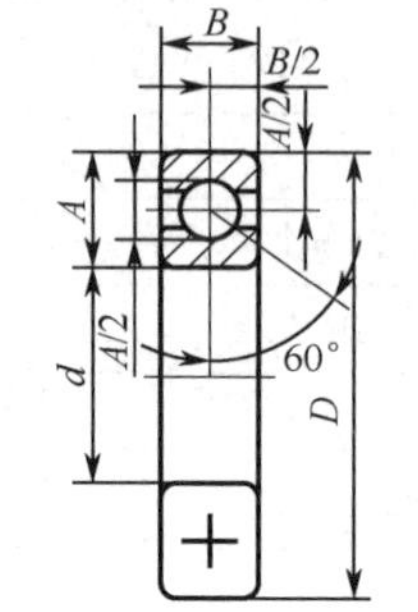	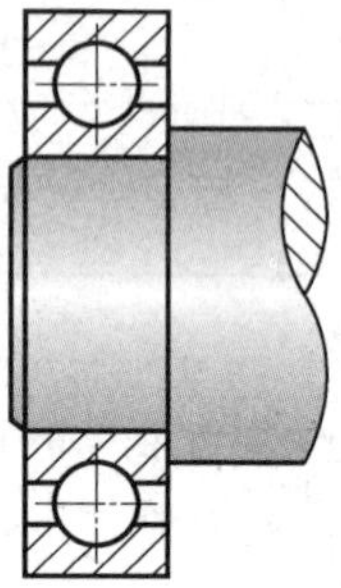	主要承受径向载荷
圆锥滚子轴承		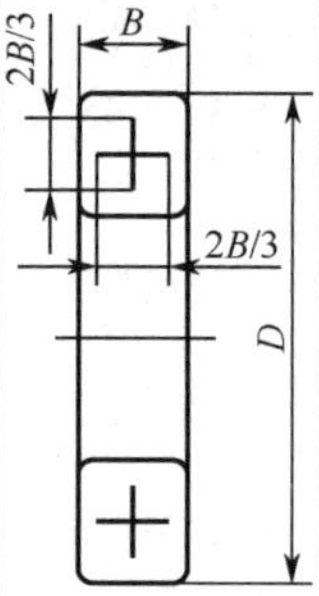	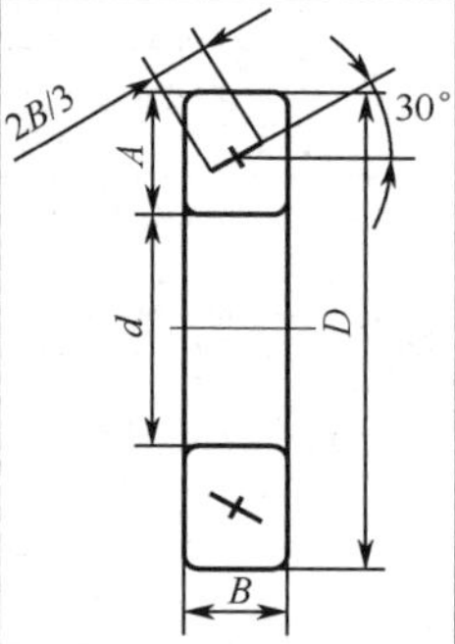	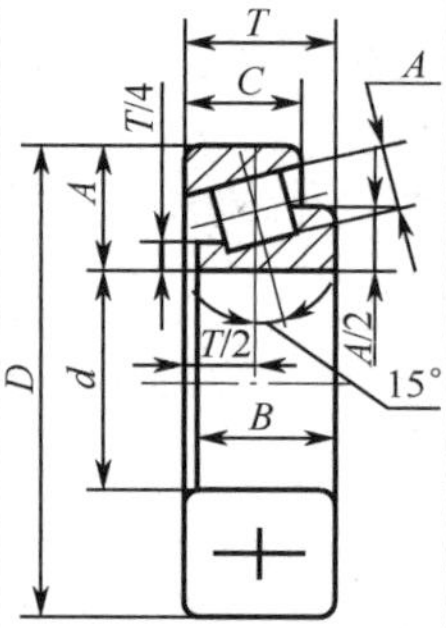	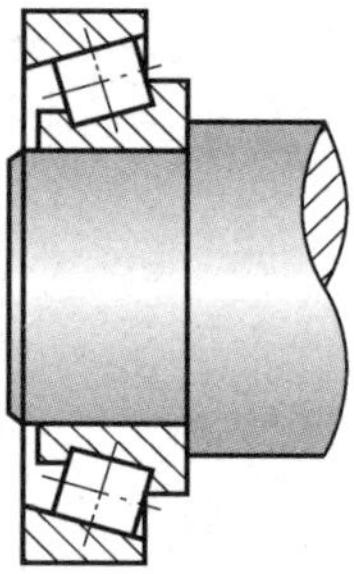	可同时承受径向和轴向载荷
推力球轴承			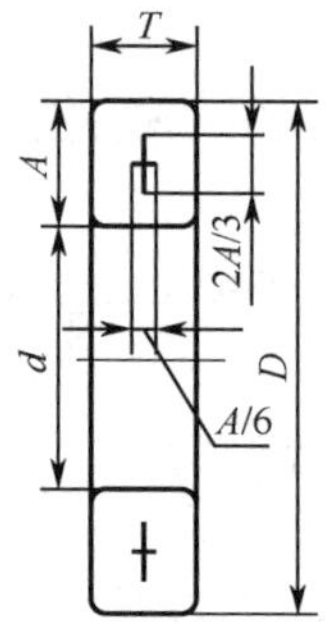	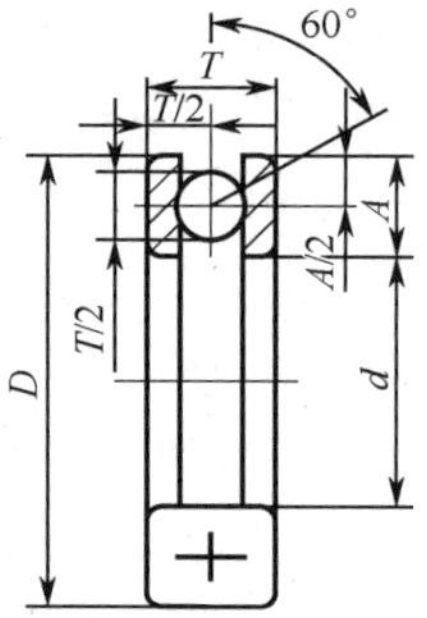	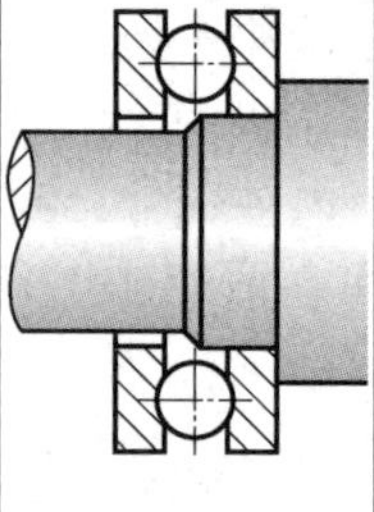	承受单方向的轴向载荷

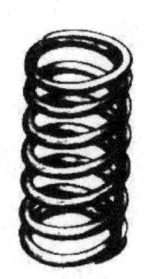　　　

　　(a) 压缩弹簧　　(b) 拉伸弹簧　　(c) 扭转弹簧　　(d) 平面涡卷弹簧

图 5-34　常用的弹簧

圆柱螺旋压缩弹簧在零件图中的画法如图 5-35 所示。

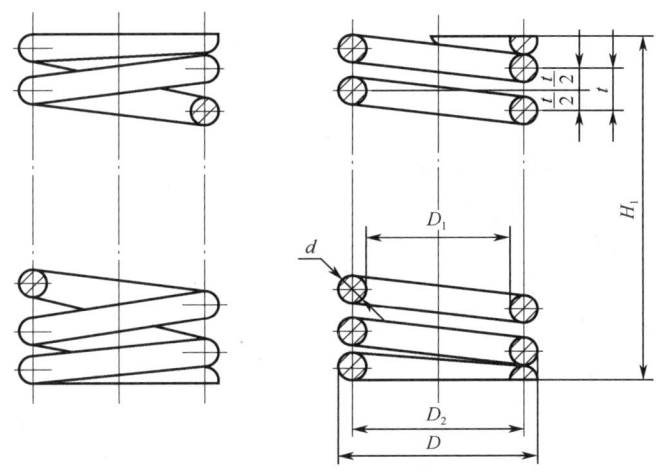

图 5-35　圆柱螺旋压缩弹簧在零件图中的画法

在装配图中，螺旋弹簧被剖切后，不论中间各圈是否省略，被弹簧挡住的结构一般不画，其可见部分应从弹簧的外轮廓线或弹簧钢丝剖面的中心线画起，如图 5-36（a）所示。

在装配图中，当弹簧钢丝的直径在图上等于或小于 2mm 时，其剖面可以涂黑表示，如图 5-36（b）所示，或采用如图 5-36（c）所示的示意画法。

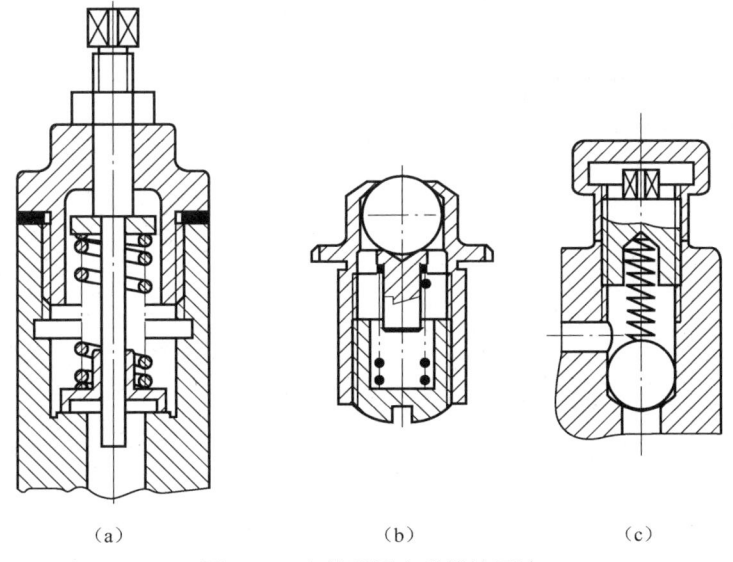

　　　（a）　　　　　　　　（b）　　　　　　（c）

图 5-36　在装配图中弹簧的画法

技能训练

1. 如图 5-37 所示，已知齿轮和轴用 A 型普通平键连接，轴孔直径为 25mm，键的长度为 20mm。

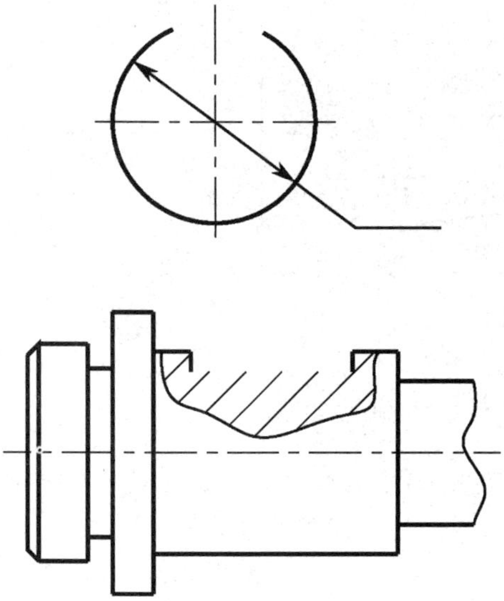

（a）轴 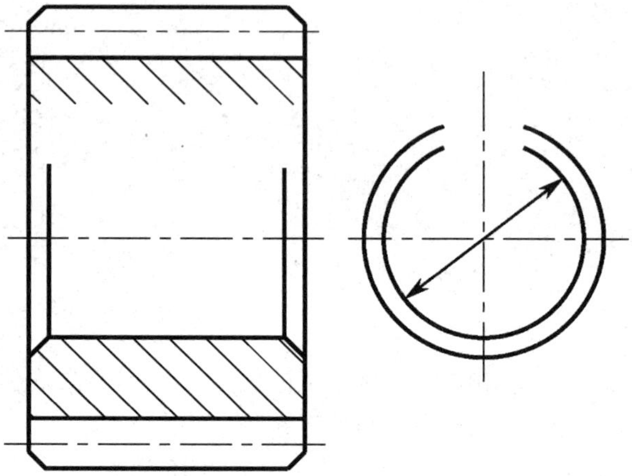　　　　　　　　　　　　（b）齿轮

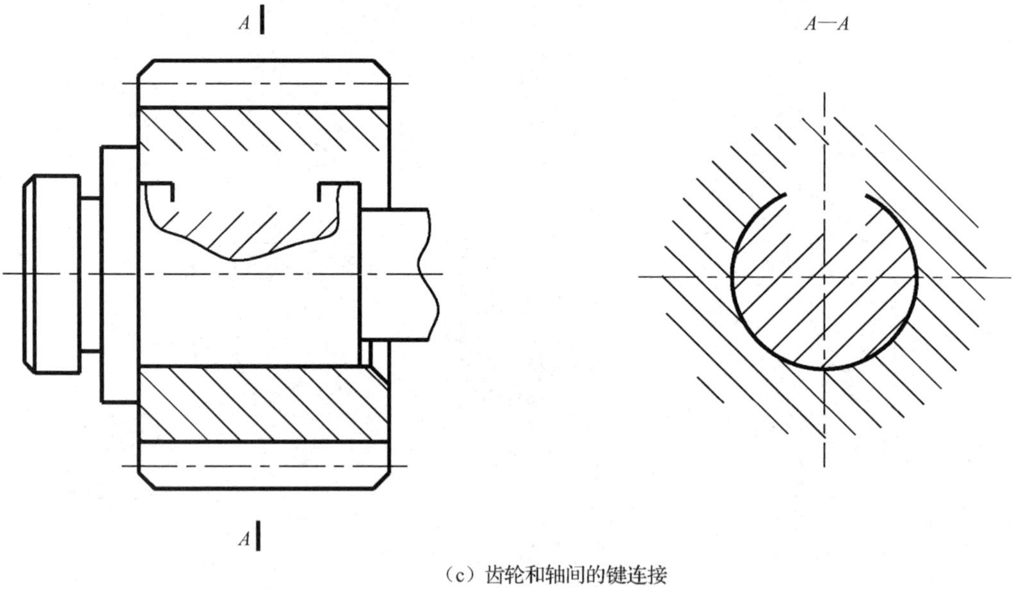

（c）齿轮和轴间的键连接

图 5-37　齿轮和普通平键连接

① 键的规定标记：_____。

② 查表确定键和键槽的尺寸，用 1∶1 画全图 5-37 中各视图和断面图，并标注键槽的尺寸。

2. 如图 5-38 所示，齿轮与轴用直径为 6mm 圆柱销连接，写出圆柱销规定标记，并按 1∶1 画全销连接的装配图。

圆柱销的规定标记：_____。

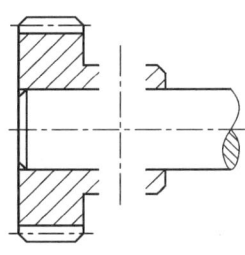

图 5-38　齿轮与轴用圆柱销连接

延伸阅读

"工人发明家"倪志福

我国有一位优秀工人，名叫倪志福，他是一位具有高超工艺的机械师，曾经发明了一种钻头，被命名为"倪志福钻头"，因此闻名于世。

1953 年 10 月，倪志福所在工厂接到一批紧急任务，修理一批破损的装甲车，倪志福被分配加工 CY-76 自行火炮侧传动放油孔盖板上的放油孔，该零件的材料为特种装甲钢板，硬度高、强度大。起初，倪志福用普通麻花钻头打眼，钻半天才能打一个眼，一天下来竟然烧坏了 12 个钻头，效率很低，后来他改用几种国内外先进的钻头，也都一一失败。

普通钻头怎么就无法攻克特种钢呢？一定会有办法的——不服输的倪志福开始了艰难的探索。他开始查阅有限的资料，与技术人员一起研究钻孔工艺，把一个个烧坏的钻头进行修磨，磨了钻、钻了磨，经过反复摸索和试验，终于磨出了一个三尖七刃的新型钻头。这种新型钻头打破了百年来钻头刃口平直的常规，将传统"一尖三刃"的普通麻花钻改成"三尖七刃"，解决了任务中的关键难题，这种钻头被命名为"倪志福钻头"（简称"倪钻"）。科学鉴定和生产实践证明，这种钻头和普通的麻花钻头相比，具有定心好、钻速快、功效高、寿命长等优点，被称为"机械工业金属切削行业中的一项重大革新"，在今天仍占有重要的地位。

1964 年，"倪志福钻头"获国家科委颁发的发明证书，1964 年 8 月，北京科学讨论会在北京召开，时年 31 岁的倪志福代表中国工人第一次登上世界科学讲坛，宣读了他的论文《倪志福钻头》，赢得了与会的来自 44 个国家和地区的科学家们的赞誉。1986 年 10 月 21 日，联合国世界知识产权组织向倪志福颁发了金质奖章和证书。2001 年底，国家知识产权局确认其拥有"多尖多刃群钻"的实用新型专利。

因为钻头一举成名，可倪志福却认为，在改进定型过程中他得到了各方专家和技术能手的支持和帮助，"倪志福钻头"的成功来自无数人的汗水和努力。1965 年，倪志福在《机械工人》杂志上发表文章称，"倪志福钻头"是群众智慧的结晶，应该把"倪钻"改名为"群钻"，"倪钻"最终更名为"群钻"。从"倪钻"到"群钻"，一字之差体现了倪志福的博大胸怀和谦虚质朴的品格。

项目 6　识读和绘制装配图

任务 6.1　识读和绘制简单装配图

任务目标

（1）掌握装配图的表示方法；
（2）了解部件测绘和装配图画法；
（3）能正确绘制简单装配结构；
（4）能读懂装配图的表达方法及零件间的装配关系；
（5）能根据装配图拆画零件图；
（6）具有爱岗敬业、积极奉献的精神。

任务要求

根据图 6-1 所示的铣刀头轴测图和 6.1.6 节中的铣刀头装配图，绘制 6～12 号件的左侧局部装配图，不标注尺寸。

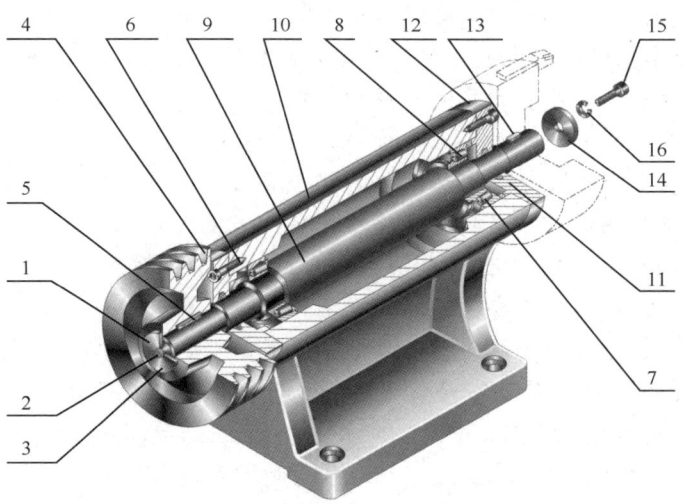

图 6-1　铣刀头轴测图

项目 6　识读和绘制装配图

任务指导

完成任务：根据图 6-2 所示铣刀头左侧局部装配图中的 8、9 号件，绘制 6、7、10、11、12 号件。

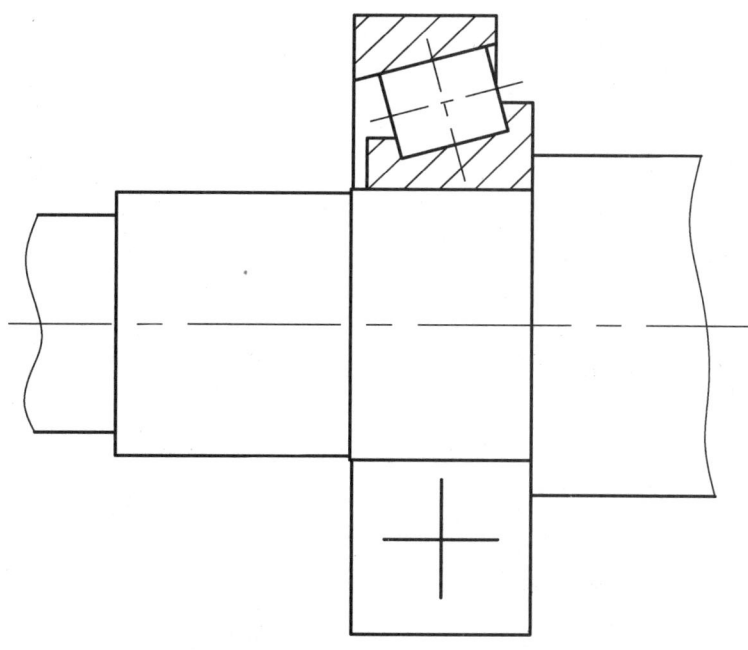

图 6-2　铣刀头左侧局部装配图

 知识链接

6.1.1 装配图的作用和内容

1. 装配图的作用

任何复杂的机器都是由若干部件组成的,而这些部件又是由若干零件装配而成的。表示产品及其组成部分连接、装配关系的图样,称为装配图。

装配图是指导生产的重要技术文件。在设计过程中,装配图可用来表达装配体的工作原理、零件之间的装配关系与相对位置、各零件的基本结构。一般先设计总体结构并画出装配图,再根据装配图设计零件的具体结构,绘制零件图。在生产过程中,装配图是制订装配工艺规程,进行装配、检验、安装及维修的技术依据。

2. 装配图的内容

一张完整的装配图应包括如下内容。

(1) 一组视图:用来表达机器或部件的工作原理,零件间的装配关系、连接方式及主要零件的结构形状等。

(2) 必要的尺寸:标注出与机器或部件的性能、规格、装配和安装有关的尺寸。

(3) 技术要求:用符号、代号或文字说明装配体在装配、安装、调试等方面应达到的技术指标。

(4) 标题栏、零件序号及明细栏:在装配图中,必须给每个零件编号,并在明细栏中依次列出零件序号、名称、数量、材料等。在标题栏中,标明装配体的名称、图号、绘图比例及有关人员的签名等。

6.1.2 装配图的表示方法

1. 装配图表达方案的选择

(1) 主视图的选择

① 放置。

一般将机器或部件按工作位置放置或将其放正,也就是使装配体的主要轴线、主要安装面等位于水平或铅垂位置,如铣刀头装配图中的主视图。

② 视图方案。

选择最能反映机器或部件的整体形状、工作原理、传动路线、零件间装配关系及主要零件的主要结构的视图作为主视图。

将铣刀头的装配图与其轴测图相互对照,可看出铣刀头的主视图方案选择得很合理。

(2) 其他视图的选择

① 考虑还有哪些装配关系、工作原理及主要零件的主要结构还没有表达清楚,再选择视图及相应的表达方法。

② 尽可能地考虑应用基本视图及基本视图上的剖视图(包括拆卸画法、沿零件接合面剖切等)来表达有关内容。

2. 装配图的规定画法

在看图或画图时,为了易于区分不同的零件和它们各自的投影范围,确切地表达各零件之间的装配、连接关系和装配结构,在画装配图时,应遵循下述规定,如图6-3所示。

(1) 实心零件画法

在装配图中对于紧固件及轴、键、销等实心零件,若按照纵向剖切,且剖切平面通过其对称平面或轴线时,这些结构均按不剖绘制。

(2) 相邻零件的轮廓线画法

两个相邻零件的接触面或配合面,只画一条共有的轮廓线;不接触的面和不配合的面,分别画出各自的轮廓线。

(3) 相邻零件的剖面线画法

两个(或两个以上)相邻的金属零件,剖面线倾斜方向应相反,或者方向一致而间隔不等以示区别。

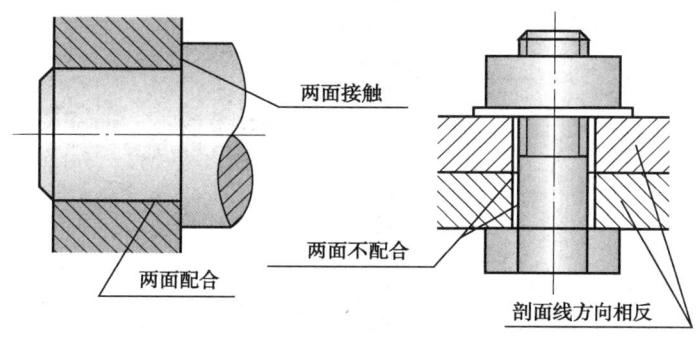

图 6-3 装配图的规定画法

3. 装配图的特殊画法

装配图的特殊画法如图6-4、图6-5所示。

(1) 拆卸画法

在装配图中,当某些零件遮住了所需表达的其他部分时,可假想沿某些零件的结合面剖切或拆卸一些零件后绘制,并注写"拆去零件××",如铣刀头的左视图是拆去零件1、2、3、4、5后画出的。

(2) 假想画法

当需要表示某些零件的位置或运动范围和极限位置时,可用细双点画线画出该零件的轮廓线,如铣刀头主视图中的铣刀盘。

(3) 简化画法

① 零件的工艺结构如小倒角、圆角、退刀槽及螺栓、螺母中因倒角产生的曲线等允许省略不画。

② 对轴承、密封垫圈、油封等对称结构,可只画一半详细图形,另一半采用通用画法。

③ 对于分布有规律而又重复出现的相同组件(如螺纹紧固件等),允许只详细画出一处,其余用中心线表示其位置即可。

④ 若零件的厚度小于2mm,允许用涂黑来代替剖切符号。

（4）夸大画法

在装配图中，当图形上的薄片厚度或间隙较小（≤2mm）时，允许将该部分不按原比例绘制，而是夸大画出，以增加图形表达的明显性。

（5）单独表示某个零件

在装配图中，当某个零件的形状没有表达清楚时，可以单独画出该零件的某一视图，但必须在所画视图上方注出该零件的视图名称，在相应视图附近用箭头指明投射方向，并注上相同的字母。

（6）展开画法

在装配图中，为了表示传动机构的传动路线和装配关系，可假想沿传动路线上各轴线顺序剖切，然后展开在一个平面上，画出其剖视图，如图6-6所示。

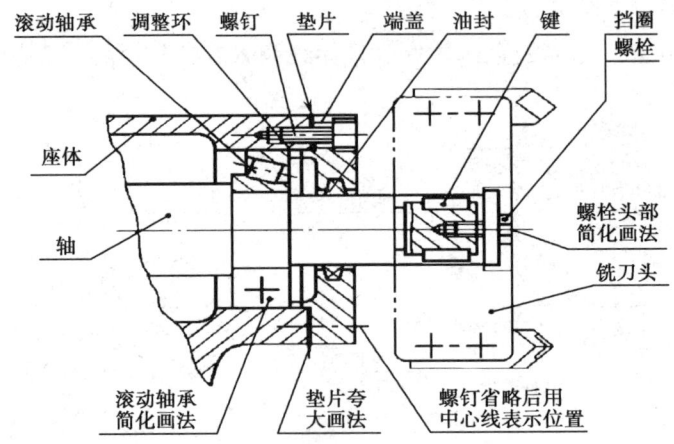

图6-4 装配图的特殊画法1

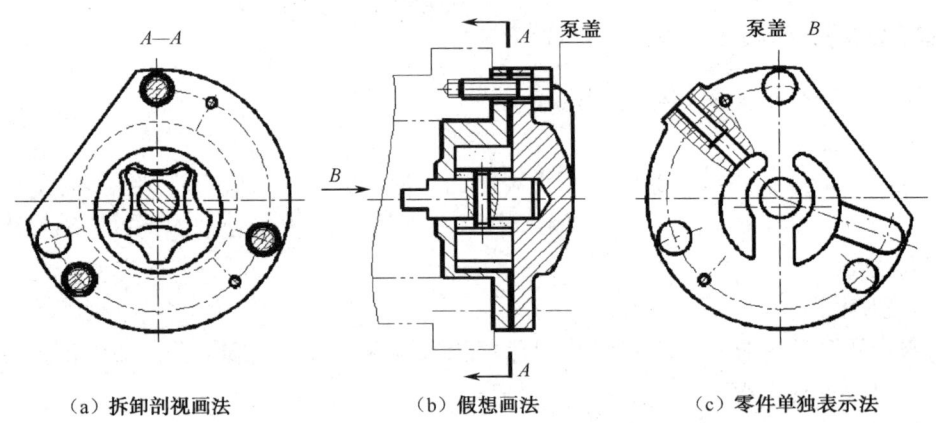

图6-5 装配图的特殊画法2

6.1.3 装配体的常见装配结构

在绘制装配图时，应考虑装配结构的合理性，以保证机器和部件的性能及其零件连接可靠，便于零件装拆。

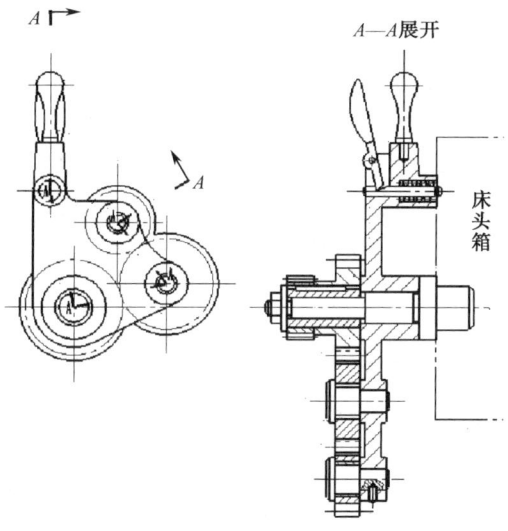

图 6-6　展开画法

1. 接触面与配合面结构的合理性

（1）两个零件在同一方向上，只能有一个接触面或配合面，如图 6-7、图 6-8 所示。

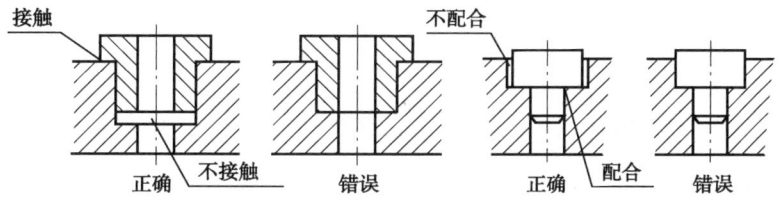

图 6-7　同一方向上两个零件的接触面 1

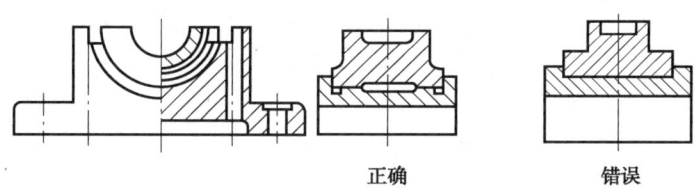

图 6-8　同一方向上两个零件的接触面 2

（2）轴肩处应加工出退刀槽，或在孔的端面处加工出倒角，如图 6-9 所示。

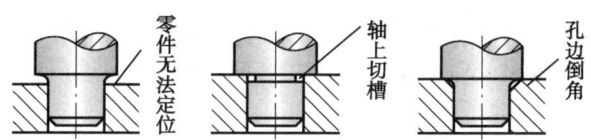

图 6-9　轴肩与孔口接触面的画法

（3）锥面配合的结构：两个零件有锥面配合时，锥体端面与锥孔底部应留有空隙，如图 6-10 所示。

（4）轴向定位结构，如图 6-11 所示。

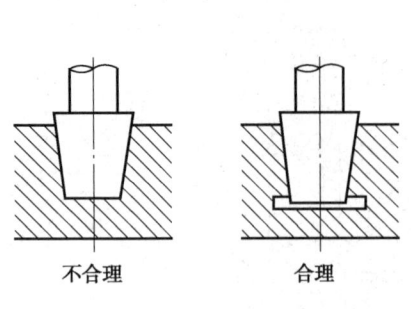

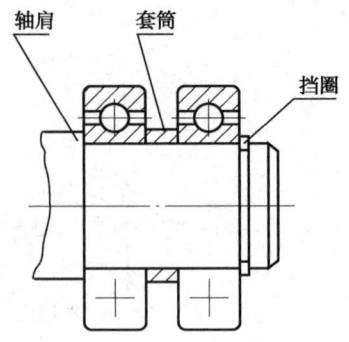

图 6-10　锥面配合结构的画法　　　　　图 6-11　轴向定位结构

2. 装拆结构的合理性

（1）在用轴肩或孔肩定位滚动轴承时，应注意拆卸方便，如图 6-12 所示。

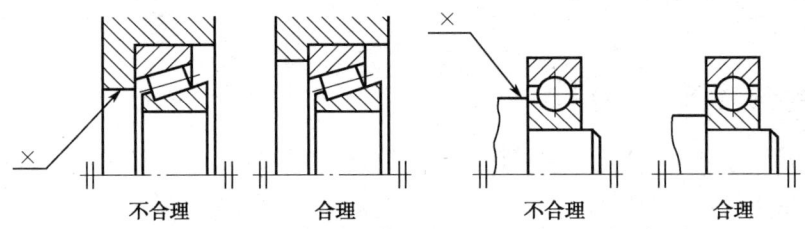

图 6-12　滚动轴承用轴肩或孔肩定位

（2）当零件用螺纹紧固件连接时，应考虑到装拆的可能性，如图 6-13 所示。

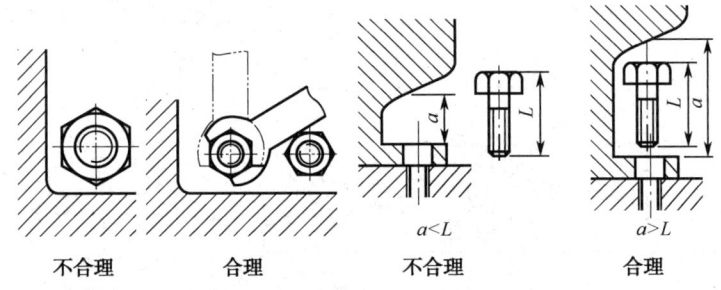

图 6-13　螺纹紧固件的装拆

3. 密封装置

为防止机器或部件内部的液体或气体向外渗漏，同时也避免外部的灰尘、杂质等侵入，必须采用密封装置。如图 6-14（a）所示为典型的密封装置，通过压盖或螺母将填料压紧而起防漏作用。

4. 防松装置

机器或部件在工作时，由于受到冲击或振动，一些紧固件可能产生松动现象。因此，在某些装置中需采用防松结构，如图 6-15 所示为几种常用的防松装置。

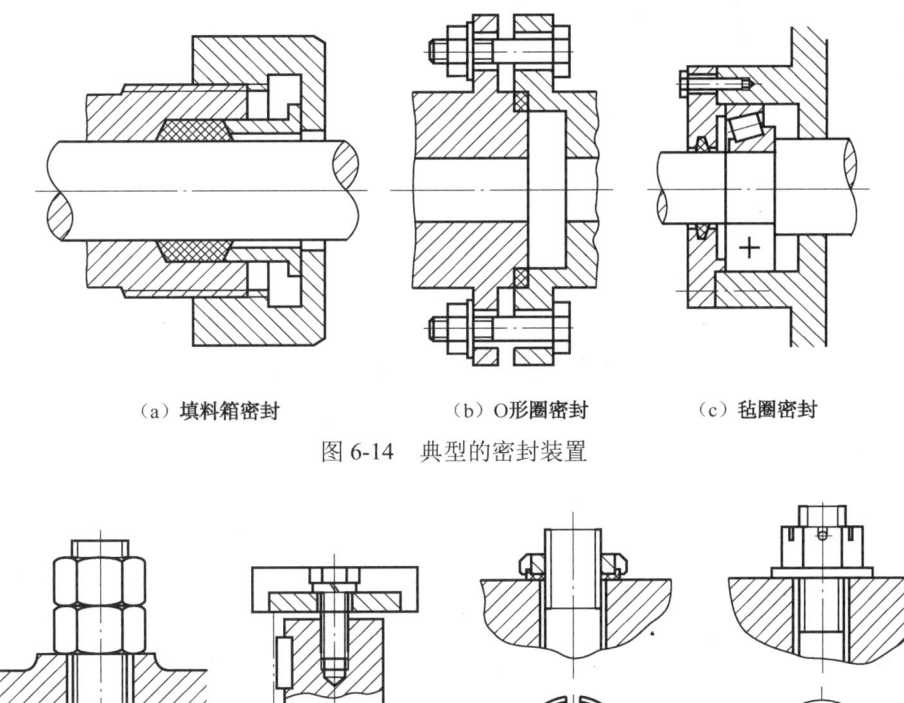

(a) 填料箱密封　　　　(b) O形圈密封　　　　(c) 毡圈密封

图 6-14　典型的密封装置

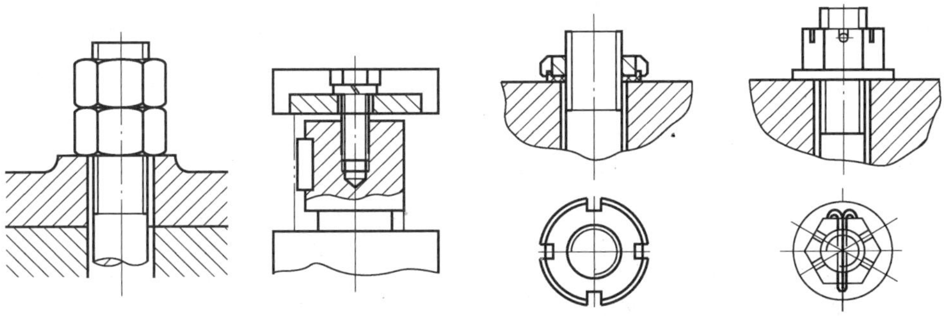

(a) 用双螺母防松　(b) 用弹簧垫圈防松　(c) 用圆螺母和止动垫圈防松　(d) 用开口销防松

图 6-15　几种常用的防松装置

6.1.4　装配图上的尺寸标注和技术要求

1. 装配图上的尺寸标注

（1）规格（性能）尺寸

规格（性能）尺寸是表示机器、部件规格或性能的尺寸。这种尺寸在设计机器（或部件）时就已经确定，它是设计和选用部件的主要依据，如中心高 115 和铣刀盘直径 $\phi 120$。

（2）装配尺寸

装配尺寸是用来保证部件功能精度和正确装配的尺寸，这类尺寸一般包括如下两种。

① 配合尺寸：表示零件间配合性质的尺寸，如 $\phi 28H8/k7$。

② 相对位置尺寸：表示装配时零件间需要保证的相对位置尺寸，常见的有重要的轴距、孔心距和间隙等。

（3）安装尺寸

安装尺寸是表示将部件安装到其他零部件或基座上所需的尺寸，如 150、$4 \times \phi 11$。

（4）外形尺寸

外形尺寸是表示机器或部件外形轮廓大小的尺寸，即总长、总宽和总高尺寸。它表示部件所占空间的大小，以供产品包装、运输和安装时参考，如 200、424。

（5）其他重要尺寸

其他重要尺寸是指设计过程中经计算或选定的重要尺寸及其他必须保证的尺寸。如运动零件的极限位置尺寸、主体零件的重要结构尺寸等，如ϕ35k6、ϕ44、ϕ80K7/f8。

注意：装配图上的一个尺寸，有时兼有几种作用，5类尺寸并非任何一张装配图上都有。因此，在标注装配图尺寸时，可根据装配体的具体情况选注。

2. 装配图中的技术要求

用文字或符号在装配图中说明的对机器或部件的性能、装配、检验、使用等方面的要求和条件，这些统称为装配图的技术要求。

（1）性能要求：指装配体的规格、参数、性能指标等。

（2）装配要求：指装配过程中应注意事项及装配后应达到的技术要求。

（3）检验要求：指对装配体基本性能的检验、试验、验收方法的说明等。

（4）使用要求：指对装配体的操作、维护、保养、注意事项等的说明。

6.1.5 装配图的零部件序号、明细栏

1. 编写零件序号的方法和规定

（1）序号应顺序注写在视图、尺寸等以外，整齐排列。序号字号比该装配图中所注尺寸数字的字号大一号。

（2）指引线（细实线）应从零件的可见轮廓的实体上引出，另加短画线或圆圈，允许转折一次。指引线应尽可能分布均匀，不能相交。当指引线通过有剖面线的区域时，应不与剖面线平行。一组紧固件及装配关系清楚的零件组，可以采用公共指引线。

（3）装配图中所有零部件均应编号。装配图中零件序号应按水平和竖直方向排列整齐，可按顺时针或逆时针方向顺次排列，在整个图上无法连续时，可只在每个水平或竖直方向上顺次排列，如图6-16所示。

2. 明细栏

明细栏一般配置在标题栏的上方，按由下而上的顺序填写，其格数应根据需要而定。当由下而上延伸位置不够时，可紧靠在标题栏的左边自下而上延续。注意：明细栏最上面的边框线规定用细实线绘制。

明细栏一般由序号、代号、名称、数量、材料、质量（单件、总计）、分区、备注等组成，也可按实际需要增加或减少。"序号"一栏填写图样中相应组成部分的序号；"代号"一栏填写图样中相应组成部分的图样代号或标准号；"名称"一栏填写图样中相应组成部分的名称，必要时，也可写出其型号与尺寸；"数量"一栏填写图样中相应组成部分在装配时所需要的数量；"材料"一栏填写图样中相应组成部分的材料标记；"质量"一栏填写图样中相应组成部分单件和总计的质量，以千克（kg）为计量单位时，允许不写出计量单位；"备注"一栏填写该项的附加说明或其他有关的内容，必要时，应按照有关规定将分区代号填写在备注栏中。

零件符号按由下而上、从小到大的顺序填写。对于标准件，应将其规定标记填写在零件"名称"一栏内。

装配图的标题栏和明细栏如图6-17所示。

项目 6　识读和绘制装配图

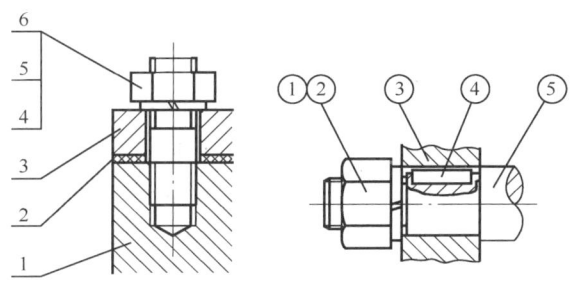

图 6-16　序号的编排方法

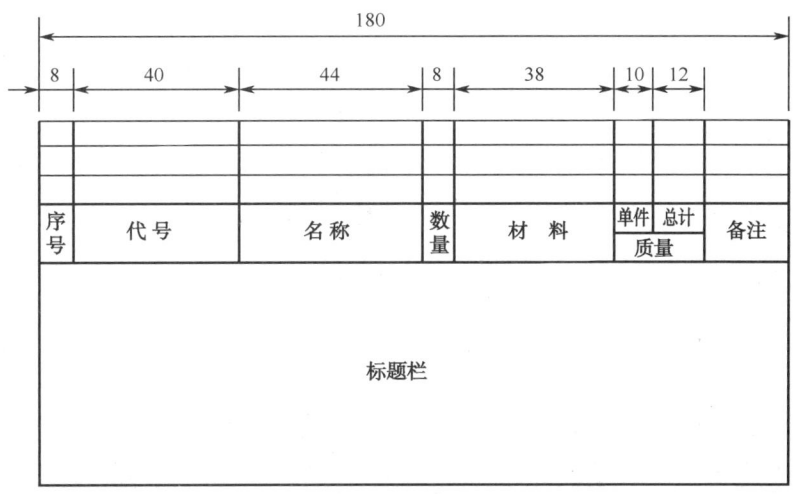

图 6-17　装配图的标题栏和明细栏

【例 6-1】识读传动器装配示意图和装配图。

装配示意图是用简单的线条画出主要零件的轮廓线，并用符号表示出一些常用件和标准件，供拼画装配图时参考的图样。传动器的装配示意图如图 6-18 所示。

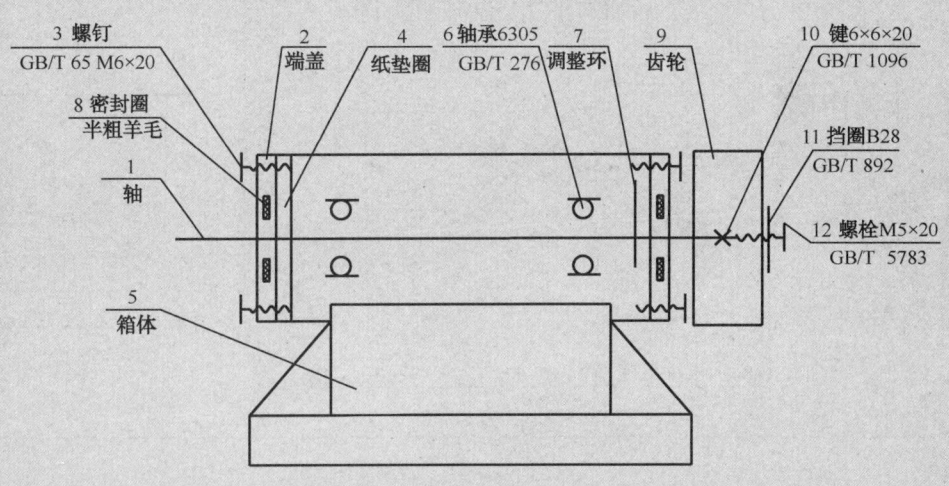

图 6-18　传动器的装配示意图

传动器是动力的中间传递机构，如图 6-19 所示。当动力通过齿轮 9 输入时，通过键连接，带动轴 1 转动，只要在轴的左端安上齿轮、带轮等零件，就可实现动力的传递。

225

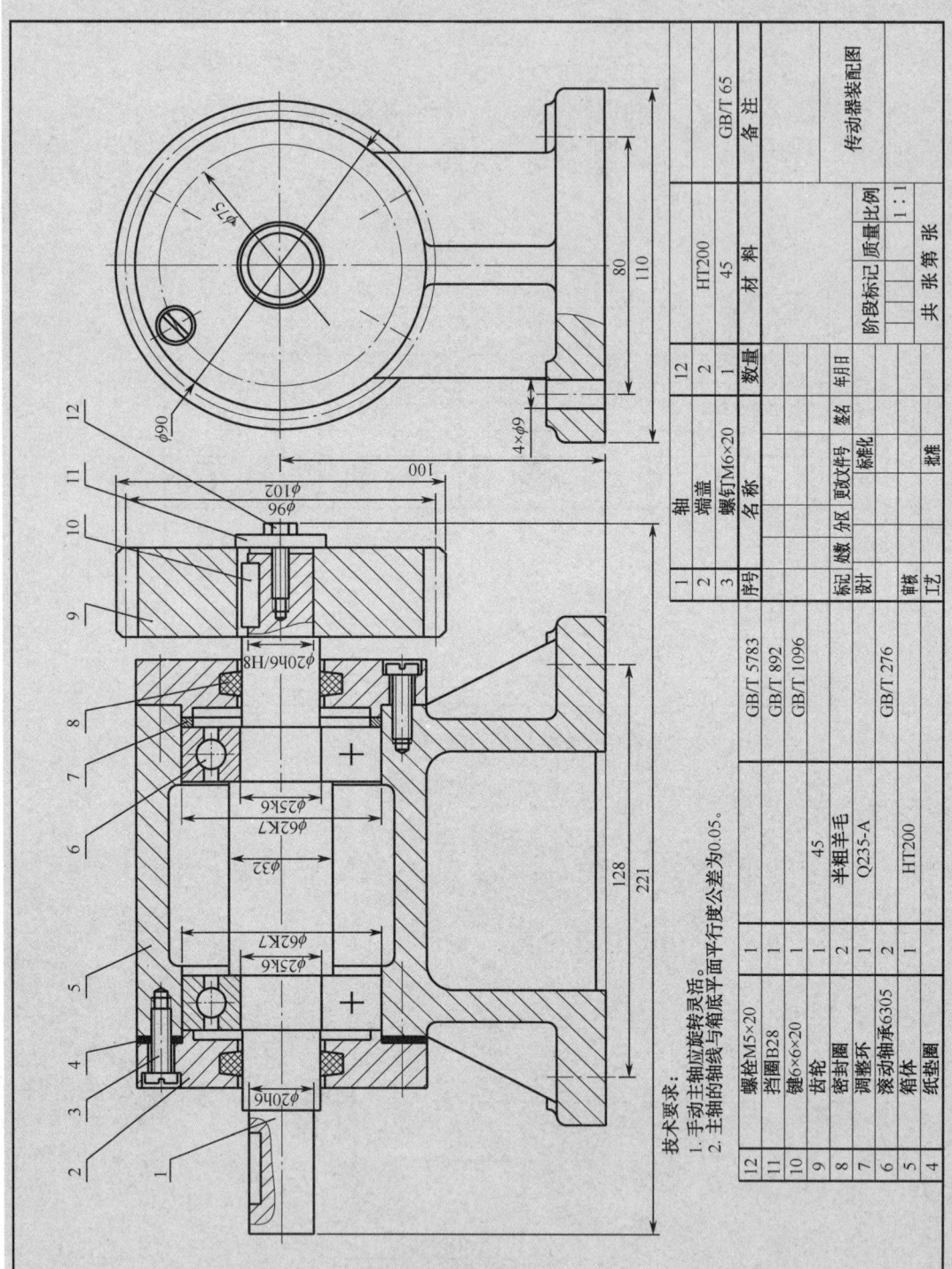

图6-19 传动器的装配图

6.1.6 绘制铣刀头装配图

1. 了解、分析铣刀头装配体

画图前,首先对所画装配体的性能、用途、工作原理、结构特征及零件之间的装配关系进行了解和分析。

图 6-20 所示为铣刀头的轴测图。铣刀头是安装在铣床上的一个专用部件,其作用是安装铣刀,铣削零件。该部件共由 16 种零件组成。铣刀装在铣刀盘(细双点画线所示)上,铣刀盘通过键 13(双键)与轴 9 连接。动力通过 V 带轮 4 经键 5 传递到轴 9,再到键 13,从而带动铣刀盘旋转,铣刀盘上的刀具对零件进行铣削加工。

两个圆锥滚子轴承 8 安装在座体的轴孔中支承轴 9,用两个端盖 12 及调整环 7 调节轴承的松紧并确定轴 9 的轴向定位;两个端盖用螺钉 6 与座体 10 连接,端盖内装有毡圈 11,紧贴轴起密封防尘的作用;V 带轮 4 轴向一端靠在轴 9 的轴肩端面上,另一端由挡圈 1、螺钉 2、销 3 来固定,径向由键 5 固定在轴 9 的左端;铣刀盘与轴 9 的右端由挡圈 14、垫圈 16 及螺栓 15 固定。

为了做好画图前的准备工作,常采用画装配示意图的方法来表示装配体的工作原理和装配关系,即用简单的线条画出主要零件的轮廓线,并用符号表示出一些常用件和标准件,供拼画装配图时参考。

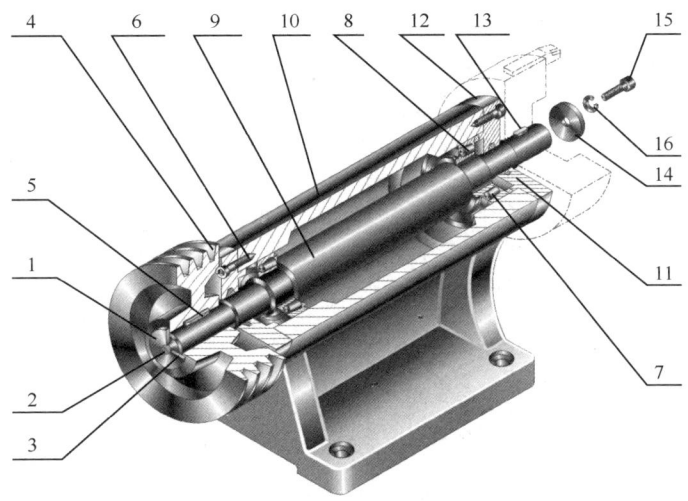

图 6-20 铣刀头轴测图

2. 绘制零件草图

整理铣刀头中的所有零件。对于标准件,要确定其型号。对于非标准件,要画出其零件草图,并标注尺寸。

在铣刀头所有零件中,标准件有挡圈 35、螺钉 M6×20、销 3×12、键 8×40、轴承 30307、键 8×20、挡圈 B32、螺栓 M6×20、垫圈 6,其尺寸和结构可查阅附录 A。V 带轮、调整环、轴、座体、端盖为非标准件,端盖零件图如图 6-21 所示,调整环零件图如图 6-22 所示,V 带轮零件图如图 6-23 所示,轴零件图见图 4-1(b),座体零件图见图 4-98。

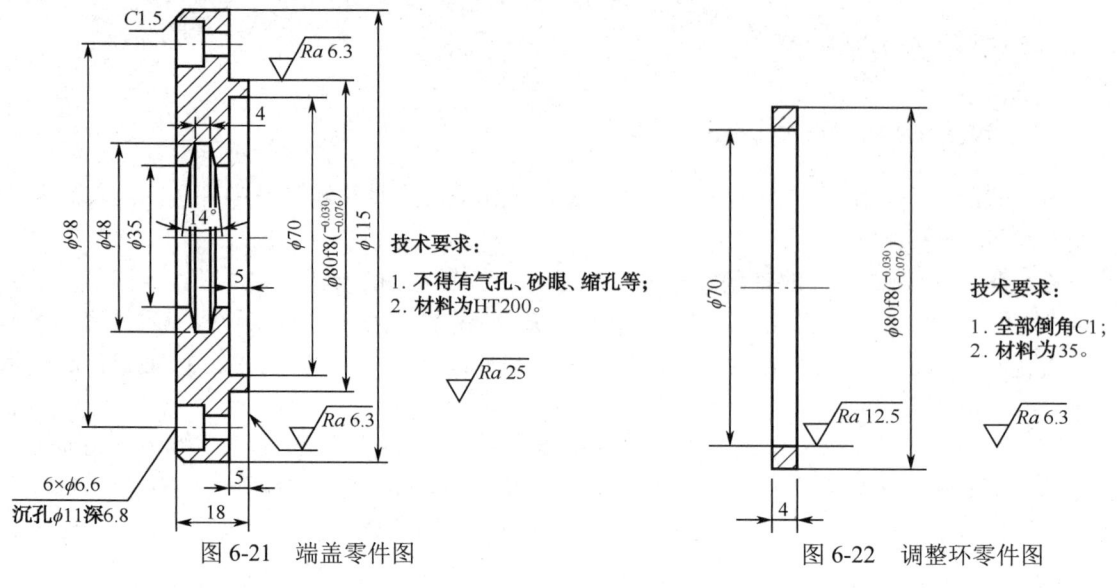

图 6-21 端盖零件图   图 6-22 调整环零件图

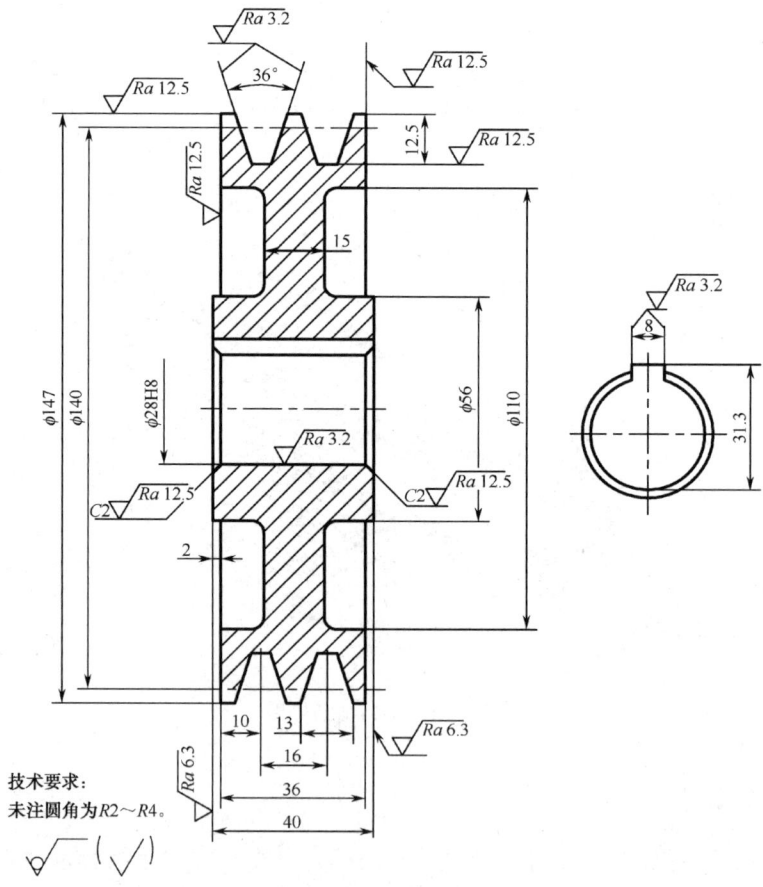

图 6-23 V 带轮零件图

3. 绘制铣刀头装配图

（1）分析和想象零件图，确定表达方案

主视图的选择应符合下列要求。

① 一般按部件的工作位置放置。当部件在机器上的工作位置倾斜时，可将其放正，使主要装配轴线垂直于某基本投影面，以便于画图。

② 应能较好地反映部件的工作原理和主要零件间的装配关系，因此一般画成剖视图。

铣刀头座体水平放置，符合工作位置要求，主视图是剖切面通过轴的轴线的全剖视图，在轴的两端作局部剖视图，清楚地表达出铣刀头的装配轴线。分析部件在主视图中尚未表达清楚的装配关系和主要零件的结构形状，应选择适当的其他视图或剖视图来表达。

（2）画图步骤

根据所画部件的大小和复杂程度确定图样比例，再按照既定的表达方案，考虑标注尺寸、编写序号、明细栏、标题栏等所占的位置，选定图幅，然后按下列步骤画图。

① 画出图框和标题栏、明细栏的外框。

② 布置视图——按估计的各视图的大小，在适当位置画出各视图的作图基准，即画出主体零件的主要轴线、中心线或对称线、基面或端面，确定各视图的位置。布置视图时，要注意在视图之间为标注尺寸和编写序号留有足够的位置，并力求图面布置均匀。

③ 画底稿——画部件的视图一般应从主视图开始，先画基本视图，后画非基本视图，同时应考虑视图间的投影关系。在画各零件的先后顺序上，为使图中各零件都表示在正确的位置，应从主体零件（如轴、座体）的主要轴线或中心线入手，一般先画主体零件的主要结构，再画与其有装配关系的零件轮廓，最后画内部结构及螺栓、螺钉等紧固件。为了尽量避免出现不必要的线条，在画剖视图时，可依装配轴线由内向外按装配关系逐步画出各个零件的可见轮廓，被遮部分和被遮零件可不画；在画不剖的基本视图时，要从部件的整体考虑，一般按投影方向只画各零件的可见轮廓。

④ 完成全图——底稿检查无误后，先擦去多余作图线，再标注尺寸、公差配合代号；画剖面线和加深图线；编写零件序号；最后填写技术要求和明细栏、标题栏的具体内容。

最终完成的铣刀头装配图如图6-24所示。

（3）画装配图总结

① 掌握装配图的规定画法、特殊画法。

② 画装配图首先选好主视图，确定较好的视图表达方案，把部件的工作原理、装配关系、零件之间的连接固定方式和重要零件的主要结构表达清楚。

③ 根据尺寸的作用，弄清装配图上应标注哪几类尺寸。

④ 掌握正确的画图方法和步骤。画图时必须首先了解每个零件在轴向、径向的固定方式，使它在装配体中有一个固定的位置。一般径向靠配合、键、销连接固定，轴向靠轴肩或端面固定。

6.1.7 识读装配图

1. 读装配图的意义

（1）依据装配图绘制零件工作图

完成装配体的设计，只是对部件有了整体构思，还不能进入生产制造阶段。只有依据装配图绘制出零件工作图，才能接着进行工艺设计、工装设计，制订生产计划，备料等工作，真正进入到实际的生产阶段。

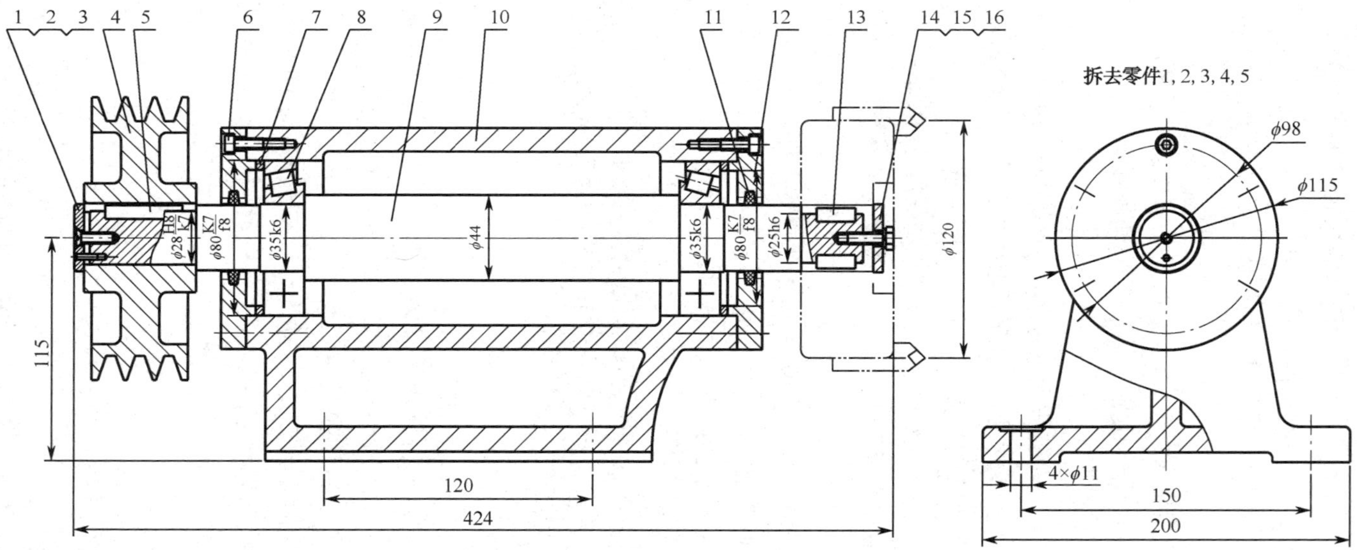

技术要求：

1. 手动主轴应旋转灵活。
2. 主轴的轴线与箱底平面平行度公差为0.05。

序号	名称	数量	材料	备注
16	垫圈6	1	65Mn	GB/T 97.1—2002
15	螺栓M6×20	1	Q235-A	GB/T 5783—2000
14	挡圈B32	1	35	GB/T 892—1986
13	键8×20	2	45	GB/T 1096—1979
12	端盖	1	HT200	
11	毡圈25	1	222-36	
10	座体	1	HT200	
9	轴	1	45	
8	轴承30307	2		GB/T 297
7	调整环	2	35	
6	螺钉M6×20	12	Q235-A	GB/T 70.1—2000
5	键8×40	1	45	GB/T 1096—1979
4	V带轮	1	HT150	
3	销3×12	1	35	GB/T 119.1—2000
2	螺钉M6×20	1	Q235-A	GB/T 68—2000
1	挡圈35	1	Q235-A	GB/T 891—1986

铣刀头		比例	质量	共 张	
		1:2		第 张	
制图					
审核					

图6-24　铣刀头装配图

阅读装配图、拆画零件图是对零件的详细设计，由于装配图上的零件相互重叠，一般只能表示出零件的大致结构，所以应另外绘制零件工作图，详细设计零件的每一个结构，即零件在工作状态时的图样。

（2）依据装配图组装零件，成为部件或整机

当零件制作完成，计划外购件购回后就能进行装配工作了，这时可依据装配图把零件装配成为部件或整机，并按照装配要求进行调试、检验。

（3）保养和维修时参照装配图拆卸和重装

保养和维修时要参照装配图进行拆卸和重装，进行较深层次的技术交流也要用到装配图。

2. 读装配图的基本方法

读装配图是工程技术人员必备的一种能力，在设计、装配、调试及进行技术交流时，都要读装配图。

（1）了解部件的功用、使用性能和工作原理。

（2）弄清各零件的作用和它们之间的相对位置、装配关系和连接固定方式、配合种类与传动路线等。

（3）弄清各零件的名称、数量、材料、作用和基本结构形状。

（4）了解部件的尺寸和技术要求。

3. 读装配图的方法和步骤

装配图一般比较复杂，因而读装配图是一个由浅入深逐步分析的过程。下面以机用虎钳（见图6-25）为例，说明读装配图的一般方法与步骤。

1）概括了解

机用虎钳是安装在机床上的一种夹具，该装配体的大致结构为长方块。读标题栏和明细栏可知道机用虎钳由11种零件组成，其中标准件2种，自制零件9种。

浏览全图，结合标题栏和明细栏中的内容了解部件的名称、规格，各零件的名称、材料和数量，按图上的编号了解各零件的大体装配情况、用途和使用性能。

2）分析表达方案，细读各视图

（1）分析表达方案

弄清各个视图的名称、所采用的表达方法和所表达的主要内容及视图间的投影关系。这一组视图共由六个视图组成，主、俯、左三个基本视图关系清晰。主视图为全剖视图，并带有局部剖，反映虎钳的工作原理和零件间的装配关系；俯视图为局部剖视图，表达钳口板与固定钳身连接的局部结构并显示虎钳的外形；左视图为半剖视图，表达固定钳身、活动钳身与螺母三个零件间的装配关系。另外还有局部放大图、断面图、单独零件图。"C—C"为断面图，用于表达螺杆右端的截面形状；标有"件4　A"的视图采用的是局部视图，为单独画法，表示钳口板的形状；标有比例的图为局部放大图，表达螺杆上的特殊螺纹（矩形螺纹）的牙型。

（2）细读各视图

根据表达方案和各视图间的对应关系，读出工作原理、传动线路，分析零件间的相对位置、零件间的连接方式、配合关系及装拆顺序。

序号	名称	数量	材料	备注
11	螺钉M6×20	4	Q235A	GB/T 68
10	销A4×25	1	35	GB/T 1171
9	挡圈	1	45	
8	垫圈	1	Q235A	
7	活动钳身	1	HT150	
6	螺母	1	ZCuSn5Pb5Zn5	
5	螺钉	1	Q235A	
4	钳口板	2	45	
3	固定钳身	1	HT150	
2	垫圈	1	Q235A	
1	螺杆	1	45	

标记	处数	分区	更改文件号	签名	年月日			机用虎钳
设计			标准化			阶段标记	重量	比例
								1∶2
审核						共 张第 张		

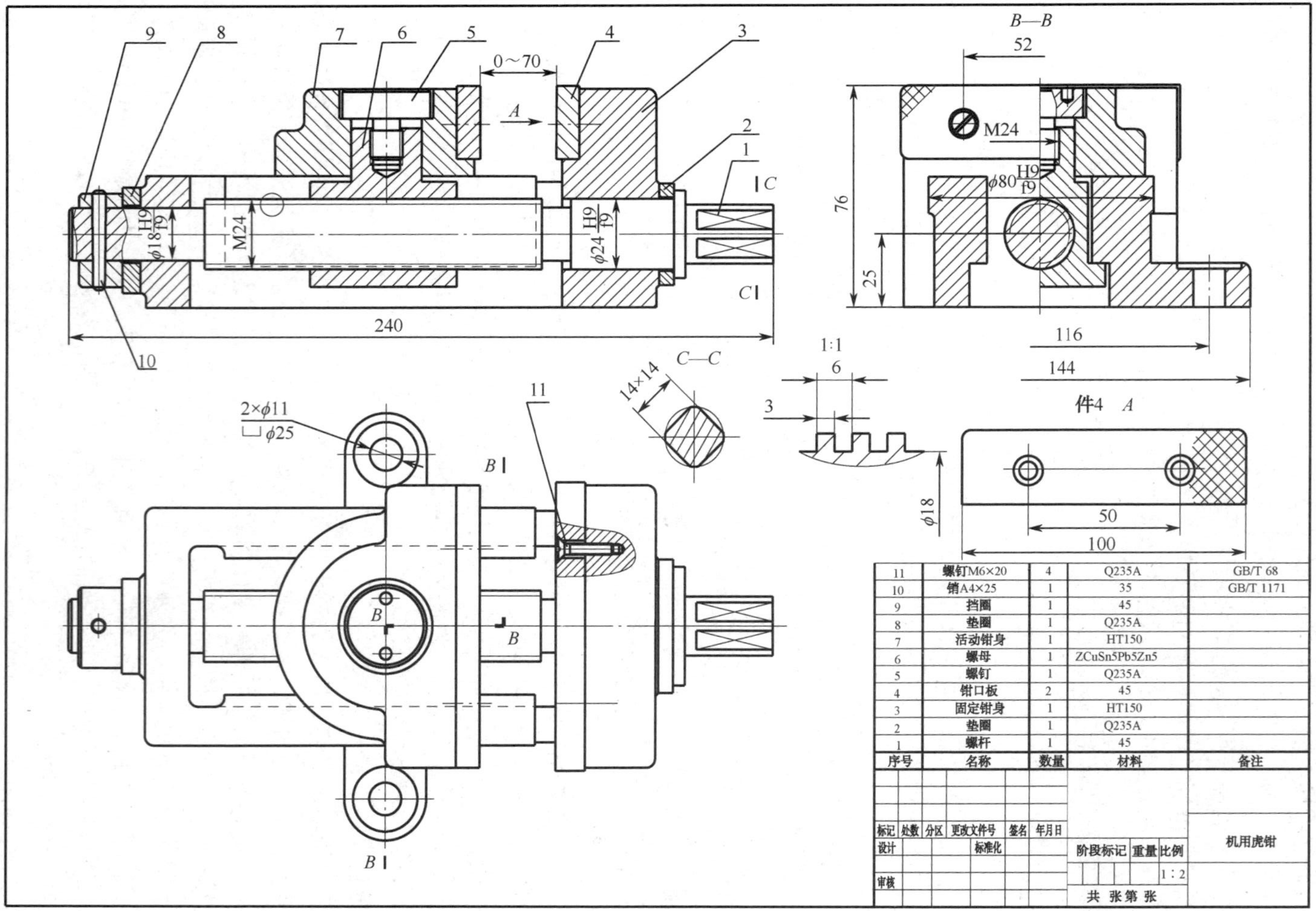

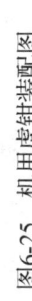

图6-25 机用虎钳装配图

① 工作原理：旋转螺杆 1 使螺母 6 带动活动钳身 7 在水平方向左右移动，夹紧工件进行切削加工。

② 配合关系：根据图中配合尺寸和配合代号，判别零件配合的基准制度、配合种类及轴、孔的公差等级等。

③ 连接和固定方式：弄清零件之间用什么方式连接，零件是如何固定、定位的。

螺杆的轴向定位与固定：右下方固定钳身的台阶面，其固定靠左端垫圈 8、挡圈 9、销 10 和右端的垫圈 2。

活动钳身与螺母连接：通过螺钉 5 连接。

钳口板与固定钳身、活动钳身的连接：通过螺钉 11 连接。

④ 装拆顺序：件 10 销→件 9 挡圈→件 8 垫圈→件 5 螺钉→件 7 活动钳身→件 6 螺母→件 2 垫圈。

（3）分析零件的结构形状

为了深入了解部件的结构特点和装配关系，还需弄清每个零件的结构形状。对于装配图中的标准件如螺纹紧固件、键、销等，以及常用的简单零件如小轴、手柄等，其作用和结构形状比较明确，无须细读，看懂它们的投影后，就将其从图中"剥离"出去，然后集中精力分析剩下的为数不多的复杂零件。

对复杂零件的结构形状详加分析时，首先要从装配图中"分离"出该零件的投影轮廓。其方法是：对照明细栏，在编写序号的视图上确定该零件的位置并依据剖面线划定零件的投影轮廓；接着可按视图间的投影关系，并根据同一零件的剖面线在各个视图上方向与间隔必须一致的规定，以及实心件不剖等规定，将复杂零件在各个视图上的投影范围及其轮廓搞清楚。接着根据分离出的投影轮廓，先推想出因其他零件的遮挡或因表达方法的规定而未被表示的投影和结构，最后运用形体分析法并辅以线面分析法进行仔细推敲，弄清零件的结构形状。在找对应投影关系时，还要借助丁字尺、三角板、分规等帮助找出各个零件在各个视图中的投影关系。

当某些零件的结构形状在装配图上表达不够完整时，可先分析相邻零件的结构形状，根据它和周围零件的关系及其作用，再来确定该零件的结构形状就比较容易了。但有时还需要参考零件图来加以分析，以弄清零件的细小结构及其作用。

（4）尺寸分析

规格尺寸：0～70。

装配尺寸：$\phi 18H9/f9$、$\phi 24H9/f9$、$\phi 80H9/f9$ 等。

安装尺寸：116、$2\times\phi 11/$锪平$\phi 25$。

总体尺寸：76、240、144。

其他重要尺寸：螺杆和螺母牙型尺寸 M24、$\phi 18$、3、6；螺杆方身尺寸 14×14；钳口板主要尺寸包括螺钉中心距 50、长 100。

3）归纳总结

对装配图进行上述分析后，还要对技术要求、全部尺寸进行分析、研究，最后对装配体上零件的运动情况、工作原理、装配关系、拆卸顺序等综合归纳，想象出总体形状（见图 6-26），并进一步了解整体和各部分的设计意图。

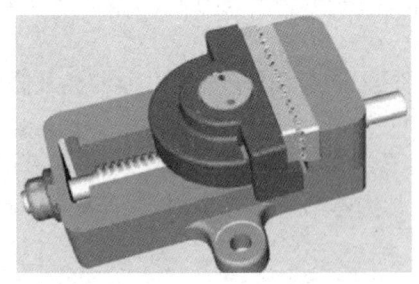

图 6-26 机用虎钳的立体图

上述读装配图的方法步骤仅是概括说明，实际上读装配图的几个步骤往往是交替进行的。要想提高读装配图的能力，掌握读图规律，必须不断实践，才能达到目的。

4. 根据装配图拆画零件图

在设计新机器时，通常根据使用要求，先画出装配图，确定实现其工作性能的主要结构，然后依据装配图来设计零件并画出零件图。由装配图拆画零件图，不仅是机械设计中的一个重要环节，也是考核、检查能否读懂装配图的重要手段。

根据装配图拆画零件图，不仅需要较强的读图、画图能力，而且需要有一定的设计和工艺知识，其一般步骤如下：

（1）分离出零件

① 根据明细栏中的零件符号，从装配图中找到该零件所在的位置。

② 根据零件的剖面线倾斜方向和间隔，以及投影规律确定零件在各视图中的轮廓范围，并将其分离出来。

（2）构思零件的完整结构

① 利用配对连接结构形状相同或相似的特点，确定配对连接零件的相关部分形状，给分离出的投影补线。

② 根据视图表达方法的特点，确定零件相关结构的形状，给分离出的投影补线。

③ 根据配合零件的形状、尺寸符号，并利用构形分析，确定零件相关结构的形状。

④ 根据零件的作用再结合形体分析法，综合起来想象出零件总体的结构形状。

（3）确定零件视图及其表达方案，画零件图

① 零件图的视图表达方案应根据零件的形状特征确定，而不能盲目照抄装配图。

② 在装配图中允许不画的零件的工艺结构，如倒角、圆角、退刀槽等，在零件图中应全部注出。

（4）标注零件的尺寸

① 装配图中已标注的零件尺寸需全部抄注到零件图上。

② 标准化结构查手册取标准值。

③ 有些尺寸由公式计算确定。

④ 其余尺寸按比例从装配图中直接量取，并圆整。

（5）确定零件加工的技术要求

零件图上的技术要求，应根据零件的作用、与其他零件的装配关系，以及结构、工艺方面的知识或由同类图纸确定。

【例 6-2】根据机用虎钳装配图拆画活动钳身零件图。

（1）将活动钳身从装配图中分离，如图 6-27 所示。

（2）构思零件的完整结构，给分离出的投影补线，如图 6-28 所示。

（3）确定零件视图及其表达方案，构思活动钳身实体，如图 6-29 所示。

（4）标注零件的尺寸，如图 6-30 所示。

（5）确定零件加工的技术要求，如图 6-30 所示。

拆画零件图应注意的问题如下。

（1）根据零件各表面的作用和工作要求，注出表面粗糙度代号。

① 配合表面：Ra 值取 3.2～0.8，公差等级高的 Ra 取较小值。

② 接触面：Ra 值取 6.3～3.2，如零件的定位底面 Ra 可取 3.2，一般端面可取 6.3 等。

③ 需加工的自由表面（不与其他零件接触的表面）：Ra 值可取 25～12.5，如螺栓孔等。

（2）根据零件在部件中的作用和加工条件，确定零件图的其他技术要求。

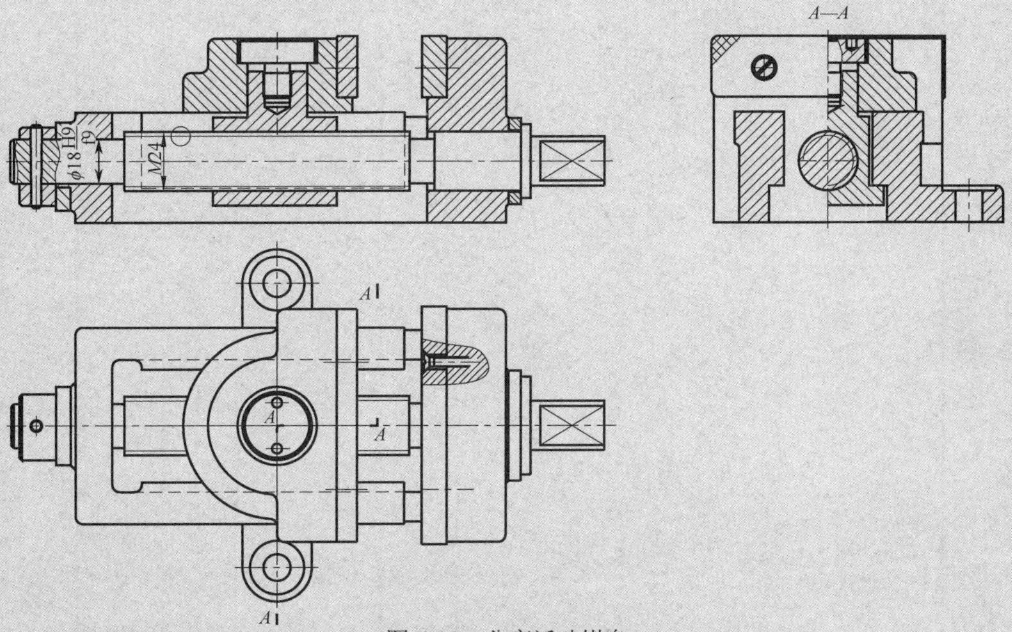

图 6-27 分离活动钳身

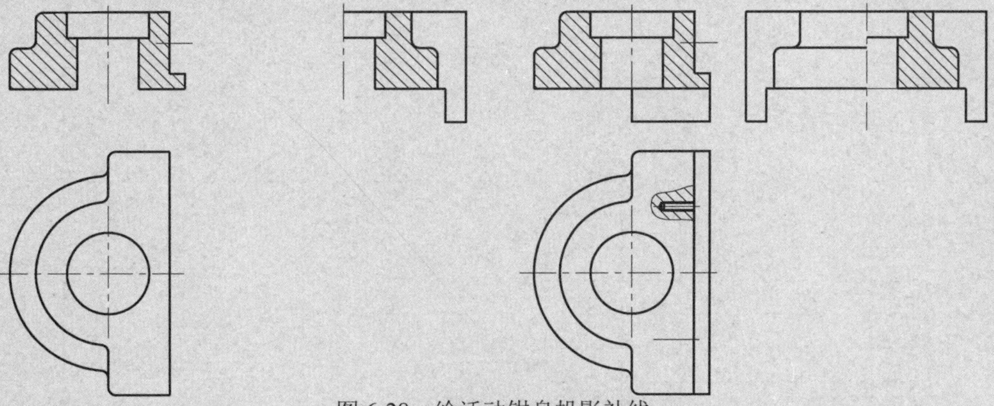

图 6-28 给活动钳身投影补线

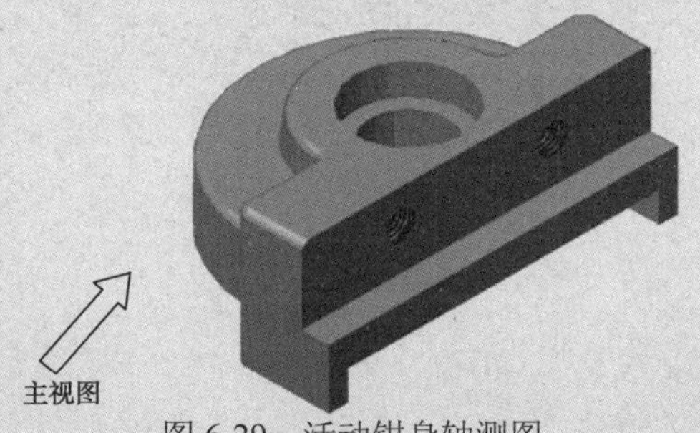

图 6-29 活动钳身轴测图

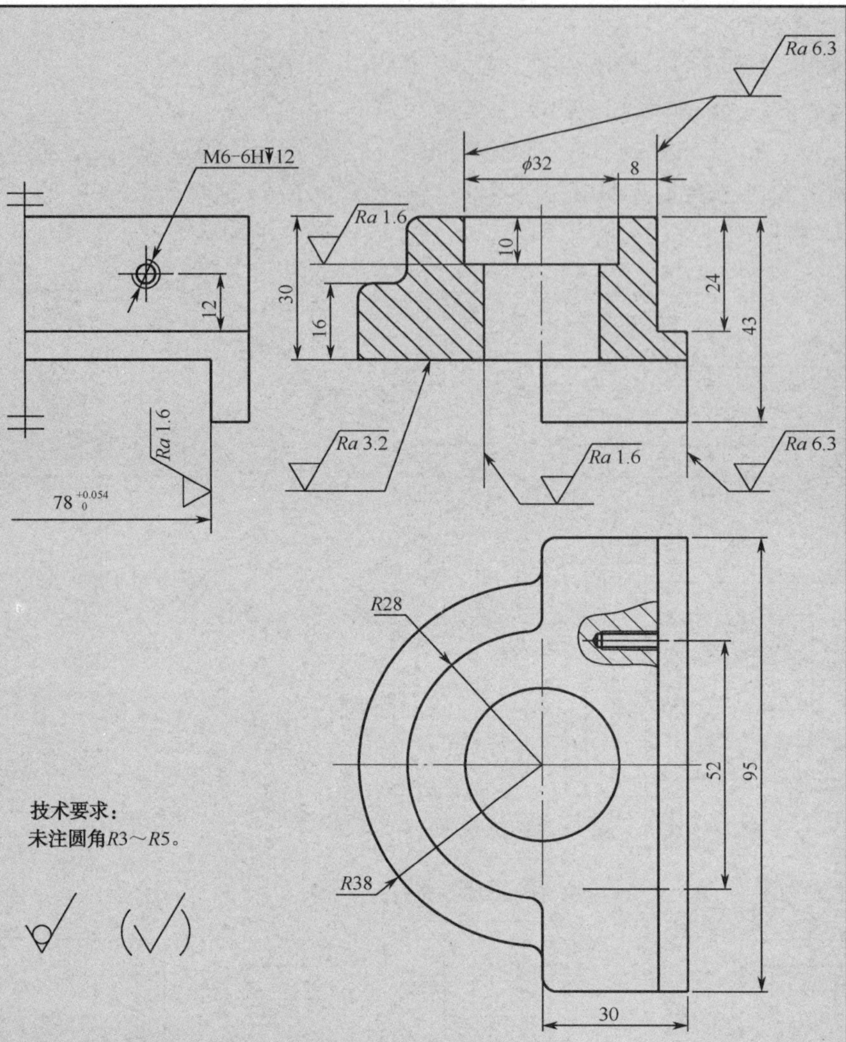

图 6-30 活动钳身零件图

技能训练

根据旋塞的装配示意图（图 6-31）和零件图（图 6-32～图 6-36），在 A3 图纸上按 1∶1 画出装配图。

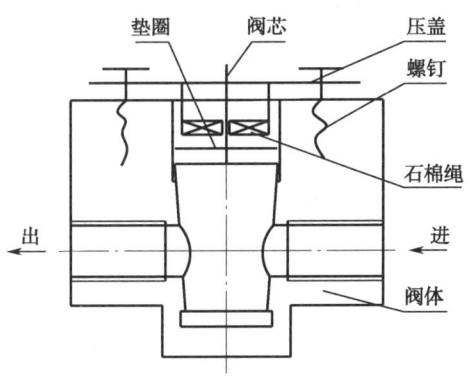

图 6-31　旋塞装配示意图

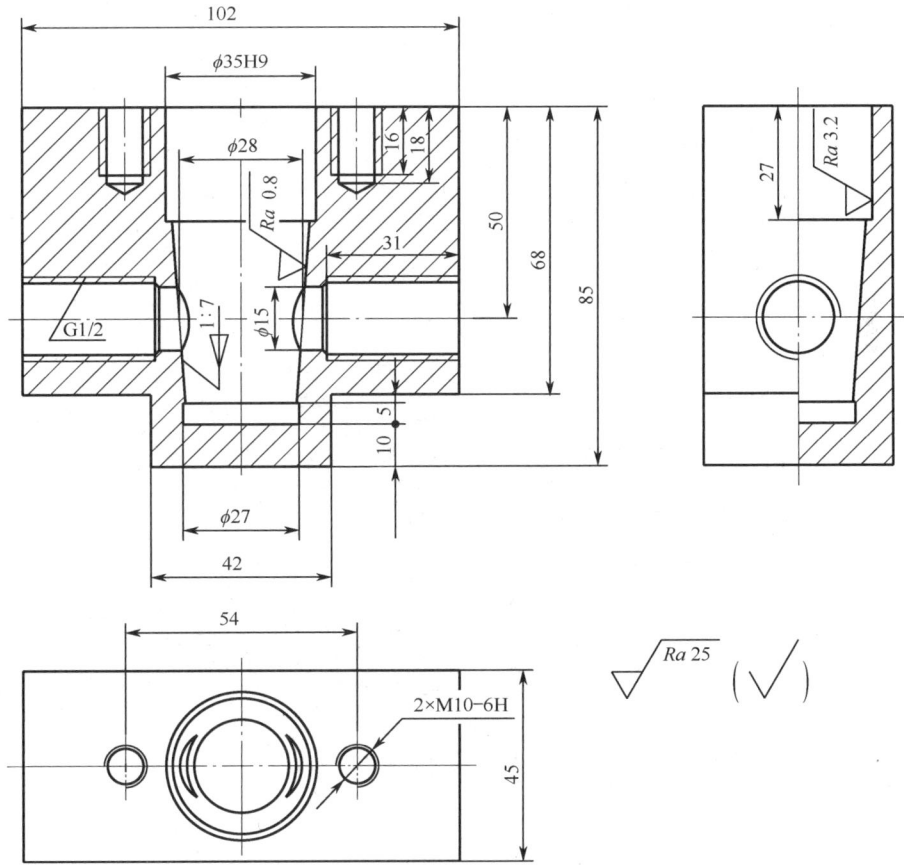

图 6-32　阀座零件图

旋塞工作原理：旋塞以螺纹连接于管道上，作为开关设备能够快速进行开关控制。开的位置在阀芯顶部，有长槽作为标记。当阀芯转动 90% 时，长槽处于和管道垂直位置，则为关闭状态。为了防止泄漏，将阀芯与阀体之间用石棉绳缠上，用压盖盖上并压紧。

注意：填料压紧后的高度为12mm。

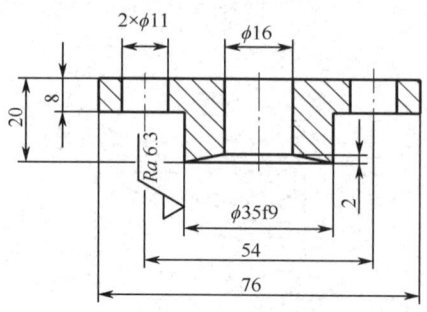

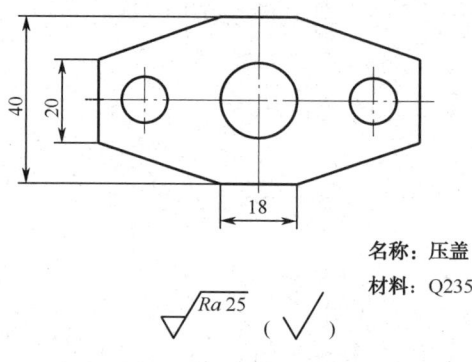

图 6-33 压盖零件图

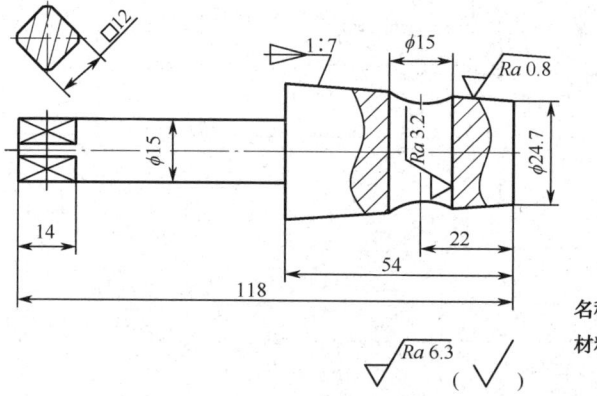

图 6-34 阀芯零件图

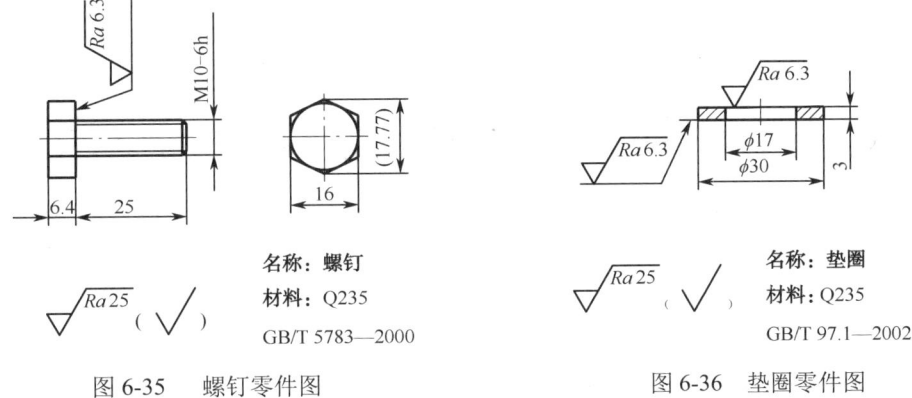

图 6-35 螺钉零件图　　　　　　　　　图 6-36 垫圈零件图

延伸阅读

大国重器——从制造大国到制造强国

十几年来，从深海中的"奋斗者号"成功万米坐底，到蓝天上的 C919 大型客机取证交付，再到升空的嫦娥探月、祝融探火、羲和逐日、北斗组网；从工矿企业的五轴联动加工中心填补空白、8.8 米超大采高智能化矿山装备成功研制，再到百万千瓦水电机组投入运行，这一大批重大标志性创新成果，一系列星光熠熠的大国重器，将引领我国实现从"制造大国"向"制造强国"的历史性跨越。

12000 吨米塔机的故事是大国重器十几年来高速发展的缩影。这台世界最大的塔机是中联重科为建设世界最大跨度公铁两用斜拉桥——常泰长江大桥特别打造的产品，此后还将参建世界最大跨度三塔斜拉桥——安徽巢马长江大桥。这台塔机自重高达 4000 吨，额定起重力矩达 12000 吨·米，可以将重达 450 吨的桥墩最大升至 400 米的高度，相当于可以一次起吊 300 辆小轿车至 130 层楼的高度。

盾构机，特别是大型盾构机曾经长期依赖进口。如今，这种局面已被打破。铁建重工的"京华号"盾构机，高达数层楼的直径而难以想象其在地底施工之难，而其为北京东六环改造工程西线隧道量身定制的"京华号"最大开挖直径更是达 16.07 米，超过 5 层楼，整机长 150 米，总重量 4300 吨。

高铁，中国制造的金名片。"复兴号"更是世界瞩目的超级工程。2017 年，由中国中车制造的具有完全自主知识产权的中国标准动车组"复兴号"在京沪高铁正式双向首发。中国中车打造了完全自主知识产权、世界领先的产品平台，使"复兴号"的速度、加速度、牵引动力控制精度等关键指标领先国际同行。

从关键零部件到整机系统，大国重器竞相涌现，高端化、智能化、绿色化、国际化趋势更加明显，中国制造业正不断超越自己，向产业中高端层层跃进。图样是工程界的技术语言，是重要的技术文件，学好机械制图，才能为走好我国的强国之路打下坚实的基础。

附录 A 螺纹、常用标准件及公差配合

A.1 螺纹

1. 普通螺纹

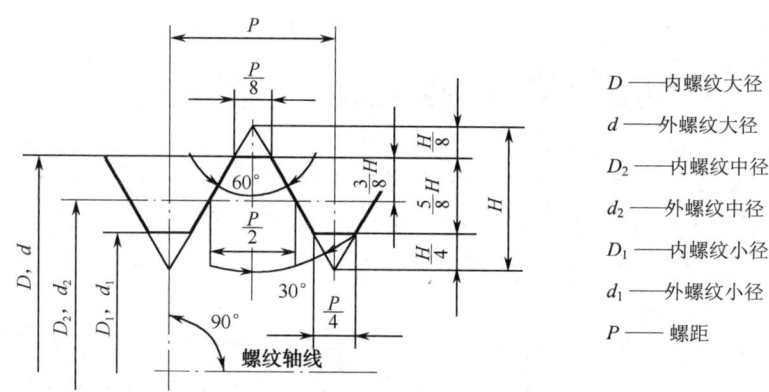

图 A-1 普通螺纹公称直径、螺距和基本尺寸

D —— 内螺纹大径
d —— 外螺纹大径
D_2 —— 内螺纹中径
d_2 —— 外螺纹中径
D_1 —— 内螺纹小径
d_1 —— 外螺纹小径
P —— 螺距

标记示例：

M10-6g（粗牙普通外螺纹、公称直径 d=10、右旋、中径及顶径公差带代号均为 6g、中等旋合长度）

M10×1LH-6H-L（细牙普通内螺纹、公称直径 D=10、螺距 P=1、左旋、中径及小径公差带代号均为 6H、长旋合长度）

表 A-1 常见普通螺纹尺寸（摘自 GB/T 193—2003、GB/T 196—2003）　　　（单位：mm）

公称直径 D, d		螺距 P		粗牙中径 D_2, d_2	粗牙小径 D_1, d_1
第一系列	第二系列	粗牙	细牙		
3		0.5	0.35	2.675	2.459
	3.5	(0.6)		3.110	2.850
4		0.7	0.5	3.545	3.242
	4.5	(0.75)		4.013	3.688
5		0.8		4.480	4.134
6		1	0.75，(0.5)	5.350	4.917
8		1.25	1，0.75，(0.5)	7.188	6.647
10		1.5	1.25，1，0.75，(0.5)	9.026	8.376
12		1.75	1.5，1.25，1，(0.75)，(0.5)	10.863	10.106
	14	2	1.5，(1.25)*，1，(0.75)，(0.5)	12.701	11.835

续表

公称直径 D, d		螺距 P		粗牙中径 D_2, d_2	粗牙小径 D_1, d_1
第一系列	第二系列	粗牙	细牙		
16		2	1.5, 1, (0.75), (0.5)	14.701	13.835
	18	2.5	2, 1.5, 1, (0.75), (0.5)	16.376	15.294
20		2.5		18.376	17.294
	22	2.5	2, 1.5, 1, (0.75), (0.5)	20.376	19.294
24		3	2, 1.5, 1, (0.75)	22.051	20.752
	27	3	2, 1.5, 1, (0.75)	25.051	23.752

注：（1）优先选用第一系列，括号内尺寸尽可能不用，第三系列未列入。
　　（2）M14×1.25 仅用于火花塞。

2. 梯形螺纹

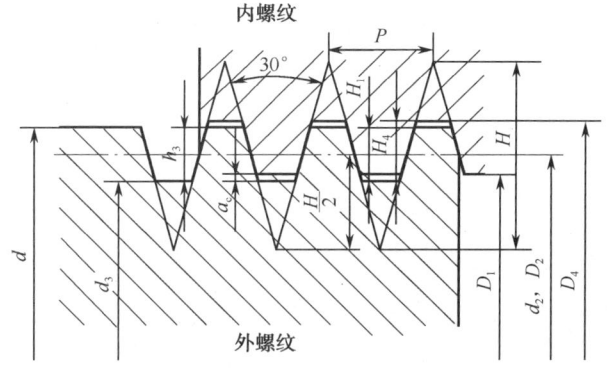

d ——外螺纹大径（公称直径）
d_3 ——外螺纹小径
D_4 ——内螺纹大径
D_1 ——内螺纹小径
d_2 ——外螺纹中径
D_2 ——内螺纹中径
P ——螺距
a_c ——牙顶间隙

图 A-2　梯形螺纹公称直径、螺距和基本尺寸

标记示例：

Tr 40×7-7H（单线梯形内螺纹、公称直径 d=40、螺距 P=7、右旋、中径公差带代号为 7H、中等旋合长度）

Tr 60×18（P9）LH-8e-L（双线梯形外螺纹、公称直径 D=60、导程 S=18、螺距 P=9、左旋、中径公差带代号为 8e、长旋合长度）

表 A-2　梯形螺纹基本尺寸（摘自 GB/T 5796.1～5796.4—2022）　　　（单位：mm）

梯形螺纹的基本尺寸												
d 公称系列		螺距 P	中径 $d_2=D_2$	大径 D_4	小径		d 公称系列		螺距 P	中径 $d_2=D_2$	大径 D_4	小径	
第一系列	第二系列				d_3	D_1	第一系列	第二系列				d_3	D_1
8	—	1.5	7.25	8.3	6.2	6.5	32	—	6	29	33	25	26
—	9	2	8	9.5	6.5	7	—	34		31	35	27	28
10	—		9	10.5	7.5	8	36	—		33	37	29	30
—	11		10	11.5	8.5	9	—	38	7	34.5	39	30	31
12	—	3	10.5	12.5	8.5	9	40	—		36.5	41	32	33

续表

梯形螺纹的基本尺寸												
d 公称系列		螺距 P	中径 $d_2=D_2$	大径 D_4	小径		d 公称系列		螺距 P	中径 $d_2=D_2$	大径 D_4	小径	
第一系列	第二系列				d_3	D_1	第一系列	第二系列				d_3	D_1
—	14	4	12.5	14.5	10.5	11	—	42	8	38.5	43	34	35
16	—		14	16.5	11.5	12	44	—		40.5	45	36	37
—	18		16	18.5	13.5	14	—	46		42	47	37	38
20	—		18	20.5	15.5	16	48	—		44	49	39	40
—	22	5	19.5	22.5	16.5	17	—	50		46	51	41	42
24	—		21.5	24.5	18.5	19	52	—		48	53	43	44
—	26		23.5	26.5	20.5	21	—	55	9	50.5	56	45	46
28	—		25.5	28.5	22.5	23	60	—		55.5	61	50	51
—	30	6	27	31.0	23.0	24	—	65	10	60.0	66	54	55

注：（1）优先选用第一系列的直径。
（2）表中所列的螺距和直径，是优先选择的螺距及与之对应的直径。

3. 锯齿形螺纹

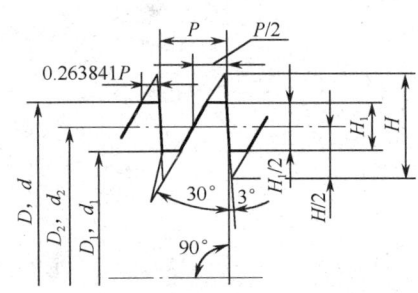

图 A-3　锯齿形螺纹公称直径、螺距和基本尺寸

d —— 外螺纹大径（公称直径）
D —— 内螺纹大径
d_2 —— 外螺纹中径
D_2 —— 内螺纹中径
d_1 —— 外螺纹小径
D_1 —— 内螺纹小径
P —— 螺距
$d_2=D_2=d-0.75P$
$d_1=D_1=d-1.5P$
$H=1.587911P$
$H_1=0.75P$

标记示例：

B40×7-7H（单线锯齿形内螺纹、公称直径 d=40、螺距 P=7、右旋、中径公差带代号为 7H、中等旋合长度）

B40×14（P7）-8e-L（双线锯齿形外螺纹、公称直径 D=40、导程 S=14、螺距 P=7、右旋、中径公差带代号为 8e、长旋合长度）

表 A-3　锯齿形螺纹基本尺寸（摘自 GB/T 5796.1～5796.4—2022）　　（单位：mm）

锯齿形螺纹的直径与螺距系列						
d 公称系列		螺距 P	d 公称系列		螺距 P	
第一系列	第二系列		第一系列	第二系列	
10	—	2	32	—	6
12	—	3		34	

续表

锯齿形螺纹的直径与螺距系列					
d 公称系列		螺距 P	d 公称系列		螺距 P
第一系列	第二系列		第一系列	第二系列	
—	14	4	36	—	7
16	—		—	38	
—	18		40	—	
20	—		—	42	
—	22	5	44	—	8
24	—		—	46	
—	26		48	—	
28	—		—	50	
—	30	6	52	—	

注：（1）优先选用第一系列的直径。
（2）表中所列的螺距和直径，是优先选择的螺距及与之对应的直径。

4. 管螺纹

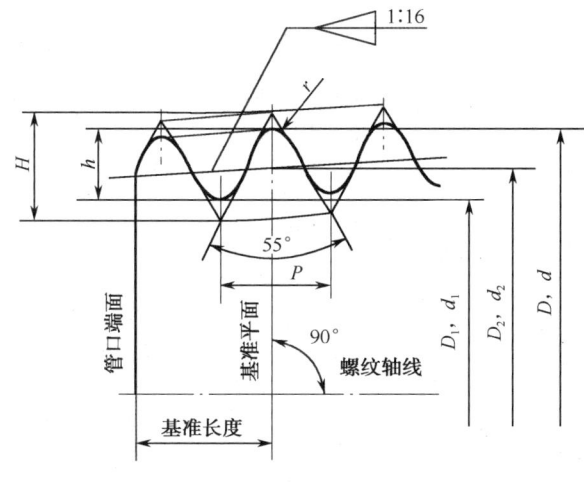
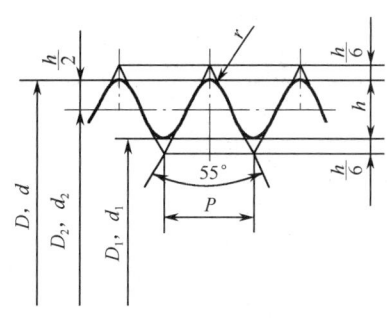

（a）螺纹密封的管螺纹　　　　　　　　　　（b）非螺纹密封的管螺纹

图 A-4　管螺纹

标记示例：

R1 1/2（尺寸代号 1 1/2，右旋，圆锥外螺纹）

G1 1/2-LH（尺寸代号 1 1/2，左旋，内螺纹）

Rc1 1/4-LH（尺寸代号 1 1/4，左旋，圆锥内螺纹）

G1 1/4A（尺寸代号 1 1/4，A 级，右旋，外螺纹）

Rp2（尺寸代号 2，右旋，圆柱内螺纹）

G2B-LH（尺寸代号 2，B 级，左旋，外螺纹）

表A-4 管螺纹基本尺寸（摘自GB/T 7306.1~7306.2—2000和GB/T 7307—2001） （单位：mm）

尺寸代号	基本直径			螺距P	牙高h	圆弧半径r	每25.4mm内的牙数n	有效螺纹长度（GB/T 7306）	基准长度（GB/T 7306）
	大径$d=D$	中径$d_2=D_2$	小径$d_1=D_1$						
1/16	7.723	7.142	6.561	0.907	0.518	0.125	28	6.5	4.0
1/8	9.728	9.147	8.566						
1/4	13.157	12.301	11.445	1.337	0.856	0.184	19	9.7	6.0
3/8	16.662	15.806	14.950					10.1	6.4
1/2	20.995	19.793	18.631	1.814	1.162	0.249	14	13.2	8.2
3/4	26.441	25.279	24.117					14.5	9.5
1	33.249	31.770	30.291					16.8	10.4
1 1/4	41.910	40.431	38.952					19.1	12.7
1 1/2	47.803	46.324	44.845						
2	59.614	58.135	56.656					23.4	15.9
2 1/2	75.184	73.705	72.226	2.309	1.479	0.317	11	26.7	17.5
3	87.884	86.405	84.926					29.8	20.6
4	113.03	111.551	110.072					35.8	25.4
5	138.430	136.951	135.472					40.1	28.6
6	163.830	162.351	160.872						

A.2 常用标准件

1. 六角头螺栓1

六角头螺栓—A和B级

六角头螺栓—全螺栓—A和B级

六角头螺栓—细牙—A和B级

六角头螺栓—细牙—全螺栓—A和B级

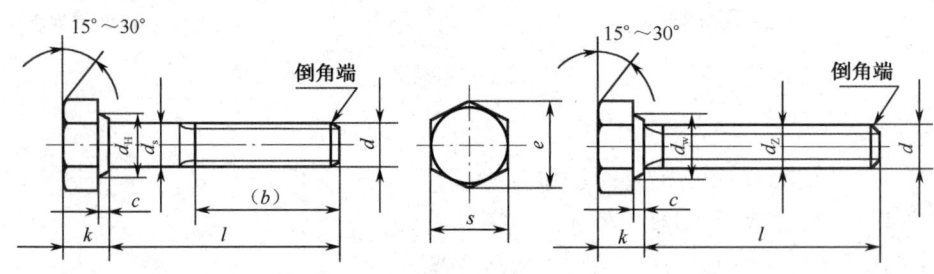

图A-5 六角头螺栓1

标记示例：

螺栓：GB/T 5782 M12×80（螺纹规格d=M12、公称长度l=80、性能等级为8.8、表面

氧化、产品等级为 A 级的六角头螺栓）

螺栓：GB/T 5783 M12×80（螺纹规格 d=M12、公称长度 l=80、性能等级为 8.8、表面氧化、全螺纹、产品等级为 A 级的六角头螺栓）

表 A-5 六角头螺栓基本尺寸 1（摘自 GB/T 5782、5783、5785、5786—2016）　　（单位：mm）

螺纹规格	d	M4	M5	M6	M8	M10	M12	M16	M20	M24	M30	M36
	$d×P$	—	—	—	M8×1	M10×1	M12×1.5	M16×1.5	M20×2	M24×2	M30×2	M36×3
b 参考	l≤125	14	16	18	22	26	30	38	46	54	66	78
	125<l≤200	—	—	—	28	32	36	44	52	60	72	84
	l>200	—	—	—	—	—	—	57	65	73	85	97
c_{max}		0.4	0.5	0.5	0.6	0.6	0.6	0.8	0.8	0.8	0.8	0.8
k 公称		2.8	3.5	4	5.3	6.4	7.5	10	12.5	15	18.7	22.5
d_{smax}		4	5.48	6.48	8.58	10.58	12.7	16.7	20.8	24.84	30.84	37
s_{max}		7	8	10	13	16	18	24	30	36	46	55
d_{wmin}	A	5.9	6.9	8.9	11.6	14.6	16.6	22.5	28.2	33.6	—	—
	B	—	6.7	8.7	11.4	14.4	16.4	22	27.7	33.2	42.7	51.1
e_{min}	A	7.66	8.79	11.05	14.38	17.77	20.03	26.75	33.53	39.98	—	—
	B	—	8.63	10.89	14.2	17.59	19.85	26.17	32.95	39.55	50.85	60.79
l 范围	GB/T 5782	25~40	25~50	30~60	35~80	40~100	45~120	55~160	65~200	80~240	90~300	110~360
	GB/T 5785											110~300
	GB/T 5783	8~40	10~50	12~60	16~80	20~100	25~100	35~100	40~100	40~100	40~100	40~100
	GB/T 5786	—	—	—			25~120	35~160	40~200	40~200	40~200	40~200
l 系列	GB/T 5782 GB/T 5785	20~65（5 进位）、70~160（10 进位）、180~400（20 进位）；l 小于最小值时，全长制螺纹										
	GB/T 5783 GB/T 5786	6、8、10、12、16、18、20~65（5 进位）、70~160（10 进位）、180~500（20 进位）										

注：（1）P：螺距，末端倒角按 GB/T 2—2016 规定。

（2）螺纹公差：6g；机械性能等级：8.8。

（3）产品等级：A 级用于 d=1.6~24 和 l≤10d 或 l≤150（按较小值）的螺栓；B 级用于 d>24 或 l>10d 或 l>150（按较小值）的螺栓。

2. 六角头螺栓 2

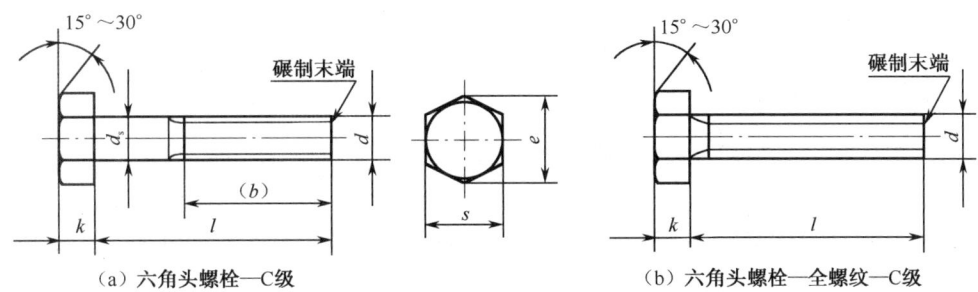

（a）六角头螺栓—C 级　　　　　　　　（b）六角头螺栓—全螺纹—C 级

图 A-6 六角头螺栓 2

标记示例：

螺栓：GB/T 5780　M20×100（螺纹规格 d=M20、公称长度 l=100、性能等级为 4.8、不经表面处理、杆身半螺纹、C 级的六角头螺栓）

螺栓：GB/T 5781　M120×80（螺纹规格 d=M12、公称长度 l=80、性能等级为 4.8、不经表面处理、全螺纹、C 级的六角头螺栓）

表 A-6　六角头螺栓2基本尺寸（摘自 GB/T 5780—2016 和 GB/T 5781—2016）（单位：mm）

螺纹规格 d		M5	M6	M8	M10	M12	M16	M20	M24	M30	M36	M42
b 参考	$l\leq125$	16	18	22	26	30	38	46	54	66	48	—
	$125<l\leq200$	—	—	28	32	36	44	52	60	72	84	96
	$l>200$	—	—	—	—	—	57	65	73	85	97	109
k 公称		3.5	4	5.3	6.4	7.5	10	12.5	15	18.7	22.5	26
$d_{s\max}$		5.48	6.48	8.58	10.6	12.7	16.7	20.8	24.8	30.8	37.0	45.0
$s_{\max}$		8	10	13	16	18	24	30	36	46	55	65
$e_{\max}$		8.63	10.89	14.2	17.6	19.85	26.17	32.95	39.55	50.85	60.69	72.02
l 范围	GB/T 5780	25～50	30～60	35～80	40～100	45～120	55～160	65～200	80～240	90～300	110～300	160～420
	GB/T 5781	10～40	12～50	16～65	20～80	25～100	35～100	40～100	50～100	60～100	70～100	80～420
l 系列		10、12、16、20～50（5 进位）、(55)、60、(65)、70～160（10 进位）、180、220～500（20 进位）										

注：（1）括号内的规格尽可能不用，末端倒角按 GB/T 2—2016 规定。

　　（2）螺纹公差：8g（GB/T 5780—2016），6g（GB/T 5781—2016）；机械性能等级：4.6、4.8；产品等级：C 级。

3. 六角螺母

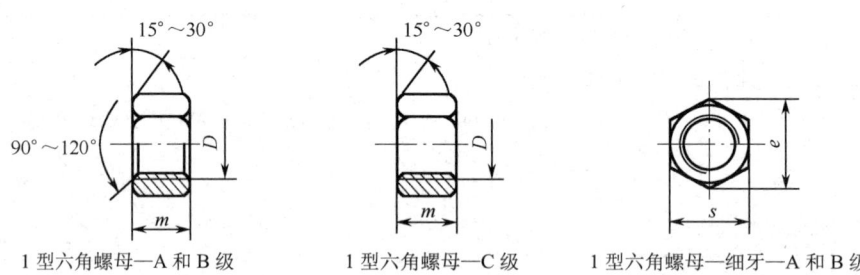

图 A-7　六角螺母

标记示例：

螺母：GB/T 6171　M12（螺纹规格 D=M12、性能等级为 10、不经表面处理、产品等级为 A 级的 1 型细牙六角螺母）

螺母：GB/T 41　M12（螺纹规格 D=M12、性能等级为 5、不经表面处理、产品等级为 C 级的 1 型六角螺母）

表 A-7 六角螺母基本尺寸（摘自 GB/T 6170—2015、GB/T 41—2016 和 GB/T 6171—2016）（单位：mm）

螺纹规格	D	M4	M5	M6	M8	M10	M12	M16	M20	M24	M30	M36	M42
	$D \times P$	—	—	—	M8×1	M10×1	M12×1.5	M16×1.5	M20×2	M24×2	M30×2	M36×3	M42×3
s_{max}		7	8	10	13	16	18	24	30	36	46	55	65
e_{min}	A、B级	7.66	8.79	11.05	14.4	17.77	20.03	26.75	32.95	39.55	50.85	60.79	72.02
	C	—	8.63	10.89	14.2	17.59	19.85	26.17					
m_{max}	A、B级	3.2	4.7	5.2	6.8	8.4	10.8	14.8	18	21.5	25.6	31	34
	C	—	5.6	6.1	7.9	9.5	12.2	15.9	18.7	22.3	26.4	31.5	34.9

注：（1）P：螺距。

（2）A 级用于 $D \leq 16$ 的螺母；B 级用于 $D>16$ 的螺母；C 级用于 $D \geq 5$ 的螺母。

（3）螺纹公差：A、B 级为 6H，C 级为 7H；机械性能等级：A、B 级为 6、8、10，C 级为 4、5。

4. 双头螺柱

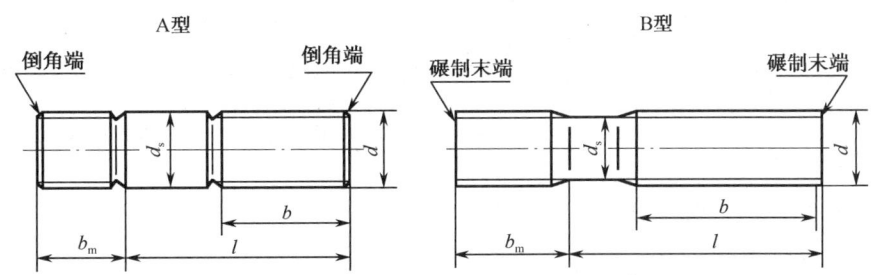

图 A-8 双头螺柱

$d_{smax}=d$ $d_s \approx$ 螺纹中径

$b_m=1d$（GB/T 897—1988）；$b_m=1.25d$（GB/T 898—1988）；$b_m=1.5d$（GB/T 899—1988）；$b_m=2d$（GB/T 900—1988）

标记示例：

螺柱：GB/T 900 M10×50（两端均为粗牙普通螺纹、d=10、l=50、性能等级为 4.8、不经表面处理、A 型、$b_m=2d$ 的双头螺柱）

螺柱：GB/T 900 AM10×1×50（旋入机体一端为粗牙普通螺纹、旋入螺母一端为螺距 P=1 的细牙普通螺纹、d=10、l=50、性能等级为 4.8、不经表面处理、A 型、$b_m=2d$ 的双头螺柱）

表 A-8 双头螺柱基本尺寸（摘自 GB/T 897～900—1988）（单位：mm）

螺纹规格 d	b_m（旋入机体端长度）				l/b（螺柱长度/旋入螺母端长度）			
	GB/T 897	GB/T 898	GB/T 899	GB/T 900				
M4	—	—	6	8	16～22/8	25～40/14		
M5	5	6	8	10	16～22/10	25～50/16		
M6	6	8	10	12	20～22/10	25～30/14	32～75/18	

续表

螺纹规格 d	b_m（旋入机体端长度）				l/b（螺柱长度/旋入螺母端长度）				
	GB/T 897	GB/T 898	GB/T 899	GB/T 900					
M8	8	10	12	16	20~22/12	25~30/16	32~90/22		
M10	10	12	15	20	25~28/14	30~38/16	40~120/26	130/32	
M12	12	15	18	24	25~30/14	32~40/16	45~120/26	130~180/36	
M16	16	20	24	32	30~38/16	40~55/22	60~120/30	130~200/36	
M20	20	25	30	40	35~40/20	45~65/30	70~120/38	130~200/44	
M24	24	30	36	48	45~50/25	55~75/35	80~120/46	130~200/52	
M30	30	38	45	60	60~65/40	70~90/50	95~120/66	130~200/72	210~250/85
M36	36	45	54	72	65~75/45	80~110/60	120/78	130~200/84	210~300/97
M42	42	52	63	84	70~80/50	85~110/70	120/90	130~200/96	210~300/109
M48	48	60	72	96	80~90/60	95~110/80	120/102	130~200/108	210~300/121
l 系列	12、（14）、16、（18）、20、（22）、30、（32）、35、（38）、40、45、50、55、60、（65）、70、75、80、（85）、90、（95）、100~260（10 进制）、280、300								

注：（1）括号内的规格尽可能不用，末端倒角按 GB/T 2—2016 规定。

（2）b_m=1d，一般用于钢对钢；b_m=（1.25~1.5）d，一般用于钢对铸铁；b_m=2d，一般用于钢对铝合金。

5. 螺钉 1

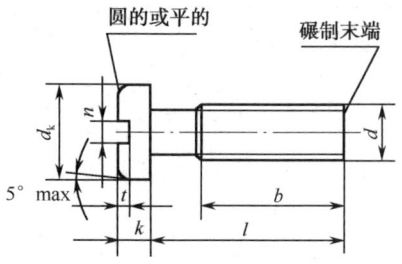

（a）开槽圆柱头螺钉（GB/T 65—2016）

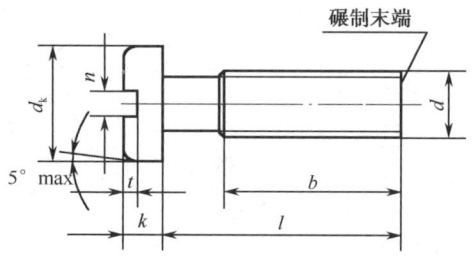

（b）开槽盘头螺钉（GB/T 67—2016）

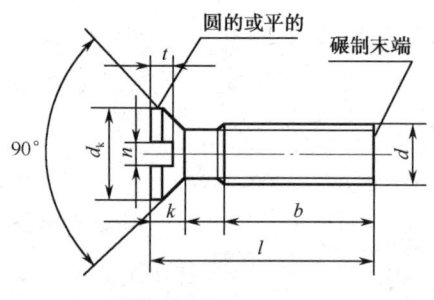

（c）开槽沉头螺钉（GB/T 68—2016）

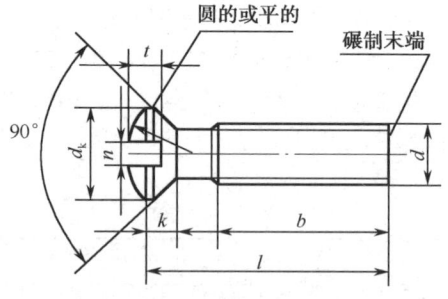

（d）开槽半沉头螺钉（GB/T 69—2016）

图 A-9　螺钉 1

无螺纹部分杆径≈中径或=螺纹大径

标记示例： 螺钉 GB/T 65 M5×20

（螺纹规格 d=M5、公称长度 l=20、性能等级为 4.8、不经表面处理的 A 级开槽圆柱头螺钉）

表 A-9 螺钉基本尺寸 1（摘自 GB/T 65、67、68、69—2016） （单位：mm）

螺纹规格 d	P	b_{min}	n 公称	k_{max}			d_{kmax}			t_{min}				l 范围
				GB/T 65	GB/T 67	GB/T 68 GB/T 69	GB/T 65	GB/T 67	GB/T 68 GB/T 69	GB/T 65	GB/T 67	GB/T 68	GB/T 69	
M3	0.5	25	0.8	1.8	1.8	1.65	5.5	5.6	5.5	0.85	0.7	0.6	1.2	4～30
M4	0.7	38	1.2	2.6	2.4	2.7	7	8	8.4	1.1	1	1	1.6	5～40
M5	0.8	38	1.2	3.3	3	2.7	8.5	9.5	9.3	1.3	1.2	1.1	2	6～50
M6	1	38	1.6	3.9	3.6	3.3	10	12	11.3	1.6	1.4	1.2	2.4	8～60
M8	1.3	38	2	5	4.8	4.65	13	16	15.8	2	1.9	1.8	3.2	10～80
M10	1.5	38	2.5	6	6	5	16	20	18.3	2.4	2.4	2	3.8	12～80
l 系列	4、5、6、8、10、12、（14）、16、20、25、30、35、40、50、（55）、60、（65）、70、（75）、80													

注：螺纹公差为 6g；机械性能等级为 4.8、5.8；产品等级为 A 级。

6. 螺钉 2

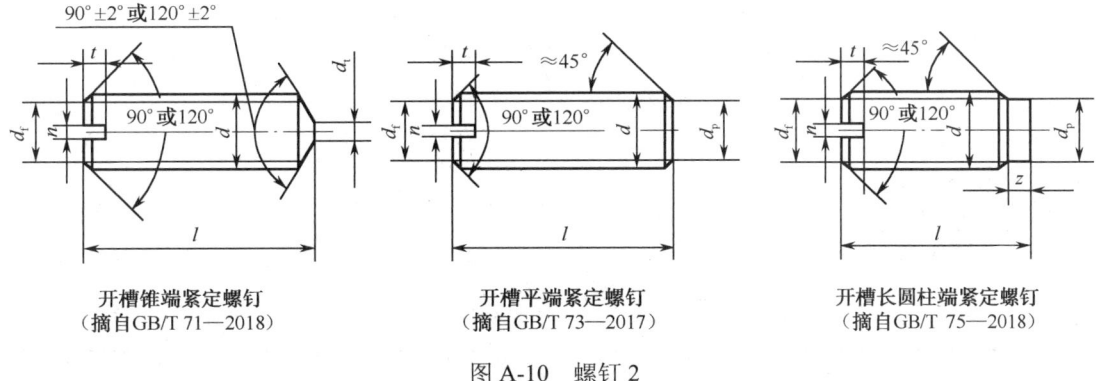

开槽锥端紧定螺钉
（摘自 GB/T 71—2018）

开槽平端紧定螺钉
（摘自 GB/T 73—2017）

开槽长圆柱端紧定螺钉
（摘自 GB/T 75—2018）

图 A-10 螺钉 2

标记示例：

螺钉：GB/T 71 M5×20（螺纹规格 d=M5、公称长度 l=20、性能等级为 14H、表面氧化的开槽锥端紧定螺钉）

表 A-10 螺钉基本尺寸 2 （单位：mm）

螺纹规格 d	P	d_f	d_{tmax}	d_{pmax}	n 公称	t_{max}	z_{max}	l 范围		
								GB/T 71	GB/T 73	GB/T 75
M2	0.4	螺纹小径	0.2	1	0.25	0.84	1.25	3～10	2～10	3～10
M3	0.5		0.3	2	0.4	1.05	1.75	4～16	3～16	5～16
M4	0.7		0.4	2.5	0.6	1.42	2.25	5～25	4～20	6～20

续表

螺纹规格 d	P	d_f	d_{tmax}	d_{pmax}	n 公称	t_{max}	z_{max}	l 范围		
								GB/T 71	GB/T 73	GB/T 75
M5	0.8	螺纹小径	0.5	3.5	0.8	1.63	2.75	6～30	5～25	8～25
M6	1		1.5	4	1	2	3.25	8～40	6～30	8～30
M8	1.25		2	5.5	1.2	2.5	4.3	10～50	8～40	10～40
M10	1.5		2.5	7	1.6	3	5.3	12～50	10～50	12～50
M12	1.75		3	8.5	2	3.6	6.3	14～60	12～60	14～60
l 系列	2、2.5、3、4、5、6、8、10、12、(14)、16、20、25、30、35、40、45、50、(55)、60									

注：螺纹公差为 6g；机械性能等级为 14H～22H；产品等级为 A 级。

7. 内六角圆柱头螺钉

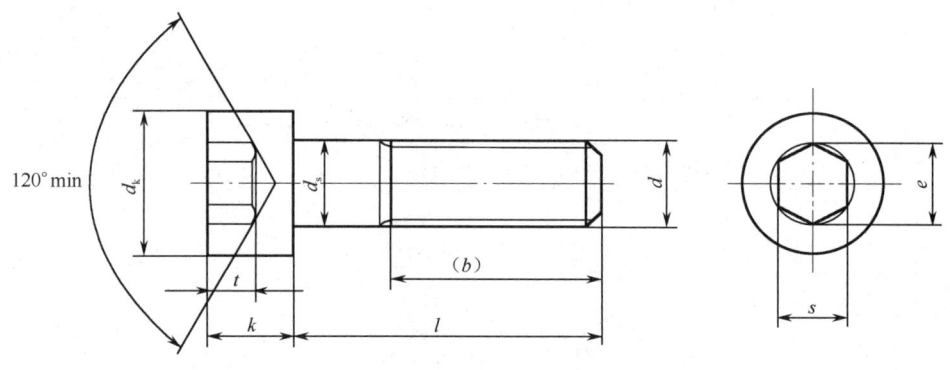

图 A-11　内六角圆柱头螺钉

标记示例：

螺钉：GB/T 70.1　M5×20（螺纹规格 d=M5、公称长度 l=20、性能等级为 8.8、表面氧化的内六角圆柱头螺钉）

表 A-11　内六角圆柱头螺钉基本尺寸（摘自 GB/T 70.1—2008）　　　　（单位：mm）

螺纹规格 d		M4	M5	M6	M8	M10	M12	(M14)	M16	M20	M24	M30	M36
螺距 P		0.7	0.8	1	1.25	1.5	1.75	2	2	2.5	3	3.5	4
b 参考		20	22	24	28	32	36	40	44	52	60	72	84
d_{kmax}	光滑头部	7	8.5	10	13	16	18	21	24	30	36	45	54
	滚花头部	7.22	8.72	10.22	13.27	16.27	18.27	21.33	24.33	30.33	36.39	45.39	54.46
k_{max}		4	5	6	8	10	12	14	16	20	24	30	36
t_{max}		2	2.5	3	4	5	6	7	8	10	12	15.5	19
s 公称		3	4	5	6	8	10	12	14	17	19	22	27
e_{max}		3.44	4.58	5.72	6.86	9.15	11.43	13.72	16	19.44	21.73	25.15	30.35
d_{smax}		4	5	6	8	10	12	14	16	20	24	30	36
l 范围		6～40	8～50	10～60	12～80	16～100	20～120	25～140	25～160	30～200	40～200	45～200	55～200

续表

螺纹规格 d	M4	M5	M6	M8	M10	M12	(M14)	M16	M20	M24	M30	M36
全螺纹时最长	25	25	30	35	40	45	55	55	65	80	90	100
l 系列	6、8、10、12、(14)、(16)、20~50 (5 进位)、(55)、60、(65)、70~160 (10 进位)、180、200											

注：(1) 括号内的规格尽可能不用，末端倒角按 GB/T 2—2016 规定。
　　(2) 机械性能等级：8.8、12.9。
　　(3) 螺纹公差：机械性能等级 8.8 时为 6g；机械性能等级 12.9 时为 5g、6g。
　　(4) 产品等级：A 级。

8. 垫圈

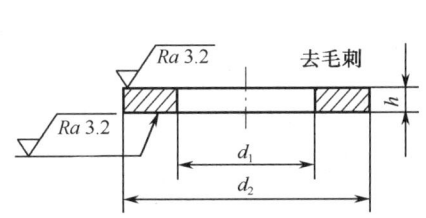

小垫圈—A 级（摘自 GB/T 848—2002）
平垫圈—A 级（摘自 GB/T 97.1—2002）
平垫圈—C 级（摘自 GB/T 95—2002）
大垫圈—A 级和 C 级（摘自 GB/T 96.1—2002）
特大垫圈—C 级（摘自 GB/T 5287—2002）

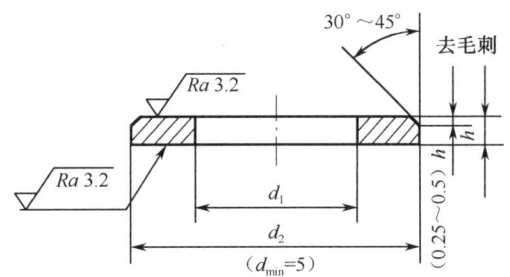

平垫圈　倒角型—A 级（摘自 GB/T 97.2—2002）

图 A-12　垫圈

标记示例：

垫圈：GB/T 97.1　8　140HV（标准系列、公称尺寸 $d=8$、性能等级为 140HV、不经表面处理的平垫圈）

垫圈：GB/T 97.2　8　100HV（标准系列、公称尺寸 $d=8$、性能等级为 100HV、倒角型、不经表面处理的平垫圈）

表 A-12　垫圈基本尺寸　　　　　　　　　　　　　　　　（单位：mm）

公称尺寸（螺纹规格）d	标准系列							特大系列			大系列			小系列		
	GB/T 95			GB/T 97.1			GB/T 97.2			GB/T 5287			GB/T 96.1			GB/T 848		
	(C 级)			(A 级)			(A 级)			(A 级)			(A 和 C 级)			(A 级)		
	d_1 min	d_2 max	h	d_1 min	d_2 max	h	d_1 min	d_2 max	h	d_1 min	d_2 max	h	d_1 min	d_2 max	h	d_1 min	d_2 max	h
4	—	—	—	4.3	9	0.8	—	—	—	—	—	—	4.3	12	1	4.3	8	0.5
5	5.5	10	1	5.3	10	1	5.3	10	1	5.5	18	2	5.3	15	1.2	5.3	9	1

续表

公称尺寸（螺纹规格）d	标准系列 GB/T 95 (C级)			标准系列 GB/T 97.1 (A级)			标准系列 GB/T 97.2 (A级)			特大系列 GB/T 5287 (A级)			大系列 GB/T 96.1 (A和C级)			小系列 GB/T 848 (A级)		
	d_1 min	d_2 max	h	d_1 min	d_2 max	h	d_1 min	d_2 max	h	d_1 min	d_2 max	h	d_1 min	d_2 max	h	d_1 min	d_2 max	h
6	6.6	12	1.6	6.4	12	1.6	6.4	12	1.6	6.6	22	3	6.4	18	1.6	6.4	11	1.6
8	9	16		8.4	16		8.4	16		9	28		8.4	24	2	8.4	15	
10	11	20	2	10.5	20	2	10.5	20	2	11	34		10.5	30	2.5	10.5	18	
12	13.5	24	2.5	13	24	2.5	13	24	2.5	13.5	44	4	13	37	3	13	20	2
14	15.5	28		15	28		15	28		15.5	50		15	44		15	24	2.5
16	17.5	30	3	17	30	3	17	30	3	17.5	56	5	17	50		17	28	
20	22	37		21	37		21	37		22	72		22	60	4	21	34	3
24	26	44	4	25	44	4	25	44	4	26	85	6	26	72	5	25	39	4
30	33	56		31	56		31	56		33	105		33	92	6	31	50	
36	39	66	5	37	66	5	37	66	5	39	125	8	39	110	8	37	60	5
42	45	78	8	—	—		—	—		—	—		45	125	10	—	—	
48	52	92		—	—		—	—		—	—		52	145		—	—	

注：（1）A 级适用于精装配系列，C 级适用于中等装配系列。

（2）C 级垫圈没有 Ra3.2 和去毛刺的要求。

（3）GB/T 848—2002 主要用于圆柱头螺钉，其他用于标准的六角螺栓、螺母和螺钉。

9. 标准型弹簧垫圈

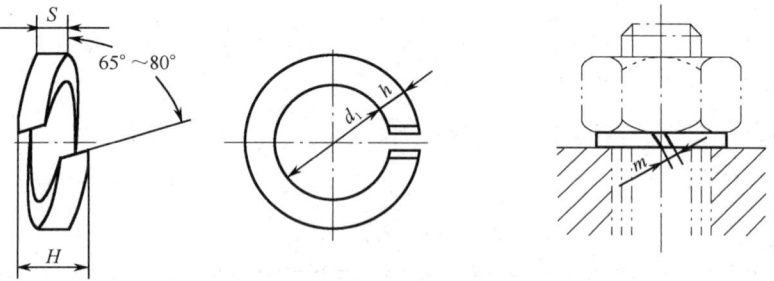

图 A-13　标准型弹簧垫圈

标记示例：

垫圈：GB/T 93　10 （公称尺寸 d=10、材料为 65Mn、表面氧化处理的标准型弹簧垫圈）

表 A-13　标准型弹簧垫圈基本尺寸（摘自 GB/T 93—1987）　　　　　　（单位：mm）

规格（螺纹大径）	4	5	6	8	10	12	16	20	24	30	36	42	48
d_{1min}	4.1	5.1	6.1	8.1	10.2	12.2	16.2	20.2	24.5	30.5	36.5	42.5	48.5
$S=b_{公称}$	1.1	1.3	1.6	2.1	2.6	3.1	4.1	5	6	7.5	9	10.5	12
$m\leqslant$	0.55	0.65	0.8	1.05	1.3	1.55	2.05	2.5	3	3.75	4.5	5.25	6
h_{max}	2.75	3.25	4	5.25	6.5	7.75	10.25	12.5	15	18.75	22.5	26.25	30

注：m 应大于零。

10. 普通圆柱销

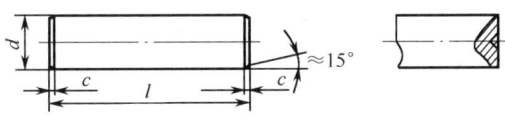

图 A-14　普通圆柱销

标记示例：

销：GB/T 119.1　6m6×30（公称直径 d=6、公差为 m6、公称长度 l=30、材料为钢、不经淬火、不经表面处理的圆柱销）

销：GB/T 119.1　10m6×30-A1（公称直径 d=10、公差为 m6、公称长度 l=30、材料为 A1 组奥氏体不锈钢、表面简单处理的圆柱销）

表 A-14　普通圆柱销基本尺寸（摘自 GB/T 119.1—2000）　　　　　　（单位：mm）

d（公称）m6/h8	2	3	4	5	6	8	10	12	16	20	25
$c\approx$	0.35	0.5	0.63	0.8	1.2	1.6	2	2.5	3	3.5	4
$l_{范围}$	6～20	8～30	8～40	10～50	12～60	14～80	18～95	22～140	26～180	35～200	50～200
$l_{系列}$（公称）	2、3、4、5、6～32（2 进位）、35～100（5 进位）、120～≥200（按 20 递增）										

11. 圆锥销

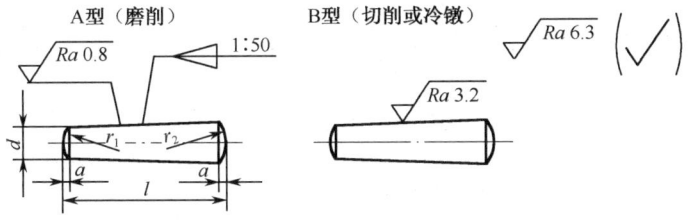

图 A-15　圆锥销

$r_1 \approx d$ $r_2 \approx a/2 + d + (0.021)^2/8a$

标记示例：

销：GB/T 117 10×60（公称直径 d=10、公称长度 l=60、材料为 35 钢、热处理硬度 28～38HRC、表面氧化处理的 A 型圆锥销）

表 A-15 圆锥销基本尺寸（摘自 GB/T 117—2000）　　　　　　　　（单位：mm）

d（公称尺寸）	2	2.5	3	4	5	6	8	10	12	16	20	25
$a\approx$	0.25	0.3	0.4	0.5	0.63	0.8	1	1.2	1.6	2	2.5	3
l 范围	10～35	10～35	12～45	14～55	18～60	22～90	22～120	26～160	32～180	40～200	45～200	50～200
l 系列（公称）	2、3、4、5、6～32（2 进位）、35～100（5 进位）、120～200（按 20 递增）											

12. 开口销

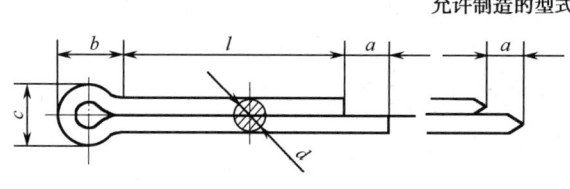

图 A-16 开口销

标记示例：

销：GB/T 91 5×50（公称直径 d=5、公称长度 l=50、材料为低碳钢、不经表面处理的开口销）

表 A-16 开口销基本尺寸（摘自 GB/T 91—2000）　　　　　　　　（单位：mm）

	公称	0.8	1	1.2	1.6	2	2.5	3.2	4	5	6.3	8	10	12
d	max	0.7	0.9	1	1.4	1.8	2.3	2.9	3.7	4.6	5.9	7.5	9.5	11.4
	min	0.6	0.8	0.9	1.3	1.7	2.1	2.7	3.5	4.4	5.7	7.3	9.3	11.1
c_{max}		1.4	1.8	2	2.8	3.6	4.6	5.8	7.4	9.2	11.8	15	19	24.8
b		2.4	3	3	3.2	4	5	6.4	8	10	12.6	16	20	26
a_{max}		1.6			2.5			3.2		4			6.3	
l 范围		5～16	6～20	8～26	8～32	10～40	12～50	14～65	18～80	22～100	30～120	40～160	45～200	70～200
l 系列（公称）		4、5、6～32（2 进位）、36、40～100（5 进位）、120～200（20 进位）												

注：销孔的公称直径等于 $d_{公称}$，$d_{min} \leq$（公称直径）$\leq d_{max}$。

13. 普通平键及键槽的尺寸

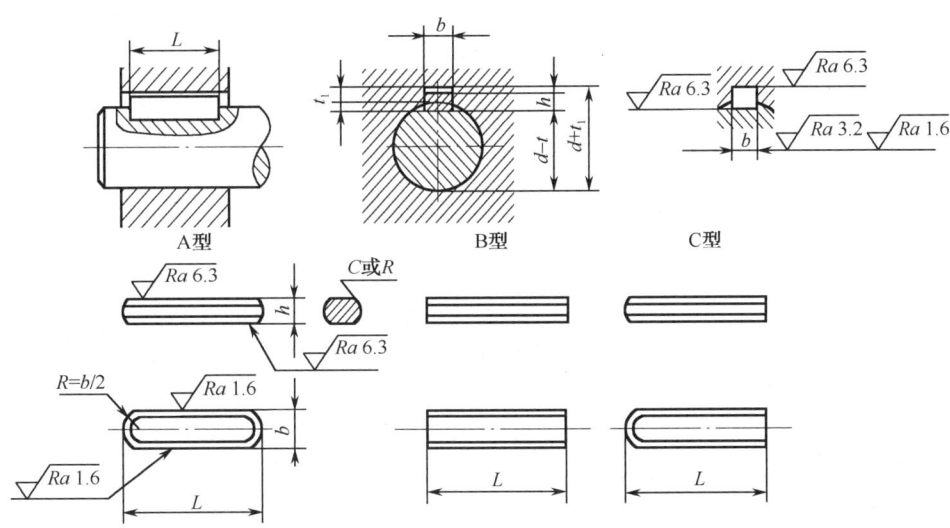

表 A-17 普通平键及键槽

标记示例：

键：B16×100 GB/T 1096（平头普通平键（B 型）、$b=16$、$h=10$、$L=100$）

表 A-17 普通平键及键槽基本尺寸（摘自 GB/T 1095～1097—2003）   （单位：mm）

轴径 d	键的公称尺寸			键槽								
				宽度 b				深度				半径 R
					极限偏差			轴		毂		
	b	h	L	b	较松键连接		一般连接		较紧键连接	t	极限偏差	t_1	极限偏差	最小	最大
					轴 H9	毂 D10	轴 N9	毂 JS9	轴和毂 P9						
6～8	2	2	6～20	2	+0.025 0	+0.060 +0.020	-0.004 -0.029	±0.0125	-0.006 -0.031	1.2	+0.10 0	1	+0.10 0	0.08	0.16
8～10	3	3	6～36	3						1.8		1.4			
10～12	4	4	8～45	4	+0.030 0	+0.078 +0.030	0 -0.030	±0.015	-0.012 -0.042	2.5		1.8			
12～17	5	5	10～56	5						3.0		2.3			
17～22	6	6	14～70	6						3.5		2.8		0.16	0.25
22～30	8	7	18～90	8	+0.036 0	+0.098 +0.040	0 -0.036	±0.018	-0.015 -0.051	4.0		3.3			
30～38	10	8	22～110	10						5.0		3.3			
38～44	12	8	28～140	12	+0.043 0	+0.120 +0.050	0 -0.043	±0.0215	-0.018 -0.061	5.0	+0.20 0	3.3	+0.20 0	0.25	0.40
44～50	14	9	36～160	14						5.5		3.8			
50～58	16	10	45～180	16						6.0		4.3			
58～65	18	11	50～200	18						7.0		4.4			
L 系列	6、8、10、12、14、16、18、20、22、25、28、32、36、40、45、50、56、63、70、80、90、100、110、125、140、160、180、200														

表 A-18 滚动轴承基本尺寸

深沟球轴承 (摘自 GB/T 276—2013)				圆锥滚子轴承 (摘自 GB/T 297—2015)						推力球轴承 (摘自 GB/T 301—2015)				
标记示例: 滚动轴承 6306 GB/T 276				标记示例: 滚动轴承 30312 GB/T 297						标记示例: 滚动轴承 51305 GB/T 301				
轴承型号	尺寸：mm			轴承型号	尺寸：mm					轴承型号	尺寸：mm			
	d	D	B		d	D	B	C	T		d	D	T	d_1
尺寸系列[(0)2]				尺寸系列[02]						尺寸系列[12]				
6202	15	35	11	30203	17	40	12	11	13.25	51202	15	32	12	17
6203	17	40	12	30204	20	47	14	12	15.25	51203	17	35	12	19
6204	20	47	14	30205	25	52	15	13	16.25	51204	20	40	14	22
6205	25	52	15	30206	30	62	16	14	17.25	51205	25	47	15	27
6206	30	62	16	30207	35	72	17	15	18.25	51206	30	52	16	32
6207	35	72	17	30208	40	80	18	16	19.25	51207	35	62	18	37
6208	40	80	18	30209	45	85	19	16	20.75	51208	40	68	19	42
6209	45	85	19	30210	50	90	20	17	21.75	51209	45	73	20	47
6210	50	90	20	30211	55	100	21	18	22.75	51210	50	78	22	52
6211	55	100	21	30212	60	110	22	19	23.75	51211	55	90	25	57
6212	60	110	22	30213	65	120	23	20	24.75	51212	60	95	26	62
尺寸系列[(0)3]				尺寸系列[03]						尺寸系列[13]				
6302	15	42	13	30302	15	42	13	11	14.25	51304	20	47	18	22
6303	17	47	14	30303	17	47	14	12	15.25	51305	25	52	18	27
6304	20	52	15	30304	20	52	15	13	16.25	51306	30	60	21	32
6305	25	62	17	30305	25	62	17	15	18.25	51307	35	68	24	37
6306	30	72	19	30306	30	72	19	16	20.75	51308	40	78	26	42
6307	35	80	21	30307	35	80	21	18	22.75	51309	45	85	28	47
6308	40	90	23	30308	40	90	23	20	25.25	51310	50	95	31	52
6309	45	100	25	30309	45	100	25	22	27.25	51311	55	105	35	57

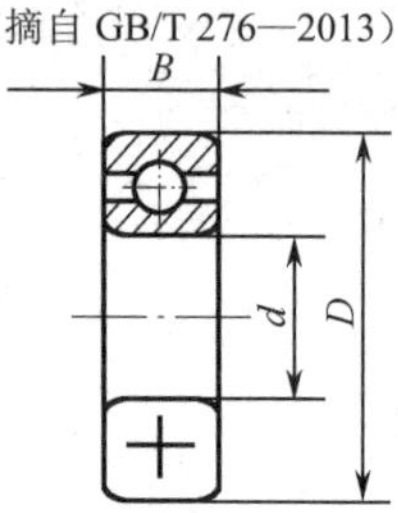

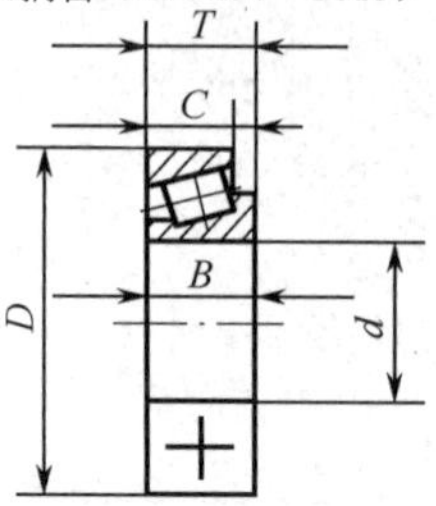

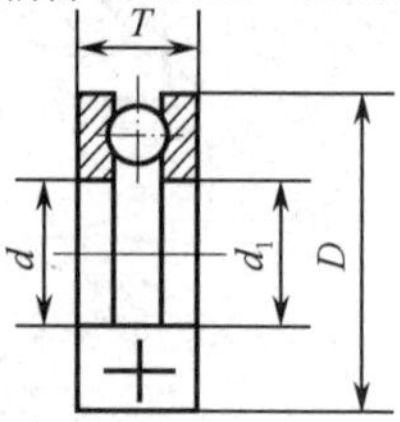

续表

轴承型号	尺寸: mm			轴承型号	尺寸: mm					轴承型号	尺寸: mm			
	d	D	B		d	D	B	C	T		d	D	T	d_1
尺寸系列[(0)2]				尺寸系列[02]						尺寸系列[12]				
6310	50	110	27	30310	50	110	27	23	29.25	51312	60	110	35	62
6311	55	120	29	30311	55	120	29	25	31.50	51303	65	115	36	67
6312	60	130	31	30312	60	130	31	26	33.50	51314	70	125	40	72

注：括号中的尺寸系列代号在轴承代号中省略。

表 A-19 紧固件通孔及沉孔尺寸 （单位：mm）

螺纹规格 d			4	5	6	8	10	12	16	18	20	24	30	36
通孔尺寸 d_1			4.5	5.5	6.6	9.0	11.0	13.5	17.5	20.0	22.0	26	33	39
GB/T 152.2—2014	用于沉头及半沉头螺钉	d_2	9.6	10.6	12.8	17.6	20.3	24.4	32.4	—	40.4	—	—	—
		$t\approx$	2.7	2.7	3.3	4.6	5.0	6.0	8.0	—	10	—	—	—
		n	\multicolumn{12}{c}{$90°^{-2°}_{-4°}$}													
GB/T 152.3—1988	用于内六角圆柱头螺钉	d_2	8.0	10.0	11.0	15.0	18.0	20.0	26.0	—	33.0	40.0	48.0	57.0
		t	4.6	5.7	6.8	9.0	11.0	13.0	17.5	—	21.5	25.5	32.0	38.0
		d_3	—	—	—	—	—	16	20	—	24	28	36	42
GB/T 152.3—1988	用于开槽圆柱头螺钉	d_2	8	10	11.7	15	18	20	26	—	33	—	—	—
		t	3.2	4	4.7	6.0	7.0	8.0	10.5	—	12.5	—	—	—
		d_3	—	—	—	—	—	16	20	—	24	—	—	—
GB/T 152.4—1988	用于六角头螺栓及六角螺母	d_2	10	11	13	18	22	26	33	36	40	48	61	71
		d_3	—	—	—	—	—	16	20	22	24	28	36	42
		t	\multicolumn{12}{l}{只要能制出与通孔的轴线相垂直的圆平面即可}													

A.3 极限与配合

表 A-20 轴的基本偏差数值

公称尺寸 /mm		基本偏差数值													
		上极限偏差 es										下极限偏差 ei			
		所有公差等级										IT5 和 IT6	IT7	IT8	IT4 至 IT7	≤IT3, >IT7
大于	至	a	b	c	cd	d	e	ef	f	fg	g	h	js	j		k
—	3	-270	-140	-60	-34	-20	-14	-10	-6	-4	-2	0		-2	-4	-6	0	0
3	6	-270	-140	-70	-46	-30	-20	-14	-10	-6	-4	0		-2	-4	—	+1	0
6	10	-280	-150	-80	-56	-40	-25	-18	-13	-8	-5	0		-2	-5	—	+1	0
10	14	-290	-150	-95	—	-50	-32	—	-16	—	-6	0		-3	-6	—	+1	0
14	18																
18	24	-300	-160	-110	—	-65	-40	—	-20	—	-7	0	偏差等于 $\pm\frac{ITn}{2}$, n 是标准公差等级数	-4	-8	—	+2	0
24	30																
30	40	-310	-170	-120	—	-80	-50	—	-25	—	-9	0		-5	-10	—	+2	0
40	50	-320	-180	-130													
50	65	-340	-190	-140	—	-100	-60	—	-30	—	-10	0		-7	-12	—	+2	0
65	80	-360	-200	-150													
80	100	-380	-220	-170	—	-120	-72	—	-36	—	-12	0		-9	-15	—	+3	0
100	120	-410	-240	-180													
120	140	-460	-260	-200	—	-145	-85	—	-43	—	-14	0		-11	-18	—	+3	0
140	160	-520	-280	-210													
160	180	-580	-310	-230													
180	200	-660	-340	-240	—	-170	-100	—	-50	—	-15	0		-13	-21	—	+4	0
200	225	-740	-380	-260													
225	250	-820	-420	-280													
250	280	-920	-480	-300	—	-190	-110	—	-56	—	-17	0		-16	-26	—	+4	0
280	315	-1050	-540	-330													
315	355	-1200	-600	-360	—	-210	-125	—	-62	—	-18	0		-18	-28	—	+4	0
355	400	-1350	-680	-400													
400	450	-1500	-760	-440	—	-230	-135	—	-68	—	-20	0		-20	-32	—	+5	0
450	500	-1650	-840	-480													

注：公称尺寸小于等于 1mm 时，不使用基本偏差 a 和 b。

附录 A　螺纹、常用标准件及公差配合

（摘自 GB/T 1800.1—2020）　　　　　　　　　　　　　　　　　　　　　　　　　　　　单位：μm

公称尺寸/mm		基本偏差数值												
		下极限偏差 ei												
		所有公差等级												
大于	至	m	n	p	r	s	t	u	v	x	y	z	za	zb	zc
—	3	+2	+4	+6	+10	+14	—	+18	—	+20	—	+26	+32	+40	+60
3	6	+4	+8	+12	+15	+19	—	+23	—	+28	—	+35	+42	+50	+80
6	10	+6	+10	+15	+19	+23	—	+28	—	+34	—	+42	+52	+67	+97
10	14	+7	+12	+18	+23	+28	—	+33	—	+40	—	+50	+64	+90	+130
14	18								+39	+45	—	+60	+77	+108	+150
18	24	+8	+15	+22	+28	+35	—	+41	+47	+54	+63	+73	+98	+136	+188
24	30						+41	+48	+55	+64	+75	+88	+118	+160	+218
30	40	+9	+17	+26	+34	+43	+48	+60	+68	+80	+94	+112	+148	+220	+274
40	50						+54	+70	+81	+97	+114	+136	+180	+242	+325
50	65	+11	+20	+32	+41	+53	+66	+87	+102	+122	+144	+172	+226	+300	+405
65	80				+43	+59	+75	+102	+120	+146	+174	+210	+274	+360	+480
80	100	+13	+23	+37	+51	+71	+91	+124	+146	+178	+214	+258	+335	+445	+585
100	120				+54	+79	+104	+144	+172	+210	+256	+310	+400	+525	+690
120	140	+15	+27	+43	+63	+92	+122	+170	+202	+248	+300	+365	+470	+620	+800
140	160				+65	+100	+134	+190	+228	+280	+340	+415	+535	+700	+900
160	180				+68	+108	+146	+210	+252	+310	+380	+465	+600	+780	+1000
180	200	+17	+31	+50	+77	+122	+166	+236	+284	+350	+425	+520	+670	+880	+1150
200	225				+80	+130	+180	+258	+310	+385	+470	+575	+740	+960	+1250
225	250				+84	+140	+196	+284	+340	+425	+520	+640	+820	+1050	+1350
250	280	+20	+34	+56	+94	+158	+218	+315	+385	+475	+580	+710	+920	+1200	+1550
280	315				+98	+170	+240	+350	+425	+525	+650	+790	+1000	+1300	+1700
315	355	+21	+37	+62	+108	+190	+268	+390	+475	+590	+730	+900	+1150	+1500	+1900
355	400				+114	+208	+294	+435	+530	+660	+820	+1000	+1300	+1650	+2100
400	450	+23	+40	+68	+126	+232	+330	+490	+595	+740	+920	+1100	+1450	+1850	+2400
450	500				+132	+252	+360	+540	+660	+820	+1000	+1250	+1600	+2100	+2600

表 A-21 孔的基本偏差数值

公称尺寸/mm		基本偏差数值																
		下极限偏差 EI										上极限偏差 ES						
		所有公差等级										IT6	IT7	IT8	≤IT8	>IT8	≤IT8	>IT8
大于	至	A	B	C	CD	D	E	EF	F	FG	G	H	JS	J			K		M
—	3	+270	+140	+60	+34	+20	+14	+10	+6	+4	+2	0		+2	+4	+6	0	0	−2	−2
3	6	+270	+140	+70	+36	+30	+20	+14	+10	+6	+4	0		+5	+6	+10	−1+Δ	—	−4+Δ	−4
6	10	+280	+150	+80	+56	+40	+25	+18	+13	+8	+5	0		+5	+8	+12	−1+Δ	—	−6+Δ	−6
10	14	+290	+150	+95	—	+50	+32	—	+16	—	+6	0		+6	+10	+15	−1+Δ	—	−7+Δ	−7
14	18																			
18	24	+300	+160	+110	—	+65	+40	—	+20	—	+70	0		+8	+12	+20	−2+Δ	—	−8+Δ	−8
24	30																			
30	40	+310	+170	+120	—	+80	+50	—	+25	—	+9	0	偏差等于 $\pm\dfrac{ITn}{2}$, n 是标准公差等级数	+10	+14	+24	−2+Δ	—	−9+Δ	−9
40	50	+320	+180	+130																
50	65	+340	+190	+140	—	+100	+60	—	+30	—	+10	0		+13	+18	+28	−2+Δ	—	−11+Δ	−11
65	80	+360	+200	+150																
80	100	+380	+220	+170	—	+120	+72	—	+36	—	+12	0		+16	+22	+34	−3+Δ	—	−13+Δ	−13
100	120	+410	+240	+180																
120	140	+440	+260	+200	—	+145	+85	—	+43	—	+14	0		+18	+26	+41	−3+Δ	—	−15+Δ	−15
140	160	+520	+280	+210																
160	180	+580	+310	+230																
180	200	+660	+340	+240	—	+170	+100	—	+50	—	+15	0		+22	+30	+47	−4+Δ	—	−17+Δ	−17
200	225	+740	+380	+260																
225	250	+820	+420	+280																
250	280	+920	+480	+300	—	+190	+110	—	+56	—	+17	0		+25	+36	+55	−4+Δ	—	−20+Δ	−20
280	315	+1050	+540	+330																
315	355	+1200	+600	+360	—	+210	+125	—	+62	—	+18	0		+29	+39	+60	−4+Δ	—	−21+Δ	−21
355	400	+1350	+680	+400																
400	450	+1500	+760	+440	—	+230	+135	—	+68	—	+20	0		+33	+43	+66	−5+Δ	—	−23+Δ	−23
450	500	+1650	+840	+480																

注：公称尺寸小于等于 1mm 时，不适用基本偏差 A 和 B。特例：对于公称尺寸为 250mm～315mm 的公差带代号 M6，ES= −9μm。

表 A-22 公称尺寸至 500mm 的标准公差数值（摘自 GB/T 1800.1—2020）

公称尺寸/mm		标准公差等级																		
		IT01	IT0	IT1	IT2	IT3	IT4	IT5	IT6	IT7	IT8	IT9	IT10	IT11	IT12	IT13	IT14	IT15	IT16	IT17	IT18
大于	至	标准公差数值																		
		μm												mm						
—	3	0.3	0.5	0.8	1.2	2	3	4	6	10	14	25	40	60	0.10	0.14	0.25	0.40	0.60	1.0	1.4
3	6	0.4	0.6	1	1.5	2.5	4	5	8	12	18	30	48	75	0.12	0.18	0.30	0.48	0.75	1.2	1.8
6	10	0.4	0.6	1	1.5	2.5	4	6	9	15	22	36	58	90	0.15	0.22	0.36	0.58	0.90	1.5	2.2
10	18	0.5	0.8	1.2	2	3	5	8	11	18	27	43	70	110	0.18	0.27	0.43	0.70	1.10	1.8	2.7
18	30	0.6	1	1.5	2.5	4	6	9	13	21	33	52	84	130	0.21	0.33	0.52	0.84	1.30	2.1	3.3
30	50	0.6	1	1.5	2.5	4	7	11	16	25	39	62	100	160	0.25	0.39	0.62	1.00	1.60	2.5	3.9
50	80	0.8	1.2	2	3	5	8	13	19	30	46	74	120	190	0.30	0.46	0.74	1.20	1.90	3.0	4.6
80	120	1	1.5	2.5	4	6	10	15	22	35	54	87	140	220	0.35	0.54	0.87	1.40	2.20	3.5	5.4
120	180	1.2	2	3.5	5	8	12	18	25	40	63	100	160	250	0.40	0.63	1.00	1.60	2.50	4.0	6.3
180	250	2	3	4.5	7	10	14	20	29	46	72	115	185	290	0.46	0.72	1.15	1.85	2.90	4.6	7.2
250	315	2.5	4	6	8	12	16	23	32	52	81	130	210	320	0.52	0.81	1.30	2.10	3.20	5.2	8.1
315	400	3	5	7	9	13	18	25	36	57	89	140	230	360	0.57	0.89	1.40	2.30	3.60	5.7	8.9
400	500	4	6	8	10	15	20	27	40	63	97	155	250	400	0.63	0.97	1.55	2.50	4.00	6.3	9.7

（摘自 GB/T 1800.1—2020） 单位：μm

公称尺寸 /mm		基本偏差数值												Δ/μm 标准公差等级					
		上极限偏差 ES																	
		≤IT8	>IT8	≤IT7	>IT7 的标准公差等级														
大于	至	N		P~ZC	P	R	S	T	U	V	X	Y	Z	ZA	ZB	ZC	3	4	5	6	7	8
—	3	-4	-4	在大于IT7的标准公差等级的基本偏差数值上增加一个Δ值	-6	-10	-14	—	-18	—	-20	—	-26	-32	-40	-60	0					
3	6	-8+Δ	0		-12	-15	-19	—	-23	—	-28	—	-35	-42	-50	-80	1	1.5	1	3	4	6
6	10	-10+Δ	0		-15	-19	-23	—	-28	—	-34	—	-42	-52	-67	-97	1	1.5	2	3	6	7
10	14	-12+Δ	0		-18	-23	-28	—	-33	—	-40	—	-50	-64	-90	-130	1	2	3	3	7	9
14	18									--39	-45	—	-60	-77	-108	-150						
18	24	-15+Δ	0		-22	-28	-35	--41	-41	-47	-54	-65	-73	-98	-136	-188	1.5	2	3	4	8	12
24	30								-48	-55	-64	-75	-88	-118	-160	-218						
30	40	-17+Δ	0		-26	-34	-43	-48	-60	-68	-80	-94	-112	-148	-200	-274	1.5	3	4	5	9	14
40	50							-54	-70	-81	-95	-114	-136	-180	-242	-325						
50	65	-20+Δ	0		-32	-41	-53	-66	-87	-102	-122	-144	-172	-226	-300	-400	2	3	5	6	11	16
65	80					-43	-59	-75	-102	-120	-146	-174	-210	-274	-360	-480						
80	100	-23+Δ	0		-37	-51	-71	-92	-124	-146	-178	-214	-258	-335	-445	-585	2	4	5	7	13	19
100	120					-54	-79	-104	-144	-172	-210	-254	-310	-400	-525	-690						
120	140	-27+Δ	0		-43	-63	-92	-122	-170	-202	-248	-300	-365	-470	-620	-800	3	4	6	7	15	23
140	160					-65	-100	-134	-190	-228	-280	-340	-415	-535	-700	-900						
160	180					-68	-108	-146	-210	-252	-310	-380	-465	-600	-780	-1000						
180	200	-31+Δ	0		-50	-77	-122	-166	-236	-284	-350	-425	-520	-670	-880	-1150	3	4	6	9	17	26
200	225					-80	-130	-180	-258	-310	-385	-470	-575	-740	-960	-1250						
225	250					-84	-140	-196	-284	-340	-425	-520	-640	-820	-1050	-1350						
250	280	-34+Δ	0		-56	-94	-158	-218	-315	-385	-475	-580	-710	-920	-1200	-1500	4	4	7	9	20	29
280	315					-98	-170	-240	-350	-425	-525	-650	-790	-1000	-1300	-1700						
315	355	-37+Δ	0		-62	-108	-190	-268	-390	-475	-590	-730	-900	-1150	-1500	-1900	4	5	7	11	21	32
355	400					-114	-208	-294	-435	-530	-660	-820	-1000	-1300	-1650	-2100						
400	450	-40+Δ	0		-68	-126	-232	-330	-490	-595	-740	-920	-1100	-1450	-1850	-2400	5	5	7	13	23	34
450	500					-132	-252	-360	-540	-660	-820	-1000	-1250	-1600	-2100	-2600						

参 考 文 献

[1] 中华人民共和国国家标准. 技术制图　机械制图. 北京：中国标准出版社，2013.
[2] 柴建国，路春玲. 机械制图. 北京：高等教育出版社，2007.
[3] 王其昌. 机械制图. 北京：机械工业出版社，2006.
[4] 刘力. 机械制图. 北京：高等教育出版社，2004.
[5] 刘小年，郭克希. 机械制图. 北京：机械工业出版社，2005.
[6] 姚民雄，华红芳. 机械制图. 北京：电子工业出版社，2009.
[7] 冯秋官. 机械制图与计算机绘图. 北京：机械工业出版社，2006.
[8] 张慧，张安民，陈红亚. 机械制图. 沈阳：东北大学出版社，2015.
[9] 吴佩年，袭建军. 简明机械制图手册. 北京：化学工业出版社，2014.